2015年4月16日，由中国建筑科学研究院主办，北京鲁般文化传播有限公司承办的"第七届既有建筑改造技术交流研讨会"现场

2016年4月18日，办公建筑绿色化改造技术研究与工程示范（2012BAJ06B05）课题验收会

2016年4月18日，既有建筑绿色化改造综合检测评定技术与推广机制研究（2012BAJ06B01）课题验收会

2016年4月22日，工业建筑绿色化改造技术研究与工程示范（2012BAJ06B07）课题验收会

既有建筑改造年鉴（2016）

《既有建筑改造年鉴》编委会　编

中国建筑工业出版社

图书在版编目（CIP）数据

既有建筑改造年鉴（2016）/《既有建筑改造年鉴》
编委会编. —北京：中国建筑工业出版社，2016.10
ISBN 978-7-112-20058-0

Ⅰ.①既… Ⅱ.①既… Ⅲ. ①建筑物－改造－中国－
2015－年鉴 Ⅳ. ①TU746.3-54

中国版本图书馆CIP数据核字（2016）第263885号

责任编辑：马　彦
装帧设计：甄　玲
责任校对：焦　乐　关　健

既有建筑改造年鉴（2016）

《既有建筑改造年鉴》编委会　编

*

中国建筑工业出版社出版、发行（北京海淀三里河路9号）
各地新华书店、建筑书店经销
北京鲁般文化传播有限公司制版
廊坊市海涛印刷有限公司印刷

*

开本：787×1092毫米　1/16　印张：26　插页：6　字数：559千字
2017年4月第一版　　2017年4月第一次印刷
定价：118.00元
ISBN 978-7-112-20058-0
（29329）

既有建筑改造年鉴（2016）

编辑委员会

编辑说明

一、《既有建筑改造年鉴（2016）》是由中国建筑科学研究院以"十二五"国家科技支撑计划项目"既有建筑绿色化改造关键技术研究与示范"（项目编号：2012BAJ06B00）和国家重点研发计划项目"既有公共建筑综合性能提升与改造关键技术"（项目编号：2016YFC0700700）为依托，编辑出版的行业大型工具用书。

二、本书是近年来我国既有建筑绿色化改造领域发展的缩影，全书分为政策篇、标准篇、科研篇、成果篇、论文篇、工程篇和附录共七部分内容，可供从事既有建筑改造的工程技术人员、大专院校师生和有关管理人员参考。

三、谨向所有为《既有建筑改造年鉴（2016）》编辑出版付出辛勤劳动、给予热情支持的部门、单位和个人深表谢意。在此，特别感谢中国建筑科学研究院、上海市建筑科学研究院（集团）有限公司、上海现代建筑设计（集团）有限公司、深圳市建筑科学研究院股份有限公司、住房和城乡建设部防灾研究中心、住房和城乡建设部科技发展促进中心、中国建筑技术集团有限公司、上海维固工程实业有限公司、同济大学、江苏省建筑科学研究院有限公司、南京工业大学、建研科技股份有限公司、哈尔滨工业大学等部门和单位为本书的出版所付出的努力。

四、由于既有建筑绿色化改造在我国规范化发展时间较短，资料与数据记载较少，致使本书个别栏目比较薄弱。由于水平所限和时间仓促，本书难免有错讹、疏漏和不足之处，恳请广大读者批评指正。

目录

四、成果篇

七、附录

一、政策篇

　　当前我国新建建筑与既有建筑改造并重推进已成为我国绿色建筑行业发展的新常态，量大面广的既有建筑改造将逐步成为我国推进新型城镇化建设的一项重要工作。近年来国家在发布的《绿色建筑行动方案》《国家新型城镇化规划（2014-2020）》《关于加快推进生态文明建设的意见》等重要文件中均涉及既有建筑改造工作，在地方政府发布的"民用建筑节能条例"等重要文件也对既有建筑改造作出明确规定，国家和地方政府协同推进既有建筑改造的局面逐渐形成，有效推动了我国既有建筑改造工作的进展。

国务院关于进一步做好城镇棚户区和城乡危房改造及配套基础设施建设有关工作的意见

（2015年6月25日　国发〔2015〕37号）

各省、自治区、直辖市人民政府，国务院各部委、各直属机构：

近年来，各地区、各有关部门认真贯彻落实党中央、国务院决策部署，持续加大城镇棚户区和城乡危房改造力度，有关工作取得显著进展。截至2014年底，全国共改造各类棚户区住房2080万套、农村危房1565万户，其中2013～2014年改造各类棚户区住房820万套、农村危房532万户，有效改善了困难群众的住房条件，发挥了带动消费、扩大投资的积极作用，促进了社会和谐稳定。但也要看到，与党中央、国务院确定的改造约1亿人居住的城镇棚户区和城中村的目标相比，任务仍然十分艰巨，特别是待改造的棚户区多为基础差、改造难度大的地块，在创新融资机制、完善配套基础设施等方面还存在不少困难和问题。同时，农村困难群众对改善居住条件、住上安全住房的诉求比较强烈，加快农村危房改造的要求十分迫切。为进一步做好城镇棚户区和城乡危房改造及配套基础设施建设工作，切实解决群众住房困难，有效促进经济增长，现提出以下意见：

一、总体要求

（一）指导思想。深入贯彻党的十八

大、十八届二中、三中、四中全会和中央城镇化工作会议精神，全面落实国务院决策部署，坚持走以人为核心的新型城镇化道路，以改善群众住房条件为出发点和落脚点，突出稳增长、惠民生，明确工作责任，创新体制机制，强化政策落实，加大城镇棚户区和城乡危房改造力度，加快配套基础设施建设，扩大有效投资，推动经济社会和谐发展。

（二）工作目标。制定城镇棚户区和城乡危房改造及配套基础设施建设三年计划（2015～2017年，以下简称三年计划）。2015～2017年，改造包括城市危房、城中村在内的各类棚户区住房1800万套（其中2015年580万套），农村危房1060万户（其中2015年432万户），加大棚改配套基础设施建设力度，使城市基础设施更加完备，布局合理、运行安全、服务便捷。

二、加大改造建设力度

（一）加快城镇棚户区改造。各地区要抓紧编制2015～2017年城镇棚户区改造实施方案并抓好组织落实。一要加快棚改项目建设。依法合规推进棚改，切实做好土地征收、补偿安置等前期工作。建立行政审批快速通道，简化程序，提高效率，对符合相关规定的项目，限期完成立项、规划许可、土地使用、施工许可等审批手续。加强工程质量安全监管，保证工程质量和进度，确保完成三年计划确定的目标任务。把城市危房改造纳入棚改政策范围。二要积极推进棚改货币化安置。缩短安置周期，节省过渡费用，让群众尽快住上新房，享有更好的居住环境和物业服务，满足群众多样化居住需求。各省（区、市）要因地制宜，抓紧摸清存量商品住房底数，制定推进棚改货币化安置的指导意见和具体安置目标，完善相关政策措施，督促市、县抓好落实，加快安置棚户区居民。

（二）完善配套基础设施。各地区要尽快编制2015～2017年棚改配套基础设施建设计划（以下简称配套建设计划），确定棚改安置住房小区配套基础设施项目，以及与棚改项目直接相关的城市道路和公共交通、通信、供电、供水、供气、供热、停车库（场）、污水与垃圾处理等城市基础设施项目，努力做到配套设施与棚户区改造安置住房同步规划、同步报批、同步建设、同步交付使用。各地区要对2014年底前已开工的棚改安置房等保障房小区配套基础设施情况进行排查，对配套基础设施不完备的项目要列出清单，并纳入本地区配套建设计划。

（三）推进农村危房改造。各地区要抓紧编制2015～2017年农村危房改造实施方案，明确目标任务、资金安排和政策措施，确保年度任务按时完成。落实省级补助资金，将农村危房改造补助资金纳入财政预算，由县级财政直接发放到危房改造农户。严格执行一户一档的要求，做好农村危房改造信息系统录入和管理工作。统筹推进农房

抗震改造，加大对8度及以上地震高烈度设防地区的改造力度，认真贯彻执行《农村危房改造最低建设要求（试行）》和《农村危房改造抗震安全基本要求（试行）》，确保改造后的住房符合建设及安全标准。加强农房风貌管理和引导，县级住房城乡建设部门应制定符合当地实际的农房设计图和风貌管理要求，指导到户。

三、创新融资体制机制

（一）推动政府购买棚改服务。各省（区、市）应根据棚改目标任务，统筹考虑财政承受能力等因素，制定本地区政府购买棚改服务的管理办法。市、县人民政府要公开择优选择棚改实施主体，并与实施主体签订购买棚改服务协议。市、县人民政府将购买棚改服务资金逐年列入财政预算，并按协议要求向提供棚改服务的实施主体支付。年初预算安排有缺口确需举借政府债务弥补的市、县，可通过省（区、市）人民政府代发地方政府债券予以支持，并优先用于棚改。政府购买棚改服务的范围，限定在政府应当承担的棚改征地拆迁服务以及安置住房筹集、公益性基础设施建设等方面，不包括棚改项目中配套建设的商品房以及经营性基础设施。

（二）推广政府与社会资本合作模式。在城市基础设施建设运营中积极推广特许经营等各种政府与社会资本合作（PPP）模式。各地应建立健全城市基础设施建设财政投入与价格补偿统筹协调机制，合理确定服务价格，深化政府与社会资本合作，推动可持续发展。

（三）构建多元化棚改实施主体。鼓励

多种所有制企业作为实施主体承接棚改任务。各地原融资平台公司可通过市场化改制，建立现代企业制度，实现市场化运营，在明确公告今后不再承担政府融资职能的前提下，作为实施主体承接棚改任务。原融资平台公司转型改造后举借的债务实行市场化运作，不纳入政府债务。政府在出资范围内依法履行出资人职责，不对原融资平台公司提供担保。

（四）发挥开发性金融支持作用。承接棚改任务及纳入各地区配套建设计划的项目实施主体，可依据政府购买棚改服务协议、特许经营协议等政府与社会资本合作合同进行市场化融资，开发银行等银行业金融机构据此对符合条件的实施主体发放贷款。在依法合规、风险可控的前提下，开发银行可以通过专项过桥贷款对符合条件的实施主体提供过渡性资金安排。鼓励农业发展银行在其业务范围内对符合条件的实施主体，加大城中村改造、农村危房改造及配套基础设施建设的贷款支持。鼓励商业银行对符合条件的实施主体提供棚改及配套基础设施建设贷款。

四、加强组织领导

（一）落实地方责任。各省（区、市）人民政府对本地区城镇棚户区和城乡危房改造及配套基础设施建设工作负总责，要抓紧组织落实三年计划及相关实施方案，完善工作机制，强化目标责任考核，加大资金投入，落实好税费减免政策。

（二）明确部门职责。住房城乡建设部要会同有关部门督促各地尽快编制和落实三年计划及相关实施方案。发展改革委、财政部要会同有关部门进一步加大中央预算内投资和中央财政支持力度。财政部要会同有关部门安排中央国有资本经营预算资金，对困难中央企业特别是独立工矿区、三线地区和资源枯竭型城市中央企业棚改配套设施建设予以支持。人民银行、财政部、银监会要完善政策措施，支持开发银行、农业发展银行等金融机构加大信贷支持力度。

（三）强化监督检查。住房城乡建设部要会同有关部门建立有效的督查制度，对各地区城镇棚户区和城乡危房改造及配套基础设施建设三年计划实施情况进行督促检查。各地区要加强监督检查，全面落实各项工作任务和政策措施。加强对农村危房改造补助资金使用的监管，严禁截留、挤占、挪用或变相使用。加大考核和问责力度，对态度不积极、工作不主动、进度缓慢、弄虚作假的单位和责任人员予以通报批评，并明确整改期限和要求。

（国务院办公厅）

住房城乡建设部 国家发展改革委 财政部
关于做好2015年农村危房改造工作的通知

（2015年3月11日　建村［2015］40号）

各省、自治区住房城乡建设厅、发展改革委、财政厅，直辖市建委（农委）、发展改革委、财政局：

为贯彻落实党中央、国务院关于加大农村危房改造力度、统筹搞好农房抗震改造的要求，切实做好2015年农村危房改造工作，现就有关事项通知如下：

一、中央支持范围

2015年中央支持全国农村地区贫困农户改造危房，在地震设防地区结合危房改造实施农房抗震改造，在"三北"地区（东北、西北、华北）和西藏自治区结合危房改造开展建筑节能示范。在任务安排上，对国家确定的集中连片特殊困难地区和国家扶贫开发工作重点县等贫困地区、抗震设防烈度8度及以上的地震高烈度设防地区予以倾斜，单列任务。

二、补助对象与补助标准

农村危房改造补助对象重点是居住在危房中的农村分散供养五保户、低保户、贫困残疾人家庭和其他贫困户。补助对象的确定要坚持公开、公平、公正原则，优先帮助住房最危险、经济最贫困农户解决最基本安全住房。

2015年农村危房改造中央补助标准为每户平均7500元，在此基础上对贫困地区每户增加1000元补助，对建筑节能示范户每户增加2500元补助。各省（区、市）要依据改造方式、建设标准、成本需求和补助对象自筹资金能力等不同情况，合理确定不同地区、不同类型、不同档次的省级分类补助标准。要充分考虑地震高烈度设防地区农房抗震改造可能增加的成本，切实落实对地震高烈度设防地区特困农户在补助标准上的倾斜照顾。

三、强化农房抗震要求，加快地震高烈度设防地区农房抗震改造

地震设防地区实施农房抗震改造要严格执行《农村危房改造抗震安全基本要求（试行）》（建村［2011］115号）。通过对危房维修加固实施抗震改造的，应组织技术力量对原有房屋进行抗震性能鉴定，判定主要结构安全隐患，提出有针对性的加固方案并指导实施。地震高烈度设防地区的县级住房城乡建设部门要加大宣传力度，向广大农民宣传和普及农房抗震加固常识，编印和发放农房抗震鉴定及加固技术操作手册，引导和指导符合条件的贫困农户科学实施农房抗震改造。

各地要发挥农村危房改造有效提升农房抗震防灾能力的作用，优先支持地震高烈度

设防地区农村危房实施抗震改造，安排到该类地区的任务总量不得低于中央下达的农房抗震改造任务量。要集中力量加快解决地震高烈度设防地区的农房抗震安全问题，尽快扭转该地区农房抗震性能差、在地震中易造成农民生命财产严重损失的局面。

四、加强资金筹措

各地在分配危房改造任务时要向贫困地区倾斜，安排到贫困地区县的任务总量不得低于中央下达的贫困地区任务量。地方各级财政要将农村危房改造地方补助资金和项目管理等工作经费纳入财政预算，省级财政要切实加大资金投入力度，帮助自筹资金确有困难的特困农户解决危房改造资金问题。有条件的地区要创新补助方式，研究制定贷款贴息等支持政策，提高补助资金使用效益，中央将支持具备条件的地区开展银行信贷贴息的试点。各地要采用多种方式帮助农民自筹资金，充分发挥农民的主体作用，通过投工投劳和互助等降低改造成本，同时要积极发动社会力量捐赠和资助，逐步构建农民自筹为主、政府补助引导、银行信贷和社会捐助支持的多渠道农村危房改造资金投入机制。各地要采取积极措施，整合相关项目和资金，将游牧民定居、自然灾害倒损农房恢复重建、贫困残疾人危房改造、扶贫安居等资金与农村危房改造资金有机衔接。要利用好中央财政提前下达资金，支持贫困农户提前备工备料。

五、加强资金和计划管理

农村危房改造补助资金实行专项管理、专账核算、专款专用。各地要按照《中央农村危房改造补助资金管理暂行办法》（财社[2011]88号）规定，加强农村危房改造补助资金的使用管理，健全内控制度，执行规定标准，直接将补助资金发放给补助对象，严禁截留、挤占、挪用或变相使用。各级发展改革部门要按照中央预算内投资管理的有关要求以及改造任务和补助资金分配方案，及时做好中央预算内投资计划的分解下达工作。各级财政部门要牵头加强资金使用的监督管理，及时下达资金，加快预算执行进度，并积极配合有关部门做好审计、稽查等工作。开展银行信贷贴息试点地区要研究完善贴息资金的使用管理办法，将贴息贷款的使用纳入农村危房改造资金监管体系。

六、科学制定实施方案

各省级住房城乡建设、发展改革、财政等部门要认真组织编制2015年农村危房改造实施方案，明确政策措施、任务分配、工程进度计划、资金安排和监管要求，并于2015年7月底前联合上报住房城乡建设部、发展改革委、财政部（以下简称3部委）。各省（区、市）要综合考虑各县的实际需求、建设管理能力、地方财力、工作绩效等因素，合理分配危房改造任务，指导各县细化落实措施，确保中央安排的危房改造任务于2015年底前全部完工。

七、合理选择改造建设方式

各地要因地制宜，积极探索符合当地实际的农村危房改造方式，努力提高补助资金使用效益。拟改造农村危房属整体危险（D级）的，原则上应拆除重建，属局部危险（C级）的应修缮加固。危房改造以农户自建为主，农户自建确有困难且有统建意愿的，各地要发挥组织、协调作用，帮助农户选择有资质的施工队伍统建。对于农村分散供养五保户等特殊困难群众，各地要创新工作方法，通过政府统一建设、空置房置换或对现有旧校舍、旧厂（场）房等闲置房屋修缮加固等方式，帮助其解决最基本的安全住房。要积极编制村庄规划，统筹协调道路、供水、沼气、环保等设施建设，整体改善村庄人居环境，不得借危房改造名义实施村庄整体迁并。

八、严格执行申请审核程序和建设标准

农村危房改造补助对象审核要严格执行农户自愿申请、村民会议或村民代表会议民主评议、乡（镇）审核、县级审批等程序。乡镇联系单位的驻村工作队要积极参与民主评议与入户审核等过程，充分发挥监督和指导作用。同时，建立健全公示制度，补助对象的基本信息和各审查环节的结果要及时在村务公开栏公示。县级住房城乡建设部门要组织做好与经批准的危房改造农户签订合同或协议工作，并征得农户同意公开其有关信息。

农村危房改造要符合基本建设要求，改造后的农房须建筑面积适当、主要部件合格、房屋结构安全和基本功能齐全。地震高烈度设防地区的农房改造后应达到当地抗震设防标准。原则上，改造后的农房人均建筑面积不低于13平方米；房屋建筑面积宜控制在60平方米以内，可根据家庭人数适当调整，但3人以上农户的人均建筑面积不得超过18平方米。各地要按照基本建设要求加强引导和规范，积极组织制定农房设计方案，

为有扩建需求的危房改造户预留好接口，防止群众盲目攀比、超标准建房。县级住房城乡建设部门要按照基本建设要求及时组织验收，逐户逐项检查和填写验收表。需检查项目全部合格的视为验收合格。凡验收不合格的，须整改合格方能全额拨付补助款项。

九、强化质量安全管理

各地要建立健全农村危房改造质量安全管理制度。农房设计要符合抗震要求，符合农民生产生活习惯，可以选用县级以上住房城乡建设部门推荐使用的通用图、有资格的个人或有资质的单位的设计方案，或由承担危房改造工程的农村建筑工匠设计。农村危房改造必须由经培训合格的农村建筑工匠或有资质的施工队伍承担。承揽农村危房改造项目的农村建筑工匠或者单位要对质量安全负责，并按合同约定对所改造房屋承担保修和返修责任。乡镇建设管理员要加强对农房设计的指导和审查，在农村危房改造地基基础、抗震措施和关键主体结构施工过程中，要及时到现场逐户技术指导和检查，发现不符合基本建设要求的当即告知建房户，并提出处理建议和做好记录。

地方各级尤其是县级住房城乡建设部门要加强危房改造施工现场质量安全巡查与指导监督。开设危房改造咨询窗口，面向农民提供危房改造技术和工程纠纷调解服务。结合建材下乡，组织协调主要建筑材料的生产、采购与运输，并免费为农民提供主要建筑材料质量检测服务。各地要健全和加强乡镇建设管理机构，加强乡镇建设管理员和农村建筑工匠培训与管理，提高服务和管理农村危房改造的能力。

十、加强传统村落和传统民居保护

各地在安排危房改造任务、制定分类补助标准时要充分考虑传统村落和民居保护的需要，加大支持力度。传统村落范围内的农村危房改造要符合所在村落保护发展规划要求，坚持分散分户改造为主，在同等条件下符合保护发展规划、传承传统建造技术的优先安排，已有搬迁计划的村庄不予安排。地方各级住房城乡建设部门要加强当地传统建筑材料利用研究，传承和改进传统建造工法，探索符合标准的就地取材建房技术方案。在编制农村危房改造图集及设计方案时，要总结吸纳当地传统民居的建筑文化和建造技术，提供相应技术指导。完善抗震加固方法，对传统民居进行抗震改造不得破坏其传统风貌。农村危房改造工作中，如涉及县级以上文物保护单位的搬迁和改扩建项目，应依法履行相关报批手续。

十一、全面加强农村危房改造风貌管理

农村危房改造应实施风貌管理。改造后农房要体现地域特征、民族特色和时代风貌，注重保持田园和传统特色。开展农村危房改造的县都应制定或具备符合当地实际的农房设计图及风貌管理要求。风貌管理要求应包括选址、建筑体量、外观等方面内容，并纳入村庄规划。县级住房城乡建设部门应在开工前将农房设计图及风貌管理要求送达危房改造农户，加强现场指导，并将建筑风貌作为竣工验收的内容。省级住房城乡建设部门应对县级农村危房改造风貌管理工作予以指导和支持，汇总各县农房设计图及风貌管理要求、实施风貌管理的危房改造农户比例等情况，并于2015年底前报住房城乡建设

部。各地农村危房改造风貌管理的情况将列为农村危房改造年度绩效评价的内容。对农村危房改造风貌管理工作先进的地区，住房城乡建设部将予以表扬。

十二、完善农户档案管理

农村危房改造实行一户一档的农户档案管理制度，批准一户、建档一户。每户农户的纸质档案必须包括档案表、农户申请、审核审批、公示、协议等材料，其中档案表要按照全国农村危房改造农户档案管理信息系统（以下简称信息系统）公布的最新样表制作。在完善和规范农户纸质档案管理与保存的基础上，严格执行农户纸质档案表信息化录入制度，将农户档案表及时、全面、真实、完整、准确地录入信息系统。各地要按照农村危房改造绩效评价和试行农户档案信息公开的要求，加快农户档案录入进度，提高录入数据质量，加强对已录入农户档案信息的审核与抽验，合理处置系统中重复的农户档案。改造后农户住房产权归农户所有，并根据实际做好产权登记。

各地要加强农村住房信息系统的动态管理，按照住房城乡建设部关于开展农村危房现状调查的有关要求，补充完善调查信息，并对已录入信息实行年度更新。未录入农村住房信息系统中的危房，不能列为农村危房改造的补助对象。对于已改造危房，农村住房信息系统将按照危房改造农户档案管理信息系统中数据自动更新相应的信息。

十三、推进建筑节能示范

建筑节能示范地区各县要安排不少于5个相对集中的示范点（村），有条件的县每

个乡镇安排一个示范点（村）。每户建筑节能示范户要采用2项以上的房屋围护结构建筑节能技术措施。省级住房城乡建设部门要及时总结近年建筑节能示范经验与做法，制定和完善技术方案与措施；充实省级技术指导组力量，加强技术指导与巡查；及时组织中期检查和竣工检查，开展典型建筑节能示范房节能技术检测。县级住房城乡建设部门要按照建筑节能示范监督检查要求，实行逐户施工过程检查和竣工验收检查，并做好检查情况记录。建筑节能示范户录入信息系统的"改造中照片"必须反映主要建筑节能措施施工现场。加强农房建筑节能宣传推广，开展农村建筑工匠建筑节能技术培训，不断向农民普及建筑节能常识。

十四、健全信息报告制度

省级住房城乡建设部门要严格执行工程进度月报制度，于每月5日前将上月危房改造进度情况报住房城乡建设部。省级发展改革、财政部门要按照有关要求，及时汇总并上报有关农村危房改造计划落实、资金筹集、监督管理等情况。各地要组织编印农村危房改造工作信息，将建设成效、经验做法、存在问题和工作建议等以简报、通报等形式，定期或不定期上报三部委。省级住房城乡建设部门要会同发展改革、财政部门于2016年1月底前将2015年度农村危房改造总结报告报三部委。

十五、完善监督检查制度

各地要认真贯彻落实本通知要求和其他有关规定，主动接受纪检监察、审计和社会监督。各级住房城乡建设、发展改革、财政

等部门要定期对资金的管理和使用情况进行监督检查，发现问题，及时纠正，严肃处理。问题严重的要公开曝光，并追究有关人员责任，涉嫌犯罪的，移交司法机关处理。加强农户补助资金兑现情况检查，坚决查处冒领、克扣、拖欠补助资金和向享受补助农户索要"回扣"、"手续费"等行为。财政部驻各地财政监察专员办事处和发改稽查机构要加强对各地农村危房改造资金使用情况的日常监管，根据《财政违法行为处罚处分条例》（国务院令第427号）和《中央预算内投资补助和贴息项目管理办法》（国家发展改革委第3号令）等相关规定，加大对挤占、挪用、骗取、套取农村危房改造资金行为的监督检查和惩处力度。

农村危房改造实施全程监管和绩效评价。各地要进一步完善公示制度，必须将当年农村危房改造政策、补助对象基本信息和各审查环节的结果在村务公开栏公示，加大对公示环节落实情况的检查。要加强农房质量安全管理和风貌管控，做好危房改造实施全过程的现场技术指导和检查。要继续完善农村危房改造农户档案管理信息系统，进一步推进农户档案信息公开，鼓励社会各界利用信息系统公开查询与监督。要广泛收集并及时调查和处理群众举报的信息，建立信息定期反馈机制。要建立健全农村危房改造绩效评价制度，完善激励约束并重、奖惩结合的任务资金分配与管理机制，逐级开展年度绩效评价。各地住房城乡建设部门要会同发展改革、财政部门参照《农村危房改造绩效评价办法（试行）》（建村〔2013〕196号）实施年度绩效评价，全面监督检查当地农村危房改造任务落实、政策执行、资金使用情

况。地震高烈度设防地区农房抗震改造的任务落实、补助标准倾斜、实施效果也要纳入绩效评价范围。

十六、加强组织领导与部门协作

各地要加强对农村危房改造工作的领导，建立健全协调机制，明确部门分工，密切配合。各地住房城乡建设部门、发展改革和财政部门要在当地政府领导下，会同民政、地震、民族事务、国土资源、扶贫、残联、环保、交通运输、水利、农业、卫生、文物等有关部门，共同推进农村危房改造工作。地方各级住房城乡建设部门要通过多种方式，积极宣传农村危房改造政策，认真听取群众意见建议，及时研究和解决群众反映的困难和问题。

（中华人民共和国住房和城乡建设部
中华人民共和国国家发展和改革委员会
中华人民共和国财政部）

住房城乡建设部办公厅 财政部办公厅关于进一步发挥住宅专项维修资金在老旧小区和电梯更新改造中支持作用的通知

（2015年10月17日　建办房[2015]52号）

各省、自治区住房城乡建设厅、财政厅，直辖市建委（房地局）、财政局，新疆生产建设兵团建设局、财务局：

根据《住宅专项维修资金管理办法》（建设部、财政部令第165号，以下简称《办法》）的有关规定，为进一步发挥住宅专项维修资金（以下简称维修资金）在老旧小区和电梯更新改造中的支持作用，提高维修资金的使用效率，维护维修资金所有者的合法权益，现将有关事项通知如下：

一、用好维修资金，支持老旧小区和电梯更新改造

老旧小区改造，有利于改善人居环境，提升人民群众的生活质量，促进城市的有机更新和持续发展，是惠及百姓的民生工程。老旧电梯更新，有利于方便业主居民的出行，消除电梯运行的安全隐患，保障人民群众的生命财产安全。加大维修资金的投入，是建立老旧小区和电梯更新改造多方资金筹措机制的重要途径，有利于实现物尽其用，提高维修资金使用效率，发挥维修资金在保障住宅共用部位、共用设施设备维修、更新和改造中的积极作用。

二、明确使用范围，突出更新改造的目标重点

维修资金的使用，应当按照《办法》规定的使用范围和分摊规则，遵循方便快捷、公开透明、受益人与负担人相一致的原则。

在老旧小区改造中，维修资金主要用于房屋失修失养、配套设施不全、保温节能缺失、环境脏乱差的住宅小区，改造重点包括以下内容：

（一）房屋本体：屋面及外墙防水、外墙及楼道粉饰、结构抗震加固、门禁系统增设、门窗更换、排水管线更新、建筑节能及保温设施改造等；

（二）配套设施：道路设施修复、路面硬化、照明设施更新、排水设施改造、安全防范设施补建、垃圾收储设施更新、绿化功能提升、助老设施增设等。

在电梯更新中，维修资金主要用于运行时间超过15年的老旧电梯的维修和更换。未配备电梯的老旧住宅，符合国家和地方现行有关规定的，经专有部分占建筑物总面积三分之二以上的业主且占总人数三分之二以上业主（以下简称双三分之二）同意，可以使用维修资金加装电梯。

各地可以根据实际情况确定本地区老旧小区及电梯更新改造的标准和内容。

三、切实履行职责，加强维修资金使用的指导监督

使用维修资金改造老旧小区和更新电梯，应当按照《办法》第二十二条和第二十三条规定的程序办理。在使用维修资金过程中，各地住房城乡建设（房地产）部门应当加强对业主大会、业主委员会和物业服务企业的指导和监督，推行公开招投标方式选聘施工单位，引导第三方专业机构参与审价、监理、验收等使用管理工作，督促业主委员会和物业服务企业履行维修资金的用前表决、工程内容、验收结果及费用分摊等事项的公示义务，保证维修资金使用的公开透明。同时，应当督促建设单位或者公有住房售房单位，分摊未售出商品住宅或者公有住房的更新改造费用，强化落实住房城乡建设（房地产）部门或者街道办事处、乡镇人民政府组织代修的义务，以保证危及房屋安全的紧急情况发生时，老旧小区和电梯更新改造工作能够及时开展。

使用维修资金更新、加装电梯的，应当接受质监部门的技术指导和监督检查，应当取得质监部门出具的鉴定意见和验收合格证明。

使用维修资金开展老旧小区和电梯更新改造，应当符合财务管理和会计核算制度的有关规定。使用由财政部门负责管理的已售公有住房维修资金，业主委员会、物业服务企业或者公有住房售房单位应当向财政部门申请列支。

维修资金的使用和管理，应当依法接受审计部门的审计监督，并向社会公开审计结果。

四、优化表决规则，提高业主组织的决策效率

在老旧小区和电梯更新改造中使用维修资金，为解决业主"双三分之二"表决难题，降低业主大会和业主委员会的决策成本，提高业主使用维修资金的决策效率，各地可以根据《业主大会和业主委员会指导规则》（建房[2009]274号）的有关规定，指导业主大会在管理规约和业主大会议事规则中约定以下表决方式：

（一）委托表决：业主将一定时期内维修资金使用事项的表决权，以书面形式委托给业主委员会或者业主代表行使；

（二）集合表决：业主大会对特定范围内的维修资金的使用事项，采取一次性集合表决通过后，授权业主委员会或者物业服务企业分批使用；

（三）默认表决：业主大会约定将未参与投票的业主视为同意维修资金使用事项，相应投票权数计入已投的赞成票；

（四）异议表决：在维修资金使用事项中，持反对意见的业主专有部分占建筑物总面积三分之一以下且占总人数三分之一以下的，视为表决通过。

五、确保应急维修，及时消除房屋使用安全隐患

发生下列危及房屋使用和人身财产安全的紧急情况，需要使用维修资金对老旧小区和电梯立即进行更新改造的，可以不经过业主"双三分之二"表决同意，直接申请使用维修资金：

（一）电梯故障；

（二）消防设施故障；

（三）屋面、外墙渗漏；

（四）二次供水水泵运行中断；

（五）排水设施堵塞、爆裂；

（六）楼体外立面存在脱落危险；

（七）其他危及房屋使用和人身财产安全的紧急情况。

老旧小区和电梯更新改造需要应急使用维修资金的，业主委员会、物业服务企业或者公有住房售房单位向物业所在地的住房城乡建设（房地产）部门、公有住房维修资金管理部门提出申请。

没有业主委员会、物业服务企业或者公有住房售房单位的，可以由社区居民委员会提出申请，住房城乡建设（房地产）部门或者街道办事处、乡镇人民政府组织代修，代修费用从维修资金账户中列支。

住房城乡建设（房地产）部门、公有住房维修资金管理部门应当在接到应急使用维修资金申请后3个工作日内作出审核决定。应急维修工程竣工验收后，组织维修的单位应当将使用维修资金总额及业主分摊情况在住宅小区内的显著位置公示。

六、建设信息平台，保障业主的参与权和监督权

各地应当充分利用移动互联网、大数据和云计算等现代网络信息技术，建设业主共同决策电子平台，便于业主通过计算机和手机等电子工具参与小区共同事务决策，提高业主参与维修资金使用表决的投票率，保证计票的准确率，解决业主到场投票表决的难题。

各地维修资金管理部门应当建立统一的维修资金信息管理系统，推进维修资金归集、使用、核算、查询和监督等工作的信息化和网络化，逐步实现维修资金管理流程规范化、过程要件格式化、监督管理透明化，开辟方便快捷的查询渠道，切实保障业主维修资金的知情权和监督权。

为加大维修资金使用管理的公开力度，各地维修资金管理部门应当建立维修资金公告制度，将本地区年度维修资金交存、支出、增值和结余等情况在当地政府网站、报刊等媒体上进行公告。各地住房城乡建设（房地产）主管部门应当指导监督业主委员会、物业服务企业建立维修资金公示制度，将本小区年度维修资金使用、增值和结余等情况在住宅小区内的显著位置公示。

七、加强统计分析，改革创新维修资金使用管理制度

2014年开始建立的维修资金归集、使用、增值和管理数据统计制度，是全面摸清维修资金底数，及时掌握维修资金管理动态信息，辅助维修资金监管工作和完善维修资金法规政策的基础性工作。各地维修资金管理部门应当高度重视此项工作，完善维修资金统计制度和信息报送制度，加强维修资金管理的动态监测和分析，全面、准确、及时汇总上报维修资金基础性数据信息。

在加大维修资金对老旧小区和电梯更新改造的支持力度的同时，各地应当以当前维修资金使用管理中存在的问题为导向，借鉴国内外先进经验，根据本地的实际情况，积极探索在维修资金使用中引入商业保险，在专户银行选择中引入市场竞争机制等制度创新，进一步发挥维修资金对于保障住房正常使用的积极作用。

（中华人民共和国住房和城乡建设部办公厅
财政部办公厅）

住房城乡建设部关于加强既有房屋使用安全管理工作的通知

（2015年8月28日　建质[2015]127号）

各省、自治区住房城乡建设厅，北京市住房城乡建设委，天津市城乡建设委、国土资源房屋管理局，上海市城乡建设管理委、住房保障房屋管理局，重庆市城乡建设委、国土资源房屋管理局：

近期，全国发生多起既有房屋垮塌或局部坍塌事故，造成群众生命财产巨大损失和恶劣社会影响。为进一步加强既有房屋使用安全管理，坚决遏制垮塌事故发生，现将有关要求通知如下：

一、全面落实房屋使用安全主体责任

房屋使用安全涉及公共安全，房屋产权人作为房屋的所有权人，承担房屋使用安全主体责任，应当正确使用房屋和维护房屋安全。各地要强化宣传引导，提高产权人和使用人的主体责任意识和公共安全意识，减少影响和破坏房屋使用安全的行为，严禁擅自变动房屋主体和承重结构、改变阳台用途等装修行为，有效履行房屋维修保养义务。要督促房屋产权人和其委托的管理服务单位加强房屋使用安全管理，加强日常巡视和监督，及时劝阻不当使用行为，对拒不整改或已造成房屋损坏的，要立即报告当地住房城乡建设（房地产）主管部门依法处理。

二、加快健全房屋使用安全管理制度

建立房屋安全日常检查维护制度，房屋产权人和其委托的管理服务单位要定期对房屋安全进行检查，发现问题立即维修，对疑似存在安全隐患的应委托有资质的房屋安全鉴定机构进行鉴定，并告知当地住房城乡建设（房地产）主管部门。各级住房城乡建设（房地产）主管部门要督促房屋产权人和其委托的管理服务单位切实履行安全检查义务，对其报告的安全隐患鉴定结果及时进行确认，逐步建立本地区房屋安全管理档案，加强动态监管，有条件的地区可试行对超过设计使用年限的房屋实施强制定期检查制度。

三、切实做好危险房屋整治工作

对经鉴定为危险房屋的，各地住房城乡建设（房地产）主管部门应按照有关规定，督促房屋产权人及时进行解危。各地要不断创新危房鉴定、解危的方式方法，加大资金投入，多方筹措，提高房屋维修资金的使用效率，保证危险房屋整治工作的顺利开展。对一些确实难以由产权人独自进行解危的，应集合政府、社会、产权人等各方力量，共同参与危险房屋改造工作。要结合本地区棚户区改造工作，将符合条件的城市危房纳入改造范围，优先安排改造。要加快研究探索房屋工程质量保险制度，通过市场化手段保障房屋使用安全。

各级住房城乡建设（房地产）主管部门要高度重视房屋使用安全管理工作，积极争取本级政府支持，切实加强组织领导，明确职责分工，努力做好队伍、资金保障，结合实际研究制订本地区房屋使用安全管理措施，不断提高既有房屋使用安全管理水平，切实保障人民生命财产安全。

（中华人民共和国住房和城乡建设部）

住房城乡建设部、财政部、国务院扶贫办关于加强建档立卡贫困户等重点对象危房改造工作的指导意见

（2016年11月3日　建村〔2016〕251号）

各省、自治区、直辖市住房城乡建设厅（建委、农委）、财政厅（局）、扶贫办（局），新疆生产建设兵团建设局、财务局、扶贫局：

帮助住房最危险、经济最贫困农户解决最基本的安全住房是农村危房改造始终坚持的基本原则，建档立卡贫困户、低保户、农村分散供养特困人员和贫困残疾人家庭（以下简称4类重点对象）是"十三五"期间农村危房改造的重点和难点。为贯彻落实中央关于脱贫攻坚的工作部署，实现到2020年农村贫困人口住房安全有保障和基本完成存量危房改造的任务目标，现就加强4类重点对象危房改造工作提出如下意见。

一、总体要求

（一）总体思路

全面贯彻落实《中共中央、国务院关于打赢脱贫攻坚战的决定》和中央扶贫开发工作会议精神，按照精准扶贫、精准脱贫的基本方略，把4类重点对象放在农村危房改造优先位置，以保障其住房安全为目标，统筹规划、整合资源、加大投入、创新方法、精心实施，确保2020年以前圆满完成585万户4

类重点对象危房改造任务。

（二）基本原则

安全为本。牢牢把握脱贫攻坚目标要求，以实现4类重点对象住房安全有保障为目的，实施农村危房改造。

减轻负担。加大政策倾斜支持力度，控制农村危房改造建筑面积，推进加固改造，实施特困户兜底政策，避免因建房返贫。

扎实推进。科学制定农村危房改造进度计划，确保质量和效果，避免冒进，做好与相关规划的衔接。

明确责任。地方承担农村危房改造主体责任，省（自治区、直辖市）负总责，市（地）县抓落实，中央统筹指导并给予补助。

二、采取有效措施，推进适宜改造方式

（一）兜底解决特困户住房安全。对于自筹资金和投工投料能力极弱的特困户，通过建设农村集体公租房、利用闲置农房和集体公房置换、提高补助资金额度等方式，兜底解决特困户住房安全问题。

（二）大力推广加固改造方式。优先选择加固方式对危房进行改造，原则上C级危房必须采用加固方式改造。各地要结合本地

实际，组织动员科技人员，大力推广造价低、工期短、安全可靠的农房加固技术。加强对加固改造益处的宣传教育，制定鼓励加固政策，建立有效的组织实施方式。

（三）开发推广低造价农房建造技术。各地要研究推广现代夯土农房等低造价、功能好、安全、绿色的农房建造技术，加强当地传统建筑材料的利用研究，传承和改进传统建造工法，探索符合标准的就地取材建房技术方案，节约改造资金，提高居住功能。

（四）严格控制建房面积。4类重点对象改造房屋的建筑面积原则上1至3人户控制在40控制在平方米以内，且1人户不低于20平方米、2人户不低于30平方米、3人户不低于40平方米；3人以上户人均建筑面积不超过18平方米，不得低于13平方米。各地可根据当地的民族习俗、气候特点等实际情况，制定细化面积标准。对于自筹资金和投工投料能力极弱、需要社保政策兜底脱贫的特困户，改造房屋面积按下限标准控制。

（五）保障安全和基本卫生条件。4类重点对象的农村危房改造要执行最低建设要求，必须达到主要部件合格、结构安全。地震高烈度设防地区的农房改造后应达到当地抗震设防标准。改造后的农房应具备卫生厕所、人畜分离等基本居住卫生条件。

三、加大资金支持力度

（一）加大财政资金支持力度。各地要加大投入，根据4类重点对象的贫困程度、房屋危险程度和改造方式等制定分类分级补助标准。自2017年起，中央财政补助资金将集中用于4类重点对象的危房改造工作，并适当提高补助标准。

（二）建立金融扶持机制。各地应将危房改造纳入脱贫攻坚金融支持范围，积极开展与金融机构的合作，通过建立贷款风险补偿机制，实施贷款贴息补助等方式，帮助有信贷需求的贫困户多渠道、低成本筹集危房改造资金。中央将根据地方信贷贴息工作开展情况，对地方给予指导和支持。

（三）多渠道筹措资源。各地可按照中央关于贫困县统筹整合使用财政涉农资金的要求，统筹支持贫困户危房改造。充分发挥农民的主体作用，通过投工投劳、互帮互助等降低改造成本，积极发动社会力量捐赠资金和建材器具等，鼓励志愿者帮扶，帮助4类重点对象改造危房。

四、加强指导监督

（一）做好技术服务和巡查验收管理。各地要编制符合安全要求及农民习惯的农房设计通用图集并免费发放到户，引导选择低成本改造方式。要提供主要建材质量检测服务。各级住房城乡建设部门要加强施工现场质量安全巡查与指导监督，按要求及时组织验收，所有检查项目全部合格后方能全额拨付补助款项。

（二）强化申请批准和档案管理。各地要严格执行农户自愿申请、村民会议或村民代表会议民主评议、乡（镇）审核、县级审批等对象确认程序。要严格执行农村危房改造农户档案管理制度，加快农户档案信息录入，加强对已录入农户档案信息的审核与抽验。县级扶贫、民政、残联等部门要及时更新贫困户信息，加强信息共享。

（三）加强监督检查。各地要落实补助对象在村和乡镇两级公示制度，进一步推进危房改造农户档案信息公开。要严格执行年

度绩效评价和工程进度月报制度，住房城乡
建设部、财政部每年将通报各省工作绩效，
约谈工作落后省份。县级财政部门要及时拨
付补助资金至农户"一卡通"账户。各地要
主动接受纪检监察、审计和社会监督，坚决
查处挪用、冒领、克扣、拖欠补助资金和索

要好处费等违规、违纪、违法行为。

（中华人民共和国住房和城乡建设部
中华人民共和国财政部
国务院扶贫开发领导小组办公室）

住房城乡建设部办公厅 国家发展改革委办公厅 财政部办公厅关于印发《棚户区改造工作激励措施实施办法（试行）》的通知

（2016年12月19日　建办保[2016]69号）

各省、自治区住房城乡建设厅、发展改革委、财政厅，北京市住房城乡建设委、重大项目办公室、发展改革委、财政局，上海市住房城乡建设委、发展改革委、财政局，天津、重庆市城乡建设委、国土资源房屋管理局、发展改革委、财政局，新疆生产建设兵团建设局、发展改革委、财务局：

根据《国务院办公厅关于对真抓实干成效明显地方加大激励支持力度的通知》（国办发[2016]82号）要求，为鼓励各地干事创业、真抓实干，有效推进棚户区改造工作，我们制定了《棚户区改造工作激励措施实施办法（试行）》。现印发给你们，请认真贯彻落实。

中华人民共和国住房和城乡建设部办公厅
国家发展和改革委员会办公厅
财政部办公厅
2016年12月19日
（此件主动公开）

棚户区改造工作激励措施实施办法（试行）

第一条 为贯彻落实《国务院办公厅关

于对真抓实干成效明显地方加大激励支持力度的通知》（国办发[2016]82号）精神，鼓励各地干事创业、真抓实干，有效推进棚户区改造（以下简称棚改）工作，制定本办法。

第二条 本办法的激励支持对象是指年度棚改工作积极主动、成效明显的省（自治区、直辖市，含兵团，下同）。

年度激励支持的省（区、市）数量在8个左右，并适当兼顾东中西部地区的差异。

第三条 每年1月，住房城乡建设部根据上一年度棚改工作情况，会商国家发展改革委、财政部，提出拟予激励支持的建议名单，并报送国务院。

第四条 拟激励支持地方名单的提出，主要考虑棚改年度任务、工作进度、货币化安置情况、中央预算内投资项目开工和投资完成情况、中央财政补助资金使用情况，同时参考资金筹集、工作成效、日常管理、守法执规等情况，并结合国务院大督查、部门日常督查、相关专项督查、审计等情况综合评定。

在具体评定拟激励支持名单时，可根据上一年度实际情况，进一步听取有关部门和单位意见，或核查有关地方的相关情况。

第五条 对在棚改工作中具有下列情形

之一的地方，实行一票否决，不列入拟激励支持名单：

（一）棚改年度任务未完成的；

（二）在国务院大督查中发现问题较多、工作不力的；

（三）对上一年度棚改工作审计发现问题整改不力、进展缓慢的；

（四）存在其他严重问题，有必要取消其激励支持资格的。

第六条 国家发展改革委会同住房城乡建设部在安排保障性安居工程中央预算内投资时，对受表扬激励的地方给予适当倾斜支持。

第七条 财政部会同住房城乡建设部在安排中央财政城镇保障性安居工程专项资金时，对受表扬激励的地方给予适当倾斜支持。

第八条 有条件的省（区、市）住房城乡建设、发展改革、财政部门，可以根据国办发〔2016〕82号文件及本办法，并结合当地实际，制定相应的配套措施，加大激励力度，增强激励效果。

第九条 本办法由住房城乡建设部、国家发展改革委、财政部负责解释。

第十条 本办法自发布之日起施行。

相关政策法规简介

《太原市人民政府办公厅关于印发太原市既有居住建筑节能改造实施方案的通知》

发文机构：太原市人民政府办公厅

发文日期：2015年2月16日

文件编号：并政办发[2015]12号

为改善大气环境质量、提升城市形象，构建节约型和环境友好型城市，市政府决定从2015年起，利用五年时间，对全市4000万平方米既有居住建筑实施节能改造。改造范围为城六区范围内，2007年10月1日前竣工，不在城市规划拆迁范围内，抗震和结构安全性能较好，改造后能继续安全使用20年以上的既有非节能居住建筑。改造内容包括：1.围护结构改造，包括外墙、屋面、门窗等保温改造及外立面整治；2.室内采暖系统改造，包括供热计量及室温调控系统改造；3.室外供热系统改造，包括热源（热力站）及供热管网热平衡改造。既有居住建筑节能改造按照65%的建筑节能标准实施改造。资金来源主要包括：1.中央奖励资金，依据《北方采暖地区既有居住建筑供热计量及节能改造奖励资金管理暂行办法》（财建[2007]957号），申请中央财政按照寒冷地区45元/平方米的标准给予奖励；2.省级配套资金，申请省财政按照45元/平方米的标准，给予相应配套资金；3.市级配套资金，市财政按照45元/平方米的标准进行配套，列入财政预算，在项目实施前到位；4.区级

配套资金，区级财政按照20元/平方米的标准进行配套；5.省城大气环境污染治理专项资金，从省政府支持我市的"省城大气环境污染治理专项资金"中筹集部分资金，用于节能改造；6.大型企业、大专院校及有条件的单位，出资参与改造，承担本单位职工集中连片住宅节能改造的大型企业、大专院校及有条件的单位，在享受中央、省、市财政奖励配套资金的基础上，自筹资金实施改造；7.供热企业出资改造，供热企业按照15元/m²的标准，支持所属热力站供热范围内项目实施节能改造；8.企业融资改造，由市热力公司担保，能源管理公司承贷，市本级资金作为资本金，以建筑节能改造项目贷款方式，向银行融资解决能源管理公司实施改造项目资金缺口，贷款由市财政负责偿还；9.鼓励房屋产权人出资参与改造，按照国家现行节能改造政策，原则上房屋所有权人按照综合造价20%左右的比例分担部分改造费用。

《住房城乡建设部建筑节能与科技司关于印发2015年工作要点的通知》

发文机构：住房和城乡建设部建筑节能与科技司

发文日期：2015年2月26日

文件编号：建科综函[2015]23号

2015年的建筑节能与科技工作，将按照

党中央国务院关于建设生态文明、推进新型城镇化节能绿色低碳发展、应对气候变化及防治大气污染的总体要求，深入贯彻落实党的十八大，十八届三中、四中全会，中央城镇化工作会议精神，根据全国住房城乡建设工作会议部署，围绕住房城乡建设领域中心工作，充分发挥科技进步对住房城乡建设领域的支撑服务与引领作用，努力实现建筑节能与科技工作新发展新突破。

进一步扩大既有建筑节能改造规模。2015年全年完成北方既有居住建筑供热计量及节能改造1.5亿平方米；累计完成重点城市高耗能公共建筑节能改造1600万平方米。建立健全大型公共建筑节能监管体系，促使高耗能公共建筑按节能方式运行。继续做好省级能耗监管平台、节约型校园和医院建设及验收，扩大公共建筑节能改造范围与规模。

《天津市人民政府办公厅转发市国土房管局拟定的中心城区散片旧楼区居住功能综合提升改造实施方案的通知》

发布单位：天津市人民政府办公厅
发布时间：2015年2月26日
文件编号：津政办发[2015]11号
通知规定改造范围为本市外环线以内，3幢楼以下（含3幢楼）、建成年代较早、房屋及配套设施设备老化、影响居民正常居住使用的散片旧楼区，包括公产房（单位产、直管公产）、私产（房改购房、合作建房、危改还迁房等）、宗教产和军产以及早期建成且无人管理的商品房。不包括历史风貌建筑、新建商品房、超出设计使用年限未经加固处理的住宅楼房和已列入近3年拆迁计划

的旧楼房。因拆迁计划调整等原因，遗留的中心城区成片旧楼区一并纳入散片旧楼区提升改造计划。

2015年9月底前完成852个小区、806.21万平方米旧楼区改造任务，约12.2万户、30万群众直接受益。其中，散片旧楼区819个、666.85万平方米；成片旧楼区33个、39.36万平方米。

通知还对整修内容、工作步骤、资金安排、职责分工等内容作出规定。

《住房城乡建设部 国家安全监管总局关于进一步加强玻璃幕墙安全防护工作的通知》

发布单位：住房和城乡建设部、国家安全生产监督管理总局
发布时间：2015年3月4日
文件编号：建标[2015]38号
《通知》严格落实既有玻璃幕墙安全维护各方责任。（一）明确既有玻璃幕墙安全维护责任人。要严格按照国家有关法律法规、标准规范的规定，明确玻璃幕墙安全维护责任，落实玻璃幕墙日常维护管理要求。玻璃幕墙安全维护实行业主负责制，建筑物为单一业主所有的，该业主为玻璃幕墙安全维护责任人；建筑物为多个业主共同所有的，各业主要共同协商确定安全维护责任人，牵头负责既有玻璃幕墙的安全维护。（二）加强玻璃幕墙的维护检查。玻璃幕墙竣工验收1年后，施工单位应对幕墙的安全性进行全面检查。安全维护责任人要按规定对既有玻璃幕墙进行专项检查。遭受冰雹、台风、雷击、地震等自然灾害或发生火灾、爆炸等突发事件后，安全维护责任人或其委托的具有相应资质的技术单位，要及时对可

能受损建筑的玻璃幕墙进行全面检查，对可能存在安全隐患的部位及时进行维修处理。（三）及时鉴定玻璃幕墙安全性能。玻璃幕墙达到设计使用年限的，安全维护责任人应当委托具有相应资质的单位对玻璃幕墙进行安全性能鉴定，需要实施改造、加固或者拆除的，应当委托具有相应资质的单位负责实施。（四）严格规范玻璃幕墙维修加固活动。对玻璃幕墙进行结构性维修加固，不得擅自改变玻璃幕墙的结构构件，结构验算及加固方案应符合国家有关标准规范，超出技术标准规定的，应进行安全性技术论证。玻璃幕墙进行结构性维修加固工程完成后，业主、安全维护责任单位或者承担日常维护管理的单位应当组织验收。

《北京市住房和城乡建设委员会关于发布北京市地方标准〈农村既有单层住宅建筑综合改造技术规程〉的通知》

发布单位：北京市住房和城乡建设委员

发布时间：2015年5月15日

文件编号：京建发[2015]185号

根据北京市质量技术监督局《关于印发2013年北京市地方标准制修订项目计划的通知》（京质监标发[2013]136号）的要求，由北京市房地产科学技术研究所主编的《农村既有单层住宅建筑综合改造技术规程》已经北京市质量技术监督局批准，北京市质量技术监督局、北京市住房和城乡建设委员会共同发布，编号为DB11/T 1199-2015，代替《北京市既有农村住宅建筑(平房)综合改造实施技术导则》（京建发[2012]100号），自2015年8月1日起实施。

该规程由北京市住房和城乡建设委员会、北京市质量技术监督局共同负责管理，由北京市房地产科学技术研究所负责解释工作。

《青海省城乡住房建设领导小组办公室关于做好2016年城镇保障性住房和棚户区改造计划工作的通知》

发布单位：青海省城乡住房建设领导小组办公室

发布时间：2015年5月21日

文件编号：青房组办[2015]11号

该通知要求做好年度计划申报工作：1.鼓励各地通过发放租赁补贴方式实施公共租赁住房保障；努力把一些存量商品住房转为公共租赁住房。从2016年起，确需新建公共租赁住房的市（州）县，要将申请轮候数量、新建项目选址、项目配套基础设施等情况报送省级住房城乡建设部门备案，确保公共租赁住房与配套基础设施同步规划、同步报批、同步建设、同步交付使用。2.各地要结合经济形势和房地产市场形势，统筹兼顾民生改善和经济发展，能多做尽量多做，并把城市危房纳入棚户区改造政策范围优先安排。依据《2013～2017年棚户区改造规划》所列项目，尽快启动2016年城镇棚户区和城市危房改造项目前期工作，积极引导和鼓励居民通过选购存量商品住房等实施货币化安置，确需建设安置住房的要加快办理项目前期手续。3.提前启动实施已经编制了修建性详细规划和综合整治方案，且建设条件成熟并具备开工条件的2016年城镇保障性住房和棚户区改造项目。

《吉林省住房和城乡建设厅关于进一步加强农村危房改造监管工作的通知》

发布单位：吉林省住房和城乡建设厅
发布时间：2015年6月9日
文件编号：吉建村〔2015〕10号

为贯彻落实全国加强农村危房改造监管工作电视电话会议精神，加强农村危房改造政策执行和资金的使用管理，有效防止农村危房改造实施过程中违法违规行为的发生，确保农村危房改造工作在阳光下操作，现就加强吉林省农村危房改造监管工作通知如下：1.加强政策宣传力度；2.完善补助对象认定机制；3.强化资金使用管理；4.加大监督检查力度；5.发挥群众监督作用。

《黑龙江省住房和城乡建设厅关于加强农村危房改造工作的通知》

发布单位：黑龙江省住房和城乡建设厅
发布时间：2015年7月13日
文件编号：黑建村〔2015〕28号

通知提出如下加强农村危房改造工作要求：1.要加强政策的宣传。各地要按国家的要求，加强农村危房改造政策的宣传，使每一个危房改造户都知晓危房改造政策。2.要制定具体的农村危房改造措施。切实改造危房，切实改善贫困群体的住房条件。3.要严格履行申报公示程序。建立健全公开公示制度，补助对象及排序要在村务公开栏公示。4.要建立健全危房改造档案。5.要加强危房改造补助资金的管理。建立农村危房改造补助"一卡通"制度，减少其他环节，任何组织、任何人、任何机构不得挪用、改用、串用、滞留和整合农村危房改造补助资金。6.要杜绝危房改造搭车收费的问题。7.要加强农房建设质量监管。8.要完善危房改造咨询制度。各地要认真对待农民关于危房改造情况的咨询、反映问题。9.要加强检查工作。各地要加强对危房改造检查指导工作，协调财政、发改部门深入农村检查核实危房改造的真实性、补助资金发放情况，发现问题要立即整改，坚决维护广大农民危房改造的利益不受任何伤害。

《工业和信息化部 住房城乡建设部关于印发〈促进绿色建材生产和应用行动方案〉的通知》

发布单位：工业和信息化部、住房和城乡建设部
发布时间：2015年8月31日
文件编号：工信部联原〔2015〕309号

该通知发布了《促进绿色建材生产和应用行动方案》（以下简称《行动》）。《行动》的目标是到2018年，绿色建材生产比重明显提升，发展质量明显改善。绿色建材在行业主营业务收入中占比提高到20%，品种质量较好满足绿色建筑需要，与2015年相比，建材工业单位增加值能耗下降8%，氮氧化物和粉尘排放总量削减8%；绿色建材应用占比稳步提高。新建建筑中绿色建材应用比例达到30%，绿色建筑应用比例达到50%，试点示范工程应用比例达到70%，既有建筑改造应用比例提高到80%。

《住房城乡建设部关于发布国家标准〈既有建筑绿色改造评价标准〉的公告》

发布单位：住房和城乡建设部

发布时间：2015年12月03日

文件编号：住房和城乡建设部公告第997号

现批准《既有建筑绿色改造评价标准》为国家标准，编号为GB/T51141-2015，自2016年8月1日起实施。

本标准由我部标准定额研究所组织中国建筑工业出版社出版发行。

《江西省民用建筑节能和推进绿色建筑发展办法》

发布单位：江西省人民政府

发布时间：2015年12月16日

文件编号：省政府令第217号

《办法》规定县级以上人民政府建设主管部门应当会同有关部门组织调查分析本行政区域内既有民用建筑的建设年代、结构形式、能源消耗指标、寿命周期等，制定既有民用建筑节能改造计划，报本级人民政府批准后，有计划、分步骤实施；实施既有民用建筑节能改造，应当符合民用建筑节能强制性标准；鼓励既有民用建筑按照绿色建筑标准进行改造。

《办法》规定，国家机关办公建筑的节能改造费用，由县级以上人民政府纳入本级财政预算。居住建筑和教育、科学、文化、卫生、体育等公益事业使用的公共建筑节能改造费用，由政府、建筑所有权人共同承担。鼓励社会资金投资既有民用建筑节能改造。从事民用建筑节能改造服务的企业，可以通过协议方式分享因能源消耗降低带来的收益。鼓励金融机构按照国家规定，对既有民用建筑改造、可再生能源的应用、民用建筑节能示范和绿色建筑项目提供信贷支持。

《北京市人民政府关于进一步加快推进棚户区和城乡危房改造及配套基础设施建设工作的意见》

发布单位：北京市人民政府

发布时间：2016年1月6日

文件编号：京政发[2016]6号

该意见的工作目标是力争2015～2017年共改造包括城市危房、老旧小区在内的各类棚户区住房12.7万户、农村危房2600户，并加大配套基础设施建设力度，使城市基础设施布局更加合理、运行更加安全、服务更加便捷，切实改善群众居住条件和生活环境。意见中对加强组织领导提出如下工作要求：1.落实属地责任。各区政府要进一步提高思想认识，切实增强责任感和紧迫感，切实负起主体责任，抓紧编制具体实施方案，明确时间节点，强化责任考核，确保工作顺利推进；2.加强统筹协调。市棚户区改造和环境整治指挥部办公室要发挥好服务平台作用，统筹研究棚户区改造安置房建设、基础设施改造、历史风貌保护等各方面工作，积极创新工作思路，及时研究解决工作中遇到的困难和问题。市有关部门要按照职责分工完善配套政策措施，加大指导和协调力度，切实形成工作合力；3.强化监督检查。将棚户区改造和环境整治工作纳入市政府绩效考核。市重大办、市政府督查室要加强对各区政府、各有关部门和单位棚户区改造及配套基础设施建设实施情况的督促检查，对态度不积极、工作不主动、进展缓慢、弄虚作假的单位和责任人员予以通报批评，并限期整改。

《厦门市公共建筑节能改造示范项目管理办法》

发布单位：厦门市建设局、厦门市机关事务管理局、厦门市财政局、厦门市经济和信息化局

发布时间：2016年1月18日

文件编号：厦建科[2016]9号

为推进厦门市公共建筑节能改造重点城市建设、规范公共建筑节能改造示范项目管理，福建省厦门市建设局、厦门市机关事务管理局、厦门市财政局、厦门市经济和信息化局共同制定了《厦门市公共建筑节能改造示范项目管理办法》（以下简称《办法》）。

厦门市公共建筑节能改造重点城市建设的主要工作任务是完成300万平方米公共建筑节能改造，改造后节能率不小于20%。《办法》中明确了公共建筑节能改造申报的示范项目应满足的具体条件，包括项目应是厦门市行政区域范围内的公共建筑，项目应对采暖通风空调系统、生活热水系统、供配电与照明系统、监测与控制系统、围护结构等进行一项或多项节能改造，改造后实现单位建筑面积节能率不小于20%。改造模式须采用合同能源管理或PPP模式实施，对办公建筑分散于多个区域的公共机构，可以采用多区域联动方式实施节能改造。对有多家单位合署办公的办公建筑，可以由其中一家单位牵头、多家单位共同实施、业主委托等方式进行节能改造。示范项目应按相关规定安

装建筑用能分项计量监测系统，并将能耗数据传输至市建筑能耗监测数据中心。示范项目应提供节能改造前不少于1年连续的能源消费账单、用电设备明细及技术参数。示范项目应自申报完成之日起1年内完成改造。

《办法》明确，申报单位应为示范项目的所有权人或其授权使用权人会同节能服务机构共同申报。厦门市获财政部第八批节能减排补助资金6000万元，用于公共建筑节能改造补助；厦门市级财政还将按照实际需要安排补助资金，用于公共建筑节能改造、节能改造技术标准编制、节能改造方案评审、竣工后节能量现场测评、审核检查和宣传等费用。示范项目按照节能量审核机构核定的节能率和改造建筑面积进行补助，其补助标准为：单位建筑面积能耗下降不少于20%的，按每平方米40元的标准进行补助。已获得各级财政节能减排补贴的项目，不得重复申请此项补助资金。补助对象为公共建筑节能改造项目实施的投资主体。补助资金有一次性申请发放和分两次申请发放两种方式。

《关于认真做好全省老旧住宅小区专业经营设施设备改造升级及相关工作的通知》

发布单位：山东省住房和城乡建设厅、山东省发展和改革委员会等部门

发布时间：2016年6月4日

文件编号：鲁建发[2016]4号

该通知深入贯彻党的十八大和十八届三中、四中、五中全会及习近平总书记系列重要讲话精神，按照"政府牵头、社会参与、长远规划、分步实施，统一设计、同步改造"的思路，省、市、县三级联动，强化

市、县（市、区）政府总揽、专业经营单位实施的组织推进机制，加大政策和资金支持力度，有序推进老旧小区专业经营设施设备改造升级，切实改善群众居住环境。

通知要求凡列入省城镇和国有工矿区老旧住宅小区整治改造5年规划（2016~2020）及2015年度试点范围的项目（以下简称计划改造项目），特别是1995年前建成投入使用的老旧小区，在整治改造时同步完成专业经营设施设备改造升级，入户端口以外的通信、有线电视设施设备全部实现由专业经营单位规范管理，供电、供水、供气设施设备全部实现由专业经营单位"一户一表"管理到户，新配集中供热设施或进行供热改造的由供热单位按"一户一表"管理到户。

《贵州省"十三五"建筑节能与绿色建筑规划》

发布单位：贵州省住房和城乡建设厅

发布时间：2016年8月1日

文件编号：黔建科通[2016]273号

规划具体目标包括：强化既有建筑节能改造与绿色改造。推进重点城市公共建筑节能改造建设，以国家机关办公建筑、大型公共建筑节能改造和运行管理为重点，结合国家既有居住建筑节能改造政策，完成既有建筑节能改造200万平方米，提高既有建筑中节能建筑比重。

重点任务包括：探索既有建筑节能改造和绿色改造。制定推进既有建筑节能改造的实施意见，加强指导和监督，建立既有建筑节能改造长效工作机制，组织实施既有建筑节能改造，编制地方既有建筑节能、绿色改造的工作方案。将旧城功能优化提升改造与节能改造有机结合，在棚户区改造、城中村改造、旧住宅小区综合整治过程中，同步推进节能改造和绿色改造，倡导农危房改造中同步推进节能改造；实施重点城市公共建筑节能改造建设，制定公共建筑节能改造市场化推动政策，倡导采用PPP、合同能源管理等创新模式，推动既有公共建筑节能改造。

《河北省住房和城乡建设厅等部门关于做好2016年全省农村危房改造和灾后农房恢复重建工作的通知》

发布单位：河北省住房城乡建设厅等部门

发布时间：2016年10月12号

文件编号：冀建村〔2016〕31号

该通知综合"7·19"特大洪水灾害灾后农房恢复重建、扶贫攻坚、各地任务安排需要，以及国家下达我省农村危房改造任务等因素，确定2016年全省农村危房改造任务12.5万户。在下达各市2016年农村危房改造预安排的基础上，根据"7·19"特大洪水灾后农房恢复重建需要以及有关市任务安排意见，适当进行了调整，下达了各市农村危房改造任务，并根据各市任务分解，明确了各县（市、区）农村危房改造任务。

通知要求各地要进一步加大对农村危房改造的支持力度，多渠道解决困难群众住房问题。对低保户、农村分散供养特困人员、贫困残疾人家庭和建档立卡贫困户，通过优先安排改造任务和提高补助标准等方式，进一步加大支持力度，切实落实重点保障责任。对自筹资金和投工投料能力极弱的特困农户，加大倾斜支持力度，创新改造方式和补助政策，通过控制面积、鼓励加固改造、建设农村集体公租房等方式，做到政策托底，切实保障特困农户的基本居住安全。要积极研究制定贴息贷款办法，帮助农户筹集建设资金。

《四川省住房和城乡建设厅关于进一步做好全省既有建筑玻璃幕墙安全工作的通知》

发布单位：四川省住房和城乡建设厅
发布时间：2016年12月9日
文件编号：川建房发〔2016〕972号

通知对落实既有建筑玻璃幕墙安全维护责任提出如下要求：1.明确玻璃幕墙安全维护责任人。玻璃幕墙安全维护实行业主负责制，业主应落实玻璃幕墙日常维护责任；2.加强玻璃幕墙维护检查。安全维护责任人应当委托原施工企业或具有相应资质的技术单位对玻璃幕墙进行定期检查；3.严格规范玻璃幕墙维修加固活动。在对玻璃幕墙进行结构性维修加固时，不得擅自改变玻璃幕墙的结构构件，结构验算及加固方案应符合国家有关标准规范。县（市、区）住房城乡建设行政主管部门负责指导街道（乡、镇）按照属地管理原则，督促安全维护责任人做好玻璃幕墙安全使用维护工作。

二、标准篇

  工程建设标准和相关产品标准，对于确保既有建筑改造领域的工程质量和安全、促进既有建筑改造事业的健康发展具有重要的基础性保障作用。本篇选列行业标准《既有社区绿色化改造技术规程》《既有建筑评定与改造技术规范》《建筑外墙外保温系统修缮标准》，地方标准《黑龙江省既有建筑绿色改造评价标准》《深圳市既有居住建筑绿色改造技术规程》和《既有建筑节能改造技术规程》等，对编制情况做简单介绍。

行业标准《既有社区绿色化改造技术规程》编制简介

一、背景

《国家新型城镇化发展规划》（2014～2020）要求提高城市可持续发展能力，城市发展模式由外延扩张向内涵提升转变。我国城市建设将从增量扩张向存量优化转型。

我国既有建筑存量巨大，这些建筑建成于不同的年代，随着建筑年龄的增长、建设标准的不断发展和提高，使得大部分既有建筑品质较差，尤其是体现在建筑质量、设施配套、周边环境、资源利用和运营管理水平等方面。随着社会经济发展，人们生活条件改善需求的膨胀，高品质的建筑需求量将越来越大，然而我国有限的土地资源不允许城市建设无节制地扩张新建，因此对既有建筑及建筑所在社区进行绿色化改造，在提升城市建设品质的同时降低资源消耗和保护环境，是提升我国城市化发展质量和建设领域探索新型城市化模式的必由之路。

本规程将以城市社区为对象，实现我国绿色化改造标准由建筑单体向社区的拓展，从而进一步完善我国建设领域的绿色标准体系。以绿色化改造理念为基础，提出系统的、与经济和使用寿命相匹配的改造要求准则和技术体系，为既有社区的改造规划、设计和施工提供规范约束与技术指导。

本规程的实施，将有助于提高我国既有城市社区改造的绿色化水平，促进我国既有建筑规模化发展与城市化质量的提升，提高我国人居环境品质，促进相关产业的发展，有良好的社会效益和经济效益。

二、编制工作情况

本标准自2015年4月27日正式启动编制工作，共召开7次会议，其中4次为现场会议，3次为网络会议。编制组成员通过网络工作平台、微信群密切交流，提升了工作效率，快速推进规程的编制工作。

（一）前期标准调研

截至2015年9月，已颁布的相关标准主要有《绿色建筑评价标准》GB/T 50378、《民用建筑绿色设计规范》JGJ/T 229、《公共建筑节能改造技术规范》JGJ 176、《既有居住建筑节能改造技术规程》JGJ/T 129、《绿色办公建筑评价标准》GB/T 50908、《绿色工业建筑评价标准》GB/T 50878。近年来列入制定计划的相关标准主要有《绿色商店建筑评价标准》GB/T 51100、《既有建筑绿色改造评价标准》GB/T51141、《绿色博览建筑评价标准》以及《绿色饭店建筑评价标准》和《低能耗绿色建筑示范区技术导则》。总体而言已颁布标准和编制中的标准主要侧重新建或评价，没有系统地针对既有社区改造的技术规范。密

图1 《既有社区绿色化改造技术规程》编制工作平台

切相关的几个标准如下：

《公共建筑节能改造技术规范》JGJ 176：适用于公共建筑节能改造。针对公共建筑的节能改造工作，提出了节能诊断要求、节能改造判定原则、围护结构和空调系统等用能设备系统节能改造技术要求，以及节能效果测评方法标准。

《既有建筑绿色改造评价标准》GB/T51141：适用于公共建筑、居住建筑等多种类型建筑的绿色改造的评价。主要技术内容包括基本规定、评价指标体系、分项指标和综合评价。

《既有建筑使用功能改善技术规范》：适用于既有建筑使用功能改善工程的设计和施工。主要技术内容包括总则、术语、基本规定、设计、施工、使用和维护，主要涉及安全性改善、舒适性改善、绿色改造等。

本规范总体架构是综合参考上述相关标准，同时结合既有社区的实际而建立的。总体而言，本规范的研究编制将与相关标准保

持协调一致的关系，与其他标准共同促进我国绿色建筑规模化发展和城市化质量的提升，符合国家相关法律法规和政策要求。

（二）已经开展的编制工作

1.《规程》编制启动会

经过前期的组织筹备，经住房和城乡建设部标准定额司批准，《规程》启动会暨第一次工作会议于2015年4月27日在深圳召开。标准主管部门住房和城乡建设部标准定额研究所李铮副所长与李大伟处长、住房和城乡建设部建筑环境与节能标准化技术委员会秘书李正高工、深圳市住房和建设局节能科技与建材处刘昕处长、主编单位深圳市建筑科学研究院股份有限公司叶青董事长、副主编单位中国建筑标准设计研究院朱滨主任、编制组全体成员和专家顾问等共30人出席了会议。

李正高工宣读了规程编制组成员名单并宣布编制组正式成立。与会人员就规程所涉及的重要概念、编制大纲、分工思路、进度

计划和编制组组织管理措施等达成了共识，同时为了提高规程质量，特成立了专家顾问组。

2.《规程》编制组第二次工作会议

《规程》编制组第二次工作会议于2015年7月8日在深圳召开，主编单位深圳市建筑科学研究院股份有限公司叶青董事长、副主编单位中国建筑标准设计研究院朱滨主任及编制组全体成员等共17人出席了会议。本次会议就规程编制时的基本要求、各章节串联衔接问题、改造技术重点以及规程的具体条文、项目预算问题等方面内容进行了详细讨论并形成了共识，最后布置了下一步工作要点。本次会议后，修改形成了《既有社区绿色化改造技术规程》（初稿）。

3.《规程》编制组第三次工作会议

《规程》编制组第三次工作会议在上海顺利召开。主编单位深圳市建筑科学研究院股份有限公司叶青董事长、副主编单位中国建筑标准设计研究院赵格主任规划师、编制组成员和专家顾问等共32人出席了会议。

专家顾问肯定了本规程的框架结构，建议继续按此思路编制。经过认真细致的讨论，与会人员就社区分类与技术分级、框架调整、各章节修改意见等内容达成了共识，最后布置了下一步工作要点。本次会议同意完善修改后形成《既有社区绿色化改造技术规程》（征求意见稿）。

4.《规程》征求意见逐条讨论会

《规程》于2015年10月12日在国家工程建设标准化信息网向社会公开征求意见，时限一个月。另外，向48位行业内专家定向发送《规程》征求意见稿。截止到2015年12月10日，共收到回函的单位数30个，回函并有建议或意见的单位数29个，回函意见428条。

编制组于2015年11月30日在深圳召开《规程》征求意见逐条讨论会，并达成一致意见。

三、内容框架和重点技术问题

（一）内容框架

《规程》共包括8章，前3章分别是总则、术语和基本规定；第4章至第8章是既有社区绿色化改造流程操作体系，即诊断、策划、规划与设计、绿色施工和运营评估。

（二）重点技术问题

本规程编制主要依托"十二五"课题——"城市社区绿色化综合改造技术研究与工程示范"的研究成果，在规程编制过程中，解决了以下三个重点技术问题：

1.既有社区绿色化改造流程操作体系提炼总结

社区改造工程与新建工程最大的区别是针对"既有"，社区原有居民的利益协调是改造过程必须重点考虑的因素。针对社区改造工程的特点，结合8个示范工程的实施经验，在工程建设通用流程的基础上，制定了既有社区绿色化改造流程操作体系，包括诊断、策划、规划与设计、绿色施工、运营评估5个阶段。在每个阶段中将充分考虑社区居民意见，协调政府、市场、居民三方利益，实现共赢局面，保证社区改造这一复杂过程落地实施。

2.既有社区绿色化改造诊断指标体系提炼总结

既有社区改造与既有建筑单体改造最大的区别是建筑是社区的一部分。在社区改造中，为了充分利用既有建筑单体改造相关标准成果，既有建筑单体相关内容应尽量引用现行标准，社区改造应重点关注社区与城市及周边区域的关系、建筑本体以外的内容。

根据上述思路，结合8个示范工程的实施经验，本规程摒弃传统的规划、建筑、结构、水、暖、电、交通、经济等工程专业分类，制定了"以保证社区改造效果为目标"的既有社区绿色化改造诊断指标体系，包括用地及布局、环境质量、资源利用、交通环卫设施、建筑性能5个版块。

3.既有社区绿色化改造技术体系提炼总结

基于既有社区绿色化改造诊断指标体系，综合考虑技术经济性，建立与之匹配的既有社区绿色化改造技术体系，包括用地及布局优化、环境质量改善、资源高效利用、交通环卫设施完善、建筑性能提升、运营管理平台建设共6个版块，其中运营管理平台建设是从改造结果出发，记录验证绿色化改造效果，为后续进一步改造提升提供数据支撑。

四、小结和下一步工作

《规程》统筹考虑既有社区绿色化改造的经济可行性、技术先进性和地域适用性，着眼于社区现状问题，以提高既有社区绿色化改造效果。目前，《规程》已经完成送审稿。下一步还将开展《规程》试用工作，通过案例实践修改完善，预计2016年底可形成报批稿。

（深圳市建筑科学研究院股份有限公司供稿，叶青、鄢涛、郭永聪、郑剑娇执笔）

行业标准《既有建筑评定与改造技术规范》编制简介

我国对新建、改建和扩建的建筑工程有相应的建设法律法规和系列的规范标准。与新建建筑相比，针对既有建筑评定与改造的标准发展相对滞后，房屋建筑使用阶段的法律法规缺乏。对既有建筑评定与改造依据新建建筑的标准，使既有建筑存在的诸多问题难于得到有效的解决或是解决后未达到目的。

目前我国已经编制了一系列有关既有建筑评定、加固与改造的技术标准。这些标准对规范既有建筑的评定、加固与改造工作发挥了巨大了作用，也取得了明显的经济和社会效益。但这些标准还不能完全满足现阶段面临的既有建筑评定、加固与改造的工程实际需要，存在一系列的问题，需要编制一本既有建筑统一技术标准，将既有建筑的维护与修缮、检测与鉴定、加固与改造、废弃与拆除等工作作为一个系统来研究。

住房和城乡建设部对既有建筑存在的问题十分重视，一些省、市正在积极出台地方性法规。为了执行住房和城乡建设部的相关规定，配合这些地方性法规的实施，协助建筑产权人或业主及有关方对既有建筑实施恰当的技术措施，编制了《既有建筑评定与改造技术规范》，本文以下简称《规范》。

一、编制过程

根据中国工程建设标准化协会标准2011年第一批工程建设协会标准制定、修订计划，由中国建筑科学研究院会同北京市房屋安全管理事务中心等15家单位组成编制组，共同编制《既有建筑评定与改造技术规范》。编制组于2011年8月4日～5日在北京正式成立，并召开第一次工作会议，就中国建筑科学研究院提出的《既有建筑评定与改造技术规范》初稿进行了章节讨论，确定了分组修改分工。编制组于2012年8月1日完成征求意见稿，向科研院所、大专院校、建筑工程质量检验、房屋安全鉴定等单位征求意见。在对返回意见逐条整理和逐条斟酌的基础上，于2014年3月形成了送审稿，并在网上征求意见。于11月25日邀请业内专家对该标准进行评审。

二、主要内容

《规范》适用于既有建筑及其附属构筑物的检查修复、检测评定和加固改造。

既有建筑的检测评定和加固改造，除应符合规范的规定外，尚应符合国家现行有关标准的规定。

《既有建筑评定与改造技术规范》共分为11个章节15个附录。

规范主要内容包括以下几个方面：

1. 房屋安全责任人、使用人或管理人的权利和义务。

2. 检查和检测。

3. 评定方面。分为抵抗偶然作用能力评定、安全性评定、适用性和功能性评定以及耐久性评定。

4. 改造方面。分为修复修缮、加固改造和提升功能改造。

（一）房屋安全责任人、使用人或管理人的权利和义务

房屋安全责任人是维系和提升房屋性能和功能的责任主体，应负责既有建筑性能和功能的维系和提升，此处所指的负责并非要求房屋的安全责任人具体实施全部的技术工作，房屋建筑的管理者可将超出其能力的技术问题委托有相应能力的机构实施。

房屋使用人应遵照房屋使用规则的要求使用，不得采取影响既有建筑使用安全、公众安全和侵害他人利益的行为。这些行为除擅自拆改建筑结构，增设结构外，还包括存放易燃、易爆、侵蚀性、有碍人身健康的物品，阻塞消防通道和疏散通道，损坏消防设施等特种设施，随意拆改燃气、采暖、给排水、供电等管线和设施等行为。

房屋的使用人或管理人应对既有建筑实施常规的检查、检测和维护。既有建筑存在的影响使用的问题要靠常规的检查发现，当存在引发问题的苗头时，采取适当的维护措施可延缓甚至避免出现问题。

对于已经存在问题的既有建筑，可根据问题的类型、性质和具备的条件，采取修复修缮、加固改造、提升功能、解除危险、废弃拆除或搬迁等处理措施。对于修复修缮可采取本规范所引用的相关标准规定的修缮修复和加固改造的方法，但不排除使用其他的有效的方法。

对于要求进行绿色建筑评价的既有建筑应实施提升相应功能的改造。推进既有建筑的绿色改造，可节约利用资源，提高建筑的安全性、舒适性和健康性，具有巨大的经济效益和社会效益。

（二）检查和检测

既有建筑的检查宜采取全数查看和重点核查的方式，检验和检测宜采取随机抽样的方法。应针对既有建筑存在的特定问题或用户反映强烈的问题，确定相应的检验和测试方法，并提供专门的检测方案。对于检查中发现的一些问题，应及时采取维护或整饬等处理措施。

检查和检测可包括以下方面的内容：地基基础、主体结构、建筑的防水和保温、围护结构、设备设施、装饰装修与空气品质、附设结构物。这些方面的检查检测一般均有国家相关规范标准作为依据，所以本文中不再做介绍。

另外附录中介绍了一些近年来新发展起来的检测检查技术，比如既有建筑地基基础的地质雷达探测方法、混凝土节点区缺陷的超声波测试方法、钢材强度的无损检测方法、钢-混凝土组合结构中钢构件的无损探测方法、硅酮结构密封胶本体性能的取样测试方法和建筑地面抗滑系数现场检测方法等，弥补了现行检测检查标准规范方法的空白。

（三）评定方面

1. 抵抗偶然作用能力的评定

规范中规定既有建筑应进行抵抗规范限定的罕遇地震、爆炸、人为错误、火灾、撞击等偶然作用能力的评定。偶然作用不包括地质灾害、森林、草原火灾和泥石流等自然灾害。本章所称的偶然作用也不适用于雪灾

和风灾等气象灾害的作用。

抵抗规范限定的罕遇地震是指在《建筑抗震设计规范》GB 50011限定的罕遇地震影响下，既有建筑的抗倒塌能力的评定应遵守《建筑抗震设计规范》GB 50011或《建筑抗震鉴定标准》GB 50023的相关规定。所谓规范限定的罕遇地震是指《建筑抗震设计规范》规定的50年超越概率为2%～3%地震。

既有建筑在爆炸、冲撞、火灾和人为错误等偶然作用发生后的破坏状态：

（1）主要竖向承重构件不应丧失承受竖向荷载的能力；

（2）个别或部分构件丧失承载力后，结构不应发生倒塌或坍塌。

主体结构在火灾、爆炸、严重碰撞作用下少数构件部分或完全丧失承载力后，其他构件应具备承载力计算时，荷载的标准值按现行国家标准《建筑结构荷载规范》GB 50009确定；其中楼面可变作用可取其准永久值或频遇值，风、雪、雨等荷载和地震作用可不予叠加，计算模型中的材料性能、构件尺寸等参数可取实测数据。

既有建筑抵抗偶然作用能力的评定时也可考虑相关技术措施，同时应对意外事故发生时避免次生灾害或衍生灾害防护措施的设置情况进行评定。

此外该部分内容中还包括了疏散设施的评定，保证建筑物在抵抗偶然作用时，疏散设施能保证建筑内部人员能安全及时地进行疏散。具体评定项目包括疏散设施的设置情况、疏散设施的状况、疏散设施的构件与主体结构的连接和锚固、承载力和耐火极限。

2．安全性、适用性和耐久性的评定

安全性方面除归纳协调各设计规范、鉴定标准的内容和规定外，特地增加了对频频出现雪灾坍塌的轻型钢结构，当屋面结构不存在稳定性问题时的承载力验算内容和围护结构抵抗瞬时风承载力的验算内容。对于经历了设计规定的作用考验或偶然作用考验的结构构件，提出可采用基于构件状态的承载力评定方式。

基于近年来一些出现围护结构风毁，而主体结构并未出现问题的现象，《规范》认为，10分钟的平均风大概适用于房屋建筑的主体结构，并不适用于轻质的围护结构。阵风作用下，轻质的围护结构可能出现较大的振动，《规范》提出围护结构的外门窗、幕墙、轻质墙板和轻质屋面板等宜进行瞬时风作用下的承载力验算及瞬时风的验算方法。

适用性方面从地基基础的变形、主体结构的适用性、围护结构的功能和适用性、设备设施功能、装饰装修的适用性对既有建筑进行评定。规范认为既有建筑的位移、变形或晃动造成开裂或损伤时可评定既有建筑存在适用性问题。当建筑物功能不满足要求时，应评定其实现建筑相应功能的能力不足。

耐久性方面，提出各评定对象的耐久性极限状态标志，并对既有建筑的安全性、适用性或功能受到影响的程度做出评定意见。对于未出现耐久性极限状态标志且其不易更换的重要评定对象，如钢筋锈蚀、混凝土碱骨料反应以及钢结构涂层等，给出了推定其出现相应耐久性极限状态标志的评估使用年数的方法。

3．建筑的功能与环境品质的评定

随着经济的发展和人民生活水平的提高，建筑的功能和环境品质越来越受到重视，所以规范中也编制了相关的内容。

建筑的功能评定包括建筑功能空间的设置及功能空间的尺度、既有建筑应具备的自然功能、建筑的环境品质和既有建筑无障碍通行的情况等。

所谓功能空间是指按使用功能分割的区域或房间，如住宅中的厨房和卫生间等。所谓功能空间的设置包括是否设置和设置的数量是否满足要求。尺度则是指大小的问题。

既有建筑应具备自然通风、日照、自然采光等条件，不能获得自然通风、日照和自然采光的建筑不仅会造成能源的浪费，还不利于使用者的身心健康。有些既有建筑不要求能自然采光等，如地下室等。

既有建筑环境品质评定包括恶劣气味、噪声与振动和室内空气中的有害物质等。评定时应对建筑内外的因素进行查询、测试与分析。

（四）改造方面

1. 修复修缮

既有建筑的修复修缮应使地基基础、主体结构、建筑防水、围护结构和设备设施等受到损伤得到恢复，并应消除损伤等对性能或功能的影响。对于既有建筑局部的功能和性能存在问题宜在修复和修缮中予以改善。既有建筑的修复修缮工程宜进行工程质量的验收或确认。主要内容包括地基基础、主体结构、建筑防水、围护措施、设备系统。对修复修缮提出原则性的规定、方法和注意事项。

2. 加固改造

加固改造主要解决既有建筑存在的抗倒塌能力和承载力能力方面问题，既有建筑的适用性存在问题也应采取措施进行处理，但此时处理的目的不是提高构件的承载能力，主要是改善其位移或变形情况。主要内容包括地基基础、主体结构安全性、主体结构适用性、围护措施等。对加固改造提出原则性的规定、方法和注意事项。

3. 提升功能改造

建筑的功能空间设置不能满足规范或实际的使用要求、设备设施的能力不符合使用要求、使用阶段的能耗过高、存在环境污染问题或要求进行绿色改造的既有建筑，应采取提升建筑功能的改造。

对提升功能的改造不应盲目进行，制定改造方案应综合考虑资金情况、温室气体排放和改造后使用阶段的温室气体排放和设计使用年限。改造后应避免出现提升某项功能造成既有建筑其他性能或功能下降、以高能耗的方式替代原有低能耗的措施、对周边环境构成危害等。改造后的功能符合用户或现行有效标准的要求；实施绿色改造的既有建筑，改造后的性能或功能还应符合相应绿色建筑评价技术标准的要求。

另外公用建筑应进行无障碍通行的改造，老年人居多的多层居住建筑宜增设电梯。

三、实施前景

《既有建筑评定与改造技术规范》为提高我国既有建筑的安全性、适用性、耐久性、经济性并提高建筑物的功能，促进建设事业的可持续发展打下坚实的技术基础。为我国搭建建筑绿色化改造综合性技术服务平台提供技术依据，促使我国对既有建筑的改造工作向绿色化改造发展。促使既有建筑改造的技术先进、安全适用、经济合理、确保质量。促进我国既有建筑改造工作的顺畅、全面开展提供必要政策支持和保障。促进既有建筑改造相关产品产业化，提高我国建筑产品的技术含量和竞争力。

通过此规范搭建的既有建筑绿色化改造综合性技术服务平台可以促进既有建筑绿色改造技术的推广应用，从而引导全国既有建筑绿色改造事业的健康发展。未来将出现更多的既有建筑绿色改造关键技术的研究与示范，激发一批具有广阔市场前景的专利技术及相关产品，为技术成果转让及产业化打下良好的基础。

通过此平台可以推进绿色建筑的发展，建立"节能、环保、绿色、低排放"的新型建筑，把生态文明理念全面融入城镇化进程。节约集约利用土地、水、能源等资源，推动形成绿色低碳的生产生活方式和城市建设运营模式。

通过这个平台我们可以在全国范围内普及绿色建筑的开发，并实行绿色建筑认证制度。可以建立起第三方评价机构，可以对建筑从设计、施工到最后的投入运行进行全面的监督评估。可以对既有建筑的绿色化改造积极推进。绿色平台的研究与开发将为全社会既有建筑评定与改造提供有力的技术支撑和保障措施，引领我国今后既有建筑综合改造的发展方向。通过此平台，我国既有建筑绿色化改造综合性技术服务得以展开，新的技术、新的专利及相关产品会不断涌现，为实现我国生态文明建设，推进绿色发展、循环发展、低碳发展，节约集约利用土地、水、能源等资源，形成绿色低碳的生产生活方式和城市建设运营模式提供重要的平台。

目前该标准已通过验收，报批稿已经完成。正在进行上报的工作。

（中国建筑科学研究院建工检测中心供稿，邸小坛、周燕、常在执笔）

行业标准《建筑外墙外保温系统修缮标准》编制简介

一、标准编制背景

近年来，建筑保温节能要求日益提高，采用外墙外保温体系的建筑数量增长迅速。然而随着建筑寿命周期的推进，建筑性能不断衰减，加上气候条件、材料、设计和施工等因素，外墙外保温系统在实际使用过程中会出现种种缺陷问题，如裂缝、渗水、空鼓和脱落等。缺陷问题的产生不仅会影响建筑美观、降低外墙保温隔热效果、缩短建筑使用寿命，还会对居民的日常生活造成影响，空鼓、脱落等缺陷问题甚至存在安全隐患。

要对建筑外墙外保温系统的缺陷问题进行有效治理，应解决下列问题：如何检测和评估外墙外保温系统的质量、如何界定其损坏程度、所采用的修缮技术和修缮材料有何规定要求、修缮完成后外墙外保温系统的性能应该满足何种条件等。然而，目前相关研究有待进一步开展，相关标准缺失，给外保温系统的检测、评估和修缮等工作的推进和规范带来了困难，因此，制定既有建筑外墙外保温系统的修缮标准具有极为重要的意义。

住房和城乡建设部《关于印发<2012年工程建设标准规范制订、修订计划>的通知》（建标[2012]5号），把《建筑外墙外保温系统修缮标准》编制列入计划，编制组于2012年8月成立，经过了前期调研、初稿编制、征求意见以及送审等几个阶段后，目前已完成《建筑外墙外保温系统修缮标准》（报批稿）。

二、标准编制的关键技术要点

（一）总体思路

根据《工程建设国家标准管理办法》、《工程建设标准编写规定》等相关文件的要求，在遵循科学性、先进性和一致性的原则下，《建筑外墙外保温系统修缮标准》的编制应明确其适用范围，修缮对象包括我国外墙外保温系统常见的缺陷类型，修缮技术、修缮材料应和缺陷类型相互对应，相关技术要求应与其他国家、行业标准保持协调，且具有可操作性。

（二）关键技术要点

标准包括总则、术语、基本规定、评估、材料与系统要求、设计、施工、验收8个章节，主要的技术要点如下：

1.明确标准适用范围

随着外墙外保温技术迅速发展，涌现了多种不同材料、不同做法的外墙外保温系统。根据编制组的调研，目前，形成了以膨胀聚苯板、挤塑聚苯板、岩棉板等为代表的板材类外保温系统，无机保温砂浆、胶粉聚苯颗粒等为代表的砂浆类外保温系统，以及喷涂硬泡聚氨酯为代表的现场喷涂类外保温系统，不同外保温系统的修缮工艺有所不同，此外，外墙外保温系统饰面材料不同，修缮工艺也有所区别。鉴于此，标准的适用范围为建筑外墙饰面材料为涂料、面砖等的保温板材类、保温砂浆类和现场喷涂类的外墙外保温系统的修缮工程。

2. 定义局部修缮和单元墙体修缮

根据修缮范围，标准将外墙外保温系统修缮分为局部修缮、单元墙体修缮，并在术语章节对其进行了定义，局部修缮是指对单元墙体局部区域的外保温系统进行检查、评估和修复的活动；单元墙体修缮是指依据外保温系统检查、评估结果，将单元墙体的外保温系统全部清除，并重新铺设外保温系统的活动，其中单元墙体是指未被装饰线条、变形缝等分割的连续外保温墙体。

3. 明确外墙外保温系统评估内容及方法

建筑外墙外保温系统缺陷对建筑物的外观、保温、安全性和耐久性能均造成一定的影响，要对外墙外保温系统的缺陷进行修复，需了解缺陷产生部位、缺陷程度、缺陷面积以及缺陷产生的原因。因此，标准设定评估章节，明确初步调查、现场检查与现场检测、现场检查与现场检测结果评估的内容与方法。

初步调查包括资料收集和现场查勘，通过初步调查明确外墙外保温系统的设计、施工、使用等基本情况；现场检查与检测方法包括系统构造检查、系统损坏情况检查、系统热工缺陷检测和系统粘结性能检测，根据《居住建筑节能检测标准》JGJ/T 132、《建筑工程饰面砖粘结强度检验标准》JGJ 110等国家现行相关标准对检查与检测结果进行评估，并编制评估报告，明确系统缺陷情况，提出处理意见。

标准提出当保温砂浆类外墙外保温系统的空鼓面积比不大于15%或保温板材类、现场喷涂类外墙外保温系统的粘结强度不低于原设计值70%时，宜进行局部修缮；当保温砂浆类外墙外保温系统的空鼓面积比大于15%或保温板材类、现场喷涂类外墙外保温系统的粘结强度低于原设计值70%，或出现明显的空鼓、脱落情况时应进行单元墙体修缮。

4. 提出外墙外保温系统修缮材料要求

修缮材料的选择是否合适，将直接影响外墙外保温系统的修缮效果，而外墙保温材料种类繁多，各地对同种保温材料的性能要求也略有不同，不同保温系统对于配套材料的性能指标要求亦各不相同。编制组通过对国家、地方外墙外保温系统相关标准、政策等进行调研，确立修缮材料的性能要求。

根据国家有关规定，新建、扩建、改建建设工程使用外保温材料一律不得使用易燃材料，严格限制使用可燃材料。为消除建筑外墙外保温系统修缮工程中的火灾隐患，确保人民生命财产安全，标准规定单元墙体外墙外保温系统修缮宜采用B1级及以上的保温材料。此外，根据调研结果，标准提出界面砂浆、界面处理剂、网格布、热镀锌电焊网、锚栓等外墙外保温系统常用配套材料的性能要求以及相应的试验方法。

5. 明确外墙外保温系统修缮技术要点

根据工程实践，当外墙外保温系统局部产生缺陷时，并不一定仅对缺陷部位进行局部修缮，还需要根据工程的实际情况对具体的缺陷类型、缺陷程度、缺陷原因等进行深入分析，若发现该外墙保温系统的缺陷分布较广，且大多缺陷已渗透、蔓延至保温层或保温材料层与基层之间，局部修缮无法彻底解决外墙保温系统的问题，建议将保温层全部铲除，并重新敷设保温层。

外墙外保温系统的局部修复方案应根据饰面类型和缺陷情况等确定，标准针对裂缝、空鼓、渗水等不同的缺陷问题，提出相应的修缮技术要求，明确外墙外保温系统的修复部位需注意与原保温系统保持协调，修复部位饰面层颜色、纹理宜与未修复部位一致，局部修缮时保温层厚度应与原保温层厚度一致。

外墙外保温系统单元墙体修缮与新建筑外墙外保温系统，最大的区别在于基层处理以及相邻墙面网格布的搭接。单元墙体修缮时应将基层墙面上的落灰、杂质等清理干净，填补好墙面缺损、孔洞、非结构性裂缝，进行界面处理后，再按照《外墙外保温工程技术规程》JGJ144等国家现行相关标准重新铺设外保温系统各构造层，修复墙面与相邻墙面网格布之间应搭接或包转，搭接距离不应小于200mm。

三、结语

目前，我国外墙外保温系统应用范围广泛，然而由于材料、设计和施工等因素，外墙外保温系统普遍存在裂缝、渗水、空鼓和脱落等缺陷问题，《建筑外墙外保温系统修缮标准》的编制顺应时势，填补了国家层面上外墙外保温系统修缮技术标准的空白，标准编制完成后，可指导我国建筑外墙外保温系统修缮工程的实施，对房屋的安全、可持续利用和节能环保能起到积极的作用。

（上海市房地产科学研究院供稿，古小英、张蕊、赵为民执笔）

地方标准《黑龙江省既有建筑绿色改造评价标准》编制简介

一、背景

黑龙江省建筑年增量较大，建筑相关资源消耗总量增长较快。既有建筑能耗高，使用功能不完善。通过对既有建筑实施绿色改造，不仅可以提高既有建筑的性能，而且对节能减排具有重大意义。从我国总体的建设发展趋势来看，既有建筑绿色改造将迎来巨大挑战，需要制定专门标准对此进行支撑和引导。根据黑龙江省住房和城乡建设厅《关于对编制<黑龙江省既有建筑绿色改造评价标准>地方标准的批复》函的要求，地方标准《黑龙江省既有建筑绿色改造评价标准》由哈尔滨工业大学会同有关单位编制。在编制过程中，统筹考虑既有建筑绿色改造在节约资源、保护环境基础上的经济可行性、技术先进性和地域适用性，着力构建区别于新建建筑、体现既有建筑绿色改造特点的评价指标体系。标准编制组进行了广泛的调查研究，紧密结合黑龙江省既有建筑改造的实际情况，参考国内外有关资料，认真总结实践经验，同时以多种方式征求有关单位和专家的意见，在此背景和基础上编制了该标准。

二、编制工作情况

（一）前期文献调研

1. 国外相关标准

随着对"绿色建筑""生态建筑"的探索，国际上一些国家相继开发了绿色建筑评估体系，例如英国的BREEAM、美国的LEED评估体系、加拿大的GBTool绿色生态建筑评价工具、澳大利亚的建筑环境评价体系NABERS、日本的CASBEE、德国的生态导则DGNB、挪威的EcoProfile、法国的ESCALE等，并且从早期的单一性能指标评价发展到综合性能评价。其中英国BREEAM中的改造（Refurbishment）版本、美国LEED中的相关指标等都对《黑龙江省既有建筑绿色改造评价标准》编制起到参考作用。

2. 国内相关标准

国内现行的相关标准也为标准编制提供了参考。相关的绿色评价和节能设计的标准，例如国家现行标准《绿色建筑评价标准》GB 50378、《公共建筑节能设计标准》GB 50189、《民用建筑供暖通风与空气调节设计规范》GB 50736；行业标准《民用建筑绿色设计规范》JGJ/T 229、《公共建筑节能改造技术规范》JGJ 176、《既有居住建筑节能改造技术规程》JGJ/T 129等；相关的建筑设计标准，例如《无障碍设计规范》GB 50763、《建筑照明设计标准》GB 50034等；相关地方标准也起到了重要的参考作用，例如《既有采暖居住建筑节能改造技术规程》DBJ 07-001、黑龙江省地方标准、《黑龙江省居住建筑节能65%设计标准》DB

23/1270、《公共建筑节能标准黑龙江省实施细则》DB 23/1269、《黑龙江省绿色建筑评价标准》等。

3.国内外相关文献

国内外已有部分工程项目开始了绿色建筑改造，在研究开发和工程实践方面已积累了一些经验，为标准编制提供了基础和技术支持。

（二）已经开展的编制工作

在前期调研分析的基础上，成立了《黑龙江省既有建筑绿色改造评价标准》（以下简称《标准》）编制组。《标准》编制过程中共召开三次工作会议，现在已经完成《标准》征求意见稿。

1.《标准》编制组成立暨第一次工作会议在哈尔滨召开。会议介绍了总体的编制背景，讨论并确定了《标准》的定位、适用范围、编制重点和难点、编制框架、任务分工、进度计划等。

2.《标准》编制组第二次工作会议在哈尔滨召开。会议对《标准》初稿条文进行逐条交流与讨论，重点讨论能体现黑龙江省地域特征的既有建筑绿色改造特点的条文，并对条文的权重分值进行确定，形成了《标准》征求意见稿初稿。

3.《标准》编制组第三次工作会议在哈尔滨召开。会议讨论了对《标准》征求意见稿初稿的条文进行逐条交流与探讨，对体现黑龙江省地域特征的条文进行重点讨论，对条文说明的内容进行交流，并形成了《标准》征求意见稿。

4.《标准》编制组开展征求意见工作，征求意见专家工作单位涉及科研院所、高校及企业，专家研究领域涵盖建筑、规划、景观、暖通空调、结构、材料、给排水、电气、建筑管理等，以全面地获得对《标准》的意见和建议。编制组对专家意见逐条进行审议，据此修改了征求意见稿中的部分条文内容和条文说明内容。

三、内容框架和特色

（一）内容框架

《标准》共包括11章，前三章分别是总则、术语和基本规定；第4章至第10章是既有建筑绿色改造性能评价的7大类指标，分别是规划与建筑、结构与材料、暖通空调、给水排水、电气、施工管理和运营管理；第11章是提高与创新，即加分项。

（二）特色

由于《标准》的适用范围是黑龙江地区，因此要全面考虑黑龙江的气候、环境、资源、经济与文化等特点，采取因地制宜的绿色建筑改造措施。

1.在《标准》中新增了关于满足冬季行走、地面防滑、利于场地清雪等改造项目。黑龙江省冬季寒冷漫长，降水主要以雪的形式出现，场地中大量的积雪不仅给人们的出行带来困扰，而且极易造成安全隐患。人行路面应选用坚固、防滑的材料，或进行防滑处理，为人们行走提供便利；利用场地空间设置冬季积雪临时堆放场地，并可以根据需要形成冰雪景观，有利于冬季场地环境景观的开发利用。

2.调整了关于黑龙江省既有建筑改造的热工指标的要求。要求《标准》中围护结构热工性能达到国家和黑龙江省现行有关建筑节能设计标准的规定，即能够获得相应分数。

3.新增了关于既有建筑绿色改造在冬期

施工时混凝土的要求。结合黑龙江省的气候特点，冬期施工时应对混凝土强度增长和长期耐久性进行特殊考虑，既考虑到建筑工程质量的安全，也考虑到使用环境对耐久性的影响。

4. 调整了关于采取措施降低暖通空调系统能耗的规定。《标准》中分别考虑了集中供热建筑、独立设置冷热源的公共建筑、采用集中供热系统供暖和集中空调系统的建筑，对具有不同特点的建筑分别进行评价规定。

5. 新增了关于各机电设备及照明用电分类分项计量的规定，有利于统计各类系统设备的能耗分布，有助于分析各项能耗水平和能耗结构。

6. 调整了关于供配电系统、照明系统、智能化系统等方面的相关规定。相关指标都可参照《三相配电变压器能效限定值及能效等级》GB 20052、《建筑照明设计标准》GB 50034中的相关规定。

7. 新增了关于越冬施工建筑场地的相关规定。越冬施工的建筑场地冻结前清除地上和地下障碍物、地表积水，并平整场地与道路。冬期及时清除积雪，春融期做好排水工作。

8. 新增了关于冬期施工过程中采取的技术措施。冬期施工是黑龙江省建筑工程施工的一个必经环节，其不仅包含工程的建设过程也包含了工程的越冬期维护过程，采取合理的冬期施工方法不仅可以保证建设工程的工程质量达到设计要求，而且通过冬期施工方法的合理选择与优化可以节约能源资源。因此对冬期施工提出了适当的评价要求。

9. 新增了关于冬期施工节能的创新规定。冬期施工方法采用蒸汽法最为保守，但是耗能量巨大，因此，鼓励采用更加节能的施工方法进行施工，采用冬期施工专项施工方案的耗能量与蒸汽法冬期施工耗能量做比较，耗能率降低10%及以上。

10. 新增了关于采取冰雪利用措施的创新规定。冬季的冰雪等自然冷能，存储在浅层土壤、地下室等保温空间，转年夏季通过泵房水处理、储冷换热等环节将这些冷能资源置换出来，并用于空调制冷系统。黑龙江省冬季冰雪资源丰富，将大量的冬季冰雪应用到夏季制冷中，是黑龙江省夏季室内环境制冷空调节能的一个优势发展方向，因此鼓励在此方向的技术创新。

四、小结

《黑龙江省既有建筑绿色改造评价标准》全面考虑黑龙江省的地域性，结合国家标准《既有建筑绿色改造评价标准》，着力构建区别于新建建筑、体现既有建筑绿色改造特点的评价指标体系，提高既有建筑绿色改造效果，使既有建筑改造朝着节能、绿色、健康的方向发展。目前，《黑龙江省既有建筑绿色改造评价标准》已经完成了征求意见，正在逐步修改，下一步还将继续对《标准》进行完善，形成《标准》送审稿，推动黑龙江省既有建筑绿色改造工作有序发展。

(哈尔滨工业大学供稿，李新欣执笔)

地方标准《深圳市既有居住建筑绿色改造技术规程》编制简介

一、背景

我国既有居住建筑占既有建筑总面积的一半左右，大多数既有居住建筑存在资源消耗水平偏高、环境影响偏大、室内外环境仍需改善、使用功能有待提升等方面的不足。推进既有居住建筑绿色改造，对集约节约利用资源，提高居住建筑的安全性、舒适性和健康性，降低既有建筑能耗，提升室内环境，促进我国建筑领域的节能减排有重要意义。

深圳市一直走在全国绿色建筑发展的前列，截至目前，全市已有182个项目获绿色建筑评价标识，绿色建筑总建筑面积超过1500万m^2。虽然新建绿色建筑在稳步增长，但既有改造的绿色建筑在全市民用建筑中的比例并不高，仅为3.3%。由于深圳是一个改革开放后发展起来的新城市，当前深圳市既有建筑特别是既有居住建筑占全市民用建筑面积的比例高达77.4%，全市大部分民用建筑使用时间不足30年，不适合进行大规模拆除重建，如何将这一部分变成绿色建筑将成为提高全市绿色建筑发展的重点问题。

既有居住建筑的改造范围除了要节能，还要求结构安全、提升居民的生活环境质量等。行业标准《既有居住建筑节能改造技术规程》JGJ/T 129-201已不能满足深圳地区既有建筑绿色改造发展需求，因此急切需要制定一部适合深圳地区居民要求的新规范，

作为既有居住建筑改造的技术指导。深圳市大力支持地方既有居住建筑绿色改造发展，2013年8月27日《深圳市既有居住建筑绿色改造技术规程》（下文简称《规程》）获得深圳市住房和城乡建设局的立项批复，由中国建筑科学研究院深圳分院组织相关单位编写。

二、编制过程

中国建筑科学研究院深圳分院承担了"十二五"国家科技支撑计划课题"典型气候地区既有居住建筑绿色化改造技术研究与工程示范"（2012BAJ06B02）的子课题"夏热冬暖地区既有居住建筑绿色化改造建筑新技术研究"，已开展了大量既有居住建筑调研工作，例如深圳莲花二村绿色改造示范工程、鸿荣源熙元山院三期、金地天悦湾一期、深圳市大工业区燕子岭配套员工宿舍、深圳翰岭院居住区、深圳蔚蓝海岸、深圳首地容御居住区等，为《规程》的编制提供了良好基础和技术支持。

前期的调研获得足够多的资料和研究成果后，2013年12月编制组成立暨第一次编制会议召开。会议明确了《规程》基本框架和技术条文编写要求，会后根据会议要求，结合前期调研、技术文献、现有规范及工程案例于2014年6月完成《规程》初稿。

2014年7月召开了《规程》第二次编制

会议，会议对初稿内容和存在的主要问题展开了讨论，进一步深化完善了规范技术内容，经修改完善于2014年9月向深圳市及其他相关地区各领域的专家公开征求了意见。截至2014年10月共收到深圳市建筑设计研究总院有限公司、万科企业股份有限公司建筑研究中心、深圳招商地产、香港华艺设计顾问有限公司、深圳市建业建筑工程有限公司、上海市建筑科学研究院、哈尔滨工业大学、上海建科建筑节能评估事务所等单位专家意见130条。经编制组讨论处理，采纳92条，部分采纳10条，不采纳28条，并形成《规程》征求意见处理表。

2014年10月，编制组召开第三次编制会议。会议对根据征求意见处理情况进行了讨论，并对《规程》进一步修改完善。2014年12月完成《规程》送审稿，2015年8月，本规程进入报批阶段。

三、主要内容

本《规程》适用于深圳市各类既有居住建筑绿色改造项目的鉴定、设计和实施，包括普通住宅、别墅、宿舍和公寓等。对于具有部分居住功能的建筑，如酒店、度假村等建筑的绿色改造可参照执行。《规范》主要技术内容包括：1.总则；2.术语；3.基本规定；4.环境与建筑改造；5.围护结构性能提升；6.结构安全性提升；7.水系统改造；8.电气改造；9.可再生能源利用；10.建筑废弃物减排利用及绿色施工；11.运营管理。

四、创新点

（一）《规程》是国内第一部既有居住建筑绿色改造技术规范。与现行既有居住建筑改造的相关节能改造标准规范相比，本《规程》在节能要求的基础上，还体现了城市风貌的传承、结构安全的提升、适老设施的补充、环境品质的改善，以及改造过程中节水、节材、施工废弃物的处置等绿色施工要求内容，以全面提升既有居住建筑绿色品质。

（二）本《规程》是"十二五"国家科技支撑计划课题"典型气候地区既有居住建筑绿色化改造技术研究与工程示范"的研究成果和广东地区既有居住建筑改造实践的总结和凝练，在"因地制宜、追求实效、合理提升"的基本指导原则下，既体现了既有居住建筑绿色改造的技术要求和特点，也体现了深圳市鲜明的地域特色。

（三）《规程》注重与国家标准《既有建筑绿色改造评价标准》GB/T 51141-2015及相关标准的整体协调性和一致性。力图使按照《规程》改造实施的既有居住建筑改造的项目，基本能满足《既有建筑绿色改造评价标准》GB/T 51141-2015一星级要求。

（中国建筑科学研究院深圳分院供稿，

何春凯执笔）

地方标准《既有建筑节能改造技术规程》修订工作介绍

上海市既有建筑存量大，截止到2013年上海既有建筑面积约为11亿㎡。根据调研，既有民用建筑普遍存在围护结构热工性能差、用能效率低等问题，充分利用现有存量建筑，实施节能改造，是推动既有建筑可持续发展的重要途径之一。根据《上海市绿色建筑发展三年行动计划（2014-2016）》，力争至2016年底，3年累计完成700万㎡既有公共建筑节能改造，结合旧住房综合改造，因地制宜改善既有居住建筑能耗水平。

《既有建筑节能改造技术规程》DG/TJ 08-2010-2006于2007年5月1日实施，为本市既有建筑节能改造工程的设计、施工、验收提供了重要技术规范和指导。近年来，既有建筑改造工作发生了新的变化，相关的技术内容已不再适用，此外，根据项目实践经验，公共建筑和居住建筑节能改造工作的侧重点有所不同，因此，有必要对标准进行修订，以适应当前既有建筑节能改造工作的发展形势，为本市既有建筑节能改造工作的推进提供技术支撑。

为适应当前既有建筑节能改造工作的发展形势，标准修订过程中，将《既有建筑节能改造技术规程》DG/TJ 08-2010-2006分为《既有公共建筑节能改造技术规程》和《既有居住建筑节能改造技术规程》2本标准，结合当前节能改造工作实施情况，确定标准框架，增加了节能诊断、监测与控制系统等章节，同时，注重与现行相关标准的协调处理，对标准的相关内容进行补充、调整。

一、标准修订的总体思路

（一）居住建筑与公共建筑分开撰写

目前，既有居住建筑节能改造的重点以门窗改造、加装遮阳设施等节能改造措施为主，而公共建筑节能改造更倾向于设备改造，两者的侧重点有所不同。节能改造的实施方法、流程，采用的节能改造技术、融资模式都存在较大区别。因此，《既有公共建筑节能改造技术规程》与《既有居住建筑节能改造技术规程》分开撰写。

（二）提出单项节能改造和综合节能改造

既有建筑节能改造可分步实施单项改造，根据预评估或诊断结果优先采用易于实施、对业主影响小、效果显著、性价比高的节能改造技术，也可以选择综合改造。单项改造指为降低建筑运行能耗，对建筑围护结构、用能设备或系统中的一项，采取节能技术措施的活动。综合改造指为降低建筑运行能耗并达到既定的节能目标，对建筑围护结构、用能设备和系统中的两项或两项以上，采取节能技术措施的活动。

以居住建筑为例，单项节能改造一般为针对外窗、遮阳、屋面、外墙等围护结构进行单项节能改造。在宿舍、招待所、托幼建筑、疗养院和养老院的客房楼中，也可包括采暖、空调和通风、照明等设备单项改造。综合节能改造一般为针对外窗、遮阳、屋面、外墙等围护结构进行两项或两项以上的节能改造。在宿舍、招待所、托幼建筑、疗养院和养老院的客房楼中，可将用能设备的改造纳入综合节能改造。对围护结构或用能设备和系统中的任意两项或两项以上实施改造，均为既有居住建筑综合节能改造。

（三）增加节能诊断及评估内容，强调评估的重要性

根据节能改造科研成果和实践经验，《既有公共建筑节能改造技术规程》增加了节能诊断、节能改造后评估章节，《既有居住建筑节能改造技术规程》增加了节能改造预评估、节能改造后评估章节。

既有建筑节能改造前首先应进行节能诊断或预评估，实地调查围护结构的热工性能、设备系统的技术参数及运行情况等，如果调查还不能达到这个目的，应该辅之以一些测试，然后通过计算分析，对拟改造建筑的能耗状况及节能潜力做出分析，作为制定节能改造方案的重要依据。

由于是技术规程，同时考虑到既有建筑节能改造的情况远比新建建筑复杂，所以该项目没有像新建建筑的节能设计标准一样设定节能改造的节能目标，而是明确了后评估内容与要求，对于实施节能改造的项目，提出应对改造部位或改造措施进行单项评估，判定改造部位或改造措施是否符合设计要求；对于实施综合节能改造的项目，提出应对改造后建筑综合能耗、节能量进行综合评估，判定改造后建筑综合能耗、节能量是否

达到既定的节能目标。

二、标准修订的主要内容

（一）细化了居住建筑围护结构热工性能判定指标

1. 外窗

目前，既有居住建筑节能改造的对象主要为上海地区20世纪80～90年代建造的职工住宅。既有居住建筑的实际情况复杂，节能改造工程实施需要综合考虑各方面的因素，因此，节能改造判定原则的制定，主要根据实施对象的自身条件，在原有基础上提高节能标准，而不是直接套用新建居住建筑的节能设计标准。

调研发现，上海地区20世纪80～90年代建造的职工住宅，东西向窗墙比一般小于0.1，南向窗墙比一般在0.2～0.4，北向窗墙比一般在0.2～0.3。针对该情况，本规程参照《夏热冬冷地区居住建筑节能设计标准》JGJ 134-2010的要求设置了外窗传热系数、遮阳系数的指标限值，符合节能标准，也有利于外窗节能改造的实施。

2. 屋面

屋面多为120mm混凝土，以目前应用较多的泡沫玻璃保温板为例，采用50～60mm厚泡沫玻璃保温板，可以将屋顶传热系数提高到0.9 W/(m²·K)～1.0W/(m²·K)。因此节能改造判定时，将居住建筑屋面的传热系数指标设定为1.0 W/(m²·K)，符合目前屋面外保温改造的实际情况。

3. 外墙

外墙也是影响热环境和能耗的重要因素，本规程综合投资成本、工程难易程度和节能的贡献率，制定外墙节能判定指标。

根据调研，上海地区20世纪80～90年代建造的职工住宅中，多层住宅的外墙多为240 mm黏土砖，高层住宅的外墙多为200 mm混凝土。以目前应用较多的无机保温砂浆为例，采用30～40 mm厚的无机保温砂浆外墙外保温系统，可以将外墙传热系数提高到1.2 W/(m²·K)～1.5 W/(m²·K)。因此节能改造判定时，将居住建筑外墙的传热系数指标设定为1.5 W/(m²·K)，符合目前外墙外保温改造的实际情况。

（二）明确围护结构节能改造中以外窗、透明幕墙和遮阳改造为重点

综合节能改造项目投资、受益情况，结合相关政策文件要求，明确围护结构节能改造中以外窗、透明幕墙和遮阳改造为重点。

1.外窗、透明幕墙

该项目根据节能改造工作经验，针对外窗改造，提出整窗拆换、加窗及窗扇改造等多种节能改造措施，明确各项节能改造技术的设计、施工要点，并结合当前建筑节能发展情况，明确材料选择要求，提出公共建筑外窗节能改造应优先选择塑料、断热铝合金、铝塑复合、木塑复合框料等窗框型材和

有热反射功能的中空玻璃。针对公共建筑透明幕墙改造，提出宜增加中空玻璃的中空层数，在保证安全的前提下，可增加透明幕墙的可开启窗扇。

2.遮阳

该项目针对遮阳改造，从安全性、可操作性等角度，明确遮阳改造的实施要点，同时，注重与相关标准的协调处理，提出既有公共建筑遮阳装置的改造应当符合《建筑遮阳工程技术规范》JGJ 237的要求，居住建筑若采用活动外遮阳，抗风性能应达到《建筑遮阳通用要求》JG/T 274规定的5级及以上要求。

（三）明确外墙、屋面节能改造，以无机保温材料为主

为消除既有建筑节能改造工程中的火灾隐患，确保人民生命财产安全，该项目明确外墙、屋面保温材料以无机材料为主，并结合节能改造前的外墙或屋面状况，提出适宜的节能改造方法及具体的设计、施工实施要点。居住建筑屋面、外墙节能改造方案如表1所示。

（四）强化供暖、通风和空调系统及生活热水供应系统节能改造后能效指标要求，

居住建筑屋面、外墙节能改造方案　　　　　　　　　　　表1

屋面保温节能改造方案	平屋面加保温系统	现浇泡沫混凝土屋面保温系统
		泡沫玻璃板、发泡水泥板、XPS板屋面保温系统
	平屋面改坡屋面	
外墙节能改造方案	无机保温砂浆外墙外保温系统	
	膨胀聚苯板薄抹灰外墙外保温系统	
	挤塑聚苯板薄抹灰外墙外保温系统	
	岩棉板薄抹灰外墙外保温系统	
	泡沫玻璃板外墙外保温系统	
	发泡水泥板外墙外保温系统	

增加了地源热泵空调系统、太阳能热水系统等可再生能源改造技术

为确保供暖、通风和空调等设备系统节能改造效果，在与现行相关标准保持协调的基础上，明确了节能改造后的能效限定值，针对公共建筑，明确了冷热源系统、输配系统、末端系统改造方法与改造要求。同时，结合当前可再生能源广泛应用的现状，增加了地源热泵空调系统、太阳能热水系统等可再生能源的改造技术。

（五）电力与照明系统节能改造单独成章，《既有公共建筑节能改造技术规程》增加了监测与控制系统节能改造章节及相关要求

在公共建筑中，照明用电量一般占建筑总用电量的20%～30%，如果能够采取相应措施降低照明设备的用电量，对建筑总体节能贡献很大。本规程将电力与照明系统节能改造单独成章，明确电力系统、照明系统节能改造实施要点。

根据《公共建筑用能监测系统工程技术规范》，新建国家机关办公建筑和大型公共建筑或者既有国家机关办公建筑和大型公共建筑进行节能改造的，必须设置用能监测系统，因此，《既有公共建筑节能改造技术规程》增加了监测与控制系统节能改造章节及相关要求，以满足当前节能改造工作需求。

三、结语

《既有建筑节能改造技术规程》DG/TJ 08-2010-2006的颁布实施，填补了我国既有建筑节能改造技术规程的空白，本次修订将《既有居住建筑节能改造技术规程》、《既有公共建筑节能改造技术规程》分开撰写，建立了包括围护结构和各类用能设备在内的节能改造技术体系，相关节能改造技术具有较强的实用性、可操作性。为上海市既有建筑的节能改造工作提供了技术依据和支撑，也为全国其他省份和地区相关工作的开展起到了有益的借鉴作用。

（上海市房地产科学研究院供稿，杨霞、赵为民执笔）

三、科研篇

"十二五"国家科技支撑计划项目"既有建筑绿色化改造关键技术研究与示范"经过4年的实施，项目所属的"既有建筑绿色化改造综合检测评定技术与推广机制研究"、"典型气候地区既有居住建筑绿色化改造技术研究与工程示范"、"城市社区绿色化综合改造技术研究与工程示范"、"大型商业建筑绿色化改造技术研究与工程示范"、"办公建筑绿色化改造技术研究与工程示范"、"医院建筑绿色化改造技术研究与工程示范"和"工业建筑绿色化改造技术研究与工程示范"7个课题完成了全部的研究内容和考核指标，本篇对这些课题的主要研究成果进行梳理并作简要介绍。

既有建筑绿色化改造综合检测评定技术与推广机制研究

一、研究背景

我国既有建筑面积已经超过530亿㎡（按投入使用2年计），其中城镇既有建筑保有量超过240亿㎡，且绝大多数既有建筑达不到绿色建筑的要求。"十二五"期间，绿色建筑和既有建筑节能改造目标得到了极大的提高，工作机制也持续创新和完善。在此带动下，既有建筑绿色化改造也面临着前所未有的发展机遇，并将逐渐成为行业发展的"新常态"，通过绿色化改造从根本上提升既有建筑品质，提高建筑安全性和能源资源利用效率。

为了引导、规范和促进既有建筑绿色化改造在我国建筑工程中的推广应用，落实党中央国务院有关新型城镇化发展与节能减排工作的战略部署，"十二五"国家科技支撑计划课题"既有建筑绿色化改造综合检测评定技术与推广机制研究"于2012年年初全面启动。

本课题的研究顺应时代需求，符合《国家中长期科学和技术发展规划纲要（2006～2020年）》中重点领域"城镇化与城市发展"的"建筑节能和绿色建筑"优先主题任务要求。通过本课题的实施，全面推进我国既有建筑绿色化改造工作顺利进行。

二、课题目标与任务

（一）课题目标

课题立足我国既有建筑发展现状，在既有建筑改造相关单项关键技术研究的基础上，通过集成创新及模式创新，分别开展既有建筑绿色化改造测评诊断成套技术、配套政策和推广机制研究及综合性技术服务平台和技术推广信息网络平台建设，为既有建筑绿色化改造提供可靠的鉴定评价工具、完善的配套政策参考、可行的运作推广模式以及全面的技术服务平台，形成健全的、良性的、可持续的既有建筑绿色化改造领域的研究发展能力。

（二）研究任务

课题的主要研究任务分为五个方面：既有建筑绿色化改造测评诊断成套技术研究、既有建筑绿色化改造评价方法研究、既有建筑绿色化改造政策研究、既有建筑绿色化改造市场推广机制研究和既有建筑绿色化改造综合性技术服务平台建设，旨在形成多层次、全方位的既有建筑绿色化改造技术体系与推广机制。

（三）创新点

课题创新点为：1.多目标、多手段、多因素的既有建筑绿色化改造测评诊断方法；2.以定量化判别为主要模式的既有建筑绿色化改造评价方法；3.立足国情，借鉴先进的既有建筑绿色化改造的政策与机制建议；4.既有建筑绿色化改造推广的模式创新；

5.既有建筑绿色化改造综合性技术服务平台的集成创新。

三、主要成果

课题执行期限为2012年1月至2015年12月，截至2015年12月取得的主要技术和应用成果如下：

（一）基础信息及数据调研

为了全面掌握国内既有建筑的改造与维护使用现状、绿色化改造潜力及推广市场，课题组采取资料搜集及实地调研的方式，针对不同气候区、不同类型的既有建筑，开展既有建筑现状、绿色化改造前的性能缺陷鉴定及改造潜力、改造内容等方面的调研，收集并梳理了国内外既有建筑绿色改造相关的法律法规、标准规范、激励政策、推广机制等，分析了既有建筑绿色化改造中存在的难点，并提出了既有建筑绿色化改造推广政策与机制建议。

（二）技术体系

1.既有建筑绿色化改造测评诊断成套技术

针对既有建筑的特殊性，开展既有建筑绿色化诊断技术研究，建立既有建筑绿色性能诊断流程和方法，提出了68项诊断指标，涵盖了建筑环境、围护结构、暖通空调系统、给水排水系统、电气与自控系统以及运行管理等六大方面内容，出版专著《既有建筑绿色改造诊断技术》。结合该项诊断技术，编制并发布实施协会标准《绿色建筑检测技术标准》CSUS/GBC 05-2014；研发绿色建筑室内环境综合检测仪、既有建筑绿色改造监测系统、绿色既有建筑无线检测和监测系统，完善了以核查、短时数据检测、长时数据监测为主的诊断手段；申请了国内发明专利一种嵌入式绿色建筑可视化评价诊断方法（201310670703.0）、一种基于Zigbee的绿色建筑综合检测装置（201310574581.2）；开发了既有建筑绿色性能诊断软件，软件著作权登记号为2014SR169019，形成了集技术、标准、软件、装置、专利、专著为一体的既有建筑绿色化改造测评诊断成套技术。

2.既有建筑绿色化改造潜力评估体系

针对既有建筑绿色化改造诊断结果，针对不同建筑类型和气候特点重点考量改造的经济性和技术性能评价，采用层次分析法构建既有建筑绿色化改造潜力评估的技术指标体系，编制《既有建筑绿色化改造潜力评估技术指南》（建议稿），并开发既有建筑绿色改造潜力评估系统，软件著作权登记号为2015SR228139。

3.既有建筑绿色化改造效果评估体系

构建既有建筑绿色化改造效果评估的技术指标体系，主要包括规划与建筑、结构与材料、暖通空调、给水排水、电气、施工管理、运营管理7类指标，编制《既有建筑绿色改造评价标准》GB/T 51141-2015；为配合该标准的使用，开发了既有建筑绿色化改造效果评价软件，软件著作权登记号2014SR169017，通过简单流程和操作来完成既有建筑绿色化改造的效果分析工作。

（三）标准规范和指南

组织编制国家标准《既有建筑绿色改造评价标准》GB/T 51141-2015、协会标准《既有建筑评定与改造技术规范》，已完成报批稿；制订协会标准《绿色建筑检测技术标准》CSUS/GBC 05-2014，已于2014年7月1

日起正式实施。

组织编写指南3部，已完成《既有建筑绿色改造指南》（报批稿）、《既有建筑绿色化改造潜力评估技术指南》（建议稿）和《〈既有建筑绿色改造评价标准〉实施指南》（初稿）。

（四）政策机制

结合前期调研结果，借鉴现有绿色建筑及节能改造政策和推广机制的成熟经验，提出推进我国既有建筑绿色化改造工作建议；协助北京市雁栖湖生态示范区、临沂市北城新区、宁波市、乌兰察布市、江苏省等地政府部门起草制定地方性既有建筑绿色化改造政策，加快带动区域辐射效应。

（五）网络信息平台

依托中国建筑改造网（http://www.chinabrn.cn）在业界的强大影响力及完善的构架，积极进行全面改版，增加了"绿色改造"版块，持续更新既有建筑绿色化改造相关的新闻时讯、统计数据、法律法规、政策文件、标准规范、科研成果、技术介绍、产品推广、借鉴案例等信息，形成既有建筑绿色化改造动态数据库，打造我国既有建筑绿色化改造领域最具权威、专业及影响力的网络信息平台，实现资源共享。

（六）综合技术服务平台

依托课题承担单位和参与单位的优势，开展既有建筑绿色化改造综合性技术服务平台建设工作，充分考虑我国地域和气候特点，搭建针对北方严寒、寒冷地区的华北地区既有建筑绿色化改造综合服务子平台和针对南方夏热冬冷、夏热冬暖气候区的华东地区既有建筑绿色化改造综合服务子平台，分别对不同气候区提供适宜的包含设计、施工、诊断、检测、绿色咨询、改造融资、运行维护等在内的"一站式"全过程服务。依托两个子服务平台，已在北京、天津、常州、上海、内蒙古等地为多项既有建筑改造项目咨询服务，并承担了住房和城乡建设部科技司课题"中国绿色建筑后评估调研"、上海市《绿色建筑检测和验收技术规程》（报批稿）、安徽省《绿色建筑检测技术标准》（DB/T 5009-2014）等多项科研课题及标准的编制工作。

（七）宣传推广

2012—2015年分别组织召开以"推动建筑绿色改造，提升人居环境品质"为主题的第四届至第七届"既有建筑改造技术交流研讨会"、第八届至第十一届"国际绿色建筑与建筑节能大会"、"绿色建筑低能耗建筑示范工程技术交流会"以及"既有建筑绿色化改造类科技示范工程交流会"等13次全国技术交流及研讨会议，共3000多人次参会。会上，课题组成员及其他参会代表就国内外既有建筑绿色化改造的发展趋势、科技成果、成功案例展开了交流，对既有建筑绿色化改造技术标准、政策措施、推广机制等内容进行了研讨，分享了既有建筑绿色化改造的工作经验。此外，课题组还积极组织开展多次课题内部工作会议、专题研讨会议、中期会议、验收检查会议等，严格把控课题执行进度和成果质量，确保课题如期完成。

（八）取得的其他显化成果

课题实施过程中，培养既有建筑绿色化改造领域硕士研究生11名；发表学术论文31篇，其中中文核心3篇；已出版《既有建筑改造年鉴2012》《既有建筑改造年鉴2013》《既有建筑改造年鉴2014》《既有建筑绿色改造诊断技术》及正在出版的《绿色建筑围护结构设计——概念、理论及方法》，总字数达244万字，此外，已完成《国外既有建筑绿色改造标准、案例》送审稿。

四、研究展望

为促进课题成果的推广应用和研究内容的延伸，今后还需着重加强以下几个方面的研究工作：

（一）进一步加强政策机制建议在实践工作中的结合和可操作性

既有建筑绿色化改造的政策机制建议的制定和实际落实面临一定的阻碍，应该与国家及地方当前开展的绿色节能及改造领域的重点工作相结合，加强建议的时效性和实施性；在实践应用当中检验政策机制建议的合理性和可操作性。

（二）加快既有建筑绿色化改造标准体系的完善和推广实施

《既有建筑绿色改造评价标准》GB/T 51141-2015和《绿色建筑检测技术标准》CSUS/GBC 05-2014在我国尚属首次编制，为既有建筑改造绿色评价及各类绿色建筑检测提供了技术依据。标准发布实施后，需加快开展宣贯培训工作，推进标准在各地及各类建筑中的落地实施。同时，应充分考虑我国不同地域的气候多样性和资源禀赋，结合建筑功能和人们的生活习性，开展既有建筑绿色改造区域性标准体系的研究和制订工作。

（三）进一步推动课题研究成果的应用和转化

综合考量既有建筑特性、绿色改造经济性和技术适用性，课题组编制的既有建筑绿色化改造效果评价标准、检测标准及其技术实施指南和潜力评估指南，研发的既有建筑性能诊断软件、绿色建筑综合评价软件、绿色改造潜力评估系统、绿色化改造效果评价软件及监测、检测系统与装置，可为我国既有建筑绿色化改造提供全方位的技术支撑。下一步应尽快推进各成果的转化和产业化，利用搭建的网络信息平台和综合技术服务平台实现资源共享和全过程的业务咨询。

（中国建筑科学研究院供稿，王俊、王清勤执笔）

典型气候地区既有居住建筑绿色化改造技术研究与工程示范

一、基本情况

（一）课题目标

根据我国城镇化与城市发展进程中大规模既有居住建筑绿色化改造的需求，以寒冷和严寒、夏热冬冷、夏热冬暖等典型气候地区的既有居住建筑为研究对象，针对其在建筑形式与功能、结构安全性、居住舒适度、新能源利用与节能减排等方面存在的问题，进行绿色化改造关键共性技术和适用于典型气候地区的绿色化改造建筑新技术研究，建立符合我国国情和不同气候地区特点的既有居住建筑绿色化改造集成技术体系，并在典型气候地区进行示范和大面积推广。

（二）研究任务

课题研究任务包括：1. 既有居住建筑绿色化改造关键共性技术研究；2. 寒冷和严寒地区既有居住建筑绿色化改造建筑新技术研究；3. 夏热冬冷地区既有居住建筑绿色化改造建筑新技术研究；4. 夏热冬暖地区既有居住建筑绿色化改造建筑新技术研究；5. 典型气候地区既有居住建筑绿色化改造技术集成和综合示范。

（三）创新点

课题创新点为：1. 既有居住建筑绿色高效加固技术方法和施工工艺；2. 可满足典型气候地区既有居住建筑绿色化改造不同功能需求的绿色功能材料及应用技术体系；3. 低

品位能源和太阳能等可再生能源与常规能源互补供热的设计方法；4. 适合夏热冬冷地区既有居住建筑应用的遮阳形式，以及可规模化应用的隔声门窗产品；5. 既有居住建筑隔声与通风的外窗综合性能提升改造技术体系，及带净化功能的主动式通风技术。

二、研究成果

（一）既有居住建筑绿色化改造关键共性技术研究

建筑方面：提出了既有居住建筑绿色再生设计方法，具体包括功能改造技术、空间整合技术、性能提升技术。功能改造主要针对套内功能，通过扩大功能空间，符合现代生活的使用需求；以及针对交通功能，通过改造满足无障碍要求。空间整合主要针对使用不方便、不舒适的局部空间，通过改造与重构，满足住户使用需求。性能提升主要针对既有居住建筑中由于技术与老化等原因存在的能源利用与安全性方面问题，对建筑局部构造进行改造。最后，通过上海市静安区原毛巾二厂改造为养老院案例对绿色再生设计方法进行了应用剖析。

结构方面：提出了考虑砌体结构纵横墙协同工作、框架结构现浇梁板协同工作、框架—填充墙协同工作等整体效应的精细化检测方法，以及考虑楼层平均强度系数的性能化抗震鉴定实用方法。研发了以梅花状植筋连接方式为代表的纵向组合墙体连接技术和以植筋连接方式、销键加植筋连接方式、销键加拉结筋连接方式为代表的横向组合墙体连接技术，提出了混凝土墙与砖墙新旧组合墙体抗震承载力计算方法。围绕既有居住建筑抗震加固、增设电梯、成套改造、平改坡等具体需求，研发了功能改善与安全性能提升一体化技术，实现了"大震不倒"的设防目标和"全室外加固"的技术途径，为既有居住建筑实现"少加固、不入户、少扰民、不搬迁"的绿色化改造模式提供了可靠的技术支撑。研发了低碳生态型竹材抗弯加固设计方法和施工工艺，以及以新增水泥基灌浆料构造柱圈梁、新增型钢构造柱圈梁为代表的砌体结构高效加固设计方法与施工工艺。

材料方面：研发了既有居住建筑改造用绿色建筑材料，包括低消耗商品砂浆、薄层砌筑砂浆、无甲醛石膏腻子；研发了既有居住建筑改造用绿色功能材料，包括石膏基内保温砂浆、无机泡沫混凝土保温系统、反射隔热涂料、防潮石膏砂浆。建立了典型气候地区既有居住建筑改造选材策略，选材策略详尽考虑了典型气候地区气候特点、不同建筑部位材料应用特点、本地化材料要求，去除较生僻、使用范围小的材料，着重关注绿色环保与低碳节能材料，通过制定有效的评价模型，分别进行建材经济性排序、绿色度排序及综合排序，选材策略具有较强的针对性和可操作性，为既有居住建筑绿色化改造提供了有力的材料支撑。

（二）寒冷和严寒地区既有居住建筑绿色化改造建筑新技术研究

集成了适用于寒冷和严寒地区的围护结构保温体系，提出新增一层外窗形成双层（框）三玻（或四玻）窗的外窗改造技术和一种屋面保温及排水集成改造技术（屋面外排水改内排水），并应用于实际改造工程，效果显著，可满足65%的节能标准要求。提出了一种基于集热器内剩余热能利用的新型太阳能集热系统防冻技术，并进行了实验测试，全面分析与评估了其防冻效果；提出了槽式太阳能集热器与燃气锅炉相结合的新型集成供暖技术，并应用于实际改造工程，分析研究了该系统的运行特性。提出了基于污水源热泵的家用淋浴废水余热回收技术以及分体空调冷凝热回收技术，并开发出了相关产品原型，对相关设备进行了全面的实验测试与性能评估。研究并描绘出了水喷射器在不同调节方式下的特性曲线，给出了水喷射器应用于供热系统的主要形式及其运行特性，总结提炼出了应用水喷射器的热力入口许用压力范围。提出了适用于寒冷和严寒地区的既有住区环境（声环境、风环境、光环境等）改造措施。

（三）夏热冬冷地区既有居住建筑绿色化改造建筑新技术研究

建立了适合夏热冬冷地区既有居住建筑绿色化改造太阳能技术的选型策略与解决方案，研发了一种基轨型太阳能热水系统建筑一体化构件。针对既有住区内部布局特征，综合考虑改造效果和经济性，利用敏感度分析理论，提出了针对影响因素所采取的缓解既有居住区热岛效应的优化措施。提出了符合夏热冬冷地区既有居住建筑改造用遮阳的适宜性选择方案，研发了一种水平扇形活动外遮阳装置，具有成本低、强度高、可调节等优点，当南面墙窗墙比为0.34，该扇形外遮阳装置进深为1.1m时，可遮挡37.4%的太阳辐射强度，使夏季冷负荷降低10%以上。从调研、设计、试制到生产，成功研发了新型通风隔声窗，其优点为取消专门消声通道、开窗面积大、采光效果好、成本相对较低等，该窗在通风隔声状态时，隔声量满足1级门窗标准，在关闭状态时，其隔声量满足3级门窗标准。在分析既有居住建筑供水现状和水质检测结果、节水器具的应用以及居住小区内雨水控制现状的基础上，提出了水系统健康化、节水化和安全化改造的基本策略，健康化改造主要针对供水系统及供水水质，节水化改造主要针对既有的室内和室外用水设施进行节水配件更换或增加，安全化改造主要针对既有的居住小区可能存在的雨洪安全问题进行改造。

（四）夏热冬暖地区既有居住建筑绿色化改造建筑新技术研究

集成了适合夏热冬暖地区的既有居住建筑隔热性能提升技术；研发了一种新型隔热材料——纳米稀土隔热透明涂料及其制备方法，具有隔热效果好、能使室内温度明显降低、涂层效果美观、成本相对较低等优点。集成了非传统水源收集利用技术并介绍了其应用情况。研发了包括平面绿化、垂直绿化、复合绿化的新型绿化技术体系，该体系具有隔热效果好、夏季热岛效应明显降低、技术经济性好、利于推广等优点；研发了一种用于垂直绿化的旋转喷雾灌溉装置。集成了既有居住建筑的通风技术，包括自然通风和机械通风；集成了既有居住建筑的空气净化技术，包括室内空气的过滤、吸附净化技术、生物酶净化及光催化净化技术、室内空气的负离子净化技术、室内空气的植物净化

技术；研发了一种主动式净化型住宅新风设备和一种带空气净化功能的新风一体窗，通过新风设备或新风一体窗，外加机械排风装置，可使室内空气污染的有毒元素浓度稀释降低，污染的有害尘埃病菌消灭净化，使清新新风不断进入室内，污染的浊气不断排除室外，达到住宅新鲜空气补充和净化目的。

（五）典型气候地区既有居住建筑绿色化改造技术集成和综合示范

技术集成与实施方案：对课题所研发的关键技术进行了集成，并制定了实施方案，为开展示范工程实践创造了条件。具体包括：1.既有性能检测评定（基本规定、检测的主要内容）；2.绿色化改造技术（绿色再生设计技术、结构性能化鉴定和一体化加固技术、选材策略、适宜寒冷和严寒地区的改造技术、适宜夏热冬冷地区的改造技术、适宜夏热冬暖地区的改造技术）；3.绿色施工（管理制度、环境保护、资源节约、质量验收）；4.运营管理（系统综合调适与交付、绿色物业管理制度、绿色运行技术、绿色运行监测、反馈与持续改进）；5.改造评价。

综合示范：课题研究成果已在严寒地区的哈尔滨河柏住宅小区、寒冷地区的北京农光里住宅小区、夏热冬冷地区的上海思南公馆（二期）、上海天钥新村（五期）、上海乐宁老年福利院、夏热冬暖地区的深圳莲花二村、深圳金地花园宿舍楼等工程中进行了应用。

三、研究展望

在"十二五"课题研究基础上，"十三五"可继续开展以下几个方面的工作：1.围绕既有建筑运行中面临的性能退化和灾害问题，以风险评估和决策理论为基

础、精细化和性能化为导向，开展基于风险和性能的全寿命运营维护关键技术研究；2.围绕既有建筑适老化改造再生设计方法、既有建筑适老功能改造与结构性能提升一体化技术、既有建筑适老化专用设施、既有建筑适老住区交流与监测平台、既有建筑适老化改造机制等，开展既有建筑适老化改造关键技术与应用研究；3.在单体既有居住建筑绿色化改造研究基础上，进一步开展既有住区（小区）绿色化改造关键技术研究。

（上海市建筑科学研究院(集团)有限公司供稿，李向民执笔）

城市社区绿色化综合改造技术研究与工程示范

一、课题简介

"十二五"国家科技支撑计划课题"城市社区绿色化综合改造技术研究与工程示范"（2012BAJ06B03）旨在建立针对既有城市社区的绿色化改造综合技术支撑体系，主要包括六大技术研究内容：城市社区绿色化改造基础信息数字化平台构建技术研究与示范、城市社区绿色化改造规划设计技术研究与示范、城市社区资源利用优化集成技术研究与示范、城市社区环境综合改善技术研究与示范、城市社区运营管理监控平台构建技术研究与示范、城市社区绿色化综合改造标准及评价指标体系研究。

二、研究成果

（一）城市社区绿色化改造基础信息数字化平台构建技术研究与示范

根据社区绿色化改造全过程工作要求，明确了社区绿色化改造全过程信息需求，逐一给出了社区绿色化改造所需的各种信息的获取方法或技术，综合运用调查、航测、扫描、监测、检测等数据采集技术，提出了数据来源策略、来源方式、格式选择及转换要求。在数据处理方面，实现了扫描数据与主流地理信息系统软件（GIS）的对接，提出了BIM信息与GIS的对接方法，提出了非空间数据和空间数据处理相关技术。在平台开发方面，详细设计了平台功能板块，并选择了与之匹配的开发环境、开发语言和硬件配置，开发形成了城市社区绿色化改造基础信息数字化平台。对城市社区绿色化改造基础信息数字化平台进行了试用，除示范工程外还通过对全国31个社区绿色化现状基础信息调查，进一步充实了平台数据库，改进了平台的功能，已获得软件著作权1项。

（二）城市社区绿色化改造规划设计技术研究与示范

在既有城市社区功能评价及复合升级方法研究上，构建了基于单中心城市模型的用地功能提升解释模型，可以对用地功能提升加以解释及预测。提出了以平衡规划为核心的社区绿色化改造规划方法，该方法在传统的调查、分析、规划设计和实施四阶段方法的基础上，对内涵和方法技术加以扩充。基于社区改造的复杂性和多因素的特点，强调在规划设计中寻求多维度影响因素间的平衡，包括最基础的经济、社会和环境三个层面的平衡，以及各个单独维度内的平衡。在梳理既有社区改造案例的基础上，归纳总结了包含四个维度的社区改造模式决策框架，即功能匹配度、建筑性能、环境承载力和经济可行性。此外，该方法强调动态思维和持续更新，调查及分析对象兼顾社区物质空间的客观信息以及社区内个人及群体的满意度和需求等主观感受。规划设计上强调的社区文脉延续，不仅包含可以物化的符号体系的撷取、移植和改造，也强调社区原有社会经济关系的维系。实施上摒弃蓝图—建设模式，转而寻求绿色化运行维护。

已根据该研究成果编制了《城市社区绿色化改造规划设计技术指南》（以下简称《规划设计指南》）。《规划设计指南》从社区绿色化改造指标、规划设计基本流程、模式与策略、调研与诊断、场地规划与布局优化、公共设施和市政设施改造、道路交通系统提升、环境改善、建筑本体绿色化改造等方面，以图文并茂的形式，对社区绿色化改造规划设计中的技术问题提出切实可行的指引，为规划设计人员、政府管理人员和社区居民推进社区改造提供了系统化的技术参考。

（三）城市社区资源利用优化集成技术研究与示范

在能源资源方面，开展了既有社区能源利用现状调研，提出了既有社区能源利用诊断方法；开展了既有社区能源系统改造规划方法研究，包括既有社区能源系统改造规划目标的设定、既有社区能源需求预测方法、既有社区可再生能源资源潜力评估方法、分布式冷热电三联供系统适宜性评价方法和既有社区能源系统优化配置方法，为既有社区多种能源系统在社区层面综合高效利用提供了规划方法支撑，为投资者提供了决策支持；研究提出了适宜不同气候区域的既有社区能源系统绿色化改造技术体系，为既有社区能源系统改造设计方案的确定提供了技术支撑。基于该成果开发了"区域建筑能源规划软件V1.0"软件和"一种新型的路面集热装置"、"谷值负荷冷冻（却）水系统蓄能

空调"、"一种基于沥青路面蓄热的复合式地源热泵系统"等3项专利技术。

在水资源方面，研究确定既有城市社区水资源利用现状诊断因子、诊断内容及方法；优化集成了针对既有城市社区节水和水资源利用改造设计方法并进行技术评估；提出针对既有社区不同情景模式下的雨水收集利用改造规划设计方案。除了集成现有的既有社区非传统水资源优化利用改造12项技术外，研究提出了2种新型雨水渗滤技术，一是场地改造用新型浅草沟技术，二是道路改造用雨水渗滤暗沟技术。基于该研究成果，开发了"浅草沟及浅草沟的制造方法"、"道路雨水渗滤暗沟"等2项专利技术。

（四）城市社区环境综合改善技术研究与示范

通过对国内30余个典型社区的环境现状及居民满意度调研，并参考国内外绿色社区评价标准和相关文献，从以人为本、定量化以及系统性原则，建立社区环境评价指标体系。根据指标体系内容，通过现场实测、数值模拟等方法建立了相应的诊断技术体系。重点开发完成了城市区域热环境评估模型、室外热环境耦合模拟计算方法以及社区污染物诊断分析模型等创新的评估诊断方法及工具。提出了包括社区综合绿化技术、喷雾降温系统等15项室外环境改善技术，形成了城市社区环境综合改善技术体系，开发了"用于建筑物墙面绿化的花盆"、"用于绿化墙面的防水挂件"、"用于建筑密肋楼盖的防水模壳"、"用于坡屋面的轻型绿化容器"、"室外热舒适度无线监测系统及其监测方法"等5项专利技术，并成功应用于上海钢琴厂改造项目、无锡巡塘老街历史文化

建筑保护改造项目等一批示范项目中，取得较好效果。

（五）城市社区运营管理监控平台构建技术研究与示范

通过对城市社区运营管理的需求分析，提出了运营管理监控平台的功能框架，进而确定了城市社区运营管理监控平台的监控指标，以及指标所需的数据获取方法，包括数据采集、传输以及分析。在此基础上，开发了城市社区运营管理监控平台软件，对监测的数据进行处理、存储以及展示。结合坪地国际低碳城、龙华规划国土信息馆片区、上海钢琴厂社区，在本运营管理监控平台软件上进行监控管理与数据分析展示，并结合城市社区绿色化改造基础信息数字化平台，实现了对上述社区改造前后的全过程监测，能动态监测改造过程的资源消耗、环境影响等，用真实数据来评估社区改造的实际效果。基于该平台，已获得软件著作权1项。

（六）城市社区绿色化综合改造标准及评价指标体系研究

基于结果性指标与过程性指标相结合动态诠释社区绿色化改造的思想，根据城市社区绿色化综合改造的"土地集约、资源节约、环境生态、交通便利、公众参与"且实现"居民满意"的内涵，创造性地提出了城市社区绿色发展指数。在3个控制性指标的基础上，结果性指标包括土地空间利用综合指数、资源利用综合指数、社区环境质量综合指数、绿色出行比例交通发展指数、居民参与率参与指数与居民满意度6项，过程性指标包括39项指标。并开展城市社区绿色化现状调研，完成全国31个社区调研，涵盖东北、华北、华东、华南、西北、西南共31个大中小城市，验证了指标体系的科学性、合理性与可操作性。

同时，充分整合课题的所有研究成果，工程建设行业标准《既有社区绿色化改造技术规范》已完成征求意见工作，形成送审稿。地方标准《深圳市既有城市社区绿色化改造规划设计指引》已完成征求意见工作，形成送审稿。

三、展望

未来既有社区绿色化改造应该走规模化、差异化、精细化的改造道路，通过规模化的既有社区绿色化改造是整体提升我国建筑绿色化水平的重要手段，对有很强改造需求的旧工业厂区、棚户区、建成年代较早的产业园、居住区制定相应的改造措施。本课题研究成果也将在示范工程的基础上积极总结经验，加强对不同社区类型改造技术体系研究，达到可复制、规模化、迅速化的效益，积极服务于我国既有社区的绿色化改造。

（深圳市建筑科学研究院股份有限公司供稿，叶青、鄢涛、郭永聪、刘刚、郑剑娇执笔）

大型商业建筑绿色化改造技术研究与工程示范

一、课题简介

既有公共建筑存在面积大，能耗高、空间利用率低、隔热保温性能差等问题。本课题以大型商业建筑大空间综合改造、热能综合利用、增层及增建地下空间、以既有大型商业建筑为核心的城市综合体改扩建成套技术为主要研究内容，为商业建筑绿色化改造的设计和施工提供技术依据。课题的开展对既有商业建筑的使用功能改善、使用空间改善、能源利用率提升、土地利用率提升、减少建筑材料用量、绿色宜居性等方面均具有重要意义。

本课题符合《国家中长期科学和技术发展规划纲要》（2006～2020）中重点领域"城镇化与城市发展"中"城市功能提升与空间节约利用"、"建筑节能与绿色建筑"和"城市生态居住环境质量保障"3个优先主题任务要求。

二、研究任务

（一）大型商业建筑功能提升与环境改善关键技术研究

主要内容包括：大型商业建筑绿色改造的空间功能提升技术可行性评估研究；大型商业建筑室内空气品质改善关键技术研究；大型商业建筑绿色改造的室内自然采光与人工照明集成关键技术研究；大型商业建筑边

庭与中庭空间改造设计关键技术研究；大型商业建筑改造的减尘降噪等环保关键技术研究。

（二）大型商业建筑能源系统提升与节能关键技术研究

主要内容包括：适用于大型商业建筑节能的系统化技术研究；大型商业建筑精细化节能运行管理的关键技术研究；适用于大型商业建筑节能效率提升的设备改造技术研究；适用于大型商业建筑的可再生能源利用关键技术研究。

（三）大型商业建筑绿色化改造节地关键技术研究

主要内容包括：大型商业建筑增层及增建地下空间改造的可行性评估研究；大型商业建筑增层的关键技术研究；大型商业建筑增建地下空间的关键技术研究。

（四）大型商业建筑绿色化改造节材关键技术研究

主要内容包括：基于节材的大型商业建筑室内功能空间业态可持续设计关键技术研究；适用于大型商业建筑的减震体系及减震产品研发；基于全寿命期评价的高强早强高耐久性加固材料研发。

（五）大型商业建筑绿色化改造工程示范

主要内容包括：综合考虑建筑功能提升与环境改善、节能、增加空间利用率和节材的大型商业建筑绿色化改造技术集成体系，及其各方面的集成交叉效应和不同适宜性。

三、主要成果

（一）大型商业建筑绿色改造的空间功能提升技术可行性评估研究

1. 研究大型商业建筑绿色改造功能空间可持续设计及关键技术。

通过对功能空间的调查，提出了增扩建预留设计、兼容性设计、城市系统化预判设计、隔墙材料利用可变设计及空间设计；根据商业建筑调研提出商业建筑节材设计的基本策略。

2. 基于当代大型商业建筑功能空间匹配及其技术指标研究。

根据商业建筑内部功能将其分为商业营业空间部分和辅助空间部分两大类，营业空间功能配置技术指标包括百货、主力店、餐饮、休闲娱乐和文化教育等方面指标；辅助空间功能配置技术指标包括公共卫生间、停车设施、仓储空间、消防空间等，并提炼常见的辅助空间功能模块，通过计算形成经济布局模块，根据规范和使用功能要求在平面中放置，形成各类功能空间匹配的技术指标；除了从营业角度对功能空间的分析外，对公共空间进行聚类分析，考虑使用者知觉感受和行为活动的空间局限性、公共空间内部物理环境因素分布的不平均性、建筑空间与功能属性的对应性等条件，将公共空间划分为多个连续而动态的空间单元，根据空间单元的组合进行公共空间分类，为商业建筑公共空间设计提供功能与空间的对应关系，为商业建筑的研究提供空间类型方面的理论支持。

（二）大型商业建筑绿色改造的室内自然采光与人工照明集成关键技术

1. 既有大型商业建筑自然采光引入设计技术研究。

引入方法分别是基于功能和界面的自然光引入、中庭对自然光的引入以及新技术的应用。（1）基于功能和界面的自然光引入。结合商场的功能配置，将布局与界面设计和自然采光联系起来，空间类型分为入口、卖场、交通、附属四大部分，不同的功能配置也可通过不同方式引入自然光。采光界面的均质化是让功能空间布局具有相同或相近的特征，可使建筑空间内部拥有更多获得自然采光的可能，如下沉广场、退台设计等。（2）中庭对自然光引入主要是中庭顶部和侧面的采光。水平方向上，增加中庭长度、减小中庭高度都会引入更多自然光，但是避免高度过小而产生过热；中庭接近方形，使中庭底部的平均采光系数相对较高；墙壁向外倾斜，会使地面平均采光系数增加。垂直方向上，随着墙壁倾斜角度的增加中间三层的照度分布和照度均匀度有相应改善；正金字塔形中庭垂直墙面除顶层外，各层垂直墙面下半部分照度值下降，但分布更为均匀；中庭内突出的中庭随着错层角度的变大，垂直墙面呈现出相对独立的部分，整体照度值下降。中庭自然采光的变化可根据具体建筑类型、功能组织、平面布局、空间形式等各方面的需要来选择合适的形式。（3）新技术的使用可以使大进深房间或者地下空间接受自然采光，例如导光管、导光玻璃、阳光凹井等技术，都可利用在商业建筑中。

2. 既有大型商业与室内人工照明优化配置关键技术研究。

根据商业建筑自然采光和人工照明方面的相关标准规定，以及对我国已获得绿色认证的商业建筑的采光照明情况进行统计的调查研究，为采光照明研究提供研究基础；对大型商业建筑主要自然采光空间——中庭边庭的空间属性进行数据资料统计，对柱网设计、空间尺寸、采光口等信息进行统计，为技术分析提供典型设计模型；利用动态采光模拟软件daysim对典型模型的自然采光情况进行全自然采光时间百分比分析，进一步结合自动调光控制和分区控制进行自然采光与人工照明配置技术研究，提出自然调光控制条件下的人工照明能耗计算公式，以及分区控制设计方法，并在此基础上提出绿色光环境设计流程。

（三）大型商业建筑边庭与中庭空间改造设计关键技术

1. 大型商业建筑边庭与中庭空间改造的绿色视觉景观环境营造技术。

依据对大型商业建筑的调研分析，得出基于使用者的视觉景观构成要素及喜好的设计策略，以及基于消费人群的视觉景观环境设计策略。视觉景观构成考虑两方面，在人工环境要素方面考虑空间色彩搭配、室内个性化装修、兼具功能与艺术作用的环境小品等；自然环境要素方面，考虑自然光引入、长久和固定的绿化、水景观，并考虑景观要素与座椅等功能元素相结合，既有助于优化商业建筑内部的空间环境，也可以利用自然要素调节休息区局部微气候。使用者的视觉景观喜好因年龄、性别、经济水平等不同而对视觉舒适要素的感知各有不同。针对不同性别、年龄等的使用人群，视觉环境设计可以针对使用人群，以形成视觉环境空间特色；对于较高档次商业建筑，其公共空间的设计感主要体现在个性空间的塑造、技术产品的运用和商业气氛的渲染等。

2. 大型商业建筑边庭与中庭空间的声景营造技术研究。

通过对中庭声源构成和空间分布的分析，研究影响中庭声环境的空间属性因素和界面因素；通过对声源作用的模拟和空间属性及界面属性的模拟，得出影响中庭平均声压级和平均混响时间的分布规律，从而得出中庭声源设计和空间属性的设计策略；基于声源控制、空间属性、界面及声学材料等方面，提出了边庭及中庭空间的声景设计要点，为中庭声环境控制及声景设计提供依据。

（四）大型商业建筑能源系统提升与节能关键技术

大型商业建筑组合式空气处理机组智能优化控制管理系统。

大型商业建筑一般采用全空气调节系统，在条件许可的情况下，空气调节系统、通风系统，以及冷、热源系统宜采用直接数字控制系统。中央空调自动控制技术可以方便地与楼宇自动控制技术实现集成联网控制，根据商业建筑实时负荷，调整主机和其他空调设备，在保证室内温度和湿度的前提下，尽可能地节约能源。中央空调自动控制系统包括冷热源及相关设备的控制。针对全空气空调系统运行控制策略进行研究，研制开发了大型商业建筑组合式空气处理机组智能优化控制管理系统，其软件登录界面如图1所示。

传统的空气处理机组全年运行调节的方法是基于已知负荷条件下，对各个运行工况进行预设，而实际运行过程应该是根据冷负荷和湿负荷的变化动态调整新风回风比例、再热量、表冷器露点温度、加湿量以及总送风量，共涵盖了5个需要实时调节的变量，难度较大。研究表明大型商业建筑采用组合式恒温恒湿空气处理机组无露点控制策略更为合适，其动态无露点控制分区如图2所示。

图1 大型商业建筑组合式空气处理机组智能优化控制管理系统登录界面

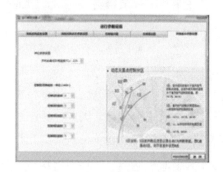

图2 大型商业建筑组合式空气处理机组控制策略分区图

（五）大型商业建筑绿色化改造节材关键技术

1. 既有建筑地基承载力评估软件开发。

既有建筑的增层和增建是2项复杂的技术，需要具备岩土工程、结构工程等学科专业的知识和经验。在进行地上增层及地下增建前，必须对原结构承重体系和原基础进行承载力、稳定性以及抗震验算，若不满足规范要求则需对原结构或基础进行加固，以保证既有建筑的使用安全。为了让技术人员能

够方便直观地对既有建筑地基的承载力进行验算和评估，从而准确地制定之后的施工方案，编制了"既有建筑改造地基承载力评估软件"。该软件采用面向对象的Microsoft Visual Basic 6.0语言进行开发，界面简洁，便于应用，如图3、图4所示。软件有4个计算模块，分别是"静荷载试验计算"、"地基承载力计算"、"单桩承载力计算"和"原位测试计算"。

"既有建筑改造地基承载力综合评估软件"是一个辅助计算工具，能够对既有建筑地基承载力以及加固后新老基础协同工作的地基承载力进行评估。只要技术人员输入相应的计算参数，通过该软件的计算，就能得到既有建筑地基承载力的初步结果。

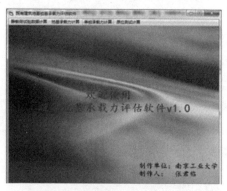

图3 既有建筑改造地基承载力评估软件登录界面

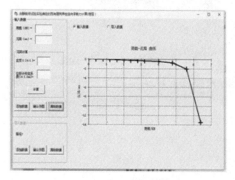

图4 地上增层模块界面

2.大型商业建筑增层改造可行性评估系统软件开发。

建筑增层改造可行性评估是建立在对相关数据的分析和综合的基础上，模型分为6个模块：技术指标、功能性指标、经济指标、工期指标、环境指标以及施工性指标。技术指标用来确定增层改造过程中各工艺技术的可靠程度，它主要包括整体工程量、湿作业工程量等基础性指标。功能性指标主要体现增层改造对建筑物正常运营使用影响程度，不影响或者尽量少影响建筑物正常使用，增层改造完工投产后能更大地发挥建筑功能的实用性。经济指标需考虑增层改造成本和经济效益。工期指标主要体现整个增层改造过程的时间跨度。环境指标用来判断增层改造过程中对周边环境的影响，可以分为噪声污染、粉尘污染、水体污染和有毒物质等指标。施工性指标反映了增层改造过程中施工工艺技术的难易程度，选择简便易行的技术方案，节省造价和工期。最后用线性加权法得出增层改造可行性研究评估结论，软件相关界面如图5、图6所示。

图5 大型商业建筑增层改造可行性评估系统登录界面

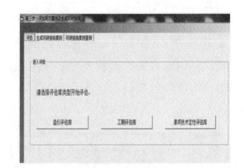

图6 评估库

四、研究展望

本课题通过对大型商业建筑功能特点、用能情况、室内环境、空间拓展等方面进行了综合分析，研究开发出一套适用于大型商业建筑绿色化改造的关键技术体系，大部分技术已在示范工程上得到了应用，节能效益显著。

商业建筑类型广泛，有百货商店、超市大卖场、餐饮娱乐购物综合体等，不同类型的商业建筑业态、功能分区、用能情况、系统设计均存在较大差异，因此在"十三五"期间将针对不同商业建筑特点，细化技术策略，体现不同商业的特性化适用技术，分地区进行研究，并相应配套出台地方标准，为各地既有商业建筑绿色化改造提供参考。通过对现有既有建筑改造政策整合及再创新，循序渐进地开展切实可行的政策与机制建议研究，从政策层面给予一定支持，提高商业建筑绿色化改造的积极性。

（上海维固工程实业有限公司供稿，徐瑛、刘芳、沈洁沁执笔）

办公建筑绿色化改造技术研究与工程示范

一、研究背景

办公建筑作为社会和经济发展中必不可少的建筑形态，自20世纪90年代以来，我国办公建筑业呈现高速增长的趋势。由于受以前经济条件和建筑技术所限，大量的既有办公建筑开始面临使用功能退化、安全性能下降、设备老化、能耗大、室内热舒适性差、空气质量差、声环境差、光环境差等问题，功能难以满足现代办公的要求，急需改造。

目前我国在既有建筑改造、绿色建筑与建筑节能方面已出台一系列相关政策及措施，为相关技术研发和工程实践的开展提供了有力支撑。2012年5月24日，科学技术部发布《"十二五"绿色建筑科技发展专项规划》，重点任务之一即为"既有建筑绿色化改造"。2013年1月1日，国务院办公厅以国办发[2013]1号文转发国家发展改革委、住房城乡建设部制订的《绿色建筑行动方案》，目标之一就是完成公共建筑和公共机构办公建筑节能改造1.2亿㎡。2015年3月5日，住房和城乡建设部建筑节能与科技司发布《住房城乡建设部建筑节能与科技司关于印发2015年工作要点的通知》（建科综函[2015]23号），该通知要求累计完成重点城市高能耗公共建筑节能改造1600万㎡，建立健全大型公共建筑节能监管体系，扩大公共建筑节能改造范围与规模。

"十一五"期间，我国实施完成了"既有建筑综合改造关键技术研究与示范"国家科技支撑计划重大项目，以及"建筑节能关键技术研究与示范"、"城市综合节水技术开发与示范"、"现代建筑设计与施工关键技术研究"等资源节约方面的国家科技支撑计划项目，取得了丰硕的成果，但是针对办公建筑绿色化改造的内容不多，相关研究成果不足。办公建筑的绿色化改造整体还处在起步阶段，技术体系尚未形成，还需要更深入的技术研究作支撑，对改造过程中的共性和个性技术进行研究，并通过建设不同改造类型的示范项目，推动办公建筑的绿色化改造实践。

二、研究内容

课题在对我国既有办公建筑绿色化改造实际发展状况研究的基础上，结合我国国内对既有办公建筑绿色化改造技术的潜在需求，借鉴国外既有办公建筑绿色化改造技术的发展趋势，重点攻克办公建筑绿色化改造中的关键技术问题，涉及室外环境、室内环境、节能节水、设备的升级改造、装修与加固中的节材技术、改造施工技术等方面，并结合办公建筑绿色化改造工程示范，有效解决我国既有办公建筑绿色化改造技术的水平和效率不高以及资源浪费严重的问题，为提升办公建筑绿色化改造的整体技术水平，促进建设事业的可持续发展起到重要的作用。

三、主要成果

（一）产品开发与研制

1. 超轻发泡陶瓷保温板

"十二五"期间，课题组对发泡陶瓷保温板生产技术进行攻关，开发了密度小于180 kg/m³的新一代超轻发泡陶瓷保温板。该产品具有不燃、防火、耐高温、耐老化、与水泥制品相容性好、吸水率低、耐候性好等优越的性能，保温性能得到较大改善，导热系数由0.08 W/（m•K）降到0.06 W/（m•K）以下，防火性能为A级，符合国家及地方建筑外保温防火要求，适用于建筑外墙外保温工程，已成功用于数百万平方米的建筑。

图1 新一代超轻发泡陶瓷保温板

超轻发泡陶瓷保温板保温技术具有显著的经济效益、社会效益和环境效益，"十二五"以来已在200万㎡以上的新建建筑及江苏省通讯管理局（建筑面积1万㎡）等既有建筑节能改造工程中得到应用，累计创产值8000万元以上。发泡陶瓷保温板保温系统防火、抗裂、防渗、与建筑同寿命、施工简便，推广应用前景广阔。

2. 多仓型真空绝热保温板

课题组自主研发的多仓型真空绝热保温板（实用新型专利ZL201320493140.8），具有优异的保温隔热性能，且为A级不燃材料，非常适合用于办公建筑等公共建筑的建筑节能改造。该产品不同于一般的真空保温板，它具有独立真空分仓结构，可以根据工程需要的面积和形状沿着分仓缝进行裁剪，较好地克服了一般的真空保温板不能裁剪的弱点。本产品适用于办公建筑等建筑外墙保温工程，尤其适合用于既有建筑节能改造，可以使得依附于既有建筑外墙表面的保温系统厚度较薄，更加安全可靠。办公建筑改造量大面广，多仓型真空保温板将具有良好的市场需求和产业化前景。目前，发明专利"多仓型真空绝热保温板及其制作方法"正在申请过程中，受理号为201310351526.X。

图2 多仓型真空板

中国建筑科学研究院环能楼办公建筑改造工程中采用了真空板薄抹灰外挂装饰板的外墙外保温系统，该改造工程建筑面积约为3800m²，其中局部试用了多仓型真空绝热保温板。

3. 可拆卸中空玻璃内置百叶帘的节能窗

课题组开发了可拆卸中空玻璃内置百叶帘的节能窗，产品隔热、保温、遮阳、抗风性能优异，节能效果良好，并具有隔声、防火、防结露、阻挡紫外线、百叶帘无需清洗、抗风能力强等优点，且拆卸操作方便，维修口朝室内，各种窗型的检修均在室内操作，操作安全性高，检修期间窗扇中仍安装了外玻璃，可减小对用户生活的影响。检测表明，样窗的抗风压等级达到9级，气密性达到6级，水密性达到5级，传热系数为2.0W/（m²·K）。

该产品通过了江苏省住建厅组织的专家鉴定，鉴定委员会认为，可拆装中空玻璃内置百叶帘的节能窗克服了现有各种窗户、外遮阳产品的缺点，实现了建筑遮阳与外窗一体化，可在夏热冬冷等地区各种环境、高度的建筑上应用，成果达到国内领先水平，具有广阔的推广应用前景。

图3 可拆卸中空玻璃内置百叶帘的节能窗

4. ZR90抗风型铝合金外遮阳百叶帘及相关的外遮阳配套产品

针对目前国内外百叶帘市场上产品抗风性能不足的问题，研发了一种新型抗风型外遮阳铝合金百叶帘，通过改变叶片截面形状、减小跨距、优化叶片导向头等技术措施改进了原产品的不足。ZR90抗风型铝合金外遮阳百叶帘大大提高了百叶帘的抗风性能和透光性能。经检测表明，ZR90型百叶帘，抗风强度达1200Pa。抗风计算表明，ZR90系列铝合金外遮阳百叶帘在标准风压值为0.4 kN/m²的C类和D类场地中抗风性能可满足100m

高建筑的要求；标准风压值为0.45 kN/m²、C类场地中抗风性能可满足90m高建筑的要求，D类场地中抗风性能可满足100m高建筑的要求。

该产品通过了江苏省住建厅组织的专家鉴定，鉴定委员会认为，该产品克服了以往铝合金外遮阳百叶帘的缺点，填补了省内空白，具有广阔的推广应用前景。目前该产品生产线已投产，年产约12万m²。

图4 ZR90抗风型铝合金外遮阳百叶帘

图5 江苏省人大综合楼外窗遮阳改造

图6 铝合金外遮阳百叶帘生产线

5.建筑外墙高热阻性能测试设备

现有"墙体保温构件热阻测试装置"为中国建筑科学研究院多年来研发，主要针对当时技术条件要求下的墙体构件的热阻测试，多年来的测试结果表明对于测试传热系数在0.5W/（$m^2 \cdot K$）以上（相当于热阻在2.0$m^2 \cdot K$/W以下）的构件准确性较高，但对于热阻更高的构件，设备已经表现出难以维持较高准确性的情况，甚至试件本身热阻超过了各防护单元的热阻。

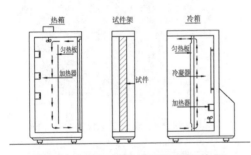

图7 墙体保温性能检测装置示意图

为此，课题组研发建筑外墙高热阻性能测试设备。建筑墙体热阻测试主要包括室内热环境控制、测试设备参数控制、测试过程热平衡状态维持以及检测结果稳定判断等方面。在测量精度方面，测量误差主要来自测量热环境控制和热工参数测量两个方面，因此该设备的研发重点是削弱热工参数测量过

程中热计量（包括热损失方面的计量）方面造成的误差偏离。

鉴于以上的研究成果，课题组申请了"建筑构件热阻的测试仪器"实用新型专利，专利号为：ZL201520333797.7。目前，与其相应的发明专利正在申请过程之中。

（二）软件开发

1.办公建筑绿色化改造效果评价软件

根据《既有建筑绿色改造评价标准》GB/T 51141-2015中的规定，既有办公建筑在进行绿色化改造时应遵循因地制宜的原则，结合建筑的类型和使用功能，及其所在地域的气候、环境、资源、经济、文化等特点，通过用户输入改造后的建筑相关信息，包括规划与建筑，结构与材料，暖通空调，给水排水，电气与自控等内容，自动评估建筑所处的绿色化等级水平。

此外，通过输入办公建筑改造前和改造后的相关设计运行数据，如围护结构，暖通空调，给水排水，照明和电气等，能自行分析建筑改造后的室内外环境提升水平、结构强度提升水平、节能量和节水量等，可为后期的长效运行监测提供管理便利。目前办公建筑绿色化改造效果评价软件，已获得软件著作权证书，登记号为2014SR109124。

2.绿色建筑现场检测评价软件

绿色建筑现场检测评价软件主要包括：绿色建筑项目基本信息、建筑现场检测参数配置、实时检测参数展示、绿色建筑现场检测评价指标分析、绿色建筑现场检测评价报告等。该绿色建筑现场检测评价软件基于虚拟仪器思想进行设计，通过对各种测试信号进行定义和设置，针对不同的绿色建筑现场检测参数和《绿色建筑检测技术标

准》CSUS/GBC 05-2014的实际要求，自由搭建专属测试系统。同时该测评软件具有专业化的数据分析、数据存储和出具测评报告等功能。目前绿色建筑现场检测评价软件，已获得软件著作权证书，登记号为2014SR118889。

（三）标准修订

1. 江苏省地方标准《发泡陶瓷保温板保温系统应用技术规程》苏JG/T042-2011修订

为更好地推广超轻发泡陶瓷保温板及其技术，对原《发泡陶瓷保温板保温系统应用技术规程》苏JG/T042-2011进行了修订，调整了发泡陶瓷保温板的部分性能指标，增加了部分构造详图，增加了楼板、屋面保温的做法等。该规程通过江苏省工程建设标准站组织的专家审查，并已发布实施。新版《发泡陶瓷保温板保温系统应用技术规程》苏JG/T042-2013技术指标更合理，规定更加科学，可操作性更强，可以很好地指导新建建筑及既有建筑节能改造中保温工程的实施。

2. 江苏省地方标准《保温装饰板外墙外保温系统技术规程》DGJ32/TJ86-2013

修订内容：①增加了适于作保温芯材的改性酚醛树脂泡沫板、纵向纤维岩棉条等材料及彩钢板等面板材料的应用，完善了相应的性能指标。②将现有系统中硅酮胶相容性指标的测试要求调整为测试硅酮胶与面板粘结强度测试。③增加了锚固件组合单元安装强度指标这一关系系统安全性能的指标。④增加了对薄型石材、瓷板、建筑用印花钢板等面板性能指标的要求。⑤增加了保温装饰板外墙外保温系统中防火隔离带构造。⑥补充了保温装饰板外墙外保温系统施工中的一些规定。⑦增加了锚固件组合单元安装强

度、硅酮胶与装饰面板之间的结合强度的测试方法。

（四）服务平台建设

1. 北方地区办公建筑绿色化改造综合服务平台

北方地区办公建筑绿色化改造综合服务平台，依托于中国建筑科学研究院。主要支撑单位包括：国家建筑工程质量监督检验中心、中国建研院建筑设计院、中国建筑技术集团有限公司；其他支持单位包括：天津市保护风貌建筑办公室、方兴地产（中国）有限公司、天津大学、中铁十六局集团第五工程有限公司、哈尔滨工业大学。

平台主要服务内容包括：绿色建筑方案设计与咨询（优化设计、计算机仿真模拟等），建筑改造设计与咨询（加固设计、方案咨询等），建筑检测评估服务（节能产品检测评估、能效测评、能源审计、建筑节能监测、节能改造方案咨询等），绿色施工（组织与管理等）。

2. 南方地区办公建筑绿色化改造综合服务平台

南方地区办公建筑绿色化改造综合服务平台，依托于江苏省建筑科学研究院有限公司。主要支撑单位包括：江苏省建筑节能技术中心、江苏康斯维信建筑节能技术有限公司、江苏丰彩节能科技有限公司；其他支撑单位包括：江苏省住建厅科技发展中心、江苏省绿色建筑工程技术研究中心有限公司、中国建筑科学研究院上海分院。

平台主要服务内容包括：绿色化改造设计与咨询（既有建筑改造方案设计、计算机模拟、技术咨询等），绿色产品技术开发与咨询（新产品设计、测试、技术优化、应用

研究等），建筑检测评估服务（节能产品检测评估、能效测评、能源审计、建筑节能监测、节能改造方案咨询），绿色施工与管理（既有建筑绿色化改造施工、合同能源管理等）。

（五）著作与论文

课题在实施过程中为了宣传科研成果，加强技术交流，科研人员通过不断研究与总结绿色化改造技术，编著《既有办公建筑绿色改造案例》（已出版）、《办公建筑绿色改造技术指南》（校稿阶段）图书2册，公开发表论文20篇。

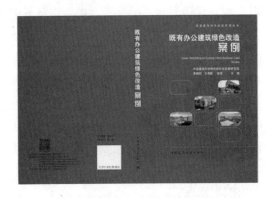

图8 既有办公建筑绿色改造案例

（六）示范工程

1.北京凯晨世贸中心

地理位置：北京市西城区复兴门内大街28号

基本信息：凯晨世贸中心总投资约30亿元人民币，占地面积约为4.4hm²，建设用地约为2.2hm²，总建筑面积约19.4万m²，位列2003年北京市确定的60项重点工程之一。

改造竣工时间：2012年

改造目标：打造绿色宜居的精品写字楼，获得中国绿色建筑三星与美国LEED-EB铂金等绿色建筑标识，也是实施此次绿色改造的目标之一。绿色改造工程完工后，凯晨世贸中心年平均能耗水平为17.8kg标准煤/m²，远低于北京市写字楼建筑平均能耗水平。总年节电量可达4850000kWh，年节约热量为580GJ，每年节约616t标准煤。

改造内容：项目采用双层呼吸式幕墙夹层内设活动百叶遮阳、单索网超白玻璃幕墙、VAV变风量空调系统、中水系统、太阳能热水系统、屋顶绿化、排风热回收、CO_2浓度检测、中水绿化滴灌、高效节能灯具、节水器具、节能电梯等十余项绿色节能技术。改造项目参照《绿色建筑评价标准》GB/T50378对原建筑进行绿色改造。改造重点围绕节地与室外环境改造、节能与可再生能源利用改造、节水与水资源利用改造、节材与材料资源利用改造、室内环境改造、绿色改造施工、绿色运行管理等几个方面展开。

改造效果：绿色改造取得成果较突出的专项改造为空调风系统优化改造、中央空调机组变频改造、空调水系统优化改造，与其各自能耗量在建筑全部能耗中所占比重的排列特点一致。

2.北京中化大厦

地理位置：北京市西城区复兴门外大街A2号楼

基本信息：中化大厦始建于1991年底，总投资近7.6亿元，1995年10月正式营业，主楼地上26层，配楼地上8层，地下3层。占地面积3136.3m²，总建筑面积49065.9m²。

改造竣工时间：2015年

改造目标：通过项目的实施，将目前能耗较高的系统与设备进行升级改造，使之符合我国现行节能标准与现代设计理念，切实做到降低大厦的能耗水平，提高系统运行效率。项目预期改造总目标为提高大厦能源利用率，从而降低建筑能耗。经测算，经过绿色改造后可达到节能率24.5%的目标。

改造内容：空调系统改造，包括制冷机组改造、水泵改造、末端系统改造；热力站改造；照明系统改造；自控与计量系统改造，包括：自控系统改造、计量系统改造。

改造效果：中化大厦绿色改造项目，通过采用先进的建筑节能集成技术，可实现年总节电量1865559kWh，节热总量为5800GJ，总节能量为427.06t标准煤，节约运行费用256.09万元，每年可减排1123.5t二氧化碳，经济效益和环境效益十分显著。

3.天津大学生命科学学院办公楼

地理位置：天津市南开区天津大学校园内

基本信息：4层砖混结构房屋，总建筑面积5380m²。

改造竣工时间：2013年10月

改造目标：在经济适用的前提下，改造设计需要满足学院常规的科研办公；同时，改造设计要求使用方、设计方、施工方等多方合作，实现改造后建筑的节能、节水、节材，创造生态、健康、舒适的室内外科研办公环境；改造后建筑设计力求展现生命科学学院独特、崭新的形象。通过绿色化改造技术策略的应用和实施，使改造后的建筑能够获得绿色建筑的星级标识。

改造内容：改造设计以绿色化技术整合的方式，在保留原有建筑结构主体承载力不变的情况下，对该既有建筑进行了建筑设计再创作。通过多种方案的设计、模拟、比选、优化，最终确定项目改造设计方案，改造重点包括建筑外围护结构、节水设备与中水利用、建筑设备分类分项计量、可再生能源综合利用等内容。

改造效果：根据最初制定的改造目标，以及绿色化改造技术策略的应用与实施，使得完成绿色化改造后的生命科学学院办公楼成功地实现了以下几点转变：①充分利用原有场地，用本地经济性植物和学院试验田营造景观，创造"生命学院"崭新的形象；②在保持原建筑荷载基本不变的前提下，完成了外围护结构节能改造，达到天津市地方三步节能的设计标准；③完成了内部给排水设备改造、电气工程及暖通系统的改造，实现了分类分项计量设计等改造内容；④将室外遮阳、立体绿化、太阳能空调设备（可再生能源利用）等绿色化技术策略与建筑外立面新增设的钢构架进行了有效整合。

4.江苏省人大常委会办公楼

地理位置：南京市鼓楼区

基本信息：江苏省人大常委会既有办公建筑包括综合楼、老办公楼、会议厅，建筑面积共23423m²。其中，老办公楼为南京市历史建筑。

改造竣工时间：2015年

改造目标：在保护历史建筑的基础上，对建筑进行修缮改造、结构加固、配套设施改善、绿化更新等。通过绿色化改造，改善室内外环境，提供健康、舒适、高效的使用空间，并达到节约资源（节能、节地、节水、节材）、保护环境、减少污染及垂范社会、传播绿色理念的目的。

改造内容：建筑及结构改造、室内外环境改造、采暖空调改造、绿色节能改造等。外墙增加玻璃棉内保温系统，屋面增加XPS保温层；原单玻窗更换高性能中空玻璃断热铝合金节能门窗，受阳光辐射较大的外窗增加与建筑外立面协调的铝合金外遮阳百叶帘；增加部分屋顶绿化；屋面增加太阳能热水系统，增加分项计量装置等。

改造效果：经过绿色改造后，省人大办公楼整体能源消耗较改造前总体下降12%，电耗下降16%，水耗下降50%，绿色改造效果明显。

5. 上海电气总部办公大楼

地理位置：上海四川中路和元芳弄交叉口

基本信息：改造面积6884.16㎡，建筑占地约820㎡，总建筑面积6884.16㎡。

改造竣工时间：2013年

改造目标：对建筑进行修缮改造、结构加固、配套设施改善、节能改造等。通过绿色改造，改善室内外环境，提供健康、舒适、高效的使用空间，并达到节约资源（节能、节地、节水、节材）、保护环境、减少污染的目的。与上海地区同类建筑相比，综合能耗下降30%。

改造内容：节地与室外环境改造、节能与能源利用改造、节水与水资源利用改造、节材与材料资源利用改造、室内环境改造、智能化改造等几个方面。节能与可再生能源利用改造包括：生态绿化种植屋面，高效变制冷剂流量空调系统，排风热回收技术的应用，Low-e玻璃窗的改造，LED灯+光导管改造。节水与水资源利用改造包括：雨水的回收利用，喷灌节水系统，节水龙头、节水座便装置。室内环境改造包括：自然通风技术的应用，低挥发性材料的应用。智能化改造包括：楼宇自动控制系统，智能灯控系统，能耗独立分项计量，远程能效管理系统，建筑智能化系统集成。

改造效果：改造工程主要集合了高效设备、屋顶绿化、低挥发性材料、屋顶绿化和

雨水收集利用、智能化系统和能源管理系统的应用等技术。工程成为第一个获得LEED金奖和绿色建筑评价标识二星级认证的外滩文物保护建筑。

6. 内蒙古如意广场4号办公楼

地理位置：内蒙古呼和浩特市如意开发区

基本信息：框架剪力墙结构，总建筑面积1万㎡。

改造竣工时间：2015年

改造目标：对建筑进行修缮改造、结构加固、配套设施改善、绿色更新等。通过绿色改造，改善室内外环境，提供健康、舒适、高效的使用空间，并达到节约资源（节能、节地、节水、节材）、保护环境、减少污染的目的。通过系列绿色化改造技术策略的应用和实施，使改造后建筑能够获得绿色建筑的星级标识。

改造内容：垂直绿化、室外风环境模拟分析、透水铺装、地下空间利用；新风热回收、污水源热泵、节能照明、风力发电、太阳能热水；节水灌溉、雨水收集回用设备；3R材料利用；建筑自然采光分析设计、建筑声环境分析设计、建筑室内风环境分析设计、导光筒、室内空气质量监控系统；建筑智能化设计（能耗监测系统）。

改造效果：本项目采用分布式光伏发电低压侧并网系统，占地面积约128.25㎡，预测年平均发电量4.928万kWh，按照呼和浩特现行电价计算，每年可减少建筑运行费用3.2万元；本项目配套采用的雨水、优质杂排水回收处理系统每年节约用水约1300t，可节省运营费用3367元。

7. 轻工业环境保护研究所办公楼

地理位置：北京市海淀区温泉镇高里掌

路17号楼

基本信息：框架结构，总建筑面积为4808m²。

改造竣工时间：2014年

改造目标：首要目的是进行功能改造，满足办公和科研需要，对大空间进行灵活隔断优化设计，以方便施工、装修，满足轻工业环境保护研究所办公、实验、科研、会议的多功能要求。其次，在满足结构、安全、功能要求的基础上，通过先进绿色建筑理念和技术应用，提升采暖空调系统和照明系统的节能效果，给排水系统的节水效果，降低周边环境噪声、提高室内舒适度，提升建筑物的综合性能。

改造内容：建筑空间的高效利用、可循环建材应用、建筑自然采光分析设计、辐射供暖技术、节能照明、空调系统改造、节水技术、建筑声环境改善、屋顶绿化、安防和消防监控、节水灌溉及雨水回收、分项计量技术。

改造效果：项目充分利用了现有条件，节地效果显著；可再循环材料比例达到20%以上；灵活隔断比例达到80%以上；室内自然采光达标率达到80%以上；绿色照明比例（照明功率密度达到目标值比例）达到100%；节水器具使用比例达到100%；室内照明功率密度低于国家标准规定目标值。

四、研究展望

随着城镇化进程加速、城市规模扩大，大型办公建筑势必随之增多，居高不下的能耗问题与节能减排政策矛盾加深。我国很多老旧城区功能已经跟不上城市发展需求，既有办公建筑改造也逐渐由单纯的技术改造转向建筑全生命周期内的监测与维护，关注点也由常规的建筑改造转向更高性能目标的既有办公建筑改造。

国家在《"十二五"绿色建筑科技发展专项规划》中明确部署既有建筑绿色改造技术研究，通过国家科技支撑计划的实施，将形成一系列针对既有办公建筑绿色改造的关键技术、标准规范、专利、产品等成果，为推进我国既有办公建筑绿色改造提供较好的技术支撑，同时也为开展下一步工作打下坚实的研究基础。

（中国建筑科学研究院供稿，李朝旭、
王清勤、赵海执笔）

医院建筑绿色化改造技术研究与工程示范

一、课题基本情况

（一）课题背景

目前医院绿色化建设还处于初级阶段，医院建筑绿色化改造还存在很多亟待解决的问题，主要体现在以下几个方面：1.缺乏针对医疗功能用房有特殊要求的区域的绿色化改造成套技术；2.医院建筑能耗巨大，且能源结构不合理，清洁或可再生能源的份额很少，缺乏适用于医院用能特点的分项计量系统和能耗监测平台；3.医院建筑室内环境交叉感染严重，需要专门的环境质量改善与安全保障技术；4.医院建筑室外环境需要进行生态化、人性化改造设计，医疗废气、废水、废物无害化处理技术有待升级。

针对上述问题，本课题拟针对医院建筑所处的地域特点、气候特征、资源条件及功能结构，依据绿色、生态、可持续设计原则，在医疗功能用房绿色化改造、医院能源系统节能改造与能效提升、医院建筑室内环境质量改善与安全保障、医院建筑室外环境绿色化综合改造、医院建筑绿色化改造工程示范等关键技术上实现突破和创新，最终达到医院建筑安全性能升级、环保改造、节能优化、功能提升的目标，充分满足我国医院建筑绿色化改造的经济和社会发展的重大需求。

（二）课题目标

本课题主要针对医院建筑所处地域特点、气候特征等，依据绿色、可持续原则，在医疗功能用房绿色化改造、医院能源系统节能改造与能效提升、室内环境质量改善与安全保障、室外环境绿色化综合改造及绿色化改造工程示范等关键技术上形成突破和创新，研发适用于医院建筑绿色化改造的关键设备，并提供技术支撑；提出适用于医院建筑、高效、节能的绿色化改造技术条件、优化设计方法等，形成适用于医院建筑绿色化改造的综合技术集成体系；因地制宜进行示范工程建设，实施产业化推广应用，全面提升建筑功能、优化能源系统结构、改善室内外环境，最终实现医院建筑安全性能升级、节能优化等目标，充分满足我国医院建筑绿色化改造的经济和社会发展的重大需求。

（三）研究任务

课题从5个方面对医院建筑的绿色化改造开展研究并进行工程示范，即：1.医疗功能用房绿色化改造技术研究；2.医院能源系统节能改造与能效提升技术研究；3.医院建筑室内环境质量综合改善与安全保障技术研究；4.医院建筑室外环境绿色化综合改造技术研究；5.医院建筑绿色化改造示范工程建设。

二、主要研究成果

针对不同气候类型的城市，对涵盖一、二、三级综合医院、专科医院、中医医院、教学医院等多种类型的医院，课题组在功能布局和空间利用、房间墙面涂料、医院能源系统、室内环境质量、医疗废气废水与固体废弃物等方面展开调研测试，完成调研分析报告5份；在此基础上，通过技术攻关，提出5项新技术并完成新技术研究报告；研发新装置、新产品5套；申请发明专利1项，外观设计专利1项，实用新型专利10项，12项专利全部获得授权；开发软件4项，并全部获得软件著作权登记证书；完成标准规范编制3项，其中国家标准2项，地方导则1项；出版书籍2本，搭建医院建筑绿色化改造相关实验平台2个，建立中试生产基地1个；发表学术论文36篇；将课题的关键技术成果进行技术集成并因地制宜地应用于示范工程建设，完成示范工程建设5项。

（一）医疗功能用房布局优化改造设计与装饰装修集约化关键技术

课题通过既有医院实例调研得到医院建筑存在的发展预留空间匮乏、总体布局不合理、功能流线紊乱、绿地率低、停车不便，以及所用装饰材料功能不佳、装饰材料的使用和装饰色彩的搭配过于随意或单调，装饰效果缺乏整体性和变化性等普遍共性问题，分析了医疗需求持续增长、病谱改变和就医观念改变的发展趋势，提出医院改造设计采用弹性化设计，营造适度集中与空间舒适的环境。课题基于层次分析的方法建立了医疗功能布局"适度集中化"评价指标体系，并通过实例验证，同时分析了弹性改造基础、基本范式与改造模式。提出采用集约化的装饰装修优化设计改善医院环境，提升医院综合性能的策略。

（二）医院能源系统节能改造与能效提升关键技术

基于我国不同气候区医院建筑的功能特征及用能特点，形成包含医院能源系统"节能水平（I1）"、"节能表现（Ip）"、"运营管理综合（Ie）"3个指标在内的既有医院能源系统综合评价体系，在此基础上开发出医院能源系统运营管理评价软件；针对医院不同区域能耗差异较大的特点，建立分类建筑分项能耗计量模型，提出能耗计量系统的计量配置等级，研发医院建筑能源分项计量改造技术与能耗监测系统；研究了包含余热废热回收再利用技术、燃气锅炉+地源热泵复合系统、冷水机组+地源热泵复合系统、集中供热系统调峰热源复合系统、蓄冰系统协同调控与升级改造技术在内的协同优化设计技术；针对医疗功能用房环境参数要求明显高于普通房间的特点，并且不同功能用房室内参数对空气处理过程的要求不同，在新回风混合处理、冬季加热盘管防冻技术、二次回风优化、新风独立除湿系统改造方面提出了高耗能用房的空气处理过程优化与升级改造技术，实现低能耗运行。

通过上述技术体系的集成，形成了适合于医院建筑的能源系统节能改造与能效提升的关键技术，不仅能够降低医院的运营成本，同时还能保证医院建筑的环境安全。

（三）医院建筑室内环境质量综合改善与安全保障关键技术

通过综合国内外现有标准、规范、指南及有关文献，结合现场调研的情况，提出了室内热舒适性、气态污染物、细颗粒物和浮游微生物分级要求。对于洁净功能用房，针对当前洁净用房换气次数大、能耗高的现状，以及当前洁净用房换气次数取值基本依赖于传统经验而非实际需求的问题，改进提出了适于工程应用的医院洁净功能用房换气次数下限计算方法并经过了充分的实验验证，新的工程计算方法已经应用指导了我国新版国家标准《医院洁净手术部建筑技术规范》GB 50333-2013中相应技术参数的修订；针对洁净功能用房负荷特点以及压差新风量维持需求，提出了优化空气处理流程，以及冬季变新风量优化设计及运行调节方式建议；针对医院建筑所特有的特殊用途洁净功能用房的实际特点与污染物控制需求，提出了各自针对性的优化工程应用控制提升技术；针对净化通风空调机组能耗高并且表冷段易滋生细菌导致二次污染的问题，专题研发长效抑菌节能机组。

最后，该技术根据调研测试获得我国当前既有医院建筑室内空气质量现状特点，筛选代表性污染物，组建室内空气品质监测预警平台，并针对我国当前对空气浮游菌浓度缺乏实时监测手段的技术短板，专题研发微生物计数器，填补国内空白。

（四）医院建筑室外环境生态化、人性化改造设计与功能提升关键技术

从医院室外环境生态化功能入手，研究室外环境生态化规划设计技术，主要包括不同类型医院和医院不同功能区的规划设计。在此基础上，提出了适合于医院室外环境的复合绿化景观体系和医院建筑景观用水水质和水量保障技术；基于患者人性化需求的室外景观设计技术，从患者安全、社交和尊重的基本需求出发，研究了烧伤患者、癌症患者、儿童自闭症患者和阿尔茨海默症患者康复景观设计。分析了不同症状患者的特点，室外景观对不同症状患者的辅助康复作用和不同症状患者康复景观改造设计要点，形成了不同症状患者康复景观设计技术，为不同症状患者提供了人性化的就医环境。

（五）医疗废气、废水、废物无害化处理升级改造关键技术

课题通过对医疗废气来源与成分特性进行系统的调研分析，研究出适用于医疗废气对外安全排放的处理技术，并申请发明专利1项。该系统可工厂规模化生产、安装维护方便，可根据医疗功能用房产生废气的种类添加反应试剂，成本增量较小，但是能够取得更理想的医疗废气处理效果；通过对不同消毒剂消毒效果的影响因素进行分析，提出了漂白粉、次氯酸钠、二氧化氯、臭氧4种消毒剂最佳消毒的消毒剂投放量、接触时间和pH值，对医疗废水消毒工艺进行了改进；在对医疗焚烧尾气中污染物的来源、危害、净化技术调研的基础上提出了适合我国的医疗废物焚烧尾气的处理工艺流程，焚烧前对重金属进行分类，焚烧过程中控制适宜焚烧控制参数，焚烧后由烟气冷却技术、烟尘脱除技术、酸性气体脱除技术、二噁英脱除技术等组成。此种净化工艺具有对污染物脱除效果较好，投资较少、运行费用较低、无需专门的废水处理设施等优点。

三、研究展望

课题的实施可支撑和保障不同气候地区的既有医院建筑绿色化改造，有助于提高既有医院建筑的室内外环境质量和综合品质、提升既有医院建筑的使用功能和安全性能，从而改善患者及医护人员的医疗及工作环境；同时通过能源系统的改造又可显著改善既有医院建筑的整体能耗水平，避免大拆大建所产生的巨大资源能源浪费，从而实现建筑领域的节能减排和可持续发展目标。

课题的各项研究成果均具有较显著的推广价值和广阔的应用前景。

（中国建筑技术集团有限公司，赵伟、
狄彦强、张宇霞执笔）

工业建筑绿色化改造技术研究与工程示范

一、课题背景

城市化的快速扩张与经济转型的双重背景使得工业厂区由原先的城市边缘地区逐渐转变为城市中心区，由于产业转型、土地性质转换、技术落后、污染严重等各种问题，大量的传统工业企业逐渐退出城市区域，在城市中遗留下大量废弃和闲置的旧工业建筑。如何处理这些废弃和闲置的旧工业建筑，是城市规划者、建筑师、企业、政府必须面对的问题。如果将这些旧厂房全部拆除，从生态、经济、历史文化角度都是对资源的一种浪费，因而对既有工业建筑进行改造再利用成为符合可持续发展原则的有效策略。传统的改造设计中，建筑师是从艺术和文化角度来进行改造，虽然使建筑改变了使用功能，避免被拆除的命运，但是由于缺乏减少能源消耗、创造健康舒适生态环境等方面的考虑，旧工业建筑并未达到再利用的根本目的。

工业建筑改造再利用与绿色建筑相结合，是破解城市旧工业建筑改造问题的新思路。将旧工业建筑进行绿色化改造再利用，以绿色环保为契合点，可以实现城市的环境效益与社会效益共赢。同时，可以利用城市工业建筑再生模式来发挥城市优势生产要素，以及通过各项政策、技术等手段实现旧工业建筑再生与升级。为提升国内旧工业建筑改造再利用的水平，研发工业建筑绿色化改造技术体系，国家科技支撑计划项目"既有建筑绿色化改造关键技术研究与示范"设立课题七"工业建筑绿色化改造技术研究与工程示范"。

二、目标与研究任务

（一）课题的总体目标

"工业建筑绿色化改造技术研究与工程示范"课题旨在从改造可行性评估、室内环境、能源利用、雨水资源利用、结构加固、改造施工等方面，解决工业建筑绿色化改造中的共性技术问题，以及办公建筑、商场建筑、宾馆建筑和文博会展建筑等不同改造目的下的个性技术问题，形成工业建筑绿色化改造技术体系，并建立4个工业建筑绿色化改造示范项目，培养一支熟悉工业建筑绿色化改造建设的人才队伍，发表多项具备一定国内外影响力的科研成果。

（二）课题的研究内容

课题从5个方面开展工业建筑绿色化改造技术研究与示范工作：

1.既有工业建筑民用化改造综合评估技术研究。

2.工业建筑室内功能转换与基于大空间现状的室内环境改善技术研究。

3.工业建筑机电设备系统改造技术研究。

4.工业建筑结构加固与改造施工技术研究。

5.工业建筑绿色化改造工程示范。

三、研究成果

课题执行期限为2012年1月至2015年12

月，截至2015年底课题已全部完成课题任务书要求的考核指标，取得的主要技术和应用成果如下：

（一）形成5项关键技术

1.既有工业建筑功能转变合理性评估方法。

针对既有工业建筑前期拆改决策和改造功能取向选择问题，基于大量的案例调研分析，构建一套评估指标体系和评估方法，并编制应用指南，同时结合既有工业建筑的特征，提出适宜性绿色建筑技术体系，为既有工业建筑绿色民用化改造前期决策提供具体操作方法和依据。

2.基于工业建筑空间特点的被动式节能改造技术。

针对不同类型工业建筑具体的空间特点，关注其空间改造对采光通风保温隔热的影响，从而得到不同类型工业建筑改造为不同功能时，改动量最小并充分考虑被动节能的空间匹配与改造设计要点。针对工业建筑大进深空间的特点和绿色建筑对室内环境质量的需求，对工业建筑改造利用过程中的采光和通风改善措施进行系统的研究，分别针对单层和多层厂房建筑的改造利用，对中庭和天窗的优化设置提出具体的参数设计及要点建议，可为设计单位进行工业建筑的改造设计提供指导，提升改造项目的室内环境质量。

3.基于工业建筑特点的围护结构节能改造技术。

该技术旨在解决旧工业建筑进行绿色化改造时围护结构应用技术问题，将形成围护结构保温产品及适用于工业建筑绿色化改造的技术体系，提升改造建筑围护结构性能。

4.工业建筑民用化改造屋面雨水回收利用技术。

结合工业建筑大屋面特性，从雨水水量平衡、水质处理、雨水处理系统空间设置等角度，构建一套屋面雨水回收利用设计方法。并在考虑雨水回用的条件下，创新地提出了工业建筑屋顶绿化综合改造技术，为既有工业建筑绿色民用化改造的雨水回用系统设计提供了具体操作方法和依据。

5.基于节材和空间利用的工业建筑结构耗能减震加固和增层改造技术。该技术旨在解决旧工业建筑加固和增层改造中的节材技术应用问题，形成工业建筑结构耗能减震加固技术以及增层改造技术体系，实现改造建筑节材优化的目标。

课题组在2015年陆续组织对5项关键技术成果进行科技查新、专家论证，经专家组论证，认为上述技术均达到了国内领先水平。

（二）主编地方标准1部

作为国内既有工业建筑改造领域的首部技术规范，上海市地方标准《既有工业建筑绿色民用化改造技术规程》由课题组主编，于2014年获得立项批复，2015年9月发布征求意见稿。

（三）获得专利授权9项

结合课题的技术研究成果，课题组共申请国内专利11项（其中8项实用新型专利，3项发明专利），截至2015年底已获得授权9项（其中发明专利1项，实用新型专利8项）。

（四）获得软件著作权4项

课题组共获得4项软件著作权，分别为申都大厦能效监管系统软件（2013.8）、能效分析方法及智能监控系统（2013.9）、能耗监测管理平台（2013.10）和工业建筑民用化改造技术资料查询系统（2014.5）。

（五）开发产品及中试线各1套

完成"高掺量粉煤灰水泥（普硅）泡沫保温板"产品实验室开发，在同行业的生产企业完成2次批量试生产实验，并建立该产品的中试线。

（六）发表论文33篇

课题组已正式发表论文33篇，其中英文论文3篇，SCI/EI收录1篇

（七）编写专著2部

专著《既有工业建筑绿色民用化改造研究》以及《既有工业建筑绿色化改造设计施工指南》，均在2015年完成稿件编写。

（八）人才培养

培养上海市优秀技术带头人1名，青年骨干6名，硕士研究生10名。

（九）建立示范项目4项

在全国建立4个既有工业建筑绿色化改造示范项目，其中2项获得国家三星级绿色建筑设计评价标识，2项获得上海市二星级绿色建筑设计评价标识，项目均已竣工投入使用。

1.上海申都大厦

地理位置：上海市黄浦区西藏南路1368号

基本信息：该建筑原建于1975年，为上海围巾五厂漂染车间，1995年由上海建筑设计研究院改造设计成带半地下室的6层办公楼。经过十多年的使用，建筑损坏严重，业主单位决定对其进行翻新改造。改造后的项目为地下1层，地上6层，地上面积为6231.22m²，地下面积为1069.92m²，建筑高度为23.75m。

改造时间：2012～2013年

绿色标识：国家三星级绿色建筑设计及运营标识

改造内容：建筑立面改造、屋面改造、围护结构保温改造、空调系统改造、结构加固、电气系统改造、给排水系统改造。

绿色化改造技术应用：

外立面单元式垂直绿化、屋顶复合绿化、建筑功能集成的边庭空间、中庭拔风烟囱强化自然通风、太阳能光热技术、太阳能光伏技术、排风热回收、能耗分项计量与监控、雨水回收与利用、结构阻尼器增设加固。

2.天友绿色设计中心

地理位置：天津市华苑新技术产业园区开华道17号

基本信息：该项目原为多层电子厂房，经天津天友建筑设计公司改造为其自用办公楼，项目基地面积3215m²，建筑面积5766m²。

改造时间：2013～2014年

绿色标识：国家三星级绿色建筑设计标识

改造内容：建筑立面改造、屋面改造、围护结构保温改造、空调系统改造、电气系统改造、给排水系统改造。

绿色化改造技术应用：

南向活动外遮阳、拉丝式垂直绿化、增设特朗伯墙、顶层天窗采光与水墙蓄热、模块式地源热泵结合蓄冷蓄热的水蓄能系统、模块式地板辐射供冷供热。

3.上海财经大学大学生创业实训基地

地理位置：上海财经大学武川路校区

基本信息：该项目位于上海财经大学武川路校区内，原为上海凤凰自行车三厂的一个单层热轧车间，根据规划要求校方对其进行改造再利用，改为学生创业实训中心，占地面积2313m²，改造后总建筑面积为3753m²。

改造时间：2013～2014年

绿色标识：上海市二星级绿色建筑设计

标识

改造内容：建筑立面改造、屋面改造、围护结构保温改造、空调系统改造、电气系统改造、给排水系统改造、结构加固。

绿色化改造技术应用：

结合旧建筑特征的被动式设计，利用厂房高大空间的矩形天窗，设置电动可开启扇，促进自然通风和采光；高能效比的空调设备，多联机的IPLV比上海公建节能标准高一个等级；设置屋顶雨水收集与利用系统，针对不同用途和不同使用单位的供水分别设置用水计量水表。

4.上海世博会城市最佳实践区B1～B4改建工程

地理位置：上海世博园浦西园区

基本信息：该项目位于上海世博会城市最佳实践区，世博会后为了满足会后发展需求，在保留大部分建筑的基础上，进行相应的改造和新建。由南北2个街坊组成，北街坊最早为上钢三厂的单层工业厂房，其中B1、B2改造后功能为办公建筑，南街坊最早为南市发电厂，改造后定位商业和文化休闲，传承世博会美好城市理念形成文化创意街区。B3、B4为商业建筑。改造后总建筑面积62300m²。

改造时间：2012～2014年

绿色标识：上海市二星级绿色建筑设计标识

改造内容：建筑立面改造、屋面改造、围护结构保温改造、空调系统改造、电气系统改造、给排水系统改造、结构改造。

绿色化改造技术应用：

围护结构被动节能设计、节能照明、可再生能源利用、非传统水源、屋顶和垂直绿化、增层提高空间利用效率、既有结构及材料的利用、结构绿色拆除。

四、研究展望

"十二五"期间，我国各地对既有工业厂房建筑的改造再利用日益重视。课题研究之初，全国获得绿色建筑标识的既有工业厂房改造项目寥寥无几，4年过后，全国各地已有越来越多的既有工业建筑绿色化改造项目，特别是多个片区或厂区的整体绿色化改造，说明绿色化改造再利用的理念已逐渐被政府和开发单位接受。可以看到，全国各大城市仍然存在大量的既有工业建筑改造处理需求，也可以预见，在"十三五"大力发展绿色建筑和可持续发展的理念下，将城市的既有工业建筑改造利用与绿色建筑发展结合，既有工业建筑的绿色化改造再利用将继续蓬勃发展。整体厂区的绿色化改造升级，从单体建筑技术的关注到考虑片区规划层面的内容将是另一个研究和关注的重点。

（上海现代建筑设计(集团)有限公司供稿，田炜、李海峰执笔）

四、成果篇

随着既有建筑改造工作的不断推进，我国在既有建筑改造方面逐渐形成一批具有自主知识产权的技术、产品和软件等成果，为我国既有建筑改造的发展提供了科技支撑。本篇选取部分既有建筑改造研究成果，分别从成果名称、完成单位、主要内容和经济效益等方面进行介绍，以期进一步促进成果的交流和推广。

建筑结构隔震加固关键技术

一、成果名称

建筑结构隔震加固关键技术

二、完成单位

完成单位：中国建筑科学研究院

完成人：常兆中、薛彦涛、高杰、韩雪、程小燕、佟道林

三、成果简介

传统结构加固思路是"硬抗"，即主要靠增加截面强度、改变结构受力体系等来提高抗震承载力；主要采用加大截面法、外包钢加固法、粘钢加固法、碳纤维加固法等。而实践证明采用隔震进行抗震加固，效果更佳，并且对原有建筑的影响较小，既经济又快捷，是一种具有良好发展前景的抗震加固技术。

较为全面地对隔震加固结构的鉴定、设计、施工和维护进行了研究。分析了由于隔震后上部结构抗震措施变化对抗震鉴定的影响，给出了包括A类砌体房屋、A类钢筋混凝土房屋和B类钢筋混凝土房屋的第一级鉴定和第二级鉴定方法。考虑不同后续使用年限和由于隔震使得上部结构地震作用减小的影响，给出了隔震加固后上部结构地震作用取值。讨论了隔震加固结构的施工方法和维护管理，在施工模拟分析的基础上，讨论了施工模拟对隔震加固计算的影响。

主要创新成果如下：

（1）用现行抗震规范计算时，上部结构地震作用应综合考虑加固结构后续使用年限和隔震后上部结构水平地震作用减小的影响，予以折减，给出折减系数的取值方法。

（2）研究砌体结构隔震加固托换体系的设计方法，给出托换梁的设计方法，建议连系梁截面按直剪进行截面设计。

（3）应用有限元研究了隔震施工顺序对原结构的影响，合理的施工顺序有利于减小施工中支座变形对原结构的不利影响。

（4）在工程实践基础上，给出了常见结构类型隔震加固典型节点的做法。

题研究成果与实际工程紧密结合，目前已在山西忻州中小学隔震加固项目和北京中小学隔震加固项目中成功应用，社会和经济效益显著，随着隔震加固工程应用的不断开展，研究成果必将具有广阔的应用前景。

既有建筑隔震改造技术

一、成果名称

既有建筑隔震改造技术

二、完成单位

完成单位：中国建筑科学研究院

完成人：肖伟、姚秋来、周锡元、曾德民、王忠海、张立峰、康艳博

三、成果简介

基础隔震技术作为一项较新的抗震技术，其隔震效果和优越性已经得到广大工程技术人员的认可，在国内外新建结构中也得到了相对广泛的应用。但运用隔震技术进行既有建筑物的加固和改造，还相对较少，尚需相对系统深入的研究。

本研究主要对既有隔震建筑隔震支座更新改造技术以及三维钢弹簧隔震支座在既有非隔震建筑隔震改造（加固）工程中的应用进行了系统的研究，形成了结构理论分析、设计和施工技术、试点工程实践等研究成果，对该领域的研究有了系统的提升。既有隔震建筑隔震支座更新改造技术，为国内首次将原有隔震支座原位托换为大直径支座、设置软着陆保护后备支座的实际工程应用，

其成果在建筑隔震技术应用领域具有重要的示范意义。结合实际工程，对三维钢弹簧隔震支座应用于既有非隔震建筑隔震改造（加固）的可行性及隔震效果进行研究，研究成果对于完善我国建筑隔震体系具有重要意义。

研究成果的应用领域主要为：①既有隔震建筑，因提高抗震设防标准、震后更新保护、改扩建等要求，需更新原有隔震支座，或对原有隔震支座增加保护措施（不包括因支座接近或达到使用寿命时的常规性更换）；②既有非隔震建筑，因提高抗震设防标准、改扩建等，需采用隔震技术进行改造或加固；③应用隔震技术对古建筑、纪念性建筑和其他需要保持原貌的建筑进行加固或改造。

目前国内既有建筑改造的功能性要求日益复杂，人们对改造后房屋的安全性特别是抗震安全性和舒适性要求亦不断提高。随着我国经济的不断发展，在投资不显著增加的情况下，人们对安全性的重视超过了经济方面的考虑，因此本成果的经济和社会效益将十分显著。

框架结构填充抗震墙等加固新技术

一、成果名称

框架结构填充抗震墙等加固新技术

二、完成单位

完成单位：中国建筑科学研究院

完成人：史铁花、程绍革、石海亮、吴礼华、孔祥雄、陆加国、彭光辉

三、成果简介

我国进入了现有老旧建筑抗震加固的时期，其中钢筋混凝土框架结构是主要的结构形式之一。增设钢筋混凝土抗震墙是框架结构最常用的加固方法，该方法可以承担主要地震作用、减轻原框架柱受力；可以提高结构刚度、减小地震作用下的结构变形；还可以改变结构体系、降低原框架结构的抗震措施要求等。然而，我国现行的《建筑抗震加固技术规程》JGJ116对新增抗震墙的要求过于严格，如新增抗震墙需自下而上连续、新增抗震墙需有基础等，这些规定给结构加固方案的确定、建筑加固后的继续使用带来不便。在日本，采用新增抗震墙也是常用的加固方法，但抗震墙的设置要比我国灵活得多，工程中经常采用在原有框架内填充抗震墙，墙体允许上下不连续。

研究提出了采用楼层综合抗震能力指数法进行本方法的抗震加固计算，并与试验和理论分析对比，得出采用楼层综合抗震能力指数法进行该法加固计算的可行性。在给出抗震加固验算方法的基础上，进而提出了内设带框钢支撑与原框架梁、柱的连接构造要求，或提出内增钢筋混凝土抗震墙与原框架梁、柱的连接等构造要求，形成了完整的实用设计方法。

研究提出的内填钢筋混凝土抗震墙或带框钢支撑加固技术，与传统的增设抗震墙加固技术相比，由于加固效果明显、加固量小、工期短、施工便捷、建筑布局灵活等优点，具有明显的技术优势和经济优势，可在一定范围内逐步替代一些传统的加固技术。研究成果主要应用在框架结构的抗震加固中，框架—抗震墙结构加固也可以借鉴应用，这对于我国现在面临的大批的亟待抗震加固改造的现有结构提供了更为合理有效、经济实用、更易操作的方案，具有广阔的应用前景。

超薄绝热保温板应用技术

一、成果名称

超薄绝热保温板应用技术

二、完成单位

完成单位：建研科技股份有限公司、北京市燕通建筑构件有限公司、北京建筑大学、鲲鹏建设集团有限公司

完成人：常卫华、吴广彬、艾明星、赵霄龙、葛召深、柳培玉、王雪、任成传、张国伟、毛晨阳、朱秀才

三、成果简介

超薄真空绝热保温板以其优异的保温性能和防火性能，在建筑节能方面引起了国内外的高度重视。超薄绝热保温板防火保温性能优异，燃烧等级可达到A级不燃。但由于特殊的产品构造形式，超薄绝热保温板具有不可裁剪、不可开洞、板面不可锚固、阻隔袋易破损的特点，在应用于薄抹灰系统时，不当的施工操作，可能造成板材破损，使其失去保温性能。

通过研究开发了3种节能体系：（1）超薄绝热保温板预制剪力墙。超薄绝热保温板预制剪力墙属于内藏超薄绝热保温板预制墙板节能体系，是将超薄绝热保温设置在混凝土内外预制墙板中间，与相应的连接技术配合，组成对保温板有效防护的保温夹芯墙体。满足A级防火要求，墙体传热系数可达到0.33W/（㎡•K），实现寒冷地区节能75%以上；墙体实现安全可靠连接，抗震等级达到8度设防；增大建筑使用面积2%～3%。

（2）超薄绝热保温板预制轻型保温挂板。超薄绝热保温板预制轻型保温挂板属于内藏超薄绝热保温板预制墙板节能体系，是以轻钢框架作为受力骨架，以复合板材作为面层材料，通过连接件组装，成为共同受力体系，其中复合板材由两侧硅钙板和真空绝热板组成，超薄绝热保温板位于硅钙板中间，形成夹芯板材构造，可形成对真空板的有效防护。拉伸粘接强度大于0.08MPa，抗弯强度大于$2.0N/mm^2$。（3）超薄绝热保温板保温装饰一体化板。超薄绝热保温板保温装饰一体化板由超薄绝热保温板、防护板材、粘结层、装饰层，以及防护真空板底面的衬底材料组成。超薄绝热保温板各层次之间的抗拉强度（原强度、耐水）≥0.1MPa；燃烧性能为A级或B1级；耐冻融试验后，超薄绝热保温板无面板裂缝、空鼓或脱落，以及饰面层起泡或剥落等情况。

通过研究开发了超薄绝热保温板修补技术。超薄绝热保温板修补技术重点围绕超薄绝热保温板可替代的保温材料，超薄绝热保温板板材改进，超薄绝热保温板修补技术应用这几方面进行研究。超薄绝热保温板的修补可采用聚氨酯板，气凝胶作为超薄绝热保温板的局部修补材料。研究表明超薄绝热保温板板缝、窗墙犄角等特殊部位采用修补材料进行保温封闭，并无结露。

研究成果在实际应用中，环境污染少，且成本相对较低，能适应节能75%以上的节能标准要求，满足国内A级防火保温材料的市场需求，可替代部分性能不良并存有环保隐患的A级防火保温材料，可大规模扩产和在全国推广应用。

既有玻璃幕墙贴膜加固技术

一、成果名称

既有玻璃幕墙贴膜加固技术

二、完成单位

完成单位：中国建筑科学研究院建筑环境与节能研究院

完成人：万成龙、王洪涛、王昭君、王俊洋

三、成果简介

既有玻璃幕墙贴膜加固技术研究内容包括贴膜玻璃力学性能模拟计算、贴膜玻璃刚度试验、贴膜玻璃残余抗风压性能试验及幕墙贴膜加固技术研究。贴膜玻璃力学性能计算的目的是通过软件模拟，得到贴膜对玻璃强度和刚度的影响，从而指导工程设计。采用6mm厚玻璃，计算其在贴膜前后不同压力下的第一主应力变化和z轴变形量，从而得到膜层对玻璃强度和刚度的作用。刚度试验研究主要测试贴膜玻璃挠度变化情况，根据挠度变化确定贴膜对玻璃刚度的影响。贴膜玻璃残余抗风压性能试验的研究目的是了解粘贴安全膜的幕墙玻璃的抗风压性能，尤其是贴安全膜玻璃破碎后的残余抗风压性能，以及边部构造对残余抗风压强度的影响。试验分为相同试件残余抗风压性能试验和不同玻璃板块残余抗风压性能试验。幕墙贴膜加固技术研究从贴膜材料、安全设计、隔热设计、施工工艺、自检等角度进行研究。贴膜用材料包括玻璃贴膜、玻璃、硅酮结构密封胶等；贴膜设计包括安全设计和节能设计，其中安全设计部分内容得到了课题研究结果的支撑；施工包括施工前准备、现场贴膜等内容。

该技术已被工程建设行业标准《建筑玻璃膜应用技术规程》JGJ/T 351采用，为建筑玻璃膜工程的设计、施工、验收、使用和维护提供了技术依据；项目首次提出了建筑玻璃膜的残余抗风压性能及检测方法，明确了结构胶粘结边部构造对残余抗风压强度的增强作用，从而确定了玻璃安全膜的设计与施工技术，具有创新性。

室外热舒适无线监测技术

一、成果名称

室外热舒适无线监测技术

二、完成单位

完成单位：深圳市建筑科学研究院股份有限公司

完成人：贺启滨、李雨桐、姜纬驰

三、成果简介

热舒适度是热环境物理量（如温度、湿度、空气流动性等）及人体有关因素（如皮肤温度、皮肤湿润度、服装热阻等）对人体综合作用的一个反映舒适程度的指标。现有的室外热舒适检测仪表主要以短期检测、单点检测和有线传输为主。因此，开发针对室外热舒适的长期监测系统，并综合考虑室外热舒适监测的实际情况，十分有必要。

本研究提出一种结构简单、适用于室外全年候热环境舒适性评价的室外热舒适度监测系统，采用标准ModBus-RTU通信协议的无线接收模块接收多个无线发射模块的信号，实现多点测量集中接收处理的功能。采用SET*作为室外热舒适评价指标，数据处理模块通过电脑中的编制程序实现，利用测试参数，求解SET*热舒适方程，得到测试点的SET*。其能有效检测出室外热环境参数，结合热舒适模型，全面客观地反映室外热环境舒适度情况；其采用无线传输装置进行数据采集与处理装置之间的数据传输，便于相关测试数据的收集和处理。

本技术集成化程度高、实用性强、灵活性强，可用于短期检测和长期监测，不仅能作为室外热环境的诊断工具，还为人员室外活动作指导。已在我国多个地区的既有社区改造实践工程中得到了充分的应用，如上海、无锡、深圳等。

居住建筑供暖系统节能改造项目节能量测量和验证技术

一、成果名称

居住建筑供暖系统节能改造项目节能量测量和验证技术

二、完成单位

完成单位：中国建筑科学研究院建筑环境与节能研究院

完成人：冯晓梅、邹瑜

三、成果简介

以居住建筑供暖系统节能改造项目节能量计算方法研究为核心，采用数据统计分析的手段，对众多能耗影响因素进行识别，得到重大能耗影响因素，进而建立了针对居住建筑供暖系统的能耗影响因素回归分析基线模型，用于节能量的计算。研究得到了不确定度量化分析方法，包括模型不确定度、抽样不确定度和测量不确定度。居住建筑供暖系统节能改造试点项目（珲春河南小区26号换热站、怡思苑小区、北京某国家机关家属区等）的效果证明研究成果具有科学、公正、可操作性强等特点。通过研究建立了节能量计算和不确定度分析的科学的、系统的计算方法体系，为我国节能减排工作的开展提供了关键的技术支持。

变风量空调系统工程关键技术

一、成果名称

变风量空调系统工程关键技术

二、完成单位

完成单位：中国建筑科学研究院建筑环境与节能研究院

完成人：曹阳、曹勇、刘刚、陈方圆、薛世伟、袁涛、李效禹

三、成果简介

变风量空调系统是主要的集中空调系统形式之一——全空气空调系统的节能系统形式，广泛地应用在高档办公写字楼等公共建筑中，在保持全空气空调系统优点的基础上，主要通过改变空调送风量（可伴随调节送风温度）控制空调区域温度，具有节能、卫生、安全的优势。控制的实现需要通过楼宇自动控制技术实现，不但要求设计阶段的人员既懂空调又懂自控，而且要求施工和管理人员也要懂空调和自控，才能保证工程系统的正常运行和节能效果的实现，达到最大限度地减少风机输配能耗，节约能量，需要有相应的建设工程专项技术规程作为支持。

通过对多个建筑采用的变风量空调系统进行调试、测试、诊断等工作，对变风量系统在技术、设计、设备、施工、调试、运行几方面存在的主要问题和原因进行总结分析；通过对具体工程系统、变风量空调机组、风机开展变风量输配系统节能率的检验评价研究，为正确评价系统节能性能，提供数据支撑；通过变风量系统末端一次空气传感器压差与风量关系的理论、试验研究，提供定量的控制技术方法；通过对变风量系统静压控制点位置与节能率理论研究，为系统节能运行和调试提供理论依据。

当前，建筑能耗在我国总体能耗中的比例不断上升，其中采暖空调能耗的比例随人民生活水平的提高上升速度更快，其中空调系统输配通过电机驱动，调速控制具有很大的节能潜力。据国家发改委统计，目前中国发电总量的66%消耗在电动机上，提高电机本身的效率节能潜力不超过5%，提高电机传动（变频）的效率，节能潜力达30%。课题成果直接应用在国家建筑工程技术规程《变风量空调系统工程技术规程》中，在保证建筑环境使用要求的基础上，为减少新建和既有建筑改造中采用变风量空调系统的能耗提供技术保障。

基于软测量的检测和故障诊断技术

一、成果名称

基于软测量的检测和故障诊断技术

二、完成单位

完成单位：中国建筑科学研究院建筑环境与节能研究院

完成人：曹勇、宋业辉、刘辉、魏峥、毛晓峰、王碧玲、廖滟、薛世伟

三、成果简介

软测量技术是利用易测的过程变量与难以直接测量的过程变量之间的数学关系，通过各种数学计算和估计方法，从而实现对无法或难以直接用传感器或仪表测量的参数进行测试和预测分析。在空调系统运行过程中，有些参数是能够直接检测出来的，有些参数不易或者不能直接测试出来；对于系统的故障检测、诊断与修正对系统正常运行具有非常重要的意义。

结合冷水机组污垢热阻的测试和变风量系统风量传感器的故障诊断研究，分别建立了冷水机组冷凝器污垢热阻软测量模型和风量传感器故障诊断模型，实现污垢热阻在线监测和风量传感器故障诊断技术。

软测量技术在暖通空调系统测试和故障诊断中的应用对空调系统测试和诊断技术是一次变革性的转变，为空调系统不易直接测试参数和故障诊断技术的提高提供了强有力的技术和手段。软测量技术的应用研究具有非常高的工程应用价值，它为空调系统不易测量参数和故障诊断分析提供技术支撑，该研究成果不仅在空调系统节能测试手段上具有很好的推进作用，并可以通过产品化运作等途径，逐步将研究成果推向市场，带来较大的经济效益和社会效益。

不同土壤基质类型的社区雨水收集处理改造技术

一、成果名称

不同土壤基质类型的社区雨水收集处理改造技术

二、完成单位

完成单位：深圳市建筑科学研究院股份有限公司

完成人：史敬华、彭世瑾、罗刚

三、成果简介

目前，我国绝大部分城市的雨水利用规划滞后于城市总体规划，城市雨水利用系统与城市的基础设施和其他功能系统建设严重脱节；雨水利用技术尚处于初级阶段，对降雨规律和雨水特点缺乏深入、系统的研究，雨水利用技术的先进性、实效性和多样性有待进一步提高。

本研究依托不同气候区社区改造实践在雨水收集与利用方面所遇到的问题和已有的经验，建立针对不同土壤基质类型的社区雨水收集处理改造技术体系，研究提出了2种新型雨水渗滤技术，一是场地改造用新型浅草沟技术，二是道路改造用雨水渗滤暗沟技术，通过以上2种技术生态改造场地和道路，增加道路雨水渗排能力。同时，两种技术皆充分考虑了实际既改工程中所面临的即存现实给施工带来困难的问题，如在已建成道路上施工，其难度要比新建工程大得多。本技术通过多项实用技术达到最低程度地破坏已有现场，而实现合理渗排效果的目的。

本技术具有适用范围广、改造成本低、施工简易等特点，已在我国多个地区的既有社区改造实践工程中得到了充分的应用，如北京、无锡、深圳等。

新型吊顶辐射板研发与辐射空调系统集成关键技术

一、成果名称

新型吊顶辐射板研发与辐射空调系统集成关键技术

二、完成单位

完成单位：中国建筑科学研究院建筑环境与节能研究院

完成人：袁东立、黄涛、王永红、李娜、赵羽

三、成果简介

吊顶辐射板是吊顶辐射空调系统的核心部件，但是目前国内市场可应用的吊顶辐射板都是国外的产品，造价较高，一定程度上阻碍了吊顶辐射空调技术的推广。本研究对现有辐射板进行改良，辐射板的性能更加优良、造价更低、适用性更广，将进一步促进吊顶辐射空调在国内的应用。开发的吊顶辐射板以塑料管为主要传热介质，具有较好的热工性能，但其价格比国外的金属吊顶辐射板低50%。发明的复合式吊顶辐射板，已在多个示范项目上成功应用，得到了用户的好评。

吊顶辐射空调技术适合在办公等建筑中应用，并有良好的运行效果；研究对于辐射空调设计和运行策略、测试和设计规范的制定、相关国产化产品的研发都具有十分重要的指导意义；研究成果对吊顶辐射空调系统在办公楼公共建筑中的应用起到了推动和促进作用，同时也为相关集成技术提供了支撑体系。

医疗废水消毒工艺改进及无害化处理技术

一、成果名称

医疗废水消毒工艺改进及无害化处理技术

二、完成单位

完成单位：中国建筑技术集团有限公司、中国建筑科学研究院天津分院

完成人：尹波、赵伟、周海珠、杨彩霞、李晓萍、李以通、陈晨、贾华

三、成果简介

当前医院在医疗废水消毒过程中常以盲目加大消毒剂投放量来保证一定的消毒效果，导致了消毒效率差、余氯浓度高等问题的出现，这不仅增加了消毒剂投加成本，还因余氯含量过大而对后续的生化处理工艺系统的稳定性构成了潜在威胁，甚至威胁市政污水处理厂。针对上述问题，研究不同消毒剂及其投量、接触时间对医疗废水中大肠杆菌的灭活率以及消毒副产物生成量的影响效果成为热点。

本技术主要对漂白粉、次氯酸钠、二氧化氯、臭氧以及组合消毒进行实验分析研究，取得了重要的突破：

（一）漂白粉消毒的最优条件为：漂白粉投量为390mg/L、接触时间为30min、pH值为6.7，此时的灭菌效果较好，细菌灭活率达到100%，粪大肠菌群数灭活率达到99.9991%以上。

（二）次氯酸钠消毒的最佳条件为：次氯酸钠投量为156mg/L、接触时间为30min、pH值为6，此时的灭活效果为：细菌灭活率为99.9979%，粪大肠菌群数灭活率为100%。

（三）二氧化氯消毒的最佳条件为：二氧化氯的投量为40mg/L、接触时间为10min，最佳pH值为6～7时的灭菌效果较好，细菌灭活率为达到100%，粪大肠菌群数灭活率达到100%。

（四）臭氧消毒的最佳条件为：pH值为6.8，接触时间为15min，臭氧投量为0.4～0.5m^3/h，此时各种菌群基本未检出，而且废水中还有一定量的臭氧。

（五）臭氧/二氧化氯组合工艺消毒的最佳条件：接触时间为15min，pH值为6.8，臭氧产气量为0.4m^3/h时，投加二氧化氯的消毒处理效率会随着投加量的增加而提高，当投加量为30mg/L时，此时各种菌群基本未检出，而且90min后废水中的二氧化氯含量＞5.6mg/L。与前面的单独消毒相比，组合消毒效果有明显的提升。

医院室外环境生态化规划设计与升级改造关键技术

一、成果名称

医院室外环境生态化规划设计与升级改造关键技术

二、完成单位

完成单位：上海建工集团股份有限公司

完成人：王美华、范善华、张铭、崔晓强、黄玉林、董建曦、宋雪飞、武大伟

三、成果简介

医院室外环境是附属于医院建筑的周边环境，是医院范围内的外部空间，其生态化的优劣是影响医院室外环境质量的重要因素。但我国医院室外环境长期以来没有得到重视，积累了大量的问题。基于室外环境生态化的重要性和存在的问题，课题组研究开发了医院室外环境生态化规划设计与升级改造关键技术，在一定程度上解决了规划布局混乱，室外景观形式单一，绿地面积不足，医院室外缺乏特色等问题，为医院室外环境设计和改造提供参考。

从医院植物物种选择、种植比例及配置方案、适合于医院建筑的复合绿化景观体系、医院室外环境生态化规划设计等方面开展了研究，取得了一定的创新和突破：

（一）基于医院医疗废气的特性、成分，根据不同植物对净化空气的效果，提出了医院植物物种选择、种植比例及配置方案。

（二）系统研究了医院建筑屋顶、墙体、广场与天井景观、庭院和围护绿化等，提出了适合医院的复合绿化景观体系。

（三）系统研究了医院不同功能区和不同类型的医院的规划设计，提出了医院室外环境生态化规划设计技术，为医院室外环境生态化规划设计提供参考。

四、研究成果主要内容

在植物配置方面，要突出使用功能，充分考虑患者、家属以及医院工作人员的感受；要主次分明和疏朗有序，乔木、灌木、花草科学搭配，建立多层次植物群落等。

针对医院不同功能区的特点，研究出医院主入口、门急诊、住院部、周边防护区域、内部区域和辅助用房等不同功能区的规划设计技术；针对不同类型的医院，研究出传染病医院、儿童医院、精神病医院和中医院等不同类型医院的规划设计技术。

研究出医院建筑屋顶、墙体、广场与天井景观、庭院和维护绿化的多视角全方位的覆盖式绿化技术，形成了适合于医院建筑的复合绿化景观体系，在美化环境的同时，为病人提供了良好的视觉环境。

医院室外环境人性化改造设计技术

一、成果名称

医院室外环境人性化改造设计技术

二、完成单位

完成单位：上海建工集团股份有限公司

完成人：王美华、宋雪飞、范善华、张庆费、郑思俊、张希波、杜安、詹先来

三、成果简介

现阶段我国医院室外环境未得到应有的重视，很多医院仅进行了简单的绿化覆盖，在用地紧张的情况下，原有绿地被改为建筑用地或停车场的情况非常常见。在绿化率较高的医院也存在植物配置缺乏科学性、景观规划缺乏系统性和观赏性、特色种植较少、缺乏人性化公共设施等诸多问题。

随着人们物质和精神需求的不断发展和对建筑环境科学的深入研究，绿化景观对患者的辅助康复功能逐渐得到重视。本技术围绕患者的各层心理需求、绿化对环境微气候的影响、景观规划对不同患者的康复作用、如何运用自然中的植物和声响营造出怡人室外环境以及室外环境中的人性化设施等方面进行研究，并取得了创新性成果：

（一）分析不同患者心理，创新研究国外有别于医院的康复机构建造方式，有针对性地利用植物、景观小品等营造康复性室外医疗环境。

（二）把室外环境与医院建筑内部当作一个整体进行无障碍设施设计优化，研究不同功能障碍患者的特点，结合人体工程学，使患者从进入医院开始就感到方便、舒适，充分体现人文关怀。

四、研究成果主要内容

研究不同患者的心理需求，提出针对烧伤患者、癌症患者、儿童自闭症患者以及阿尔茨海默症患者的康复辅助景观设计要点；在植物选择方面，应利于患者身心健康，避免对患者产生有毒、有害、致敏等不良作用；在景观设计方面，引导患者向往生命，克服病痛；灵活巧妙地利用建筑小品、水景、自然声响等，为患者及家属提供休息空间，舒缓情绪；同时应科学设计人流路线，防止智力障碍及记忆力衰退患者迷路；医院人性化设施，如园路设计及材料选择方面，充分考虑轮椅病床的无障碍通行，以及高低位扶手、座椅布置，注重防滑、防眩光等；结合人体工程学原理，研究医院内指示牌等标识系统视觉设计，将标识系统进行分级，使患者可以得到清晰、明确、连续的指引，减少患者步行距离，缩短就诊时间，提高医院使用效率。

医院建筑室内空气质量监测预警技术

一、成果名称

医院建筑室内空气质量监测预警技术

二、完成单位

完成单位：中国建筑技术集团有限公司，中国建筑科学研究院建筑环境与节能研究院

完成人：冯昕，孙宁，路宾，张彦国，曹国庆等

三、成果简介

医院建筑室内环境由于人员密集，通风效果普遍不佳，空气质量差，急需建立适合医院使用需求的室内空气质量监测以及预警系统平台。本成果以一项涵盖全国100余家医院的大规模调研测试结果为基础，从中总结出我国当前既有医院建筑室内空气质量的主要特点以及典型特征污染物，并针对这些典型污染物选择适用传感器，研发出医院建筑室内空气质量通用监测平台。本成果的主要创新之处在于：

（一）以大规模调研测试为基础，充分总结我国当前医院建筑室内空气质量的现状与特点，并在此基础上明确了细颗粒物、CO_2、浮游微生物、TVOC以及甲醛作为典型特征污染物以及空气质量监测平台的监测指标。

（二）针对当前微生物污染物缺乏实时在线检测技术的现状，采用国外近年新发展的紫外荧光激发检测技术，成功研发实时微生物计数器，填补国内在这一领域的空白。

四、研究成果主要内容

（一）总结大规模医院建筑室内空气质量调研测试结果，从中归纳出我国当前医院建筑中室内空气质量的主要特点以及特征污染物监控指标。

（二）研发实时微生物计数器，解决微生物实时采样需求问题，使得监测平台的所有指标都具有实时监测能力，满足实时监测、及时预警的需求。

（三）开发软件界面平台，实现了对上述污染物参数及舒适性参数的实时监测、数据存储、检测数据报警以及趋势预测功能，并通过专家模块，在监测对象超出规定限值时，根据所测试数据给出相应提示与建议。

医院建筑既有能源系统分项计量改造技术

一、成果名称

医院建筑既有能源系统分项计量改造技术

二、完成单位

完成单位：中国建筑技术集团有限公司，中国建筑科学研究院建筑环境与节能研究院

完成人：曹国庆，孙宁，路宾，张昱东，姚勇等

三、成果简介

医院建筑功能多样、特殊、能耗巨大，很多医院限于场地或资金因素，将老楼整改和新楼建设交织在一起，且同一建筑物内由于不断改变或新增功能，导致能耗系统复杂多样，这已成为我国医院建筑体系的常态。

《医院建筑能耗监管系统建设技术导则》给出了医院建筑能耗监管系统的建设内容及技术要求，但在实施过程中遇到很多难题，主要体现为：用电分项能耗与一级子项对应关系模糊；分区计量需求等级配置不明确；既有医院建筑能耗计量系统改造涉及断电、断水、断气等问题，在确保医疗安全为第一位的前提下，改造难度较大。

本成果以既有医院建筑实际能耗调研情况为基础，研究了适宜的能耗计量模型、计量配置等级及指标体系。该成果的主要创新之处在于：

（一）建立了切实可行的医院建筑分项能耗模型，可以更好地用于指导我国医院建筑能耗计量改造和建设。

（二）将医院建筑能耗计量配置状况和水平划分为基本配置、标准配置、高级配置3个等级。

（三）给出了适宜的医院建筑能耗指标，主要有单位床位数能耗指标、单位住院量能耗指标、单位门诊量能耗指标、单位建筑面积能耗指标。

四、研究成果主要内容

（一）给出了医院建筑适宜的电耗计量模型，如图1所示。耗电量分为照明插座用电、动力用电2个基本分项，每个基本分项按建筑楼层及供电范围不同又可分为多个配电箱子项，各子项可根据医院建筑用能系统的实际情况再灵活细分。

（二）调研既有医院建筑、新建医院建筑实际供电配置情况、能耗计量现状等，将医院建筑能耗计量配置状况和水平划分为基本配置、标准配置、高级配置3个等级。基本配置等级为图1中的一至二级计量，是新建及改建建筑的基本配置要求；标准配置等级为图1中的一至三级计量，新建建筑应满足，改造建筑宜满足；高级配置等级为图1

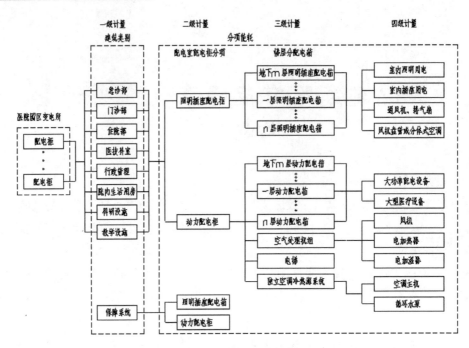

图1 医院建筑分项电耗模型

中的一至四级计量，予以提倡。

（三）医院建筑能耗大小与医院建筑规模、医院等级、床位数、住院量、门诊量等因素有关，医院建筑能耗指标主要有单位床位数能耗指标、单位住院量能耗指标、单位门诊量能耗指标3类医院特色的专有能耗指标，另外考虑单位建筑面积指标在评价建筑能耗中使用的广泛性，同时也给出单位建筑面积能耗指标。

医院建筑适度集中化和弹性化改造技术

一、成果名称

医院建筑适度集中化和弹性化改造技术

二、完成单位

完成单位：广东省建筑科学研究院集团股份有限公司

完成人：张昌佳、麦粤帮、张欢、路建岭等

三、成果简介

根据医疗用房的功能关联性和医院规模扩大及功能分化带来的整合集中化趋势，研究自然通风、自然采光等被动技术的适宜性和可行性，建立功能布局"适度集中化"评价指标体系。在现有医院改造实践中提出了结合模式、有机生长模式和置换模式3种关于医疗空间的"弹性改造"模式。

我国大多数医院均建于20世纪，受当时建筑设计水平的限制，以及对医院发展的估计不合理，导致大多数医院的建筑布局不合理，建筑规模不能满足发展需求，大多数医院都开始改建、扩建。"适度集中化"评价体系和"弹性改造"模式可以指导医院进行合理的建筑布局和功能用法设置。

四、研究成果主要内容

（一）适度集中化评价体系

该体系可用于评价医院建筑或功能用房的功能整合程度、交通合理程度、室内舒适度、有效管理现状等是否合理，为医院的改扩建提供指导，以获得更为合理的布局和交通流线，实现良好的室内舒适度，并指导医院管理的优化等。由以下部分组成：

1. 功能整合项目，包括的子项有持续发展、模式设计、紧凑布局；

2. 交通合理项目，包括的子项有流线交叉、距离、效率；

3. 室内舒适项目，包括的子项有空气、声、光、热、色彩；

4. 有效管理项目，包括的子项有管理系统、安全系统等。

评价指标体系的各子项下又设有具体的指标。对指标层的每个指标进行打分、计算，最终得出评价量值，评价功能布局的集中化程度与合理程度。结构层次如表1所示。

（二）弹性化改造模式

基于既有功能布局空间高效利用和既有功能用房空间改造后保证新旧功能空间统一协调的关键技术，研究构建既有功能布局优化设计与空间高效利用关键技术体系，提出了3种弹性空间改造模式，即结合模式（多种功能复合）、有机生长模式（预留空间扩展可能）和置换模式（空间或整体功能的切换）。

1. 结合模式

一是多种不同功能单元的相同功能的共用，另一种是同一空间的多功能使用。如具体的医院空间设计或改造，门诊部的候诊区与住院部的大堂共用，这是第一种方法；就

适度集中化指标体系结构层次划分　　　　　　　　　　表1

评价指标	项目	子项	指标层
适度集中化指数	功能整合	持续发展	合理分期
			空间预留
		模式设计	功能单元模块化设计
			柱网模数
		紧凑布局	相关功能集中布置
			公用空间面积
			空间多功能使用
			体形系数
	交通合理	流线交叉	人车分流
			医患分区
			停车位充足
		距离	公交站点
			步行距离
		效率	每单位电梯数
			无障碍设置完善
	室内舒适	热环境	围护结构热工性能
			空调设计参数
			开启面积比
		光环境	窗墙面积比
			照明参数
		声环境	噪声敏感房间保护
			背景噪声
		空气质量	污染物
			洁净度
			卫生间
		色彩	色彩协调
	有效管理	管理系统	预约挂号就诊系统
			设备能源管理
		安全系统	安保
			车辆

门诊部内部来说，如挂号区与缴费区共用一个大厅，则是第二种方法。结合模式应该是合理化的结合。结合模式可以在同一空间内融合不同的职能，能充分利用功能用房，实现用房的高效利用，部分职能集中化。

2. 有机生长模式

所谓有机，就是保证生长的可持续性，不是以破坏为基础，而是以下一步生长为出发点。如分期建设：基本的门诊→住院→医技楼。垂直空间发展，结构设计进行预留设计。有机生长模式可为医院未来的发展需求创造机会。

3. 置换模式

置换模式就是功能的变化。强调置换的

可能性，即提供置换的可能条件，要求考虑更多的通用性。如病房+走道+门诊楼的诊室+候诊。要求病房走道部分尺度适应候诊的要求。关键是考虑各种置换的可能基础，譬如结构模数化设计、空间单元模式化分隔等。置换模式则可在已有建筑用房的基础上，实现功能模块的转换和调整，优化功能布局。

医院建筑装饰装修集约化设计模式

一、成果名称

医院建筑装饰装修集约化设计模式

二、完成单位

完成单位：广东省建筑科学研究院集团股份有限公司

完成人：张欢、麦粤帮、张昌佳、路建岭等

三、成果简介

集约化装饰设计模式是指对医院所有功能用房进行统一的装饰装修设计，根据特殊功能用房对材料和色彩的不同需求对设计方案进行局部调整，得到可行性较强的设计方案的设计模式。

该技术成功地将管理学中的"集约化管理"理念，即"统一配置生产要素、减少投入与消耗，最终实现高效、低成本管理"的理念，引入了医院建筑装饰装修设计当中，不但可以实现医院建筑整体的装饰装修的协调性与变化性，节约设计成本、减少材料浪费，同时还能兼顾人性化。

四、研究成果主要内容

整个设计分为两部分，第一部分进行材料的配置，第二部分进行色彩体系设计。

（一）材料配置优化设计

改造过程中设计的材料主要有墙体材料和装饰装修材料，其中，墙体材料主要指隔墙材料，装修材料主要指顶棚、墙面及地面装饰材料。改造过程中对墙材和装饰材料进行统一配置。

首先，可按照民用建筑的选材方法筛选出满足使用性能的墙材和装饰材料；然后，根据医院特殊功能用房对墙材和装饰材料的特殊要求对筛选出的材料进行调整；最后，结合成本预算确定材料配置方案。

（二）装饰色彩体系优化设计

色彩体系包括主体色彩、陪衬色彩和点缀色彩。主体色彩是装饰空间内占主导地位的色彩，以顶棚、墙面用色为主，通常是柔和、淡雅的颜色，同一空间内以1~2种为宜；陪衬色彩是主体色彩外的大面积色彩，以地面用色为主，根据主体色彩选定；点缀色彩是空间内的小大面积色彩，如波导线、踢脚线、座椅、各种标识牌等的用色，根据主体色彩或陪衬色彩选定。

1.色彩体系设计原则

色彩从属建筑与材料，即应考虑建筑类型及所用装饰材料；整体协调性与变化性，即主体色彩实现整体协调性，陪衬色彩与点缀色彩实现变化性；色彩的心理效应，即色彩的冷暖、轻重、远近等物理效应；辅助医疗功能；视觉导向性；美学原则。

2.设计步骤

第1步：拟定主要色彩

主要色彩包括主体色彩和陪衬色彩。主体色彩顶棚由于装饰材料以色彩单一的石膏类和水泥类为主，可统一用白色。墙面由于装饰材料颜色种类多，可用白色、一种较浅的有彩色或二者的组合。若主体色彩只有白色，陪衬色彩以非太过明亮和异常暗色彩为宜；若主体色彩含有有彩色，陪衬色彩以其近似色或同色系的略深颜色为宜。

第2步：调整主要色彩

根据诊室、病房、手术室等特殊功能用房，儿科、妇产科、精神类疾病患者等特殊人群，大厅、电梯厅等人流量较大区域对颜色的不同需求进行调整。

第3步：设计点缀色彩，构成完整色彩体系

（三）设计流程图

材料配置优化设计和色彩体系优化设计的流程分别如图1、图2所示。

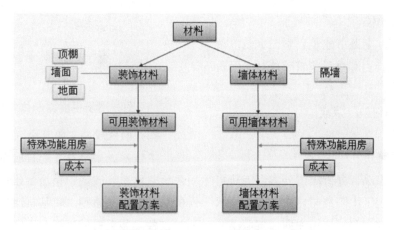

图1 集约化装饰设计的材料配置流程图

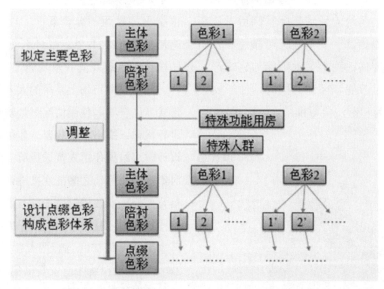

图2 集约化装饰设计的色彩体系设计流程图

太阳能与建筑一体化热水系统应用技术

一、成果名称

太阳能与建筑一体化热水系统应用技术

二、完成单位

完成单位：上海市建筑科学研究院（集团）有限公司、上海建科建筑节能技术股份有限公司

完成人：杜佳军　袁瑗

三、成果简介

本技术成果综合分析国内外太阳能热水应用技术，确定了太阳能与建筑一体化技术是既有居住建筑太阳能应用方向，发明了一种优化的平板式集热器屋面一体化构件，该一体化构件热水系统应用到实际案例后，从结构优化、性能测试、安全性、可靠性等方面进行了检测评估，确定了太阳能与建筑一体化技术在满足节能、环保的同时，便于安装，与建筑更为和谐，值得推广。

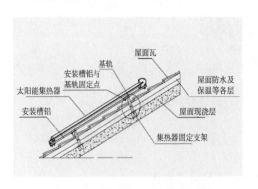

图1 用于坡屋面一体化构件

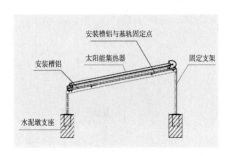

图2 用于平屋面一体化构件

四、研究成果主要内容

本技术成果推荐在既有居住建筑太阳能生活热水系统改造中集热器建筑一体化构件的形式采用基轨型。将基轨通过挂钩或螺栓等部件安装于房屋框架上，集热器固定在基轨上。集热器重量通过挂钩基轨传递到房屋框架上，屋面不需要承重；且不需要改变原有屋顶结构，不会造成漏水现象。具有良好的抗风、抗震及防脱落功能。

分析目前市场上常用的太阳能集热器安装形式，结合实际使用情况对基轨型一体化构件进行优化，提出将集热器一体化构件模块化，设计时可根据使用人数选择所需的集热面积。对集热器和基轨之间的连接进行优化，将集热器背部增加安装槽铝，不仅方便集热器的安装与固定，还可减少一定的热损失；根据案例及厂家考察，每100L（满足2人使用）热水对应约2m²集热面积；将带有安装槽集热面积约为2m²的集热器构件化，配套生产固定支架及基轨，即可根据实际使用人数估算所需构件的数量。

太阳能自循环防冻策略及控制方法

一、成果名称

太阳能自循环防冻策略及控制方法

二、完成单位

完成单位：哈尔滨工业大学

完成人：姜益强 刘慧芳 董建锴 姚杨

三、成果简介

太阳能系统防冻是严寒地区太阳能利用非常棘手的问题。对于大型太阳能供暖工程，通常是采用一定浓度的防冻液进行防冻。

在严寒及寒冷地区，采用防冻液进行防冻时，其浓度的选取目前尚没有明确的依据。由于真空管集热器本身保温性能和防冻性能较好，设备本身冻坏的可能性较小，而且真空管系统本身热容量较大，在白天集热结束时，集热器进出口处液体温度基本保持在30℃以上，可作为防冻的有效热源。

因此，本项成果提出了采用集热器内高温液体作为防冻热源，通过循环流动向管道提供热量的防冻运行模式。该防冻运行模式能够实现降低防冻液浓度的目的，提高系统经济性。

四、研究成果主要内容

在换热器两侧增加旁通环路，防冻运行时环路内液体通过旁通环路（不通过板式换热器）进行循环，可避免因循环液体温度过低而导致板式换热器冻裂（对寒冷地区而言，如果能够确保管板式换热器没有冻裂，则可以不设旁通环路，防冻环路等同于集热环路）；通过设置温度测点，根据控制器1来控制阀门V1～V3的启闭和防冻系统的运行。该防冻策略利用集热器内高温液体的热量反补室外管路，使管路内液体温度保持较高值或者通过循环流动来延缓室外管路内液体温度的下降，避免或延缓管内液体结冰。该新型太阳能自循环防冻策略系统原理如图1所示。

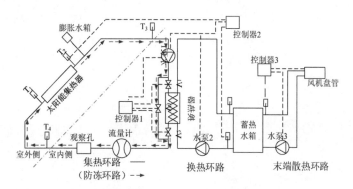

图1 太阳能自循环防冻策略系统原理图

五、意义及效果

根据当地室外最低空气温度来确定太阳能热利用系统中防冻液浓度的做法会使所选取的防冻液浓度过高，增加系统投资、降低系统经济性。以哈尔滨地区为例，通过搭建太阳能系统实验台，对太阳能自循环防冻策略的可行性及其控制方法的可靠性进行了实测验证，测试了不同室外条件以及不同防冻运行模式下，室外管道内液体温度的变化，防冻运行时间的长短，并对比分析了该防冻策略的经济性。结果表明，防冻模式下系统环路内液体温度一般可高于室外环境温度15℃以上，所采用的防冻液体积分数可由50%降低到20%甚至10%。通过对不同防冻方式的经济性比较得出，太阳能自循环防冻策略在实现系统环路防冻的前提下能够大幅降低防冻液的浓度，提高系统的经济性。本研究为严寒地区太阳能系统防冻液浓度的选取提供了一定的依据和参考，对促进太阳能在严寒地区的应用具有重要意义。

基于多种城市下垫面热平衡模型和污染物传播机理的社区环境定量评估方法

一、成果名称

基于多种城市下垫面热平衡模型和污染物传播机理的社区环境定量评估方法

二、完成单位

完成单位：深圳市建筑科学研究院股份有限公司

完成人：贺启滨 李雨桐 辛志宇

三、成果简介

由于影响因素众多，社区环境的定量评估一直是国内外研究的难点及重点。国内外学者通过遥感观测、实地测试等方法研究城市下垫面及建筑排热对城市热环境的影响，也提出了不同的预测模型，但是缺乏对不同建筑类型排热方式特点的考虑。建立了植被热传递计算模型，然而一维模型无法体现植被斑块对室外热环境的影响。对社区污染物传播方面的研究大多集中在单一污染源，采用的研究手段多为实测及CFD模拟，而CFD模拟则大多采用两方程模型，使用LES模型的还不多。

本研究在梳理了多种城市下垫面热平衡模型和污染物传播机理的基础上，建立了社区环境定量评估方法，研究建立了多用途建筑区域热气候与热岛强度评估方法与模型，改进了针对室外热环境的LES大涡模型，并对植被传热模型及降温效果进行了理论研究。

本研究所取得的成果，可实现既有社区改造方案对环境改善效果的预评估。在此基础上，能通过使用本技术对多方案进行预评估比选，确定最佳方案。以及通过预测不同技术对环境所取得的综合改善效果，从而达到优化改造方案的目的。

一种复掺低品质活性矿物掺合料透水混凝土及其制备方法

一、成果名称

一种复掺低品质活性矿物掺合料透水混凝土及其制备方法

二、完成单位

完成单位：上海市建筑科学研究院（集团）有限公司、上海建科工程改造技术有限公司

完成人：高润东 陈玲珠 李向民 王卓琳 贡春成

三、成果简介

透水混凝土是一种生态友好型混凝土，具有减轻城市排水系统压力、有效补给地下水、缓解城市热岛效应影响、吸声降噪和减轻反光作用、有利于保持城市生态系统平衡等优点。国内外已有不少关于复合胶凝材料透水混凝土的研究，但所掺入的胶凝材料一般属于质量相对较好且满足标准要求的矿物掺合料。本技术提供的一种复掺低品质活性矿物掺合料透水混凝土，能够有效利用我国现存的大量低品质矿物掺合料，扩大固废利用的范围，从而起到节约资源、保护环境作用。

四、研究成果主要内容

一种复掺低品质活性矿物掺合料透水混凝土，其配合比设计为：水泥为237kg/m³；低品质硅灰为18kg/m³；低品质粉煤灰为45kg/m³；碎石为1580kg/m³；水为90kg/m³；聚羧酸系高性能减水剂为0.8kg/m³。按照以上方案配制的复掺低品质活性矿物掺合料透水混凝土，实施例与对比例相比，抗压强度提高112.1%、抗折强度提高53.5%，孔隙率达到16.0%，透水系数达到15.6×10^{-2}cm/s，其性能满足人行道、城市广场、户外停车场、园林景观道路等轻交通路面使用要求，可使固废材料得到有效利用，对于节约资源、保护环境能发挥重要作用。

一种聚丙烯膜裂纤维透水混凝土及其制备方法

一、成果名称

一种聚丙烯膜裂纤维透水混凝土及其制备方法

二、完成单位

完成单位：上海市建筑科学研究院（集团）有限公司、上海建科工程改造技术有限公司

完成人：高润东 许清风 李向民 贡春成

三、成果简介

透水混凝土以多孔连通、薄胶结层为表征的内部结构，往往使其耐久性成为一个薄弱环节，使用寿命普遍不长。研究表明，在混凝土中掺入一定量的钢纤维，可以起到良好的阻裂增韧效应，有效提高混凝土的耐久性，但由于透水混凝土的多孔连通性，水流作用容易导致钢纤维生锈，钢纤维生锈后产生微膨胀，将破坏薄胶结层与骨料界面的粘结性能。如果在透水混凝土中掺入一定量的普通聚丙烯纤维，尽管不会生锈，但普通聚丙烯纤维在搅拌时会发生结团现象，不容易分散均匀。本技术针对普通透水混凝土存在的主要问题，提供一种聚丙烯膜裂纤维透水混凝土，聚丙烯膜裂纤维本身不会生锈，膜裂形成单丝纤维后易于分散均匀，因此，透水混凝土使用寿命会更长，同时本技术还提供了该混凝土的制备方法。

四、研究成果主要内容

一种聚丙烯膜裂纤维透水混凝土，其配合比设计为：水泥为$300kg/m^3$；碎石为$1580kg/m^3$；水为$90kg/m^3$；聚丙烯膜裂纤维为$3kg/m^3$。按照以上方案配制的聚丙烯膜裂纤维透水混凝土，与相同配合比但未掺聚丙烯膜裂纤维的透水混凝土相比，抗压强度提高59.7%、劈裂强度提高40.0%、抗折强度提高53.3%，孔隙率达到17.0%，透水系数达到$19.1×10^{-2}cm/s$，且聚丙烯膜裂纤维本身不会生锈，膜裂形成单丝纤维后易于分散均匀，其性能满足人行道、城市广场、户外停车场、园林景观道路等轻交通路面使用要求。

一种高性能建筑用热反射隔热涂料及其制备方法

一、成果名称

一种高性能建筑用热反射隔热涂料及其制备方法

二、完成单位

完成单位：上海市建筑科学研究院（集团）有限公司

完成人：杨霞 夏文丽 王琼

三、成果简介

反射隔热涂料作为一种隔热型被动式节能材料，其一旦受到阳光照射刺激，就会立即将阳光中含有主要热量的红外线部分光线反射掉，有效削减太阳辐射，降低建筑外表面温度和室内温度，减少空调能耗。反射隔热涂料集隔热功能、施工简便、装饰性强且无安全隐患等特点于一体，具有很好的适用性。

建筑反射隔热涂料虽然研究很多，但是在实际应用中还存在颜色单一、性能不稳定等诸多问题，因此，现有的建筑用反射隔热涂料制约着其在建筑节能领域的应用。

四、研究成果主要内容

本成果开发的一种高性能建筑用反射隔热涂料，是一种节能、环保，以太阳反射率高且近红外辐射率高为主、传统隔热为辅的新型水性建筑反射隔热涂料。该反射隔热涂料在传统基本水性涂料配方的基础上加入以高反射率功能填料和超细二氧化钛组成的复合填料达到高反射的目的；加入具有高辐射率的红外辐射粉达到高辐射的目的。由此结合空心微球的传统隔热的效果，形成了以高反射和高辐射为主、传统隔热为辅的新型水性隔热涂料，达到了最佳的隔热保温效果。最终制得的反射隔热涂料白色基础漆太阳光反射比≥0.85，半球发射率≥0.85。

一种脱硫石膏轻集料保温砂浆及其制备方法

一、成果名称

一种脱硫石膏轻集料保温砂浆及其制备方法

二、完成单位

完成单位：上海市建筑科学研究院（集团）有限公司

完成人：王琼　叶蓓红　钱耀丽　谈晓青　陈宁　王娟

三、成果简介

过去受A级防火要求的限制，市场上比较多的内保温材料为无机保温材料。一般采用水泥或建筑石膏为胶凝材料，以玻化微珠为轻集料，再辅以各种外加剂等多组分复合而成，具有防火性好、导热系数低的优点。利用脱硫石膏煅烧成的脱硫建筑石膏作为外墙内保温的主要材料，不仅能解决脱硫石膏粉的出路，而且石膏在发生火灾时，会释放出结晶水，起防火作用，脱硫建筑石膏作为胶凝材料（相比水泥）具有更大的优越性。然而利用玻化微珠作为轻集料的石膏基内保温砂浆的导热系数基本仅能满足现有标准规范的要求，而从上海市规定须达到65%建筑节能的角度，现有的标准规范对石膏基保温砂浆提出的导热系数指标数值偏大，不能满足节能设计要求。因此防火B1级放开后，利用聚苯颗粒取代玻化微珠作为轻集料开发脱硫石膏轻集料保温砂浆，能有效降低砂浆的干密度和导热系数，提高产品的保温性能，能满足节能指标要求。

四、研究成果主要内容

本成果开发的保温砂浆以脱硫石膏经煅烧后的脱硫建筑石膏为胶凝材料，聚苯颗粒为轻集料，并添加引气剂、纤维素醚、缓凝剂等外加剂。该保温砂浆导热系数小，最低可小于0.060W/(m·K)，远低于《无机保温砂浆系统应用技术规程》（DG/TJ08-2088-2011）中石膏基无机保温砂浆导热系数≤0.10W/(m·K)的指标要求；干密度160～250kg/m³、拉伸粘结强度0.10MPa左右、抗压强度0.40MPa左右，解决了一般保温材料干密度、导热系数、抗压强度三者相互制约的矛盾，在保证一定强度等级的情况下，最大限度地降低材料的干密度及导热系数，提高材料的保温性能。而且该保温砂浆施工性能好，适用于新建建筑的外墙内保温工程，也适用于既有建筑的外墙内保温工程改造。

社区运营管理监控平台

一、成果名称

社区运营管理监控平台

二、完成单位

完成单位：深圳市建筑科学研究院股份有限公司

完成人：叶青 郭永聪 辛志宇 史敬华 贺启滨 李渊 孙冬梅 郑剑娇 徐德林 黄锦斌

三、成果简介

现阶段，我国城市社区运营管理监控水平还较低，传统的房屋管理已经无法适用于新型城镇化建设，而市场化的物业管理服务尚未完善，难以支撑城镇化发展对智慧社区管理的要求。基于我国现阶段城市社区管理的现状，提出城市社区运营管理监控平台构建方法，在城市社区运营管理监控的应用具有合理性与可操作性，本成果的应用将大幅度提升城市社区运营管理监控水平。

本平台的搭建与使用，主要是服务于城市社区绿色化更新改造，主要包括改造实施过程中对资源消耗（能源、水资源和材料消耗）、环境品质的监测技术，以及改造后运营阶段对社区能源消耗、水资源消耗、物理环境、交通组织、垃圾排放及碳排放等信息的监测以及相应的管控方法。并结合城市社区绿色化改造基础信息平台，用监测以及收集的数据对社区改造的效果进行评估，进而优化改造以及运营管理监控方案。

目前，本运营管理监控平台已应用在上海E朋汇、坪地国际低碳城、龙华国土资源信息馆等既有社区绿色化改造项目中，对改造过程以及改造后的运营管理进行实时的监控管理，并取得了良好效果。

一种带空气净化功能的新风一体窗

一、成果名称

一种带空气净化功能的新风一体窗

二、完成单位

完成单位：中国建筑科学研究院深圳分院

完成人：王立璞

三、成果简介

本发明是通过室内CO_2浓度变化控制新风风量的主动式新风系统、高压静电杀菌除尘装置或过滤除尘装置、PHT光氢离子或负氧离子装置与外窗合理结合，开发研究出新型的主动式净化型住宅新风一体窗设备。不但可以同时解决目前住宅新风不足和室内空气品质低下的问题，并且杀菌除尘装置稳定可靠，可以反复清洗，净化装置稳定高效。该一体窗使送至室内的无菌、温暖空气如同室外雨过天晴后的新鲜无菌、洁净无尘、氧气充足的自然空气。通过该一体窗主动型送风装置，外加机械排风装置，可使室内空气污染的有毒元素浓度稀释降低，污染的有害尘埃病菌被消灭净化，使清新新风不断进入室内，污染的浊气不断排出室外，达到住宅新鲜空气补充和净化目的。

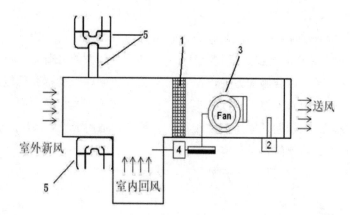

1-高压静电杀菌除尘装置； 2-PHT光氢离子净化装置； 3-小型静音风机；

4-CO_2浓度监测模块； 5-窗体

一种受弯构件力学性能测试装置

一、成果名称

一种受弯构件力学性能测试装置

二、完成单位

完成单位：上海市建筑科学研究院（集团）有限公司、上海建科工程改造技术有限公司

完成人：王卓琳　李向民　许勤　贡春成　许清风

三、成果简介

受弯构件长期性能的测试和研究往往受持荷能力、试验场地、监测时间等的限制而开展不足。常用的堆载法加载，虽然荷载稳定，但需要的配重数量多，场地空间要求大；千斤顶加载法，虽然荷载施加方便，但必须有反力装置，且需随时监控千斤顶的实时荷载并补足荷载，这在长期性能研究中较难实现，从而导致测试结果的偏差。本装置针对现有技术的不足，提供一种基于杠杆原理的、组装方便、荷载施加程度高、持荷稳定的受弯构件长期荷载施加装置，其优点是荷载稳定，通过调节力臂长度可以方便控制荷载大小，实现较高的持荷水平。

四、研究成果主要内容

本技术涉及一种基于杠杆原理的受弯构件长期荷载施加装置。该装置包括受弯构件、底座、支座、杠杆、球铰、吊篮、可调式地锚梁、地锚、传力件、配重。其中，受弯构件放置在支座上，通过配重端、传力端以及球铰3个受力点形成杠杆，通过调节杠杆长度以及可调式地锚梁上地锚传力件的位置，设置不同的杠杆力臂，从而将较小的配重转化为较大的持荷。本装置制作简单、荷载施加方便、长期持荷稳定，可通过调整杠杆力臂实现不同加载比例，还可进行可变荷载模拟，适用于受弯构件的长期性能测试。

带滤网恒流可调锁闭阀

一、成果名称

带滤网恒流可调锁闭阀（含电动）

二、完成单位

完成单位：深圳市丰利源节能科技有限公司

完成人：孔庆丰

三、成果简介

该成果涉及实用新型专利——"带滤网恒流可调锁闭阀"（专利号为：ZL 2015 2 0876191.8）。

传统供热用户阀门都是使用普通球阀、截止阀对用户流量进行调节，阀门的流量得不到有效的控制，容易造成楼栋中间用户热量供应量高于需求量，而楼栋边沿用户热量供应量低于需求量，不仅浪费了能量，而且不能有效地保证所有用户的供热效果。

本专利是一种价格低廉、安装改造方便、能够有效地对用户热量进行调整的恒流阀。阀门针对不同位置用户的不同需求调整到不同的流量。在管网压力变化时能够有效地保证阀门的流量不产生波动，流量一直恒定在设定值。当天气变冷需要提高供热量时，只需要提高二次网的供水温度即可实现用户室内的温度调节，是一种便于供热公司管理且简单实用的阀门。

四、经济效益和社会效益

该技术所生产的恒流阀安装方便，改造费用低廉，现有用户可直接增设阀门进行调节。经测试和大量实验证明，调整完成后，在满足用户实际供热需求的前提下，与传统供热方式相比节能25%以上，保障供热效果，提高供热满意度。该技术可提高供回水的温差，实现小流量大温差运行，减少水循环的电力消耗，降低建筑能耗。

五、推广应用前景

该技术已经在新疆、内蒙古、黑龙江、宁夏等多地得到应用，节能效果明显，住户投诉率降低，供热效果有显著提高。该成果施工改造简单、费用低廉、维护方便，可以广泛地应用于改造和新建项目，具有较广阔的推广应用前景。

晶智™纳米阳光节能膜

一、成果名称

晶智TM纳米阳光节能膜（建筑玻璃隔热膜）

二、完成单位

完成单位：厦门纳诺泰克科技有限公司
完成人：杨程、沈志刚、黄悠

三、成果简介

该成果涉及发明专利——"一种高透明、低辐射、节能的玻璃用组合材料及其制备方法"（专利申请号为：201210086571.2）。

在建筑围护结构的节能设计中，遮阳系数是重要的节能设计指标，降低玻璃门窗的遮阳系数可有效地降低建筑能耗。晶智TM纳米阳光节能膜为建筑玻璃隔热膜，是一种兼顾采光与遮阳的节能产品。在可见光透过率为70%时，其遮阳系数可低至0.5。根据不同的应用场合，遮阳系数可在0.3至0.6之间进行选择。玻璃贴膜后可阻隔大部分的太阳辐射能量进入室内，减少空调负荷，降低建筑能耗。

晶智™纳米阳光节能膜膜层结构为PET基膜与纳米隔热涂层，其中纳米隔热涂层的隔热介质为厦门纳诺泰克科技有限公司开发生产的DNANO® SEIR系列无机纳米隔热功能材料。DNANO® SEIR系列无机纳米隔热功能材料是一种性能优越的太阳光隔热材料，此材料为多元掺杂的金属氧化物，具有独特的电子结构，可选择性吸收红外线，从而最大限度地阻隔红外线。由于隔热材料的颗粒为纳米尺寸，通过独有的分散技术将纳米隔热材料分散到功能涂层后，可以保证可见光的高透过性能。在可见光透过70%以上的情况下，对红外线区域能量的阻隔最高可达95%，有效减少太阳光带入室内的热量，降低室内温度。同时，涂层还添加DNANO® SEUV系列纳米无机紫外阻隔剂，可确保阻隔98%以上的紫外线，保证其阻隔性能长久有效而不衰减。相对于市场上的主流产品染色膜、磁控溅射金属膜等隔热膜对太阳光不同波段无差别阻隔，纳米阳光节能膜可以对太阳光不同波段选择性阻隔，在实现高透光的同时高隔热，功能更先进、应用范围更广。

产品的节能原理为：通过纳米隔热涂层，将太阳光中的紫外线和红外线区域的能量阻隔，减少进入室内的辐射热，从而降低空调的负荷，达到节能目的；在保持高隔热性能的同时，让可见光部分大量透过，保证室内的采光，相较传统的遮阳系统而言，在降低太阳辐射的同时不会增加照明电量。隔热效果如下图所示：

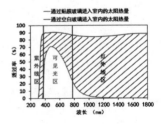

晶智™纳米阳光节能膜主要特点为：

1.高透光：保持建筑的采光与通透；

2.高阻隔：阻隔55%以上的太阳能量；

3.降能耗：降低空调运行能耗，有效节能；

4.防眩光：减少阳光直射产生的眩光及灼热感，提高舒适度；

5.更健康：阻隔99%的有害紫外线；

6.更安全：增加玻璃安全性能；

7.无屏蔽：不干扰无线信号；

8.施工简便，工期短，不改变建筑原貌。

晶智™纳米阳光节能膜可应用于居民楼、商场、办公楼、酒店、学校、医院、体育馆、图书馆以及厂房等各种建筑的门窗玻璃、玻璃幕墙以及玻璃顶棚等。既可对现有建筑的门窗玻璃进行现场施工，也可在加工厂对新玻璃提前施工。施工过程方便、周期短，且无建筑垃圾。

四、经济效益和社会效益

1.经济效益

目前对既有居住建筑门窗玻璃的改造主要有更换节能窗和贴隔热膜两种方式对更换节能玻璃与贴隔热膜的成本进行比较，可发现贴玻璃膜的成本要远低于换节能玻璃的成本。例：将普通中空玻璃更换为中空low-e玻璃，中空low-e玻璃的材料成本为每平方米250～300元，玻璃拆装及建筑垃圾处理费

用成本为每平方米150～200元，则总改造费用为每平方米400～500元。如果采用贴膜方式，材料成本为每平方米180～220元，装贴费用为每平方米40元，则总改造费用为每平方米220～260元。通过比较可以看出，贴隔热膜的成本仅为更换隔热玻璃成本的50%左右。

在节能效果方面，通过实测结果显示，玻璃贴纳米阳光节能膜后夏季可节约30%的空调制冷费用，冬季可节约15%采暖的费用。

2.社会效益

采用贴膜方式对既有建筑玻璃进行节能改造比拆下旧玻璃再换上新玻璃工期短，操作更简便，在节能改造时可以完全利用现有玻璃；同时也避免了产生大量碎玻璃等建筑垃圾，不会增加运输、填埋处理成本及人工成本。

五、推广应用前景

晶智TM纳米阳光节能膜已经在全国各地如江苏省、福建省、安徽省、江西省、广东省、重庆市等地进行了大面积的应用，其节能效果明显、施工简易、低成本、易维护，对于当前众多的改造和新建项目都具有良好的适用性。由于目前国家大力推进绿色建筑以及既有建筑改造，建筑玻璃隔热膜存在很广阔的推广应用前景。

热源塔热泵技术

一、成果名称

热源塔热泵技术

二、完成单位

完成单位：江苏辛普森新能源有限公司

完成人：王志林

三、成果简介

该成果涉及发明专利——"一种热源塔制冷制热节能系统"（专利申请号为：ZL201010244908.9）。

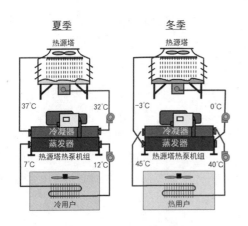

传统空气源热泵夏季利用显热蒸发，机组效率比热源塔热泵系统低了30%；冬季化霜时导入热量将霜蒸发回水蒸气，浪费了化霜所需能源（损失比例依室外相对湿度而异，一般在8%～30%），传统空气源热泵系统夏冬两季都没有利用到空气中的潜热。

热源塔热泵系统的主要部件包括热源塔、热源塔热泵机组、抗冻剂、浓度控制系统等。在我国南方地区，冬季低温高湿的空气中蕴含了大量由太阳能转换而成的低温位热能，通过热源塔与其进行热交换，为热泵机组提供热源。夏季热源塔用作冷却塔，利用水蒸发冷却与空气进行热交换，为热泵机组提供冷源。空气相当于一个蓄热载体，热源塔热泵系统通过从空气中吸收或释放能量，可为建筑物提供空调及生活热水，是一种新型实用的"可再生"能源利用技术。

此技术于2005年初步成功、2006年取得案例的成功。自2007年起先后取得多项专利，获得节能产品证书，并通过国家节能产品认证。经历十余年的开发研究，技术已经成熟。2012年至今辛普森以其热源塔热泵系统先后荣获中国首届及第二届创新创业大赛优秀企业奖、中国建筑学会科技进步奖、中国建筑节能协会暖通空调专业委员会技术创新奖、江苏省创新创业大赛第六名等好成绩。

中国建筑科学研究院与江苏辛普森新能源有限公司共同主编的中国工程建设协会标

准-热源塔热泵系统应用技术规程已于2014年4月1日正式颁布。2016年辛普森与西安交大合作，以《高效环保宽工况全空气能热源塔三联供系统研发及产业化》 成功入选江苏省科技成果转化项目，为热源塔热泵系统的性能提升迈进了一大步。

四、经济效益和社会效益

大气中的水蒸气是一种可再生能源，其能量为人类能源消耗量的5000倍以上，传统可再生能源应用风能、太阳能、水能、生物质能、地热能和海洋能等，而热源塔热泵系统利用抗冻剂溶液低温不结冰的特性吸收了空气中水蒸气的能量，开创了新能源运用之先河。

传统冷水机由于无法满足制热和生活热水的需求，在系统上必须配上锅炉。近年来由于城市污染日益严重，为解决雾霾现象，各省市政府纷纷定下了锅炉的替代方案，热源塔热泵系统成为上海的燃煤（重油）锅炉清洁能源替代的重要方案。

热源塔系统简单，改造时间短，仅需将冷却塔改成夏天可以散热、冬天可以吸热的热源塔，主机更换为可以低温制热的主机，再加上一些配套设备即可。此外，该系统还可实现制冷、制热和制生活热水一机三用，施工方便、节能效果好。

以上海市为例，热源塔热泵系统用于改造的项目有：上海市政大厦、上海延安饭店（全国六大饭店之一）、上海奥林匹克俱乐部（配套八万人体育场运动员住宿的饭店）、上海虹桥机场航管楼（六省一市指挥中心）、上海瑞金医院（上海最有名的医院）、上海儿童医院、上海京门大酒店等。

五、推广应用前景

热源塔热泵系统具有可替代锅炉、无需化霜、无需打井埋管等特点，是一种新型、高效、经济、节能的制冷制热方式，可广泛应用于能源站建设、工商建筑节能改造，还可用于化工、纺织等行业的冷却、加热。该系统对降低工业能耗，促进节能减排，改变能源消费及供给方式、实现能源革命国家战略具有重要意义。

无线智能控制系统技术

一、成果名称

无线智能控制系统

二、完成单位

完成单位：深圳市鸿基绿拓科技有限公司
主要完成人：赵州芝

三、成果简介

随着老旧住宅智能产品的电器化产品的使用量增多，不仅增加重新布线的工程施工问题和成本，同时，几十年前老旧小区在建设时，并没有预设各类大功率电器的线路的放置空间和区域，特别是在各类管线增加铺设时，不是一个单位统一施工安装，导致每幢建筑物的外墙无规则地拉了很多不同功能的电线，存在安全隐患。

无线智能控制系统技术主要应用于既有建筑改造中，特别是小范围或老旧小区内有一定房龄的住宅，可以解决旧房各类电线的老化和无规则布线，以及各类电线相互影响的问题。无线智能控制系统在不增加额外电线的基础外，可以控制到住宅固有的电器，不仅可以起到省电、节能，更能通过本地和异地的点对点的联接，可以实现本地和远程同时对家庭电器的安全隐患、便捷操作、辅助帮助起到实施操作和管理的作用。

该技术主要特点为：

1. 去中心化。使用者无需了解和掌握过多的技术问题，安装和操作简单方便，并且可以通过软件系统，把二个看似关系度不大的人群，充分且紧密地联系起来。

2. 无线智能的系统化整体设计。鉴于整体顶层设计和布局，软硬件产品系统从上向下的开发，充分考虑产品终端安装的便捷

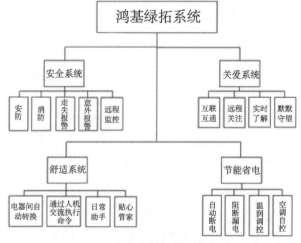

图1 系统功能图

图2 产品品类

方式，融合软硬件产品，利于维护服务的优化，并且采用涵盖其他不同电器可相融方式，进行组网通讯。

3. 超低功耗。采用单火线技术，智能插座可节省日常生活中待机电器的能耗；同时，有些单件产品既可以单独使用，又可以成为其他组态的桥梁，如省电开关既可以远程断电，又可以起到扩大信号，功放的作用。

4. 安装使用便捷。终端的安装方便和维护服务成本低，性价比高，安装过程中，无需开槽布线，一个家庭安装只需半天就可完成，大大节省安装成本。

5. 精致小巧。考虑到额外增加上的智能硬件用品跟原设计存在一定的差异性，精致小巧且适用性强的产品，既不会影响原家居风格，又符合整体家居美观；经过近十年的产品开发，每一件产品都追求材料质量和品质的目标性，充分体现匠人精神。

6. 积木式延伸。各个产品可以自由组合，实现不同的场景需要。如果消费者还需要更多的功能，无需额外增加硬件产品，在目前的产品上只要增加软件的应用，如同孩子搭积木的方式就可实现更多的功能。

7. 无距离感操作。硬件产品和软件系统可以充分的结合。硬件产品的本地化应用，分享给异地子女或亲人的手机或PC端，可实现远程操作，比如，父母常态化的起夜模式，但当晚，这种常态化行为没有发生，我们的感动传感器会把这异常状态通过手机推送的方式，把这一信息发送给异地或异国的子女，子女随时可及时了解家中情况，甚至进行紧急报警求助。

8. 可随时关注。子女跟父母的生活节奏和频率不同，但可以随时了解和关注家中空巢父母的情况，对异地的父母也是一种心理的安慰。

9. 保持记忆功能：

跟电视或电器产品实现开关机习惯性粘性操作，相当于给孤独的老人提供随时了解自己的老伙伴。

10. 隐形管家和助手。

老年失忆症是一种老年人常态的病症，对于是否忘记关火，或家里出门是否锁好门窗，都是困扰老年人的生活场景。而对有毒气体敏感度极强的烟气传感器，发现有轻微的有毒气体的泄露，马上报警并推送关注家中的异地亲人，排除安全隐患。

同时，当老人们晚上对整个家中布防时，如果有任何异动，也会紧急发出报警信息，相当于家中驻有24小时不休息的安全卫士，特别是对治安防范设施不完备的小区，起到内部保护的作用，更似隐形管家和助手。

11. 涵盖了家庭的各个层面。

尽管这只是一套看似物件不多的智能硬件产品组合，但实现的功能容纳了小到一个家庭，大到酒店客户的各个要点。

五、论文篇

　　随着政府对既有建筑改造的重视和人们对既有建筑品质要求的不断提高，我国科研人员在既有建筑改造领域持续深入开展研究，部分研究成果以论文形式发表。本篇选编了部分既有建筑绿色改造技术、绿色评价以及政策法规相关的学术论文，与读者交流。

促进我国既有建筑绿色化改造的政策初探

当前，我国正处于城镇化快速发展阶段，我国建筑行业发展迅速，建筑量巨大，每年新增建筑面积约20亿㎡。近年来，随着国家对于"节能减排"和改善民生的日益重视，我国新建建筑标准不断提高，人们的居住和工作的建筑环境都在不断改善，建筑整体性能更加绿色、环保、舒适。但是，另外一个不容忽视的情况也警示着我们，北方许多地区频发的"雾霾"，水资源的短缺，能源的粗放使用，使我们面临着严峻的资源能源短缺和环境污染的问题。在这些问题的背后，我国现存的大量不节能、不环保的建筑也成了间接的推手，尤其是远未到使用年限的既有建筑被直接拆除成为建筑垃圾。我国既有建筑约500亿㎡，绝大多数建筑属于非绿色建筑，如果将这些既有建筑有计划、有步骤地改造成绿色建筑，不仅对我国资源能源节约和环境保护有着重大意义，而且能够形成新兴的产业集群，成为新的经济增长点。我国正在稳步推进北方地区既有建筑节能改造工作，出台了一系列的政策，本文将在此基础上，继续探讨促进我国绿色建筑的政策措施。

一、既有建筑改造发展现状与存在的关键问题

推动既有建筑绿色化改造，仅有学术界的科研、技术支撑是远远不够的。这在我国"十一五"、"十二五"相关科技项目研发过程中，能够深刻地体现。"十一五"期间，在科技部的支持下，启动实施了《既有建筑综合改造技术体系研究与工程示范》，以中国建筑科学研究院为牵头单位，组成了产、学、研、用等单位构成的庞大研究团队，动员大量科研人员，投入科研经费超过亿元，项目取得了大量的高水平的、有价值的科研成果，也建成了一批高质量、有一定水平的示范工程，但是其科技成果推广应用得非常艰难，示范工程的面积仅为94.08万㎡，对于我国拥有500亿㎡的既有建筑来说实在少之又少。分析其中原因，主要还是社会、政府、建筑物业主缺乏改造意愿，没有法律制度保障。

既有建筑的绿色化改造，仅有政府的"高瞻远瞩"和"一腔热情"，如果没有很好的制度、设计，成效也不会太显著。住房城乡建设部"十一五"期间启动了北方采暖地区既有建筑节能改造和供热计量改革，该项工作取得巨大成就，在"十一五"期间累计完成1.82亿㎡既有居住建筑的节能改造，"十二五"前3年已经完成6.2亿㎡的改造，中央财政补贴45～55元/㎡，地方财政也给予相应的配套补贴。尽管该项工作在国家财政大力投入的条件下，取得了非常大的成就，

但是，依然存在许多问题需要进一步研究，主要是：既有建筑节能改造部分改造项目工程质量不高；北方地区既有居住建筑节能改造完成后，没有同步实现计量收费；公共建筑节能改造及夏热冬冷地区既有居住建筑节能改造进度滞后。既有建筑绿色化改造，改造的技术难度、实际操作难度都会远高于既有建筑节能改造，如果没有周密的制度设计来保障，没有社会、政府和建筑业主的共识，不能形成"合力"，只能是"纸上谈兵"。

综上，可以看出，要想推动好既有建筑绿色化改造，必须充分动员，凝聚政府、社会、市场力量，搞好制度设计和政策支持。动员各界力量，就必须照顾各方的关注点。既有建筑绿色化改造意义重大，具有显著经济、社会、环境效益，只要制度设计好，完全可以实现政府、企业、建筑业主、科研单位等利益主体的共赢。既有建筑绿色化改造具备以下特点：一是环境效益显著。绿色建筑以节能、节水、节地、节材和环保为特征，将既有的建筑改造成绿色建筑，无疑具有显著的环境效益。二是经济效益显著，如果按照我国既有建筑存量500亿m²，有改造价值的约有350亿m²来计算，按照既有建筑节能改造的成本约100元/m²来计算，那么改造的直接经济投入约为3.5万亿元，如果是既有建筑绿色化改造，投入将更大，像深圳南海意库、上海南市电厂改造项目，其改造投资均超过1500元/m²。既有建筑绿色化改造可带动建筑设计、施工、建材、装饰等产业的发展，其经济效益是非常显著的。三是建筑业主受益，这是根本，如果没有建筑业主的支持，再好的改造也没有市场。建筑业主的关注点，主要集中在对改造方案的认可程度，改造过程的方便程度，改造的经济投入和改造后的效果。

二、既有建筑绿色化改造的关键政策障碍

我国的既有建筑绿色化改造工作处于起步阶段，相关的上位法律法规和操作层面的标准规范体系基本空白，严重制约既有建筑绿色化改造的发展。既有建筑的节能改造是既有建筑绿色化改造的重要组成，由于建筑节能工作受到政府高度重视，因而作为建筑节能重要组成的既有建筑节能也得到了重视，拥有较为完善的法律法规保障和技术标准体系，比如：法律层面有《中华人民共和国节约能源法》，法规层面有《民用建筑节能条例》，而在技术标准方面则形成了较为完善的建筑节能标准体系。这些法律法规和标准规范都包含既有建筑节能改造内容，经过多年的发展，取得了很大的成效，这为我国推动既有建筑绿色化改造提供了基础和借鉴。

我国既有建筑绿色化改造缺乏顶层制度设计。当前，我国既有建筑绿色化改造还未提上议事日程，既有建筑绿色化改造的一些举措仍是零星的、分散的。比如，既有建筑节能改造，包含在建筑节能工作体系中，政府出台了相应的激励政策，既有建筑节能改造中央财政给一定的补贴，这项工作推动很快，经过近十年的工作，推动了8亿m²的建筑节能改造，但是，相对于我国近350亿m²的改造需求来讲，还只是个开始。对于我国的既有建筑绿色化改造，如果没有系统的顶层设计，很难取得较大的成效。

技术创新、管理创新政策不足。技术创新政策的不完善，使得科技成果推广转化难，这也是科技界的"宿疾"、"顽疾"，这在既有建筑改造领域也不例外。在"十一五"、"十二五"期间，国家投入一定的科研经费开展技术攻关，取得了一批高质量的技术成果，但由于政策的不配套，在技术应用领域缺乏相应的配套政策，这些科技成果推广应用得很少。尤其是在工程建设领域，大家都在求"稳"，没有政策的支持，最多也是在小工程上试验，成功了也很难大范围推广。在管理机制方面，也没有充分利用市场的机制，没有发挥好市场配置资源的决定性作用。

认识不到位，社会力量没能有效动员。既有建筑绿色化改造，尽管意义重大，但是仅有政府的"热情"或者做课题的一些学者的热情是远远不够的。如何将既有建筑绿色化改造的重大意义宣传好，使得政府、社会、市场都能够给予足够的重视，营造良好的工作氛围是极端重要的。如果没有好的机制来动员社会力量的积极参与，既有建筑绿色化改造无疑像镜中花、水中月，中看不中用。

三、促进我国既有建筑绿色化改造的政策建议

基于我国既有建筑绿色化改造发展现状和制约我国开展既有建筑绿色化改造的关键政策障碍，提出以下4点建议：

一是完善促进我国既有建筑绿色化改造的法律法规和标准规范体系。在现有的上位法《中华人民共和国建筑法》、《中华人民共和国节约能源法》中增加关于推进我国既有建筑绿色化改造的内容，尤其是在建筑法中明确既有建筑的年检和改造相应内容；在法规层面，参照《民用建筑节能条例》，建议制定既有建筑改造条例；在标准规范体系

方面，应完善以既有建筑改造绿色评价标准为主的相关设计、验收规范。考虑到修改法律、制定法规需要较长的时间，为了满足现阶段推动既有建筑绿色化改造的需要，可以在现有标准完善方面多做工作，同时在制定"十三五"相关建筑发展、建筑节能等规划中给予考虑。

二是建立强制性与自愿性相结合的既有建筑绿色化改造制度。实行既有建筑定时检查制度，可以2年检查一次或者根据不同建筑类别、不同建设时期设定检查时间段，根据检查结果，对于存在安全质量方面的问题的建筑物实行强制改造，对于事关性能优化方面的可以建议建筑物业主进行改造，这样既可以很好地实现建筑质量安全和建筑性能优化，保障使用者利益，又可以从根本上杜绝大拆大建，延长现有建筑使用寿命，减少浪费，还可以形成新的建筑产业类型，促进经济发展。

三是加快完善市场化推进既有建筑绿色化改造的机制。市场在资源配置中起决定性作用已经是大势所趋，也只有充分利用市场的力量，才能将既有建筑绿色化改造推动好。彻底将现状的"政府要建筑业主改造"转变为"建筑业主自己需要改造"。制定或完善相应的政策。尤其是将现在的政府投入为主的既有建筑节能改造进行总结，探讨如何将现有的政府投入为主推动改造变为政府引导、市场主导的改造模式。进一步完善合同能源管理机制，研究配套政策，使之成为在既有建筑节能改造、绿色化改造方面的重要模式。

四是创新宣传推广模式，形成有利于既有建筑绿色化改造的社会氛围。建立以试点示范工程为引领的推广机制，俗话说"榜样的力量是无穷的"，要在全国建设一批有实

际效果、有影响力的既有建筑绿色化改造范例，总结经验，采用各种形式、通过各种渠道宣传推广。同时，要注意总结既有建筑绿色化改造存在的问题，并开展专题研究，解决问题要细致。总结起来，推广既有建筑绿色化改造的重点是"化解矛盾，精细方案，示范引领，促进实施"。

四、结语

既有建筑绿色化改造属于新生事物，需要政府加大宣传和支持力度，形成共识，动员社会力量，搞好顶层制度设计，完善、细化标准规范和激励措施，将我国既有建筑绿色化改造推动好，使之产生"源源不断"的经济、社会、环境效益。创新无止境，建筑的发展也无止境，既有建筑的改造势必基业长青。

（住房城乡建设部科技与产业化发展中心供稿，张峰执笔）

中国建筑拆除管理政策问题识别及完善建议研究

中国正处在城镇化快速推进时期，城市更新速度加快，大拆大建现象严重。"十一五"期间的建筑拆建比约为23%，每年新增建设面积15～20亿㎡，每年拆除的建筑面积达3.4～4.6亿㎡。关于重庆市建筑拆除情况最新调查结果显示，3255幢被拆建筑的平均寿命仅38年。按我国《民用建筑设计通则》规定，重要建筑和高层建筑主体结构的耐久年限为100年，一般性建筑为50年。即使对比《设计通则》中建筑至少50年的设计标准，我国建筑过早拆除现象较为普遍。当前中国既有建筑存量已超过400亿㎡，按《设计通则》中耐久年限规定，在未来相当长一段时间内，平均每年拆除建筑面积将达到4～8亿㎡之多。

建筑大量拆除并重建过程将对资源环境造成严重损害。如何在建筑自身结构安全允许情况下，规范建筑拆除管理，尽可能延长建筑使用寿命显得尤为重要。党的十八大提出，要建立健全资源节约、生态环境保护的体制机制。完善建筑拆除管理政策可以有效减少大拆大建导致的资源浪费，有利于节约集约利用资源，大幅降低资源消耗强度，提高利用效率和效益。同时能够减少建筑施工和拆除垃圾，进而减少污染、保护环境。

本研究通过梳理国家和地方层面现有建筑拆除管理政策，识别现有法规体系存在的问题，经过总结分析提供了相应政策完善建议。

一、主要管理政策梳理及问题识别

（一）国家层面主要管理政策

关于房屋拆除，国家已有了众多法律规定，通过对现有主要相关法律法规进行梳理，结合目前大拆大建的现象，总结现有法规在执行过程中的实施效果和存在的问题，为后续改进提供建议，如表1所示。

（二）地方层面主要管理政策

为了与国家层面法律法规相配合，部分省、自治区、直辖市也出台了一些房屋拆除相关管理政策。目前，部分地区针对建筑拆除管理问题，在政策体系上已经做出了很多尝试。通过对地方层面现有主要相关法规进行梳理，分析了比较有代表性的法规的特点和问题，如表2所示。

二、管理政策不完善导致大拆大建现象的原因分析

通过对国家层面和地方层面关于建筑拆除管理的重要政策法规的梳理与分析，归纳由于管理政策体系不完善造成我国目前大量建筑过早拆除的原因如下：

（一）群众参与不足，未能形成一套完整的群众参与机制

首先，群众在规划层面的参与基本空

国家层面相关法规内容梳理及问题分析　　　　　　　　　　　表1

序号	名称	实施效果	不足
1	《土地管理法》2004	城市的土地属于公有，规定了土地使用权获得有划拨和有偿转让2种方式。土地有偿使用费用中70%归地方政府。	保障房和旧城改造2项用地属于有偿转让，容易导致地方政府为了增加土地财政收入而出现不合理征收、拆除，上述2项正是如今不合理拆除的重点领域。
2	《物权法》2007	物权法规定，建筑物归自然人所有。	土地与土地上的附着物"建筑物"的所有权不同，建筑物所有权难以得到保障。在不改变城市土地国有性质的前提下，需要进一步强化私人对于土地上附着物的所有权。
3	《城乡规划法》2007	赋予县级以上城市人民政府制定规划的权力。并且，政府不需要顾及土地批租时所承诺的70年或50年期限，即可以对原有规划进行修改、调整，甚至进行彻底地重新规划。	现有规划制度下，群众举报和控告权力仅限于违反城市规划行为。地方政府决策部门以及部分领导对城市规划的决策有着很大的话语权。地方政府可以通过规划的修改，将本不合理的建筑拆除活动合规化、合法化。
4	《循环经济促进法》2008	值得肯定的是提出了加强建筑维护，延长建筑寿命。	这是一条定性的规定，由于没有细化条文的补充，很难落实。
5	《国有土地上房屋征收与补偿条例》2011	赋予了县级以上人民政府可因公共利益需要对国有土地上房屋征收的权力。而"公共利益需要"界定模糊。	把旧房与危房并列作为公共利益的认定范围不合理，地方执行过程中容易对公共利益范围过度扩张，以"旧城改造"名义"经营城市"。
6	《文物保护法》2007	有些具有保护价值的古建筑没有被列入文物保护单位，这类古建筑如按规定拆除虽然可惜，但并不违规。	未列入文物保护单位的建筑价值的认定程序和标准不完善，主要是由评审专家的意见主导，结论很大程度上取决于评审专家对古建筑的理解。

地方层面相关法规内容梳理及问题分析　　　　　　　表2

序号	名称	特点及不足
1	《杭州市重要公共建筑拆除规划管理办法》2007	为我国对重要公共建筑的拆除做出了明确规定而首创的规范性文件。但其还只是一项针对城市中重要公共建筑的管理办法，并没有包含城市建筑短命现象下大量的居住类建筑。而其对重要公共建筑的界定也有着一定的局限性。
2	《杭州市历史文化街区和历史建筑保护条例（草案）》2013	最高上限50万元的罚款力度，难以形成约束力。
3	《深圳市城市更新办法》2009	对城市更新规划的严肃性进行了规定，城市更新单元的选取原则、评价方法需细化。
4	《北京市国有土地上房屋征收与补偿实施意见》2011	基本延续了国家条例，并未有明显的突破。
5	《上海市国有土地上房屋征收与补偿实施细则》2011	规范建设项目征收范围；确立旧城区改建实行征询制度和附生效条件签约制度，这样的规定避免了旧城区居民"被拆迁"，也可以尽最大限度制止部分人打着旧改的旗号实施商业开发之实。征收补偿方案要经论证，旧改项目律师作为公众代表参加听证会首次入法。公有房屋承租人对补偿决定不服的，可以依法申请行政复议，也可以依法提起行政诉讼。
6	《天津征收与补偿条例》2012	继续延用国家规定中的"多数"、"较多"等词语，可操作性不强，没能做到地方细则应有的深度。
7	《广东省城乡规划条例》2012	历史建筑而非文物建筑，这点有突破；然而乱拆历史建筑最高只能罚50万元，在当今地产热的背景下，显得很无力。
8	《广州市历史建筑和历史风貌区保护办法》2012	提到罚款额度比较可取，但只是针对历史建筑拆除的探索。
9	《山西省文物建筑构件保护管理办法》2013	只针对文物建筑，并明确了责任和处罚程序。
10	《陕西省建筑保护条例》2013	对国有投资公共建筑单独规定，体现了分类管理的思路。

白，只能被动接受。其次，房屋征收过程中，群众的知情权和决定权也没有得到很好保护，群众"被同意"的现象时有发生。再次，民众申请行政复议和行政诉讼过程复杂，实施难度大，导致民众意见和诉求得不到很好地表达。分析一些同民众生活密切相关的项目，应该简化民众参与方式，使民众意愿得到更好表达。如上海市对旧城区改建项目单独进行规定，提出"在签约期限内未达到规定签约比例的，征收决定终止执行，"而不是只能通过行政申诉、复议的方式强化了民众直接阻止政府征收决定的权利，简化了民众参与程序。

（二）我国的法律对公共利益拆除和非公共利益拆除界定模糊

虽然国有土地上房屋征收与补偿条例提出了6条公共利益，但并不具体。例如，拆除老城区寿命较小、质量较好的旧居住建筑，建设商业综合体，具有提升城市形象带动经济发展的公共利益，这类项目无疑是会带来公共利益，但同时也会造成公共利益的损失，具体项目是否具有足够的公共利益，就需要进一步科学评估才能确定。目前无论是城市规划还是公共利益项目的确定，都对于由此引发的建筑拆除带来的公共利益损失缺乏评估，现有评估只是对补偿价格的单纯经济方面的评估，缺乏对环境及社会影响全面评估。

（三）法律条文可操作性不强

法律规定较笼统，不便于实际操作，落实效果不好。如："多数被征收人认为征收补偿方案不符合《条例》规定的，市、县级人民政府应当组织由被征收人和公众代表参加的听证会，并根据听证会情况修改方案。"

房屋征收决定涉及被征收人数量较多的，应经当地政府常务会议讨论决定。" 地方法规的一个重要特点是基本延续国家条例，并未有明显的突破。在建筑拆除方面，多地并没有制定实施细则，而是继续沿用国家规定中的"较多"，"多数"等词语，未能达到地方细则应有的深度，只有上海对于人数比例做了具体规定。

（四）地方的重视程度不够

国家层面的房屋征收条例2011年就已经出台，然而目前出台房屋征收条例实施细则的地区还较少，没能及时有效地在国家条例基础上形成配合和补充。此外地方上对于建筑过度拆除的管理主要是针对重要公共建筑和历史文化建筑拆除，关于规范过度拆除的法规体系还很不健全，地方配套相关法律法规亟待完善。

（五）惩罚力度不够

已出台法规中对不合理拆除惩罚力度不足，罚款额度太小，很难起到约束作用。《广东省城乡规划条例》规定"加大对擅自拆除历史建筑行为的处罚力度，因拆除历史建筑造成严重后果的，对拆除单位最高罚款50万元，个人最高罚款20万元。"在当今地产热的背景下，最高50万元的惩罚力度，显得很无力。

三、完善建议

（一）完善政策体系

建议各地应该尽快制定或完善《国有土地上房屋征收与补偿实施细则》，对于国家条例中规定的"多数"、"大量"等内容，因地制宜地进行细化，增加条例的可操作性。

建议完善《关于重要公共建筑拆除管理

办法》《关于旧城改造拆迁管理办法》《关于历史建筑、历史街区建筑拆除管理办法》《历史建筑或重要文化建筑名录》等相关政策体系。

（二）实现监管关口前移和科学评估

针对由公共利益征收引起的建筑拆除，为有效遏制国有土地上房屋征收引起的建筑合法但不合理拆除，且保证建筑审批程序的可操作性，应加强拆除项目的立项审批管理，并将多项审批提前到项目立项阶段进行。在项目立项阶段，引入建筑拆除专篇、社会影响评估以及重要建筑保护专项调查，从确立拆除意向时即通过严格审批程序来减少不合理拆除。建立第三方独立评估体系，从全社会的宏观角度评估建设项目对社会带来的贡献与影响，尤其是建筑征收拆除造成的负面影响评估。

建议在城市规划制定及修订阶段，增加对建筑拆除相关内容的考虑，增强规划的前瞻性、科学性和严肃性。

（三）强化决策透明性和群众参与

促使建筑拆除决策透明化，强化城市规划的法规性和执行力度，实施城市重大拆除项目听证和问责制，接受社会监督。

政府做出房屋征收建筑拆除决定、举办听证会、同居民共同决定评估咨询单位等行为，要及时通过媒体向外公开发布，确保群众知情权，便于群众监督。对不同意或者不赞成征收方案的被征收人比例超过50%的，政府要召开政府常务会议讨论决定是否进行项目。

旧城区改造项目，政府做出建筑拆除决定前必须征求当地群众意见，包括召开听证会等，而不是先做出征收决定后再征求群众意见。

四、结语

我国现有建筑拆除管理政策体系尚不完善，在具体实施过程中暴露出一些问题。由于管理政策存在诸多问题，一定程度上放任和助长了大量不合理建筑拆除现象的产生。为避免不合理拆除、实现资源节约，我国亟须完善现有法律法规。本文所提出的各项改进建议，对于完善建筑拆除管理政策体系具有一定的参考价值。

（中国建筑科学研究院供稿，丁宏研、李晓萍、尹波执笔）

加快老旧小区改造是新常态的新增长点

在经济新常态下，经济稳中有进，但也存在着经济下行压力大、消费市场疲软、投资增幅下滑、产能过剩等问题。创新创业、经济结构调整和产业升级是未来的经济增长点，但都不能一蹴而就。就我国现有的经济结构和产业结构而言，与经济新常态相适应、切实可行、短期能收立竿见影之效的新经济增长点是：加速推进老旧小区改造。老旧小区是指2000年之前建成的城市居民小区，存在明显安全隐患，影响小区居民生活质量，亟须进行抗震加固和宜居节能改造。对老旧小区进行改造，不仅可以给产业升级、经济结构调整和企业自主创新留出时间、空间，更可在短期内促进我国经济增长。

一、老旧小区现存的问题

与新小区相比，老旧小区宜居性差，居民上下楼行动困难、居民安全隐患较大、公共设施老化严重，不仅制约了居家养老，而且加重了"421"家庭年轻人养老的经济和精神负担。

老旧小区没有电梯，老人们常常不敢独自上下楼，腿部有疾的老人还需坐轮椅出行，没有子女扶助根本无法出行。患病就医也是大问题，老旧小区居民生病受伤，需要依靠亲属好友帮助背扶上下楼。子女如年龄较大没办法背扶老人，则只能等待救护车或请邻居帮忙，病人可能错过最佳就医时间。

不仅出行不便利，居民安全也存在诸多隐患。老旧小区楼房多建于20世纪80～90年代，当时市场经济刚刚起步，建筑规范标准不完善，监督不健全，给工程质量留下隐患。随着老旧小区楼房进入"质量报复周期"，居住安全已成为悬挂在老旧小区居民头上的"达摩克利斯之剑"，居民生活存在严重的安全隐患。2014年4月4日，浙江奉化一幢只有20年历史的居民楼突然倒塌，造成1死6伤；同年4月28日江苏常熟一幢仅建好25年的居民楼在经历了墙体开裂、地基下沉后，部分楼体坍塌。这些"夭折"的楼房很大程度上源于"快餐化"的建筑业。

老旧小区还普遍存在公共基础设施陈旧老化的现象，并导致一系列问题：一是电力设施老化，居民大负荷用电时经常跳闸停电；二是供水管道陈旧，城市供水管道浪费惊人，老旧小区水压低还会导致中高层住房停水；三是排水设施满足不了排水需求，污水外溢现象普遍，雨雪天气还容易造成积水，小区行路艰难；四是供暖管道老化，老旧小区冬天室内温度低，但提高供暖温度，可能导致老化供暖管道爆裂；五是老旧小区楼房顶层大多是平顶，冬天渗雪、夏天漏雨，冬冷夏热导致住户能源消耗巨大，还容易出现入室盗窃等问题；六是存在环卫基础设施不达标、卫生死角多、消防设施建设不到位等问题。

二、老旧小区改造的重要意义

（一）重大的民心工程。2013年年底我国60岁及以上老年人口达2亿人，其中"失能老人"的总数已超3700万人。中国独生子女政策实施至今已有30年。中国正全面迎来"421家庭"时代，一对夫妻赡养4个老人和抚养一个孩子的家庭格局日益成为主流。老旧小区改造，特别是宜居改造，在解决老人出行不便问题的同时，减轻了独生子女家庭年轻人的负担。中国《民用建筑设计通则》规定，一般性建筑的耐久年限为50年到100年，然而，很多建筑的实际寿命与设计通则的要求有相当大的距离，许多新建楼房实际寿命只有25年到30年。当务之急是从居民安全出发，采取楼房加固措施消除隐患，防止更多的老楼提前寿终正寝。对老旧小区进行宜居改造，不仅有利于破解资源环境制约、释放消费潜力，而且会拉动有效投资和服务业成长，是利在当前、惠及长远、一举多得的重要民生举措。

（二）老旧小区改造是以房地产存量刺激经济增长。我国很多产业都处于产业微笑曲线的低端，而房地产业能够遍及微笑曲线的高中低端。房地产业从微笑曲线高端的设计、关键建筑材料及部件的生产，到微笑曲线低端的建筑施工，再到微笑曲线高端的房地产营销和物业管理，绝大部分都控制在民族企业的手中。与房地产相关的房屋售后的家庭装修及装修材料行业、家具行业及家电行业（由外国企业生产的核心零件除外），大部分也由民族企业控制。因而，房地产业的兴衰与我国国民经济密切相关：房地产业兴，数十个产业兴，经济繁荣；房地产业衰退，相关产业随之下滑，经济下行压力增大。我国2014年的棚户区改造，拉动GDP增长0.21个百分点左右。老旧小区改造的建筑面积为棚改房的11.9倍，其对经济的推动作用

会更加显著。

（三）加快推进老旧小区改造，还会使社会投资增加，同时促进实体经济的增长。一是按照住建部新安全标准全面加固老旧小区楼房，可直接增加节能环保建筑材料生产、加工、施工的投资需求；二是老旧小区电梯的安装，能够增加电梯行业生产、安装、维修的投资需求；三是老旧小区平改坡和底层添加坡道，可以增加对防水防晒保温建筑材料行业的生产、安装、维修的投资需求；四是老旧小区公共设施配套改造，能够推动供水供暖供气和地下管道等诸多行业的投资需求。此外，老旧小区改造能够带动室内装修产业增长。政府对居民小区楼房加固后，居民会重新装修，必然直接带动室内装修业的投资和发展，促进实体经济增长。老旧小区楼房加固和室内装修后，也会产生对家电、家具和文化饰品的新需求，进而推动电子产品、家具产业和家庭文化饰品产业的增长，形成刺激经济增长的产业链。就刺激居民消费而言，政府扶持老旧小区改造资金有极强的放大作用。老旧小区的居民大都有一定的收入和储蓄，政府扶持老旧小区改造的资金会获得极大的放大效应，老旧小区改造的资金引发的社会消费将会是扶持资金的数倍甚至数十倍。

（四）与拆迁不同，老旧小区改造会增加社会财富。老旧小区改造不需要大拆大建，以节约社会资源的方式提升了老旧小区住房的质量和价值，改善了居民的生活质量。老旧小区改造在增加当期GDP的同时，还增加了社会财富的存量，解决了经济增长重增量轻存量（即GDP增加，社会财富减少）的现象。与拆迁不同，老旧小区改造增

加了居民住房的质量和价值,改善而不是破坏原有的居住生态,地方政府在老旧小区改进的基础上进行社区管理。管理者较熟悉当地社情民意,对社区的治理也驾轻就熟。因而,从源头上避免了拆迁引发的社会矛盾,增强了政府的公信力,显著提升国家治理能力。

三、进行老旧小区改造的有效手段

(一)以"生命安全是最大的民生"理念实施老旧小区加固工程。进入21世纪,随着建筑安全标准和建筑水平的提高,城市中的大部分商品房已采用抗震性更强的框架结构,也更加安全。然而,老旧小区很多居民仍住在20世纪80~90年代"快餐式"建筑的楼房里,"快餐式"建筑的周期性报复后果开始显现。政府应以百年大计、质量第一为导向强化老旧小区建筑业规范,建立真正的建筑工程质量终身追究制,使老旧小区居民的房屋重新焕发新生,具备"长命百岁"的能力。建筑业制度创新和提高建筑质量标准同样刻不容缓,需要建立起针对设计方、施工方、监管方等各个主体的追责体系,并以此倒逼城市的规划建设使其更具稳定性和前瞻性。建立建筑质量安全终身追究制,必须是利益导向,利益和责任要对称。一定要明确谁得负责:设计单位获得设计费,设计单位要对设计负责;建筑公司得到建筑费,建筑公司对建筑质量负责;不论是开发商还是小区物业委员会指定或招标的物业公司,获得物业管理费,要对小区维修和装修负责;开发商要对设计、建筑负责,如果是开发商指定的物业公司,开发商还要对物业维修与管理负责。

(二)老旧小区改造与完善城乡基础设

施相结合。老旧小区改造与城市管网建设和改造相结合,加强城市供水、污水、雨水、燃气、供热、通信等各类地下管网的建设、改造和检查,优先改造材质落后、漏损严重、影响安全的老旧管网,确保管网漏损率控制在国家标准以内。老旧小区改造与城市供水、排水防涝和防洪设施建设相结合,加快城镇供水设施改造与建设,积极推进城乡统筹区域供水,合理利用水资源,保障城市供水安全。加快雨污分流管网改造与排水防涝设施建设,解决城市老旧小区积水内涝问题。加快老旧小区污水和垃圾处理设施建设。优先升级改造落后设施,确保城市污水处理厂出水达到国家新的环保排放要求或地表水Ⅳ类标准。实现城市老旧小区污水"全收集、全处理"。同时,加大老旧小区处理生活垃圾设施建设力度,实现生活垃圾全部无害化处理。

(三)以自主创新促进老旧小区和城乡基础设施改造。老旧小区加固宜居节能改造和城乡基础设施改造中,要升级所用建筑材料。提高建筑材料质量,自主创新研究和使用绿色建材、节能减排建筑,保障老旧小区改造的建筑质量。政府以自主创新培育国产的绿色建材、节能环保产品,帮助公众树立民族意识,以民族品牌为绿色建材和节能环保市场的主导产品,促进节能环保产业与国民经济的良性循环,持续扩大内需。

(四)老旧小区改造的筹资方式

推进老旧小区改造的筹资方式为:居民出一点、政府补一点和社会筹一点。一是按照"谁使用、谁享受、谁付费"的原则,居民作为房屋产权人,对房屋本体负主要改造责任。居民分摊的资金可以是居民自有资金或个人贷款，也可以来自公积金贷款；二是按照政府提供公共产品和服务的原则，政府补一点。由财政投入资金，主要用于小区水、电、气、热、通信等公共设施改造。无论是老旧小区还是新小区的公共基础设施改造原本就需要政府投资，老旧小区与公共设施改造相结合，提高政府资金的投资效率，减少二次投资和重复投资；三是积极鼓励社会资金参与改造，社会筹一点。由政府运用政策来激活房屋维修基金和公积金等处于闲置状态的资金，使其用于老旧小区改造。鼓励社会资金参与老旧小区改造，提供资金的企业可以获得参与政府购买服务、优先参与小区新业态的商业活动的优先权。

要认真总结和借鉴北京等城市已有的老旧小区抗震改造经验，制定老旧小区改造政策。不同居民福利改进的程度不同，需要政府牵头以及政策支持。比如安装电梯，通常高层住户有积极性，而低层住户不愿意，难以形成全楼居民共同出资安装电梯的协议。因而，需要政府出面协调，制定相应的政策完成此类改造工程。借鉴棚区改造的经验或已有的老旧小区抗震改造经验，制定老旧小区改造政策，可以有效平衡小区不同楼层住户的利益，顺利推进老旧小区加固宜居节能改造工程；同时，加快建设老旧小区改造示范区，以点带面促进老旧小区改造也是一项有效举措。老旧小区改造是一项新兴事业，也是一项民生工程，为避免可能出现的失误和损失，应由各地政府进行老旧小区改造试点，通过示范工程建设，推动老旧小区改造的全面、有序展开。

（国家行政学院政府经济研究中心供稿，王健执笔）

建筑室内PM2.5污染现状、控制技术与标准

近年来，我国大部分地区雾霾天气频发，大气颗粒物污染严重，引起了科研工作者和公众的广泛关注。2015年入冬以来，沈阳、北京、长春等城市空气质量多次达到严重污染程度，北京市空气重污染应急指挥部在2015年12月就发布了2次（7日和18日）空气重污染红色预警指令。细颗粒物（PM2.5）能够突破鼻腔，深入肺部，甚至渗透进入血液，如果长期暴露在PM2.5污染的环境中，会对人体健康造成伤害，并可能诱发整个人体范围的疾病。人们大部分时间都是在室内度过的，所以室内环境PM2.5的相关问题引起了研究人员的重视。国内外很多学者展开了大量的室内外PM2.5相关性的研究，随着研究的深入，发现无论室内是否存在污染源（吸烟、烹调等），室内中仍有55%～75%的PM2.5来自室外。室内环境质量是现代建筑的组成要素之一，而室内空气品质是室内环境质量的重要内容。在当前我国雾霾严重的形势下，针对性地采取措施控制室内PM2.5污染，尽可能降低室内PM2.5对人体健康造成的危害，是目前亟须研究和解决的问题。

国家标准《绿色建筑评价标准》GB/T 50378-2014中第8.1.7条和11.2.7条规定了室内空气中主要污染物浓度不高于现行国家标准《室内空气质量标准》GB/T 18883中规定的限值，但由于现行国家标准《室内空气质量标准》GB/T 18883为2002年发布，时间较早，尚未规定PM2.5的浓度限值。为鼓励绿色建筑中采取有效的措施控制室内PM2.5浓度，国家标准《绿色建筑评价标准》GB/T 50378-2014在提高与创新章节的第11.2.6条规定"对主要功能房间采取有效的空气处理措施"，该条条文说明中指出"空气处理措施包括在空气处理机组中设置中效过滤段、在主要功能房间设置空气净化装置等"。可见，作为室内空气品质中的重要构成，建筑室内PM2.5控制不仅越来越受到关注和重视，而且也成为绿色建筑中的重要组成要素。

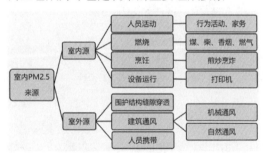

图1 建筑室内PM2.5来源

一、建筑室内PM2.5污染来源

建筑室内PM2.5的来源可以分为两大类，一是室内PM2.5污染源的释放，二是室外PM2.5污染向室内环境的传输，两者的共同作用决定了室内空气环境中PM2.5的浓度和组成。图1为建筑室内PM2.5的主要来源，其中室内源中主要包括人员活动、燃烧、烹饪、设备运行等，室外源主要包括围护结构

缝隙穿透、建筑通风和人员携带等。

（一）室内源

1. 人员活动

（1）行为活动

人员活动与室内PM2.5的产生和传播密切相关，可能会导致室内PM2.5颗粒物浓度瞬间增加数倍。人员活动产生颗粒物的数量取决于室内的人数、活动类型、活动强度以及地面特性。人的生理活动，如皮肤代谢、咳嗽、打喷嚏、吐痰、说话以及行走都可能产生颗粒物质。

（2）家务活动

家务活动会引起室内PM2.5的二次悬浮，其特点是持续时间短，但是能够导致室内颗粒物浓度瞬间增加数倍。研究显示，普通扫地时PM2.5的发生率为50μg/min，使用吸尘器时PM2.5的发生率为70μg/min，掸掉衣物上的灰尘导致的PM2.5的发生率为90μg/min，折叠衣物会引起颗粒的二次悬浮，PM2.5的发生率为150μg/min。

2. 燃烧

（1）燃料燃烧

室内PM2.5的主要污染源之一是暖器、壁炉、火炉、炊事等的燃料燃烧过程，在农村地区尤为明显。木炭燃烧产生的颗粒物不少于2.1g/kg，有的甚至多达20g/kg。以蜂窝煤为燃料取暖时，室内PM2.5浓度可达到200μg/m³；以液化气为燃料的住户室内空气中的PM2.5浓度为71μg/m³；以木材为燃料的家庭其室内PM2.5浓度可达212μg/m³。

（2）香烟燃烧

香烟释放的烟雾是室内环境中PM2.5的主要来源，吸烟所产生的颗粒物大部分都小于2.5μm。在有吸烟者的家庭中，香烟烟雾粒子可占室内PM2.5的54%，吸烟家庭室内

PM2.5浓度可达到室外PM2.5浓度的180%。

（3）熏香燃烧

熏香在燃烧过程中会产生多种污染物，特别是多环芳香烃、碳氧化物和颗粒物。不同类型熏香的颗粒发生率差异很大，不同熏香的PM2.5计重发生率的变化范围是9.8～2160mg/h。

3. 烹饪

烹饪时除所用燃料燃烧引起室内空气中PM2.5浓度的增加外，烹饪方式（煎、炒、烹、炸等）也影响着室内PM2.5的浓度。烹饪可以使室内PM2.5的浓度大幅增加，特别是油炸和烧烤过程使PM2.5浓度增加最多。

4. 设备运行

打印机和复印件等办公设备的运行和使用也是室内PM2.5的主要来源。

（二）室外源

虽然PM2.5室内源对建筑室内PM2.5浓度有很大影响，但是室外环境中的PM2.5对室内PM2.5浓度的影响更大。室外PM2.5进入室内的主要途径为空调新风系统、自然通风、围护结构缝隙穿透以及人员携带（附着于衣物）等。研究显示，对没有空调器的住宅，室外空气中PM2.5对建筑围护结构的平均渗透率达70%；而对有空调器的住宅，平均渗透率也有30%；对于没有明显室内污染源的住宅，75%的PM2.5来自室外；对于有明显室内污染源（吸烟、烹饪）的住宅，室内PM2.5中仍然有55%～60%来自室外。

因此，当室外为雾霾天气时，必然会对室内空气质量带来不利影响。特别地，当建筑物位于工厂、建筑工地附近或交通繁忙的主干线两侧时，因工业气体排放、扬尘或尾气等明显增加了局部大气中的PM2.5浓度，

使得相邻建筑物室内PM2.5浓度会高于其他地区室内PM2.5浓度。此外，气象条件、建筑布局、城市空间形态等均影响着大气PM2.5的浓度分布，所以同一时刻室外PM2.5对室内的影响是有区别的。

二、我国建筑室内PM2.5污染现状

目前，对建筑室内PM2.5的研究逐渐受到科研工作者的高度关注，但是由于我国对PM2.5的研究起步较晚，所以关于室内PM2.5污染现状的报道还不多。通过梳理2013年以来的文献报道，汇总了我国不同城市建筑室内的PM2.5污染情况（表1），涵盖了办公建筑、商店建筑、教育建筑和餐厅建筑等。

由表1可知，不同建筑类型、不同城市的室内均存在不同程度的PM2.5污染，低时

2013年以来文献报道的我国建筑室内PM2.5浓度情况 表1

建筑类型	地点	测试条件	测试期间室内外PM2.5浓度均值（范围）		室内超标(b)比例/%
			室内/（µg/m³）	室外(a)/（µg/m³）	
公共场所	重庆	正常营业	211（68~468）	198（85~402）	—
办公	北京	11楼，无人办公	夏季49 冬季134	夏季104 冬季230	27（夏）54（冬）
办公	北京	无吸烟，门窗基本关闭	85.3（5.91~367）	124（10.20~710）	39.5
办公	北京	无人办公，门窗关闭，无空调	测点（1）44.38 测点（2）26.80	测点（1）87.47 测点（2）101.05	
办公	上海	10楼多个房间，无人办公	51（24~105）(c)	59（35~89）	0(d)
办公	上海	10楼多个房间，正常办公	142（1~649）(c)	113（108~120）	52.38(d)
办公	济南	10楼办公室	82（5~413）	105（26~443）	53.6
办公	南昌	正常营业	103.13（27.25~138.84）	94.95（28.87~161.54）	—
商场	北京	正常营业	47（9~253）	—	
商场	西安	正常营业	224（140~252）	264（235~277）	71(e)
餐饮	北京	正常营业	36（12~349）	—	
餐厅	南昌	正常营业	164（38.03~492.73）	92.09（43.8~196.25）	
卫生机构	南昌	正常营业	72.55（39.45~258.92）	77.61（37.17~158.64）	
学校	南昌	正常营业	63.46（27.72~133.83）	64.05（33.2~116.4）	
学校	北京	无吸烟，门窗基本关闭	85.6（2.73~383）	124（10.20~710）	41.2
教室	武汉	—	86（83~99）(c)	—	
电子阅览室	武汉	正常开放	92.2（84~108）(c)	—	
实验室	武汉	—	83.6（68~100）(c)	—	
宿舍	武汉	正常作息	105（84~152）(c)	—	
宿舍	西安	正常作息	75.86（68.1~111.5）(c)	111.7（92.3~154.8）(c)	
宾馆	北京	正常营业	70（4~292）	—	
住宅	北京	无吸烟，门窗基本关闭	85.5（3.82~338）	124（10.20~710）	42.7
住宅	南京	正常作息	80（36~292）	85（42~155）	
住宅	贵州	农村燃煤住宅	201.60(c)	166.65	
住宅	贵州	农村燃柴住宅	104.95(c)	98.79	

注：（a）室内PM2.5浓度结果对应的室外PM2.5浓度。

（b）"超标"是指室内PM2.5浓度大于某浓度值的比例。未特别标注时"超标"的指标浓度为75µg/m³。

（c）取原文多组数值平均值作为均值；多组数值中最小值和最大值作为范围值。

（d）"超标"的指标浓度为105µg/m³。

（e）"超标"的指标浓度为65µg/m³。

表格中"—"代表原文中无此项内容描述。

可低于10μg/m³，高时可超过500μg/m³。影响室内PM2.5浓度的原因之一是室内的人员活动，测试表明，商场室内颗粒物浓度下午高于上午，其主要原因是商场室内下午人流量比上午大；另外，人员吸烟、打印机等办公设备的使用，也是影响建筑室内PM2.5浓度的重要原因。不同的烹饪方式会导致不同的PM2.5浓度，火锅或烧烤等餐厨连通的餐饮场所室内PM2.5浓度也会比餐厨分离的餐饮开场高。

除上述人为影响外，室外PM2.5的污染情况也会影响着室内PM2.5的浓度。文献研究表明，雾霾天气室内PM2.5平均浓度比非雾霾天气高2.5倍；邻近交通干道的商场室内PM2.5浓度是非干道（步行街）的2.4倍。图2是对北京2栋办公建筑的无人办公室室内外PM2.5进行连续1个月的监测结果，图2中测点1和测点2分别代表2处办公建筑，且

测点1的外窗气密性低于测点2，图3为这2个测点所代表的不同气密性外窗对室外PM2.5的阻隔作用。从图2可见，室内外的PM2.5变化趋势相似，即室内PM2.5随着室外PM2.5浓度的升高而增大，反之亦然；气密性相对较差的测点1，室内PM2.5浓度受室外条件影响较大，表现为当室外PM2.5浓度上升时，室内PM2.5浓度也会随之大幅上升；而气密性相对较好的测点2，室内PM2.5浓度受室外影响相对较小，表现为室内PM2.5浓度随室外PM2.5浓度的变化幅度相对较小。由图3可知，当室外PM2.5浓度相同时，测点1的室内PM2.5浓度大于测点2，即气密性较低的外窗对室外PM2.5的阻隔作用弱；若达到相同的室内PM2.5浓度限值时，气密性好的外窗能够承受更为严重的污染。

因测试时的室外PM2.5污染程度、室内人员数量及活动、房间功能等各不相同，

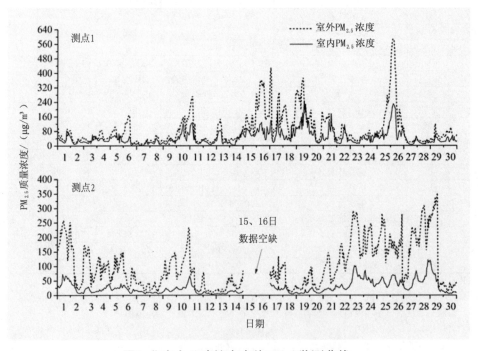

图2 北京办公建筑室内外PM2.5监测曲线

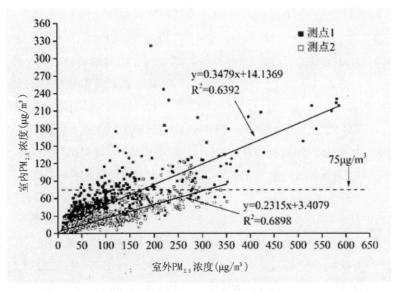

图3 外窗对PM2.5的阻隔性能

所以测试值仅代表测试时的室内PM2.5浓度情况。但从我国建筑室内PM2.5污染情况来看，我国各类建筑室内PM2.5浓度均偏高，且受室外PM2.5条件影响明显。

三、建筑室内PM2.5控制技术

随着生活水平提高，人们更加注重高标准的人居环境，对于绿色建筑，良好的室内空气品质是其必要条件，为保证建筑室内维持较低PM2.5浓度水平，需要采取必要的控制措施。根据室内PM2.5的来源，可将建筑室内PM2.5控制措施分为两类，一类是主动控制措施，另一类是被动控制措施。

（一）主动控制

不同的建筑类型和功能空间，具有不同的主动控制方式。对于具有集中通风空调系统的建筑，如办公建筑、商店建筑等，在通风空调系统中设置空气过滤器是降低室内PM2.5浓度的主要技术措施；对于住宅等无集中通风系统的建筑，可采用空气净化器降

低室内PM2.5浓度；对于建筑的餐饮区域，控制厨房油烟在建筑内的扩散和净化后排放是关键。限于篇幅，本节重点论述具有集中通风空调系统建筑的室内PM2.5控制。

在通风空调系统PM2.5控制设计上，设计参数和设计方法是室内PM2.5控制效果的关键。然而，目前我国尚未有建筑室内PM2.5控制方法的相关标准和规范，导致室内PM2.5控制方法尤其是设计方法不统一，控制效果良莠不齐。由中国建筑科学研究院承担的"十二五"国家科技支撑计划课题"建筑室内颗粒物污染及其复合污染控制关键技术研究（2012BAJ02B02）"（简称"课题组"）对建筑室内PM2.5控制技术进行了系统的研究，提出了PM2.5室外设计参数确定方法和建筑室内PM2.5控制设计方法。

1. PM2.5室外设计浓度确定

在进行室内PM2.5污染控制时，首先应确定PM2.5室外设计浓度，但目前该浓度的确定没有统一标准或方法，也缺乏相关设

计指南，这是空气过滤器设计选型环节中需要解决的问题。目前针对PM2.5的空气过滤器设计选型的报道多为研究性文章，给出的PM2.5室外计算浓度均为试算值，如年均值、最不利工况值等。在实际应用中，选择最不利工况值，会导致空气过滤器"选型大"，既不经济还可能会增加风机能耗；选择年均值，全年大部分天数室内PM2.5浓度超过设计要求。

课题组提出了基于保证率和不保证天数的2种PM2.5室外设计浓度的确定方法，供设计选用。这2种方法在一定程度上规范了PM2.5室外设计浓度的确定。但由于我国对PM2.5的监测起步较晚，可用数据少，在积累一定数据后需对这2种方法给出的PM2.5室外设计浓度值进行更新。

2.设计方法

对于建筑室内PM2.5污染控制的设计，目前还没有统一的计算方法。一般是根据质量平衡方程建立计算式，但对于设计人员，这种计算方法复杂，所需的参数不易获得。为解决上述问题，课题组研究并提出了符合设计习惯的建筑室内PM2.5控制设计计算方法。该方法将单位时间内室内的PM2.5获得量定义为PM2.5负荷，建立了以室内PM2.5负荷等于空气处理设备的PM2.5去除能力为基础理论的平衡方程，将PM2.5污染控制设计计算分成PM2.5负荷计算和PM2.5空气处理设备去除能力计算2部分。其中，建筑PM2.5负荷由3部分构成，分别为：随渗透风进入室内的PM2.5渗透负荷、随新风进入室内的PM2.5新风负荷以及室内污染源负荷。

（二）被动控制

在建筑室内PM2.5控制设计时要考虑随渗透风进入室内的PM2.5渗透负荷，如果通过技术措施使其减小，不仅在一定程度上可以降低空气过滤器的消耗，而且在没有通风空调的建筑中，也可以减少室外PM2.5向室内的穿透。行业标准《民用建筑绿色设计规范》JGJ/T 229-2010中规定"绿色设计方案的确定宜优先采用被动设计策略"，在建筑室内PM2.5控制方面，也可以采取相关的被动控制措施降低雾霾天气时室外PM2.5向室内的穿透。

1.合理提高外窗气密性

以往对外窗气密性的要求主要是从节能的角度提出的，但室外PM2.5可以随着渗透风进入室内，而外窗气密性影响着渗透风量。所以从建筑室内PM2.5控制的角度来看，外窗气密性在降低室内PM2.5浓度上也同样发挥着重要作用。因此，无论新建建筑还是既有建筑改造，为减少室外PM2.5通过外窗缝隙进入室内，可根据当地PM2.5污染情况，合理选择高气密性的外窗。

2.保证外窗密封条安装质量

外窗的气密性不仅与密封条性能和安装形式有关，还与密封条的安装质量有关。在外窗密封条安装时，需要注意密封条接头处粘合严密。

3.加强墙体预留孔口密封

现代建筑对施工质量有严格要求，除预留孔口外，墙体几乎不会产生明显的裂缝或孔洞。因此，要加强墙体预留孔口处的密封，例如穿墙预埋件、窗框与外窗洞口间的缝隙、分体空调或抽油烟机与室外连接的管路孔洞、户式燃气炉穿墙或穿窗的烟囱洞口、建筑中的新风口及排风口等。

4.定期维护

上述被动式措施并不是一劳永逸的。当

外窗使用较长时间后，密封胶条会存在老化破损的情况，同样会降低外窗的气密性；随着使用时间增加或管路振动，孔口处的密封也可能出现老化或漏损。所以应对建筑围护结构，特别是密封胶条、孔口密封处进行定期检查，发现问题及时处理，这样才能长久有效地减少室外PM2.5通过围护结构缝隙穿透进入室内。

四、国内外相关标准规范

（一）环境PM2.5限值标准

1.中国

我国国家标准《环境空气质量标准》GB 3095-2012于2012年2月29日发布，2016年1月1日起实施。该标准在基本监控项目中增设PM2.5年均、日均浓度限值，标准对颗粒物的限值要求见表2。

2.美国

美国环境保护署于1971年首次制定发布了《国家环境空气质量标准》（National Ambient Air Quality Standards, NAAQS），此后于1987、1997、2006和2012年进行了4次修订。在1997年的NAAQS修订中，增加了PM2.5的要求。2012年NAAQS修订后对PM2.5的限值要求见表3。

3.欧盟

2008年5月，欧盟发布《关于欧洲空气质量及更加清洁的空气指令》，规定了PM2.5的目标浓度限值、暴露浓度限值和消减目标值（AEI），见表4。

4.世界卫生组织

世界卫生组织（WHO）于2005年组织修

GB 3095—2012中PM2.5浓度限值　　　　表2

一级(a)		二级(b)	
年平均/(μg/m³)	24h平均/(μg/m³)	年平均/(μg/m³)	24h平均/(μg/m³)
15	35	35	75

注：（a）一级适用自然保护区、风景名胜区和其他需要特殊保护的区域；
　　（b）二级适用居住区、商业交通居民混合区、文化区、工业区和农村地区。

2012年版NAAQS中的PM2.5限值要求　　　　表3

标准类别	平均时间	浓度限值/(μg/m³)
一级(a)和二级(b)	24h	35
一级	1年	12
二级	1年	15

注：（a）一级标准（primary standards）：保护公众健康，包括保护哮喘患者、儿童和老人等敏感人群的健康。
　　（b）二级标准（secondary standards）：保护社会物质财富，包括对能见度以及动物、作物、植被和建筑物等的保护。

欧盟制定的PM2.5目标浓度限值、暴露浓度限值和消减目标值　　　　表4

限值项目	限值/(μg/m³)	法律性质	每年允许超标天数
PM2.5目标浓度限值	25	2015年1月1日起强制施行	不允许超标
PM2.5暴露浓度限值	20	在2015年生效	不允许超标
PM2.5消减目标值	18	在2020年尽可能完成消减量	不允许超标

表5

WHO制定的PM2.5标准值和目标值

项目		统计方式	限值/（μg/m³）	选择浓度的依据
目标值	IT-1	年均浓度	35	相对于标准值而言，在这个水平的长期暴露会增加约15%的死亡风险
		日均浓度	75	以已发表的多项研究和Meta分析中得出的危险度系数为基础（短期暴露会增加约5%的死亡率）
	IT-2	年均浓度	25	除了其他健康利益外，与IT-1相比，在这个水平的暴露会降低约6%的死亡风险
		日均浓度	50	以已发表的多项研究和Meta分析中得出的危险系数为基础（短期暴露会增加2.5%的死亡率）
	IT-3	年均浓度	15	除了其他健康利益外，与IT-2相比，在这个水平的暴露会降低约6%的死亡风险
		日均浓度	37.5	以已发表的多项研究和Meta分析中得出的危险度系数为基础（短期暴露会增加1.2%的死亡率）
指导值		年均浓度	10	对于PM2.5的长期暴露，这是一个最低安全水平；在这个水平之上，总死亡率、心肺疾病死亡率和肺癌死亡率会增加（95%以上可信度）
		日均浓度	25	建立在24h和年均暴露安全的基础上

订了《空气质量指南：2005年全球更新版》（Air Quality Guidelines: Global Update 2005），提出了PM2.5的3个过渡时期的目标值，见表5。

（二）室内PM2.5限值标准

1. 中国

我国已颁布和实施多部与室内颗粒物浓度限值有关的标准规范，如国家标准《室内空气质量标准》GB/T 18883-2002、国家标准《室内空气中可吸入颗粒物卫生标准》GB/T 17095-1997、行业标准《公共场所集中空调通风系统卫生规范》WS394-2012等，但由于我国对PM2.5的研究起步晚，所以上述发布较早的标准中仅规定了PM10的浓度要求。行业标准《建筑通风效果测试与评价标准》JGJ/T 309-2013于2013年7月26日发布，2014年2月1日起执行。该标准适用于民用建筑通风效果的测试与评价，其中规定室内PM2.5日平均浓度宜小于75μg/m³。

2. 美国

ASHRAE发布的《可接受的室内空气质量通风标准》（Ventilation for acceptable indoor air quality）（ANSI/ASHRAE 62.1-2013）中建议的PM2.5浓度值为15μg/m³。

3. 加拿大

加拿大《住宅室内空气质量指南》（Residential Indoor Air Quality Guidelines）给出了住宅室内空气污染物最大暴露水平的建议值，2012版更新时增加了PM2.5内容。该指南指出，室内PM2.5是无法消除的，因为室内人员的每一个活动都会产生或多或少的PM2.5；同时，对加拿大地区住宅的长期监测发现，一般在室内没有吸烟者的情况下，室内PM2.5浓度低于室外水平。因此，该指南并未给出具体的PM2.5暴露限值，仅建议住宅室内PM2.5水平应尽可能低，且最好低于室外水平，若室内PM2.5水平高于室外，需要采取有效措施降低室内

PM2.5的产生量，如采取炉灶顶部设风扇降低炊事产生的PM2.5、室内禁止吸烟、加强通风等措施。

五、结束语

室内空气品质是绿色建筑中的重要内容，所以需要采取必要措施对建筑室内PM2.5进行控制。建筑室内PM2.5的控制设计应综合考虑室内PM2.5来源，以有效降低室内PM2.5的浓度。虽然PM2.5的控制技术较为明确，但在具体的参数确定、设计方法、标准依据等方面仍有待完善。国家虽然制定了环境空气质量标准，但尚未有建筑室内PM2.5控制的相关标准规范，导致建筑室内PM2.5控制设计过程中缺少参数依据。国家标准中的过滤器效率，除部分型号的粗效过滤器外均是计数效率，与设计计算中的计重效率有所差别。同时，建筑室内PM2.5来源不仅仅是随新风进入室内的，还包括室内源产生、围护结构缝隙穿透等，这些因素在控制设计上需要全面考虑，而且这些因素对建筑室内PM2.5的影响需要进一步研究。可见，建筑室内PM2.5的控制仍有很多需要深入研究和完善之处。

虽然目前PM2.5控制技术较为明确，但从建筑室内PM2.5控制设计角度来看，设计参数确定、设计计算方法、标准依据等方面仍有待规范、深入研究和完善之处。建筑室内PM2.5控制设计的下一步工作重点可归纳为：1.建筑室内PM2.5的评价方法；2.PM2.5室内、室外设计浓度的确定标准；3.规范建筑室内PM2.5控制设计方法；4.建筑室内PM2.5控制的运维与管理策略；5.创新PM2.5控制技术和产品。

（中国建筑科学研究院供稿，王清勤、李国柱、赵力、孟冲执笔）

基于评估使用年限的既有砌体结构可靠性分级标准

我国在既有结构可靠性评定方面颁布了《民用建筑可靠性鉴定标准》GB 50292-1999、《工业建筑可靠性鉴定标准》GB 50144-2008、《危险房屋鉴定标准》JGJ 125-1999等国家和行业标准。这些标准均参考现行设计规范适当降低可靠度水准确定了四级分级标准，但这些分级标准未与评估使用年限建立联系；这些标准主要关注既有结构使用安全性的评定，涉及耐久性评定的内容较少，未规定评估使用年限或仅将其作为参考指标。随着耐久性问题的日益突出，结构抗力不断退化，既有结构的预期使用寿命在缩短；另一方面，随着我国结构设计规范对目标可靠度的提高以及耐久性、整体稳固性等新要求的提出，相比于现行设计规范较多既有结构的可靠性有所欠缺。从结构全寿命周期概念理解，缩短评估使用年限，可使结构在后续使用期内的失效概率降低，抗力需求减小。因此，既有结构可靠度的时变性表现在两个方面，一是耐久性损伤引起的抗力退化，二是评估使用年限缩短引起的失效概率降低或抗力需求降低。用评估使用年限作为设定既有结构可靠性分级标准的主要参数，有利于既有结构物尽其用发挥最大价值，有利于对业主和工程师的决策建立硬约束，有利于建立既有结构评定与拟建结构设计之间的直接联系。

作者的研究表明，引入国际结构安全性联合会(JCSS)出版的概率模式规范中的年失效概率概念并假定结构年失效概率相等，即可将我国《工程结构可靠性设计统一标准》GB 50153-2008和《建筑结构可靠度设计统一标准》GB 50068-2001规定的目标可靠度换算为不同评估使用年限下的目标可靠度，这样可直接根据评估使用年限建立可靠度分级标准。作者的研究还表明，我国现行设计规范规定的各类构件以及在不同荷载作用下的实际可靠度水平参差不齐，总体上，钢结构构件的实际可靠度水平与统一标准规定的目标可靠指标相当，而多数混凝土构件、砌体构件和木构件的实际可靠度水平已比统一标准规定的目标可靠指标超过0.5以上；对混凝土结构和砌体结构，89系列规范的实际可靠度水平比较接近目标可靠度，而74系列规范各类构件的实际可靠度水平差异较大。

砌体结构在我国既有建筑特别是多层居住建筑中占有相当大的比例。本文在总结作者对既有结构可靠性评定研究成果的基础上，对既有砌体结构提出基于评估使用年限的可靠性分级标准。同时，基于现有研究成果，对砌体结构的耐久性和整体稳固性评定提出建议。

一、既有砌体结构的可靠性分级标准

本文根据作者的研究成果，将既有砌体结构的可靠性分为A、A-、B、C、D5个等级，前4个等级对应的后续使用年限分别为50年、30年、10年和5年。与现行可靠性鉴定标准相比，多了一个A-的等级。表中同时列出各可靠性等级对应的目标可靠度、抗力与荷载效应比限值、相当的设计或鉴定标准、构件损坏状况、使用安全性描述及处理措施、抗震安全性描述、耐久性描述、整体稳固性描述、需要采取的管理措施等（表1）。

（一）后续使用年限。对可靠性评定而言，后续使用年限指评估使用年限；对加固改造设计而言，后续使用年限指后续设计使用年限。综合考虑近几代设计规范的已实施年限、可靠度水准、工程经验，以及对应的耐久性、抗震安全性和整体稳固性的实际情况及其与现行设计规范的差距，建议一般建筑后续使用年限分50年、30年和10年3类，临时性建筑、短期内拟拆除的建筑可按后续使用年限5年进行评定。后续使用年限是制约业主和工程师决策的主要因素，影响因素很多，需通过技术经济分析综合确定。一般

既有砌体结构可靠性的分级标准 表1

可靠性等级	A	A-	B	C	D
后续使用年限	50年	30年	10年	5年	—
目标可靠指标	$\geq \beta_0$	$\geq [\beta]$	$\geq [\beta]-0.25$	$\geq [\beta]-0.5$	$< [\beta]-0.5$
$R/\gamma_0 S$	≥ 1.0	≥ 0.9	≥ 0.85	≥ 0.8	<0.8
相当的设计或鉴定标准	现行设计规范	现行结构统一标准，88规范	73规范	危房鉴定标准中的非危险构件	危房鉴定标准中的危险构件
构件损坏状况	完好	基本完好	轻微损坏	中等损坏	严重损坏
一般俗称	安全	准安全	基本安全	不安全	极不安全（危险）
使用安全性	符合现行设计规范要求，不影响承载和使用功能	符合现行结构设计统一标准要求，不影响承载和使用功能	略低于现行结构设计统一标准要求，尚不显著影响承载和使用功能	不符合要求，显著影响承载和使用功能	极不符合要求，严重影响承载和使用功能
处理措施	不必采取处理措施	可不采取处理措施	可不采取处理措施	后续使用年限超过5年时，应采取处理措施；后续使用年限不超过5年时，可观察使用	必须及时采取处理措施
抗震安全性	达到现行抗震鉴定标准的C类性能目标要求	达到现行抗震鉴定标准的B类性能目标要求	达到现行抗震鉴定标准的A类性能目标要求	—	—
耐久性	符合现行设计规范要求	可能不符合现行设计规范要求	很可能不符合现行设计规范要求	—	—
整体稳固性	符合现行设计规范要求	可能不符合现行设计规范要求	很可能不符合现行设计规范要求	—	—
需要采取的管理措施	采取正常检查维护和使用管理措施	应加强检查维护和使用管理措施	如不采取加固措施，则应严格检查维护和使用管理措施	—	—

而言，建筑物越重要，业主的期望越高，建筑或结构改造的程度越大，改造的经济投入越大，后续使用年限取值应越大；只有基本不做结构性改造的既有建筑才可选用后续使用年限为10年的标准。

（二）目标可靠指标。目标可靠指标是既有结构使用安全性分级的主要依据。既有结构评定应以现行设计规范为依据，故A级的目标可靠指标采用现行结构设计规范的实际可靠度 β_0，是使用安全性角度的"安全"水准。经校核，总体上，β_0 已比统一标准设定的目标可靠指标 $[\beta]$ 大0.5，但各类结构构件差异很大。A-级的目标可靠指标直接采用统一标准设定的目标可靠指标 $[\beta]$，是使用安全性角度的"准安全"水准，也相当于89系列规范的实际可靠度水平。B级的目标可靠指标为 $[\beta]-0.25$，是我国现行设计标准要求的实际结构质量下限水平，也是从使用安全性的角度"可不采取措施"的最低可靠要求，因此是使用安全性角度的"基本安全"水准。B级的目标可靠指标总体上也相当于74系列规范的实际可靠度水平。

（三）抗力需求系数 $R/\gamma_0 S$。校核发现，我国现行设计规范中各类构件的实际可靠度差异较大，大致可分为3类：I类构件的实际可靠度水平最低，大致与 $[\beta]$ 相当，部分构件还略低于 $[\beta]$，因此A-级的 $R/\gamma_0 S$ 不存在降低空间；II类构件的实际可靠度水平居中，大致相当于 $[\beta]+0.25$，因此A-级的 $R/\gamma_0 S$ 可降低为0.95；III类构件的实际可靠度水平最高，达到或超过 $[\beta]+0.5$。砌体构件一般属于III类构件，因此A-级的 $R/\gamma_0 S$ 可降低为0.9。B级的 $R/\gamma_0 S$ 在A-级的基础上再降低0.05。

（四）处理措施。这里的处理措施是指针对既有结构使用安全性不足需采取的措施。从上述分析可知，A级为"不必采取措施"，A-级和B级为"可不采取措施"。但从正常使用性、耐久性、抗震安全性和整体稳固性的要求看，则A-级和B级结构均可能需要采取一定措施，A级结构也可能在正常使用性方面需要采取一定措施。

（五）抗震安全性。现行《建筑抗震鉴定标准》GB 50023-2008对既有建筑建立的A、B、C3类不同抗震设防目标也是根据不同后续使用年限确定的，该规范主要从标定地震作用取值的角度分别确定后续使用年限为30年、40年和50年。本文从使用安全性和耐久性的角度确定后续使用年限分别为10年、30年、50年，分别对应于抗震鉴定标准的A、B、C3类不同抗震设防目标，因此比抗震鉴定标准严格。

（六）耐久性及维护措施。所有建筑材料均存在老化或性能劣化的问题，从而影响结构构件的正常使用和承载能力，这就是结构的耐久性问题。从全寿命周期角度讲，耐久性首先是一个正常使用极限状态范畴的问题，但在结构生命后期，当人们对该结构的适用性要求降低、可以接受耐久性损伤超越正常使用极限状态时，耐久性也可能成为一个承载能力极限状态范畴的问题。从目前的研究成果看，对结构的耐久性进行定量设计或评定尚不具备条件，当前处理一般结构耐久性问题的方法主要有2种：对拟建结构设计而言，主要根据不同使用环境规定承重材料的种类、最低强度等级、配合比、检查维护要求等；对既有结构评定与加固处理而言，主要根据已有耐久性损伤和工程经验采用一定的处理措施。本文根据当前的研究成果和工程经验，建议采取如下措施解决既有结构的耐久性问题：一是评定或加固改造设计阶段的技术措施，即根据已使用年限和已出现的耐久性损伤，评估后续使用年限内的安全性或正常使用性能否达到要求，若达不到要求，则应采取措施；实际工程中可通过反复试算估计来确定后续使用年限。二是在使用阶段，加强日常检查和维护，发现耐久性损伤问题及时进行处理。这是弥补技术措施预计不足采取的管理措施。由于耐久性损伤的发展一般有先慢后快的规律，因此已使用年限越长，后续使用年限应越短，相应的维护管理措施应越严格。

（七）整体稳固性及管理措施。拟建结构的整体稳固性设计尚在不断探索中，对一般结构仅采取一定的概念设计和构造措施。解决既有结构的整体稳固性问题十分困难，因此，现阶段对一般既有结构而言，建议对整体稳固性可不提具体标准要求，如文字资料必须反映整体稳固性要求，则明确其"不符合现行设计规范要求"；但对重要的大型公共建筑，或对结构改造程度很大、按50年设计使用年限进行加固改造设计的既有结构，则应参考现行设计规范对整体稳固性进行专门评定并采取相应措施。使用阶段采取一定管理措施可适当弥补整体稳固性技术措施的不足，如对木结构、钢结构既有建筑采取严格的消防措施，在遭撞击风险较大的适当部位采取防撞措施，在爆炸风险较大的房屋或房间采取严格的限制措施，居住建筑严格限制随意改变承重结构等。一般而言，建筑物越重要，或整体稳固性技术措施越差的既有建筑，管理措施应越严格。

二、既有砌体结构的耐久性评定

砌体结构的耐久性退化主要是风化，包括物理风化和化学风化2类，工程上主要表现为块体风化、砂浆粉化和寒冷地区的冻融损伤。当前国内外关于砌体结构耐久性的研究很少。我国对西安、长沙、重庆等地近百幢砌体结构房屋的调查表明，砌体的风化或冻融程度均与环境潮湿程度有关；由于块体强度在一定程度上反映了材料的密实性（渗透性），砌体的耐久年限与块体的强度等级有很好的相关性：对烧结黏土砖砌体，一般室外环境砖强度等级为MU7.5时，耐久年限可达30年以上；而砖强度等级为MU15～MU20时，耐久年限可达60年以上，有的甚至超过100年。

分析我国近4代砌体结构设计规范，对砌体结构耐久性方面的要求主要体现在对最低材料强度等级要求和对潮湿部位砌体材料的要求两个方面。表2和表3分别列出这两方面要求的比较结果。

我国近4代砌体结构设计规范对最低材料强度等级要求的比较 表2

标准规范	黏土砖	蒸压砖（混凝土砖）	混凝土砌块	砌筑砂浆	特殊要求
2011规范	MU10	MU15（MU15）	MU5	M5（黏土砖砌体为M2.5）	—
2001规范	MU10	MU10（—）	MU5	M2.5	对5层及以上房屋的墙，受振动或层高大于6m的墙、柱，砖MU10，砌块MU7.5，砂浆M5
88规范	MU7.5	MU7.5（非烧结硅盐砖）	MU3.5	M0.4	对6层及以上的外墙，受振动或层高大于6m的墙、柱，砖MU10，砌块MU5，砂浆M2.5
73规范	MU7.5	MU7.5（非烧结硅酸盐砖）	MU5	M0.4	对受振动或层高大于6m的墙、柱，砖MU10，砌块MU5，砂浆M2.5

我国近4代砌体结构设计规范对潮湿部位砌体材料要求的比较　表3

潮湿程度	标准规范		黏土砖（混凝土砖或蒸压砖*）		混凝土砌块	混合砂浆	水泥砂浆
			严寒地区	一般地区			
稍潮湿	2011规范	1类、2类环境	—	MU15（MU20）	MU7.5	—	M5
		3类环境	MU20（—）	—	MU15	—	M10
	2001规范		MU10	MU10	MU7.5	—	M5
	88规范		MU10	MU10	MU5	M5（潮湿房间墙为M2.5）	M5
	73规范		MU10	MU7.5	同黏土砖	M2.5	M2.5
很潮湿	2011规范	1类、2类环境	—	MU20（MU20）	MU10	—	M7.5
		3类环境	MU20（—）	—	MU15	—	M10
	2001规范		MU15	MU10	MU7.5	—	M7.5
	88规范		MU15	MU10	MU7.5	—	M5
	73规范		MU15	MU10	同黏土砖	M5	M5

注：* 仅2011规范有混凝土砖或蒸压砖。

由表2可见，近二代砌体结构设计规范对黏土砖最低强度等级的要求，由MU7.5提高为MU10；对砌筑砂浆最低强度等级的要求，由M0.4提高为M2.5；对混凝土砌块最低强度等级的要求基本保持为MU5不变；对蒸压砖（或混凝土砖，或非烧结硅酸盐砖）的最低强度等级要求也有提高；前3代规范对层数较多、受振动、层高很大的砌体结构或构件的最低材料强度等级有更高的要求，而最近一代的2011规范则没有提出更高要求。

由表3可见，总体上砌体结构设计规范对潮湿部位砌体的块体和砌筑砂浆最低强度等级要求不断提高：黏土砖的最低强度等级，一般地区由MU10提高至MU15（稍潮湿）和MU20（很潮湿），严寒地区由MU10（稍潮湿）和MU15（很潮湿）提高至MU20。对混凝土砌块最低强度等级的要求也不断提高。88规范前允许采用混合砂浆砌筑，而2001规范和2011规范仅允许采用水泥砂浆砌筑。对砌筑水泥砂浆最低强度等级的要求，稍潮湿时，由73规范的M2.5提高至2011规范的M5（1类、2类环境）和M10（3类环境）；很潮湿时，由73规范的M5提高至2011规范的M7.5（1类、2类环境）和M10（3类环境）。

参考《民用建筑可靠性鉴定标准》（修订报批稿）和一般工程经验，可根据已使用年限和已发生的耐久性损伤评定结构的耐久年限，并取两者评定结果的较小值。当耐久年限不小于评估使用年限时，可评定耐久性满足要求，否则应评定耐久性不满足要求，并采取措施。

（一）按已使用年限评定耐久性

当块体和砌筑砂浆强度符合表2、表3中现行设计规范的最低要求时（有粉刷层或贴面层时，块体或砌筑砂浆最低强度等级要求可降低一个等级，但砂浆不应低于M2.5；按早期规范建造的砌体结构，若质量现状较好，块体或砌筑砂浆最低强度等级要求可降低一个等级），可按下列情况评定砌体结构的耐久年限：1. 当已使用年限不超过10年时，耐久年限取50年；2. 当已使用年限不超过30年时，耐久年限取30年，即已使用年限与后续使用年限之和不超过60年；3.当已使用年限超过30年时，耐久年限不宜超过10年；4.当砌体结构构件有粉刷层或贴面层，且外观质量无明显缺陷时，上述耐久年限可增加10年（但不能超过50年）。

（二）按已发生的耐久性损伤评定耐久性

按已发生的耐久性损伤评定砌体结构耐久性时，可根据砌筑材料实测强度等级和不同耐久性损伤进行评定，具体可参考《民用建筑可靠性鉴定标准》（修订报批稿）。

砌体结构房屋中，还有部分混凝土构件或木构件，其耐久性评定可参考相关标准和资料。

三、既有砌体结构的整体稳固性评定

砌体结构多用于普通的居住建筑、中小型的公共建筑或工业建筑，遭遇恐怖袭击或人为破坏的可能性不大，但也可能发生火灾、汽车撞击、燃气爆炸等人为灾害；居住建筑装修中还经常遇到随意拆改承重构件等人为错误，有的甚至引发局部或整体坍塌事故。因此，既有居住建筑的整体稳固性问题确应引起重视。砌体结构的主要承重构件由很小的块体垒砌而成，加之既有砌体结构中多采用预制空心板或木构件作为楼屋盖的承重构件，其整体稳固性具有先天的缺陷，要解决既有砌体结构的整体稳固性难度很大。现行砌体结构设计规范提出的下列方面的构造措施对提高其整体稳固性有很大作用，可供既有砌体结构评定改造时参考。

（一）圈梁设置。住宅、办公楼等多层砌体结构民用房屋，且层数为3～4层时，应在底层和檐口标高处各设置一道圈梁；层数超过4层时，尚应在所有纵横墙上隔层设置圈梁。采用现浇混凝土楼（屋）盖的多层砌体结构房屋，当层数超过5层时，除应在檐口标高处设置一道圈梁外，可隔层设置圈梁，并应与楼（屋）面板一起现浇。未设置圈梁的楼面板嵌入墙内的长度不应小于120mm，并沿墙长配置不少于2根直径为10mm的纵向钢筋。

（二）纵横墙连接部位构造。墙体转角处和纵横墙交接处应沿竖向每隔400mm～500mm设拉结钢筋，其数量为每120mm墙厚不少于1根直径6mm的钢筋（或焊接钢筋网片），埋入长度从墙的转角或交接处算起，对实心砖墙每边不少于500mm，对多孔砖墙和砌块墙不小于700mm。

（三）预制楼板连接构造。预制混凝土板在圈梁上的支承长度不应小于80mm，板端伸出钢筋应与圈梁可靠连接。预制混凝土板在圈梁上的支承长度不应小于100mm，板端钢筋伸出长度在内墙上不应小于70mm，在外墙上不应小于100mm，且与支座处沿墙配置的纵筋绑扎，并用强度等级不低于C25的混凝土浇筑成板带。预制混凝土板与现浇板对接时，预制板端钢筋应伸入现浇板中进行连接后，再浇筑现浇板。

（四）对墙体开槽的要求。不宜在墙体中穿行暗线或预留、开凿沟槽，当无法避免时应采取必要的措施或按削弱后的截面验算墙体承载力。不应在截面长边小于500mm的承重墙体、独立柱内埋设管线或留槽、开槽。

四、结语

既有结构可靠度的时变性表现在两个方面，一是耐久性损伤引起的抗力退化，二是评估使用年限缩短引起的失效概率降低或抗

力需求降低。用评估使用年限作为设定既有结构可靠性分级标准的主要参数，有利于既有结构物尽其用发挥最大价值，有利于对业主和工程师的决策建立硬约束，有利于建立既有结构评定与拟建结构设计之间的直接联系。本文在总结既有结构可靠性评定研究成果的基础上，提出了基于评估使用年限的既有砌体结构可靠性分级标准。对现行鉴定标准和工程实践中很少关注的两个方面——砌体结构的耐久性和整体稳固性评定提出了建议。具体内容尚有待深入研究和工程实践检验。

（上海市建筑科学研究院(集团)有限公司、上海市工程结构安全重点实验室供稿，蒋利学、李向民执笔）

既有工业建筑绿色民用化改造的实践与特征

城市化的快速扩张与经济转型的双重背景使得工业厂区由原先的城市边缘地区逐渐转变为城市中心区，由于产业转型、土地性质转换、技术落后、污染严重等各种问题，大量的传统工业企业逐渐退出城市区域，在城市中遗留下大量废弃和闲置的旧工业建筑。如何处理这些废弃和闲置的旧工业建筑，是城市规划者、建筑师、企业、政府必须面对的问题。如果将这些旧厂房全部拆除，从生态、经济、历史文化角度都是对资源的一种浪费，因而对既有工业建筑进行改造再利用成为符合可持续发展原则的有效策略。传统的改造设计中多是简单功能改造或从艺术和文化角度来进行改造，缺少系统的绿色生态考虑。将工业建筑改造再利用与绿色建筑相结合，是破解城市旧工业建筑改造问题的新思路，也是当前绿色建筑大发展下的内在需求。

本文对当前既有建筑绿色民用化改造发展现状进行介绍，总结既有工业建筑绿色化改造的特征，探讨既有工业建筑改造中的关键技术问题，为既有工业建筑绿色民用化改造项目的推广应用提供参考。

一、既有工业建筑绿色民用化改造现状

我国对旧厂房改造的实践和研究起步较晚，真正意义上的旧厂房改造项目始于20世纪80年代末至90年代初，如北京原手表厂的多层厂房改建为双安商场。早期主要是一些有着区位优势的厂房企业出于经济自救的目的转租改造为家具城、建材城或餐饮等商业场所，不仅改造案例少，而且缺乏系统理论的指导。2000年前后，艺术家与旧厂房、旧仓库的改造再利用实现结合，如上海苏州河为代表的艺术家仓库改造，北京798艺术区改造，引起了社会的关注，也引发一股工业建筑再利用的热潮。其后政府以扶持创意产业园的形式，开始引导工业厂房的改造再利用。以上海为例，自2005年4月起授牌第一批18家创意产业集聚区开始，至今创意产业园已超过100个，其中80%以上均是由工业厂房或仓库改造而来。近年随着可持续和绿色节能理念的不断深入，对旧工业厂房进行改造利用日益得到重视，高质量的整体片区改造和一些精品项目不断涌现。如2010年的上海世博园区共改造利用既有工业建筑面积超过20万㎡，原上海国棉十七厂整体改造为上海国际时尚中心，原苏州第三纺织厂改造为五星级的平江府酒店，均在社会上产生较大的影响。时至今日，对旧工业建筑的改造与再利用在我国日益兴旺，已成为建筑设计界的一大热点。

总体上目前国内既有工业建筑的改造再利用项目在全国已较广泛，但绝大部分以常规改造为主，实施绿色化改造的案例较少。

如果以中国的绿色建筑评价标准体系来衡量，根据公开资料统计，截至2015年6月，全国获得绿色建筑标识的既有工业建筑改造再利用项目仅有6项，具体信息如表1所示，部分项目的图示见图1。

在国内的既有工业建筑改造项目中，有部分项目虽然没有取得绿色建筑认证，但其改造过程体现出的绿色节能理念、所应用的技术措施，仍不失为优秀的绿色化改造案例。如内蒙古工业大学建筑馆，是由铸造车间改造而成（图2）。其中对自然通风进行了非常精细的设计，值得借鉴和参考。

绿色建筑强调资源的节约和室内环境品质的提升，在实现绿色建筑改造目标方面工业建筑既有其先天优势，也有其应用的劣势。工业建筑在空间结构上一般比较宽敞、建筑的平面形状大都规则整齐、结构承载力比其他民用建筑的承载力要高。但是另一方面，既有工业建筑在空间、结构、配套设施、能源利用方式及室内外环境上均与

获得绿色建筑标识的既有工业建筑改造项目　　　　　　　　表1

序号	原用途	改造后名称	改造后功能	绿色建筑星级	地点	改造时间
1	三洋厂房	南海意库3号楼	办公	三星	深圳	2008
2	南市发电厂厂房	当代艺术博物馆	展馆	三星	上海	2009
3	美西航空厂厂房	苏州设计院生态办公楼	办公	二星	苏州	2010
4	巴士一汽停车库	同济大学设计研究院办公楼	办公	三星	上海	2011
5	上海围巾五厂车间	上海申都大厦	办公	三星	上海	2012
6	电子厂房	天友绿色设计中心	办公	三星	天津	2012

（a）苏州设计院办公楼　　（b）上海申都大厦　　（c）天友绿色设计中心

图1　典型既有工业建筑绿色化改造案例

图2 内蒙古工业大学建筑馆

普通民用建筑有很大的不同，将原有的机器生产、产品存储的场所转变为人的居住、工作、活动场所，内部功能的全面转换使其比普通民用建筑改造面临更多问题。虽然国内的既有工业建筑改造利用呈现逐步繁荣的态势，但是加入绿色环保因素的工业建筑绿色化改造却还处于起步阶段，全国范围内的改造案例很少，技术体系尚未形成。要向更大范围的推广，还需要更深入的技术研究作支撑，对改造过程中的共性和个性技术进行研究，并通过建设不同改造类型的示范项目，推动既有工业建筑的绿色化改造实践。

二、既有工业建筑绿色民用化改造特征

（一）适应功能转变的空间再设计

旧工业建筑的改造再利用，是以功能转变为前提，因此对空间设计也提出了与新建民用设计不同的要求。从绿色化改造角度，实现工业建筑功能转换改造量最小化，是工业建筑有序有效与绿色改造的基础，其中难点在于，如何在丰富多样的工业建筑内部空间与周边环境类型中，抽象其特点，提炼出其与民用建筑功能空间的契合点。

通过分析办公、商业、宾馆与文博四大类建筑的空间需求，探寻其与不同类型工业建筑空间的契合点与改造需求，并进行实际改造案例中的功能匹配与改造利弊分析，最终得到不同类型工业建筑向不同功能转换时的空间匹配与改造设计要点。以改造为办公功能为例，其改造设计要点总结如下：

1.排架式空间改造为办公建筑

图3与图4为排架式空间改造为办公空间分析示意。排架式空间宜改造成外廊式或内廊式办公或大办公综合式；充分利用排架式高大空间，设置前厅、共享大厅、多功能厅等功能空间；通过分层或局部加层、设置隔墙等手段进行功能分区；办公区需要垂直加层设计；加层后围护结构需要增加开窗面积，同时需要考虑边庭与中庭的预留设置；在建筑端头或主要功能空间之间通过分隔墙划分出辅助用房，其中设备机房宜设置在底层，消控室需要设置在底层有直接对外出口处；建筑地基与结构条件允许、周边环境与规划允许时，可适当加建停车等用房，甚至可以增建地下空间。

2.柱网结构空间改造为办公建筑

图5为柱网结构空间改造为办公空间示意。多层柱网空间层高3～4m，尺度适宜，可设置普通办公室、会议室、辅助用房等，只需简单的隔墙划分；需局部拆除部分楼板以设置通高空间用于前厅、中庭等；高大单层的柱网空间可直接利用其层高较大的特点设置共享空间、中庭、门厅及报告厅等；在设置办公区时宜局部加层设计，增加使用面

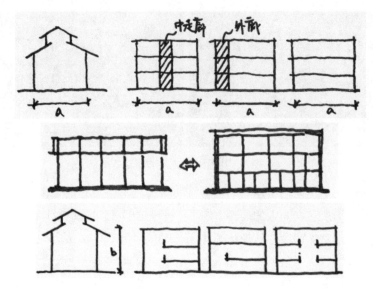

图3 排架空间进深、空间均好性及高度与办公建筑功能的匹配性分析

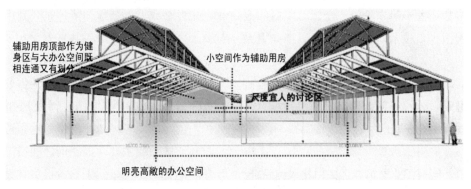

图4 多跨排架结构改造为办公的案例分析

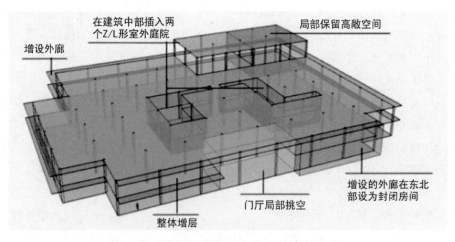

图5 单层柱网结构改造为办公的案例分析

积，调整空间尺度，同时保留挑空部分以保持中庭等空间；当体量较大时，需将局部的顶部开挖设置室外庭院以便为底部空间引入自然光；加层后的底层宜设置开敞式大办公室，而不宜进行过多的水平分隔；

3. 特异型空间

（1）纺织厂房改造主要需要水平分隔，区分出不同功能空间；锯齿形天窗为整个空间带来均匀的采光与较好的通风条件；

（2）发电厂房巨大的涡轮机车间与办公空间尺度相去甚远，一般不进行转换为办公空间的改造；辅助用房部分尺度与办公空间接近，可局部设置办公用房。

总结不同类型工业建筑改造为不同功能民用建筑的功能契合点与改造需求，可充分利用原有建筑材料、空间特点，尽可能地减少对原有建筑不必要的改动，从而达到工业建筑原有特点的再现、空间充分利用与节材的目标。

（二）结合厂房特征的采光与通风改善措施

由于旧工业厂房通常具有大体量、大进深的建筑特点，造成建筑内部自然通风、采光较难实现，如何通过合理的空间组合与被动式设计，提升改造后的建筑室内环境品质、营造与功能相匹配的自然通风与采光效果，是既有工业建筑改造设计区别于常规民用设计的重点特征之一。

1. 结合屋面天窗改造

屋面设置天窗是单层工业厂房的一个重要特征，其形式多样，有矩形天窗、锯齿形天窗、平天窗等（图6～图8）。不管何种形式，均为改造项目采光和通风利用措施提供了方便。从通风角度，可以利用屋顶天窗设置可开启扇，作为屋顶排风通道，在室内外条件合适时可以促进室内的热压通风。值得注意的是，原有工业厂房在更新再利用后，其热源及使用模式有所改变，室内自然通风的形成因素和目标要求发生变化，因此原有天窗方案与更新后的功能需求并不一定能够达到最优匹配。从优化改造设计角度，应结合原有天窗方案，对开启扇的设置位置、开启方式重新进行优化分析，以营造最佳的自然通风效果。从采光角度，顶部采光的引入，可以有效地改善室内区域的采光效果。

图6 矩形天窗

图7 锯齿形天窗

图8 平天窗

2.结合增设中庭进行采光通风设计

有别于单层厂房良好的采光和通风基础条件，多层厂房往往无天窗，或天窗只对顶层起作用，下层只能依靠侧窗来提供自然采光或通风效果。当这种厂房改变功能为办公或商场等民用建筑时，如何改善其室内自然环境成为设计要考虑的重点问题之一，特别是对于大空间、大进深的多层平面。增设中庭是其中常见而有效的一种改造技术措施。通过在大进深的平面布局中设置中庭，引入自然光线，缩短空气流动线路，可以比较显著地改善室内自然环境。多层厂房改造再利用中增设中庭，通常有2种方式：开敞式内庭院和封闭式中庭（图9、图10）。开敞式内庭院形成室外庭院空间，中庭所在空间为室外气流，室内通过临近庭院的外窗直接与室外形成气流交换；而封闭式中庭顶部通常由玻璃封闭，设置有相应的通风构造，室内需通过中庭顶部的通风构造与室外进行空气流动。

图9 中庭通风塔（开敞式内庭院）

图10 开挖内庭院（封闭式中庭）

（三）适应大空间特征的空调气流组织设计

工业厂房在改造为民用建筑的过程中，其局部的大空间特征往往会保留，从空调设计的角度，如何处理这些大空间的气流组织方式，既关系到室内舒适度，又与空调能耗息息相关，因此是改造设计时的难点之一。

对工业建筑改造高大空间采用的气流组织形式进行梳理，主要对展览馆高大空间、办公类建筑报告厅大空间、大跨度大空间、空间有限制要求的空间以及其他类型空间室内气流组织形式进行分析，梳理出适合高大空间适用的气流组织形式。具体内容包括：

1.层高大于10m的高大空间，室内负荷可以取全室计算负荷的70%满足室内舒适度要求，分层空调可以达到节能30%以上的效果；送风口布置高度适合在5m左右。

2.对于展览空间，考虑到人员处于走动状态、短时间停留，对风速要求相对较低，可采用增加送风温差，减小送风量的措施减少空调系统运行能耗或者采用增大送风量、提高送风温度的措施减少空调系统运行能耗。

3.双侧跨度为30m左右的大跨度高大空间采用双侧送风可以满足舒适度要求。对于跨度大于35m以上的不建议采用双侧送风，需要在中间增加其他送风形式。

4.在跨度大于30m，层高在5m左右的高大空间，在条件允许的情况下尽可能地采用顶送风的方式（比侧送风效果好）。

5.对于带有跑马廊的高大空间采用上下分区的送风方式相对比上下不分区的送风方式要好。

6.其他空间有限制要求的或者对于结构承重有要求的工业建筑改造为大空间，其室内气送风可考虑采用布袋送风。

通过试验方法对高大空间喷口送风夏季不同工况下的气流组织测试，主要对喷口高度、喷口大小、喷口送风二次接力进行测试与对比，得到夏季工况下喷口送风室内气流组织分布规律。具体包括：

1.喷口送风高度对气流组织影响

相同送风参数条件下，5.5m送风比8.2m送风室内平均温度低2.0℃。对于高大空间可以通过降低送风口高度减少空调能耗。

喷口安装高度越高室内风速分布越是均匀，同时喷口送风量减少时室内工作区内的平均风速也逐渐降低；

对于对室内气流分布均匀性要求不高的大型展览馆、体育场等可以采用降低送风口高度减少空调系统运行能耗。而对于室内气流组织要求较高的房间，可以采用适当提高送风口高度，同时增大送风量、减少送风温差的措施提高室内气流组织分布的均匀性。

2.喷口大小对气流组织影响。相同送风口数量的条件下，送风量小的温度分层易产生温度分层（4m），送风量大的不易产生温度分层（6m），在相同送风参数下，送风量大会增加上部非空调区域对下部空调区域的影响。送风口数量大时，增大送风量对室内温度和速度场的影响较大，同时速度场和温度场更加均匀。

3.夏季工况下喷口安装角度上调15°比喷口水平安装的室内温度低1℃左右（在3m以下的高度内），同时速度场相对较为均匀。

4.采用二次接力设备后可以增加室内速度场部分的均匀性，对于跨度大于30m的大跨度空间，可以采用单侧送风+二次接力设备的方式减少送风口数量。

（四）结合工业建筑屋面特征的雨水回收利用

雨水回收利用是绿色建筑中的一项重要技术措施，对于既有工业建筑的绿色民用化改造项目，由于其屋面往往存在面积大、径流系数高等特点，甚至屋面材料存在污染性等问题，如何结合其屋面特征来进行雨水回收利用的设计是这类项目的改造特征之一。

1.结合工业建筑屋面较大、屋面径流系数高的特点，常规的雨水回用系统设计方法往往设计的雨水收集池偏大、雨水停留时间过长从而影响水质，有必要对大屋面工业建筑的雨水回收利用系统规模计算方法进行优化分析。对降雨充足均匀的上海地区，雨水收集池的容积建议以保证一定时间内雨水使用量为要求进行设计，建议雨水收集池储存水量不应超过12天雨水使用量。

2.针对既有工业建筑大多为重力流排水系统，若设置雨水回收利用系统，改造为压力流具有增大排水能力、提高收集效果的作用。对于无悬吊管的大屋面工业建筑，根据原有建筑的分水情况，可以保留原分水线进行排放，也可改变屋面找坡形式，将雨水排向一侧，利用一侧的压力流雨水口对雨水进行收集。对于有悬吊管的大屋面工业建筑，当雨水收集系统设置位置与原市政雨水排水方向相同时，可以保留原悬吊管。若不同时，建议对雨水悬吊管进行调整，使其排往雨水收集系统。

3.早期工业厂房多使用沥青油毡屋面，屋面雨水径流中COD、TN浓度、浊度、色度都相对较高，且BOD_5/COD很低，可生化性差。因此在对这类屋面进行改造时，应考虑对屋面材料进行更换或是在原有屋面基础上铺设隔离材质。当屋面无法进行改造时，应结合初期径流雨水污染物浓度变化情况设置弃流系统，使收集到的屋面雨水COD、TN、浊度、色度等指标达到处理的进水要求。

三、结语

随着城市化与产业转型，大量的传统工业企业逐渐退出城市区域，在城市中遗留下大量废弃和闲置的旧工业建筑。在这一形势下，如何对大量的近现代废旧工业厂房区进行改造再利用，不仅具有重要的文化意义，也是旧城更新改造中所面临的现实问题。而将旧工业建筑改造与绿色建筑结合，对其进行绿色民用化改造，则是实现建筑可持续发展的重要措施。对既有工业建筑的绿色民用化改造，要充分结合旧工业建筑的特点，从空间到机电设备，需要在保留的基础上进行创新。强调被动式设计，结合工业厂房本身的建筑特征，优化采光和通风改善措施，提升室内环境。充分认识机电设备在该类改造建筑中应用的特点，选择合理适宜的绿色建筑技术措施，从而实现绿色化改造的目标。

（上海现代建筑设计（集团）有限公司建筑科创中心供稿，田炜、李海峰、陈湛、胡国霞、叶少帆、刘剑执笔）

适用于绿色医院建设和既有医院绿色化改造的材料和部品研究

医院作为社会的特殊公共建筑，除了需满足普通公共建筑的基本特性之外，还有着自己的特殊个性要求，因此，根据未来医院建筑节能、安全环保、数字化、智能化、信息化及可持续性发展的要求，在医院建筑材料的选用过程中，在优先满足医用的必要使用功能同时，还要再根据所建医院的具体情况、医疗特性以及造价等具体情况，选择使用适合的特殊材料和部品。

一、医院绿色建材选择依据

绿色建材是指在全生命期内减少对自然资源消耗和生态环境影响，具有"节能、减排、安全、便利和可循环"特征的建材产品。2015年8月31日，由住建部、工信部联合印发的《促进绿色建材生产和应用行动方案》行动目标指出：到2018年，绿色建材生产比重明显提升，发展质量明显改善。绿色建材在行业主营业务收入中占比提高到20%，品种质量较好满足绿色建筑需要，与2015年相比，建材工业单位增加值能耗下降8%，氮氧化物和粉尘排放总量削减8%；绿色建材应用占比稳步提高。新建建筑中绿色建材应用比例达到30%，绿色建筑应用比例达到50%，试点示范工程应用比例达到70%，既有建筑改造应用比例提高到80%。

医院绿色建材的性能应满足建筑环境的特殊要求，包括：热舒适性、空气质量、采光、噪声、辐射、电磁、物表清洁、色彩等，涉及的工程主要有净化工程、气体工程、给排水工程、消防工程、强弱电工程、消毒供应、物流传输、信息网络、环保节能、安防监控、智能控制、标识系统、停车系统、家具及病房辅助设施、电离辐射防护系统、用门系统、垃圾处理系统等。应用到工程中的国内标准如表1所示，国外部分主要包括德国DIN1946-4（2008）Ventilation and air conditioning-Part4: VAC systems in building and rooms in the health care sector；美国ANSI/ASHRAE/ASHE standard 170-2013, HVAC Design Manual for Hospitals and Clinics 2nd Edition, Green Guide for Health Care2007；日本医院设备协会空调设计与管理指南2013；奥地利绿色医院评价标准等。

满足在医院的全寿命周期内（规划、设计、建造、运行、维护和拆解等）对周围环境的有害影响较小，对资源的需求相对较少，但是在节省资源（节地、节水、节能、节材等）的情况下并不减少医院内部使用人员（包括病人、医务人员以及访客）的良好体验。绿色医院建材部品的选择应用，应满足《绿色医院建筑评价标准》GB/T51153的要求（表2）。

医院类标准   表1

编号	标准
1	《公共建筑节能设计标准》GB 50189
2	《医院洁净手术部建筑技术规范》 GB 50333
3	《高效空气过滤器性能试验方法透过率和阻力》GB 6165
4	《声环境质量标准》GB 3096
5	《建筑工程绿色施工评价标准》GB/T 50640
6	《建筑材料放射性核素限量》GB 6566
7	《电磁辐射防护规定》GB 8702
8	《污水综合排放标准》GB 8978
9	《锅炉大气污染物排放标准》GB 13271
10	《医院消毒卫生标准》GB 15982
11	《玻璃幕墙光学性能》GB/T 18091
12	《医疗机构水污染物排放标准》GB 18466
13	《室内装饰装修材料人造板及其制品中甲醛释放限量》GB 18580
14	《室内装饰装修材料溶剂型木器涂料中有害物质限量》GB 18581
15	《室内装饰装修材料内墙涂料中有害物质限量》GB 18582
16	《室内装饰装修材料胶粘剂中有害物质限量》GB 18583
17	《室内装饰装修材料木家具中有害物质限量》GB 18584
18	《室内装饰装修材料壁纸中有害物质限量》GB 18585
19	《室内装饰装修材料聚氯乙烯卷材料地板中有害物质限量》GB 18586
20	《室内装饰装修材料地毯、地毯衬垫及地毯胶粘剂有害物质释放限量》GB 18587
21	《电离辐射防护与辐射源安全基本标准》GB 18871
22	《综合医院建筑设计规范》JGJ 49
23	《综合医院建设标准》建标 110-2008
24	《军队医院洁净护理单元建筑技术标准》YFB 004
25	《节水型产品技术条件与管理通则》GB/T 18870
26	《民用建筑供暖通风空气调节设计规范》GB 50736
27	《医院空气净化管理规范》WS/T 368
28	《室内空气质量标准》GB/T 18883

技术要求   表2

技术要求	指标实现	低成本	适应性	高效率
场地优化与土地合理利用	硬	透水地面	立体绿化；绿色交通；地下空间利用；室外原生态保护	——
	软	空间合理控制；建筑布局设置	场地声、风、光、热；环境模拟分析	电磁污染控制；光污染控制
节能与能源利用	硬	自然采光	Low-E玻璃；太阳能光热；固定遮阳；背景照明＋人员监控；种植屋面＋冷屋面；水环热泵、VRV系统；隔热外墙设计	可调外遮阳；变频技术；热回收；蓄冷系统；地板辐射；热湿独立空调；分布式热电冷联产；节能电梯；可再生能源利用
	软	窗墙比控制；自然通风优化设计	能源优化模拟；建筑自（互）遮阳	低、零能耗设计

技术要求	指标实现	低成本	适应性	高效率
节水与水资源利用	硬	雨水渗透；节水灌溉	雨水收集利用；节水型器具；人工湿地	中水回用；雨水调蓄；锅炉蒸汽冷凝水利用；空调冷凝水利用
	软	--	生态景观水生态修复保持；计量	水系统规划；零排放设计；水安全保障
节材与材料资源利用	硬	套餐式装修；造型简约设计	可循环材料；速生材料；再生材料；再利用材料	钢结构；高强材料；木结构
	软	空间功能必要性分析；灵活隔断	本地材料；垃圾深度分类收集；施工节材	LCC计算（life cycle cost）；结构节材优化分析
室内环境质量	硬	采光照明控制；污染物控制；噪声控制与隔声	自然光调控设施；声环境补偿措施；新风量保障及节能措施；医疗废弃排放	房间间静压差控制；空气质量监控；动力分布式通风系统；可调外遮阳；内部气流流向控制
	软	就诊流程；医院导向标识设计；无障碍设施；室内色彩	热舒适度控制	交叉感染控制；环保材料控制与污染预测

二、绿色医院建材部品的选择策略

影响绿色医院建材部品选择的主要为4种因素：自然因素（地理、地形、气候特征等）；社会因素（观念意识、市政规划、医疗观念、管理体制等）；科学技术（材料、医学、工程技术等）；经济因素（经济体制、投资方式等）。医院建材部品的选择主要分为3类：防护类材料、洁净类材料和一般类材料。按照整体适用性的指导思想，以高效节约、持续发展、以人为本、生态优化为基本原则。

（一）防护类材料

现代医院做防护的医疗设备主要分为2类：一类为具有放射性能量的设备，如CR、DR、CT、MRI、DSA，数字胃肠机、C型臂、移动床旁摄片机、透视机等。对于此类设备，主要是对机器使用时所产生的中子、γ射线、x射线的防护，一般来说小能量射线的防护可用钡浆（水泥砂浆掺硫酸钡）抹灰处理；大能量的射线则需要用混凝土或铅板防护，如遇特殊要求使用玻璃则根据设备要求选用相应量的含铅玻璃；另一类则为产生

电磁的医疗设备，如核磁共振，此类一般用铜板屏蔽即可，玻璃则使用含有铜网的磁屏蔽玻璃。

（二）洁净类材料

在医院的组成单元中，洁净区域是很重要的一个组成部分，并有着其特殊的使用要求。医院对洁净有要求的区域主要为：洁净手术部、ICU、CCU、BICU、中心供应室及各种实验室等。

依中国医院目前洁净工程的整体水平及工程造价的承受能力，在手术室的手术间、供应室洁净区、实验室中，一般选用以下材料：墙面、天花可使用电解钢板、不锈钢板、防锈铝板、彩钢板类金属材料和卡索板、抗倍特板、酚醛树脂板等非金属材料；地面材料则选用弹性地板。

（三）一般类材料

1. 墙体材料

医院装修墙面材料的选择需要综合考虑功能、费用、造价、心理等多方面的因素进行选择。选择的同时要兼顾安全、环保、易维护性等原则。

（1）涂料

传统的涂料虽然造价较低，但是在维护性上不是很好，在医院的环境中易于受到污染，不过新的具有抗菌功能和耐擦洗的抗菌涂料问世后，给医院墙面材料增加了新的选择；

（2）瓷砖

瓷砖造价比较经济，抗污染性和耐久性比较好，但是如果局部损坏后不容易修补；

（3）壁纸

壁纸给人以温馨的感觉，虽然在抗污染性和耐久性上不如瓷砖及成品板材，但是在医院污染可能性相对较小的公共部分还是不错的选择，比如走廊等；

（4）PVC墙板

防霉、防潮、耐酸碱防腐蚀；消音、隔热；强度高、韧性大、耐冲击，物理性能稳定，表面平整不变形，可直接钉、锯、钻、刨；颜色丰富、外观形式多样，超强的自洁功能，维护方便；造价比较经济。

（5）消毒抗菌板

消毒抗菌版属于新型材质，具有强大的消毒抗菌功能，是一种用于医院手术室、病房、实验室、血库等场所的墙壁，台面、柜子等的消毒材料。能减少经常使用消毒剂对人体的伤害。自动杀菌，减少病毒传播。优异的加工性能安装快捷方便，使用环节对环境及使用者没有危害；优良的耐化学性；具有防火阻燃特性。是新兴的医院装修主流材料。

（6）抗倍特板

抗倍特板具有稳定、持久、耐水、耐湿、耐热、耐候、耐药、易清洗维护、耐磨、防火、防菌和防静电等特性，因而抗倍特板适用范围极广，但价格比较高。

（7）镀锌钢板、铝单板等金属材料

金属板材造价昂贵，经常用于手术室等对环境要求较高的空间。

2. 地面材料

医院对室内卫生有严格的要求，须清洁、环保、无卫生死角。地面材料要求有较好的抗菌和抗酸碱能力，以达到无菌的要求，避免医院内交叉感染的发生，同时要求地材能有效降低噪音并有防滑效果。医院的地材分为硬质地材和软质地材两大类别，每个类别又分若干个小类：

（1）硬质地材

a. 石材

石材多用于人流集中、装饰要求高的门诊大厅地面。抛光花岗岩具有历久弥新、易清洁、硬度高、亮度高、抗酸碱性强等优点，但其缺点是颜色偏深暗、吸水率偏高、部分品种存在放射性污染，所以必须做好防渗防返碱处理，慎重选择放射性不超标的品种。

b. 石英石

石英石是由石英石晶体和树脂、添加剂复合而成。人造石英石莫氏硬度高达7.5度，耐磨性能强，无需打磨、抛光，时常保持光洁如新。耐高温性能突出，可以承受400～1000℃高温，不易被烟头等灼伤。其表现致密，无微孔、不吸水，极易清洁，酸、油、酒精、碱等都不会在其表面留下痕迹。其本身不含重金属杂质，且整个生产和回收过程中不经过化学处理，所以无辐射、环保无害。人造石英石花色品种丰富，在视觉上、触觉上和感觉上近似于天然石材，适合应用于医院重点公共空间地面。

c. 微晶石

由硅石英高温合成的材料，具有色泽均

匀、亮度高、无放射性、高耐磨、无温差变形、同批次无色差、遇水防滑、有多种浅色品种可供选择等特点。

d. 大型玻化砖

大型玻化砖具有强度高、抗污染、易清洁、耐磨损、抗酸碱性佳、平整度高、色泽均匀，可选择的浅色品种多等优点，适宜除门诊大厅以外的公共区域地面选用。

e. 防滑地砖及耐酸洗地砖

具有价格较低、尺寸齐全、色彩丰富、耐酸碱、易清洁等优点，适用于一般公共卫生间、疏散楼梯、普通病房卫生间、洗浴间、厨房配餐间、化验室、治疗室（处置室）污物间等。

（2）软质地材

a. 橡胶卷材

适宜医院地面的橡胶卷材，是由高品质的工业橡胶与天然橡胶合成的，耐磨性强、压延性能好、防滑、无需打蜡、易清洁、抗噪音、抗酸碱性强、脚感舒适、使用寿命较长，属无毒环保产品，适宜医院门诊、病房广泛应用。但与其他卷材相比具有价格较高、完工后一段时间气味较重、施工时对地面的干燥率要求较高、发生火灾时产生大量CO等缺点。

b. 复合PVC卷材

由纯PVC原材料，配以玻璃纤维稳固层、弹性发泡层，及PU聚氨脂耐磨处理层复合而成，是超耐磨、T级以上产品、质地柔软、易弯曲、热胀冷缩率低、稳定性强、高吸音性（仅次于地毯）、抗菌抗霉、防滑、阻燃、无需经常打蜡，除浓酸外，不受酸碱损坏、易清洁、脚感好，有一定的抗压延性，色彩质感丰富能满足设计需求，其价

格低于橡胶卷材，适宜医院门诊、病房广泛应用。但该产品在火灾中会产生二噁英、氯化氢等有毒气体，工厂出具的寿命保质期为5~10年，一旦废弃后，垃圾不便处理回收，不利于环保等缺点。

c. 其他卷材、地材

同芯类PVC卷材（及块材）地面有一定的耐磨性、耐久性，因掺有石粉，材料韧性及弹性减低、脚感和抗噪音也相应有所不足，维护需打蜡，但该产品价格低廉，适宜于经济指标较低的医院。

亚麻卷材地板是纯天然物质压制而成的绿色环保产品，但因其抗水抗潮性差，材料硬而脆，耐酸碱及化学试剂性能差，保养麻烦等因素，在医院装修中仅能视具体需求选用。

此外，在国内的高标准或特需病房中，除使用广泛的橡胶、PVC 地板外，亦有使用木地板装饰的，宜选用色彩稳重大方的胡桃木、檀木等，高级病房宜使用高级地毯铺设。

3. 顶棚类装饰材料

顶棚类装饰材料主要包括石膏类（硅钙板、纸面石膏板、石膏纤维板等）；水泥类（硅酸钙板、埃特板、纤维增强水泥加压板等）；金属类（铝合金扣板、彩色涂层钢板、金属微穿孔吸声板、铝塑板等）；PVC扣板；玻璃板等。考虑清洁因素，吸声较好的矿棉板却很少使用；公共空间适宜采用轻钢龙骨石膏板、硅酸钙板，而公共走廊、行政办公、科教室、检验、治疗、处置室等辅助用房，可采用凹槽龙骨的硅钙板或矿棉板做吊顶，这种材料具有吸音、防霉、质轻、易清洁、便于切割更换等优点；至于卫生间，可选铝扣板吊顶。

三、结语

目前医院类绿色建筑方案设计和材料部品应用过程中，存在建筑设计方案与绿色建筑技术机械生硬地拼接在一起，相关设计、咨询、运营管理人员对医院类绿色建筑技术和材料部品认识不足，无法系统全面地为医院建筑项目的设计、施工、运行提供覆盖建筑全生命周期的整体性绿色技术服务等问题。材料部品的应用上，总体上引用被动技术的项目较少，主动技术措施较多，进而造成主动节能措施运用较多，增量成本较大，也体现出对绿色医院建筑总体收益和经济性的深入分析不足。

绿色医院是在一般绿色建筑的基础上耦合了医疗的特性，在这复杂的系统工程里，需要建筑、医疗、材料、设备等各个专业的高度统一协调，处理好人、技术、环境与建筑的关系，实现材料部品的选取和应用的适当、适量，充分实现其价值。国内一些项目为达到"绿建"标准的条文规定，造成一些材料和部品成为"鸡肋"，思维模式和视野固守于高精尖技术的应用，使得材料设施、设备运行效率不能充分发挥。在常规物业运行管理的基础上应当增加医院的流程管理模式，相关管理部门应该充分重视绿色医院建筑投入使用前的设备运行调试和使用后的中期检查，提升物业管理方面的品质。与此同时，全方位开展相关教育培训工作，增强生产、销售、咨询、设计、施工、运行、管理等人员的专业素质，最终实现医院旅馆化、田园化、智能化的高品质要求。

（住房和城乡建设部科技与产业化发展中心、康居认证中心供稿，梁浩、邹军、许昂执笔）

组合木结构技术在既有建筑绿色化改造中的应用

我国既有建筑数量庞大，随着使用时间的推移，大量的既有建筑出现了结构、构件、部件老化，外观陈旧，舒适性差等问题，功能也常常难以满足正常使用要求。为此，大量的既有建筑需要改造。

既有建筑改造常常涉及墙体和屋顶的改造。例如建筑使用功能的变化要求对室内平面和空间进行重新布局，需要对室内墙体进行重新布置；大量的平屋顶老建筑常常受渗漏、寒冷、酷暑的困扰，需要实施平改坡。既有建筑改造中，我们希望引入可持续发展和绿色建筑的理念，采取适宜的技术，实施绿色化改造，在改造期间和建筑的使用寿命周期内，最大限度地节约资源，保护环境，减少污染，提供健康、适用、高效的使用空间，使建筑与自然和谐共存。

城市化高速发展的今天，钢筋混凝土建筑占据了主导地位，但钢材、水泥等建筑材料的生产过程中会消耗大量的化石能源和矿石等资源，排放大量废气废水，并产生有害固体废弃物。木结构构件采用天然可再生的木材为原材料，取材容易，加工简便，自重轻，便于运输、装拆，能多次循环使用，是中外绿色建筑常用的结构或非结构材料。近代胶合木结构的出现，更扩大了木结构的应用范围。

既有建筑改造中因地制宜地采用组合木结构技术符合绿色化改造的要求，用于隔墙改造可形成灵活的隔断，节能、节材；用于屋顶改造，通过在平顶上加盖斜坡屋顶以改善原有房屋的漏水问题，同时美化建筑并提升其节能性能。这两方面可以充分发挥木结构的技术优势，取得良好的经济与环境效应。

一、木骨架组合墙体技术

（一）基本构成

木骨架组合墙体是采用规格材制作的木骨架外部两侧覆盖墙面板，木骨架构件之间的空隙里填充保温隔热及隔音材料构成的非承重墙体。墙体主要组成材料为木骨架、墙面材料（或含面层保护材料）、密封材料、连接件、饰面材料等。当有保温和隔声要求时，还包括保温材料及隔音材料。木骨架组合墙体的主要功能有：1.建筑分隔功能；2.墙体的承载功能；3.隔声功能；4.保温隔热功能；5.防火功能；6.防潮功能。

木骨架组合墙体为自承重墙体，自承重荷载由木骨架承担；其防火功能主要由墙面材料（或含面层保护材料）承担，一般采用防火石膏板等，如图1所示，现场工程如图2所示。

（二）组合墙体所用木材要求

木骨架一般采用规格材，如图3所示。规格材质轻、外表干净明亮，具有笔直的纹

图1 木骨架和木骨架组合墙体

图2 木骨架组合墙体工程

图3 规格材

理和光滑的质地，经干燥后，强度高并且性能稳定，加工性能极佳，适于开槽和钻孔，握钉力强，适合涂漆和着色。规格材均经过窑干处理，含水率低于19%。窑干处理可以杀死木材虫害，防止木材霉变，提高木材的强度和硬度，改善其外观和加工性能，并改善木材尺寸的稳定性和精加工质量，使木材抗凹陷、抗弯曲、抗扭曲，减少木材的浪费，保证品质。

夏热冬冷地区，非承重木骨架墙体的标准间距一般为600mm；截面规格一般为：

38mm×89mm（内墙）、38mm×140mm（外墙）。

（三）主要连接构造

木骨架组合墙体的连接包括木骨架构件之间的连接及木骨架墙体与主体结构之间的连接2种。

木骨架构件之间一般采用直钉或斜钉连接，钉直径不应小于3mm，钉长应大于80mm（图4）。

既有建筑改造中木骨架墙体与主体结构的连接可采用自粘自攻螺钉、膨胀螺栓或销钉连接。连接件直径不应小于6mm，间距不大于1200mm（图5）。

二、木桁架屋盖技术

（一）基本构成

轻型木桁架体系是轻型木结构建筑中普遍采用的屋顶形式，桁架是采用各种尺寸规格材杆件，经齿板连接桁架上弦、下弦及腹

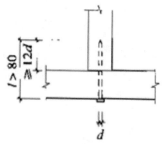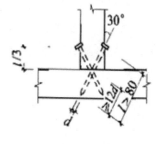

（a）直钉连接示意图　　　（b）斜钉连接示意图

图4　木骨架之间的连接

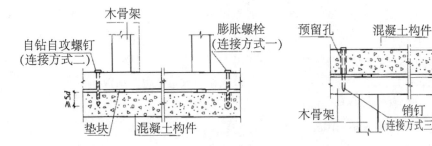

图5　木骨架与主体结构之间的连接

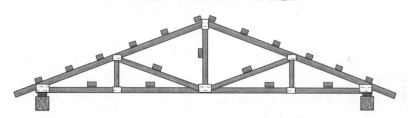

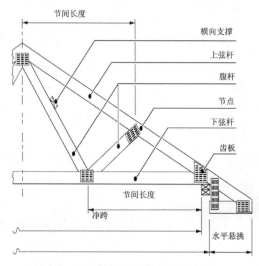

图6　典型轻型木桁架示意图

杆而组成的三角形的结构框架、金属齿板由不同等级及不同厚度的镀锌钢板制作。这种结构可增加强度重量比，除了荷载布置与支座位置的限制外，桁架可设计成各种形状。典型轻型木桁架构造示意见图6。木桁架的大跨度可产生大而开阔的空间，可以设计成各种形状的屋顶。

（二）木桁架屋盖材料要求

1. 木材（规格材）

根据《木结构设计规范》GB 50005-2003规定的结构规格材要求如下：

（1）上弦杆与下弦杆：规格材的等级不应小于IIIc；横截面不小于38mm×89mm；

（2）腹杆：任何等级的规格材；截面为38mm×64mm时，规格材等级不应小于IIIc；

（3）木基板材：当支撑板的间距大于600mm时，木基结构板厚度不应小于12mm。

其中"IIIc级SPF规格材（云杉－松－冷杉）"指材质缺陷满足：a）不允许腐朽；b）在构件任一面任何150mm长度上所有木节尺寸的总和不得大于所在面宽的1/2；c）任何1m材长上平均倾斜高度不得大于120mm；d）髓心不限；e）连接部位的受剪面上不允许有裂缝；连接部位的受剪面附近，裂缝深度不限；f）允许有表面虫沟，不得有虫眼。

图7 金属齿板

2. 齿板

根据《木结构设计规范》GB 50005-2003规定的镀锌薄钢齿板。应符合《碳素结构钢》GB 700的碳素钢Q235或《低合金高强度结构钢》GB/T 1591高强合金钢Q345；镀锌金属齿板的镀锌量不应小于275g/m²（图7）。

3. 覆面板

覆面板在轻型木结构中，覆面板发挥着加固和强化承重构件的作用，同时也能通过剪力墙和侧向支撑抵抗一定的侧向力。将其应用于屋面，可以达到增加屋顶整体刚性的作用。OSB板（oriented strand board）、胶合板和毛板是常用的结构覆面板。

4. 支撑

轻型木桁架尽管自重轻、强度高，但若没有永久支撑以及面板起侧向支撑的作用，则很容易发生屈曲。为了保证桁架的结构整体性，桁架在吊装就位过程中以及就位结束后必须采用临时支撑和永久支撑。

桁架在就位过程中必须及时安装临时支撑。临时支撑的作用是保证桁架能够承受自重、施工时的风荷载以及楼屋面材料等临时施工荷载。桁架上弦和下弦间的临时纵向水平支撑能够避免桁架弦杆屈曲，桁架间的临时纵向垂直交叉支撑能避免桁架的倾覆。

永久支撑的作用是保证桁架结构能承受规范规定活载与恒载，将竖向荷载分配到相邻桁架，以及将作用在桁架的水平荷载传递至楼屋盖、剪力墙或其他结构支承。

（三）木桁架屋盖连接构造

木桁架与原有建筑连接面起着把木屋盖的力传到原有主体建筑的作用。设计时主要考虑竖向荷载及水平荷载作用，其中竖向荷载包括木屋顶及屋面瓦的自重、活荷载、雪荷载以及由风荷载或地震荷载产生的竖向分量；水平荷载主要包括风荷载或地震荷载产生的水平分量。

荷载通过屋面覆面板传递至檩条，再由檩条传至木桁架，最终通过桁架与原有结构的连接部位如木墙或钢连接件传递至原结构圈梁。对于进行平改坡的20世纪70~80年代的砖混结构房屋而言，混凝土圈梁成为木桁架屋顶与下部砖混结构连接的关键部位。

轻型木结构与混凝土结构及砌体结构的连接方式多样，一般有2种做法为：一种是在钢筋混凝土结构或砌体结构上放置采用防腐木制作的底梁板，然后将桁架放在底梁板上与混凝土梁进行连接（图8）。而另一种做法是在原有混凝土圈梁上砌筑混凝土卧梁或木剪力墙，然后将木桁架与混凝土卧梁或木剪力墙相连（图9）。原有结构与新增结

构之间一般采用锚栓或金属连接件进行连接，可通过钻孔并在孔内使用结构粘胶剂固定置入螺栓，或在混凝土结构成型前预埋锚栓或金属连接件来实现。

三、组合木结构工业化生产

组合木结构采用工厂化生产。以轻型木桁架为例，采用设计软件根据设计条件，对每个桁架进行结构内力分析后自动计算出桁架的材质、断面尺寸、加工要求及每个构件的下料图、节点板的型号尺寸及位置。同时生成桁架设计报告及相关生产加工文件，随后软件设计结果被输入桁架切割机，切割机根据要求切割成所需构件再经拼装冲压，将电镀钢板压入提前切割并固定于装配架上的木构件中，便可以方便快捷且精确地完成木桁架的生产，生产效率极高（图10）。

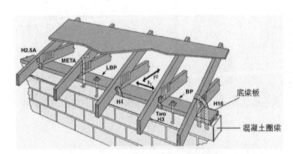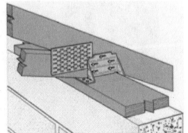

图8 木桁架与原有结构连接（一）示意图

图9 木桁架与原有结构连接（二）

图10 木骨架工厂化生产和组装

图11 木骨架和单面封板

图12 安装管线套管，填塞岩棉，封板

四、应用案例

（一）木骨架组合墙体技术应用案例

南京鱼嘴湿地公园位于南京市建邺区河西新城最南端，长江、夹江、秦淮新河三水交汇处。湿地公园项目总面积84万㎡，以湿地为主题，将生态水处理系统、树屋、湿地工作站等设施巧妙融合，营造出充满野趣的城市生态公园。公园管理处办公楼建筑面积约800㎡，主楼部分为一幢2层的混凝土既有建筑，采用木骨架组合墙体及木桁架屋盖系统对其进行改造；辅楼部分为新建的一、二层轻型木结构。

以该项目其中2片木骨架组合墙为例，2片墙的高度都为2.7m，长度分别为8.4m和9.2m，墙体总面积17.6㎡。整个隔墙试点工程从材料进场至完成，由2个工人在2天内完成：1.第一天，材料进场，2个木工安装2片墙体的木龙骨，并安装单面石膏板；2.第二天，1个电工安装2个墙体的预埋管，1个木工填塞墙体保温棉，并完成所有石膏板（图11、图12）。材料价格计算见表1所示。

整片木骨架隔墙的材料费用为750元，

木骨架墙体材料价格统计表 表1

材料种类		材料用量	材料单价	总价(元)	每平方米造价(元)
木骨架	截面尺寸 38mm×89mm	0.17m³	1800.00元/m³	306.9	21.31
钉子	带螺纹，直径3mm 长度80mm	64根	0.06元/根	3.84	0.27
膨胀螺栓	直径6mm， 长度80mm	12根	0.15元/根	1.8	0.13
隔音岩棉	A级耐火	14.4m²	3.00元/m²	43.2	3.00
石膏板	厚度12mm	10张	35.00元/张	350	24.31
接缝纸带	50mm宽	10.8m	0.13元/m	1.404	0.10
腻子	3mm厚	43.2kg	1.00元/kg	43.2	3.00
墙体高度2.4m，长度6m，面积14.4m²，墙体厚度（含石膏板）114mm				750.344	52.11

图13 木桁架平改坡工程施工

每平方米的材料造价为52元。如果附加的人工成本为30元/m²，那么隔墙的最终成本就是82元/m²。如果采用工厂预制的方法，并且达到足够的规模，那么附加的人工成本将大幅降低。

（二）木桁架屋盖技术应用案例

南京市白下区瑞金路12号木桁架平改坡工程，附带局部加层项目。该工程采取3个支撑点的技术，合理优化了木桁架屋盖系统。

在原平改坡的基础上，局部增加木骨架组合墙体，使该建筑增加了近400m²使用面积。木桁架重量轻，施工简易，全部桁架系统在一周内安装完毕，施工见图13，改造后的外观焕然一新，如图14所示。

五、绿色化改造中的技术优势

总结工程应用，我们认为组合木结构技术在钢筋混凝土既有建筑改造中应用有如下技术优点：

1. 分隔灵活，容易更改布局，节省使用面积。

经对比表明：采用木骨架组合墙体要比混凝土结构在出房率上多出5%～7%，按通常面积在250m²左右的建筑计算，木结构要比混凝土结构多13～17m²的使用面积。

2. 设计灵活，形状丰富.

木结构能满足各种不同的结构形式，可以设计成各种各样的造型，实现各种复杂的形状。

图14 改造后的屋面外观

3.质量轻，可大大减轻建筑的重量。

相比混凝土砌块等墙体材料，木材质量只有其1/4左右。重量相对较轻，主体结构与基础设计相对于钢筋混凝土建筑较简单，荷载大大降低，用材更省，成本更低。作为建筑材料虽然重量轻，但强度却很高。

4.适合工厂预制和工业化生产，可提高施工速度并有效降低综合成本。

木骨架组合墙体可以在工厂内预制加工，只需软件设计结果，机器便可自行下料完成桁架工厂预制，再整体运输至项目现场进行组装，完全避免混凝土湿作业，施工方便快捷。可以有效降低综合成本。由于重量轻，运输成本和安装过程的机械和人工成本也会相应地降低。随着预制化程度的提高和项目规模的增加，优势会更加明显。

5.施工现场整洁，便于水电管线布置。

木骨架组合墙体现场所有工作均为干作业，现场干净整洁。由于木骨架组合墙体是中空的，所以各种管线的布置就十分容易和隐蔽。这既节约了施工的时间和成本，又节省了建筑空间并使得建筑更加美观。

6.可重复使用，节能环保。

木材料是可再利用材料，拆除容易，可重复使用，可大大减少变更成本，在生产过程中耗能少，不产生环境污染。另外，木材具有良好的节能保温效果。

六、结语

综上所述，随着中国经济社会的发展和城镇化的进程，一些老旧建筑的改造升级是无可避免的，木骨架组合墙体及木桁架屋盖等组合木结构具有构造合理、质量轻、生产高效、施工快捷、经济适用、可重复应用、环境友好等优点。当前我国的木结构市场每年也以惊人的速度增加着，远远超过了其他类型建筑的增加速度。越来越多人感受到了木结构的舒适和自然，地方政府和开发商也开始关注木结构并不断探索木结构在中国发展的各种新途径。新型组合木结构技术符合建筑产业现代化要求，可以促进绿色建筑的发展，使老旧建筑改造升级、功能提升，具有良好的应用前景。

（江苏省建筑科学研究院有限公司供稿，刘永刚、黄志巍、邢红刚、吴志敏执笔）

基于室外物理环境诊断分析的既有社区改造提升方案

城市既有社区改造是城市发展进程中的必然产物，是城市规划、设计研究的重要问题之一，它涉及城市的综合发展、历史文化的保护、环境保护、社区建设、房地产开发、城市基础设施建设等众多学科，触角遍及到社会、经济、文化等各个领域。在经历了大规模旧城改造带来的建设资源浪费严重、资金投入大、居民参与性差、破坏城市多样性等一系列问题后，与城市建设相关的、以解决实际问题为目的的小规模改造活动成为目前旧城改造的主要方式。同时，随着可持续发展理念深入人心以及绿色建筑的规模化发展，既有社区绿色化改造成为国内外社区改造的主要发展方向。城市社区环境是人类对自然环境施加影响最强烈的地方，社区环境改造是城市既有社区改造的关键领域，改造效果直接影响人员的健康与舒适。

室外物理环境诊断分析技术是近几年逐步发展起来的先进诊断技术，主要包括测试技术以及数值模拟技术。国内外已有相关学者开展了社区环境诊断分析的研究，然而，其在既有社区改造的实际案例中的全面应用还十分有限。本文以上海钢琴厂绿色化改造为例，通过应用科学合理的评价指标及先进的诊断分析技术，从热环境、风环境、声环境及光环境4个方面诊断分析上海钢琴厂室外物理环境的现状及存在问题，基于诊断分析结果，提出针对性的绿色化改造方案，为既有社区物理环境改善方案的制定提供科学参考及依据。

一、室外物理环境评价指标

通过调研国内外大量文献及评价标准，本文从以人为本、定量化以及系统性3个原则建立绿色城市社区物理环境评价指标。以人为本就是评价指标的建立从人体安全及舒适的角度出发，尝试建立以人员感受为核心的绿色城市社区环境评价指标；定量化就是所建立的评价指标尽量为结果类指标，大部分给出定量的指标值，借助实验或数值模拟手段，对社区现状或规划方案量化评价；系统性就是将各个影响因素综合考虑，得出系统性的评判社区环境的结论。评价指标如表1所示。

二、室外物理环境诊断分析

（一）项目概况及诊断分析方法

上海钢琴有限公司老厂房位于杨浦区中心位置，基地四面临路，东面以江浦路为界，南面以惠民路为界，西面以怀德路为界，北面以济宁路为界，南侧为杨浦区政府，周围均为成熟的居住区。项目为多栋建筑的综合厂区，建筑密度较高，建筑类型较为多样。项目改造前状况如图1所示。

绿色社区室外物理环境评价指标   表1

板块	评价指标	参考标准
热环境	湿黑球温度 （Wet Bulb Globe Temperature, WBGT）	ISO7243；高温作业分级
	新标准有效温度 （Standard Effective Temperature, SET*）	
风环境	超越临界风速的风频 （Exceedance probability P of the threshold value for wind comfort and wind danger）	荷兰新的风舒适标准 Dutch wind nuisance standard NEN 8100
	风速比 （Wind Velocity Ratio）	Air Ventilation Assessment
声环境	居住区声环境质量分级标准	城市区域环境噪声标准；民用建筑隔声设计规范
光环境	城市居住区规划设计规范	城市居住区规划设计规范
	社区室外光环境评价指标	

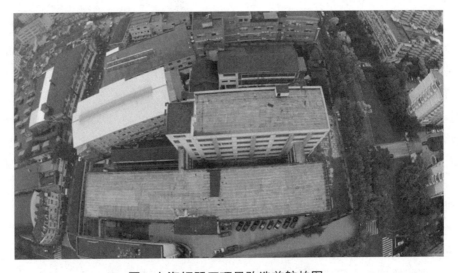

图1 上海钢琴厂项目改造前航拍图

上海钢琴厂室外物理环境诊断主要包括热环境、风环境、声环境以及光环境4个板块，诊断参数包括黑球温度、WBGT指数、空气温湿度、表面温度、太阳辐射强度、风速、场地噪声以及亮度值。诊断方法包括现场测试及数值模拟，测试时间为2014年8月5日和8月6日2天，代表上海市最炎热的夏季工况。室外物理环境诊断参数及方法如表2所示，测点布置如图2所示（场地噪声测点布置见图5）。

（二）热环境诊断结果

上海钢琴厂热环境主要采用WBGT及SET*指标进行评价，前者是评价室外热安全的热应力指标，而后者主要评价人员室外的热舒适。图3显示中午13:00时刻上海钢琴厂热环境测试结果，该时刻代表夏季最不利工况的室外热环境状况。可以看出，室外热环境与场地遮阳、下垫面构成及通风状况关系密

室外物理环境诊断参数及方法　　　　　　　　　　　　　　　表2

板块	诊断参数	测试仪器	模拟工具
热环境	黑球温度、WBGT指数、空气温湿度、表面温度、太阳辐射强度	黑球湿球温度计、温湿度计、微型气象站、热成像仪、红外线测温仪	Fluent
风环境	风速、风速比	热线风速仪	Fluent
声环境	场地噪声	噪声分析仪	
光环境	亮度值	航拍	IES-VE

图2　上海钢琴厂项目室外物理环境测点布置图

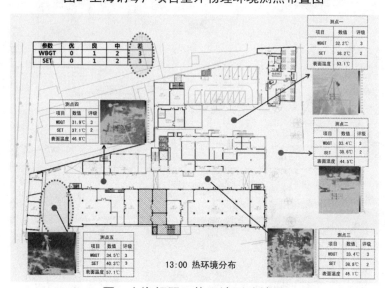

图3　上海钢琴厂热环境测试结果

切。硬质下垫面、无遮阳且通风不畅的测点5是所有测点中热环境最差的；有遮阳、半硬质下垫面及通风良好的测点4是所有测点中热环境最佳的。上海钢琴厂夏季中午的场地热环境总体不佳，基本处于中和差的程度，需要进行改造。

（三）风环境诊断结果

上海钢琴厂风环境主要采用风速及风速比进行评价，风速比是表示场地自然通风利用潜力的指标。图4显示了上海钢琴厂风环境测试及模拟结果，可以看出，模拟结果和实测数据的趋势吻合较好，验证了模拟结果的准确性，而模拟结果可以更加直观形象地展示场地通风状况。测点5由于周围建筑的遮挡，为滞风区，平均风速在0.5m/s以下，通风不良，不利于污染物的排除。位于建筑之间廊道的测点4和处于建筑前部的空阔区域的测点1通风效果较好，平均风速均在1m/s以上，风速比在0.3以上。测点2和测点3平均风速在0.6m/s左右，风速比在0.2左右，通风情况一般。

（四）声环境诊断结果

上海钢琴厂场地噪声评价主要参考居住区声环境质量分级标准，测试了场地周边道路及场地内部噪声值，布点及测试结果如图5所示。可以看出，江浦路路段交通车流量最大，测试结果显示该路段的等效声级最大，测试的最大值为69.8dB，各测试路段的道路噪声等效声级均能满足4类声级标准。由于场地现状有围墙阻挡，建筑场地内A、B、C3个测点噪声最大值56.9，最小值52.6，满足2类声级标准。

（五）光环境诊断结果

上海钢琴厂场地光环境评价主要参考城市居住区规划设计规范以及社区室外光环境评价指标。图6显示了冬至日中午12:00上海钢琴厂场地光环境模拟结果。从图中可以看出，由于2栋建筑距离太近，正午时楼间廊道的采光效果较差，亮度值仅在100cd/m^2左右，不能满足现在的自然采光标准。

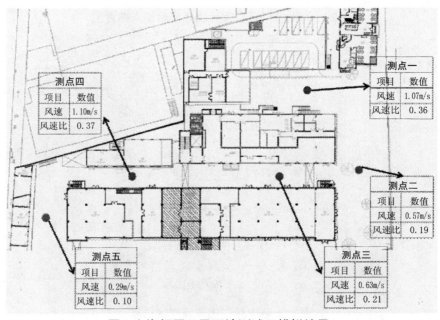

图4 上海钢琴厂风环境测试及模拟结果

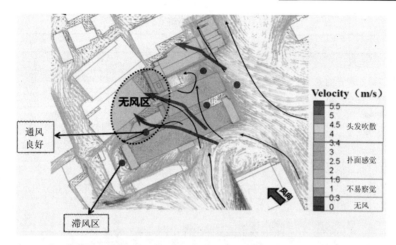

图4 上海钢琴厂风环境测试及模拟结果（续）

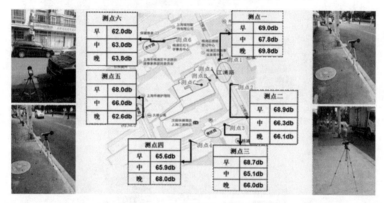

图5 上海钢琴厂场地噪声布点及测试结果

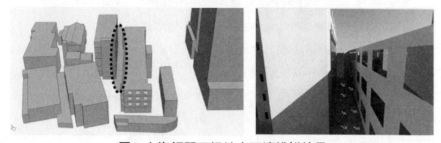

图6 上海钢琴厂场地光环境模拟结果

三、既有社区室外物理环境提升方案

（一）上海钢琴厂室外物理环境改善技术体系

上海钢琴厂项目的定位是绿色生态建筑示范中心以及平民化的绿色建筑，将绿色技术成体系地、整体地、有机地运用在建筑设计之中。项目以被动式绿色建筑技术为主，具有示范性，并且处处体现生态绿色建筑文化特色，是绿色建筑文化特色的绿色建筑示范中心，同时也是既有建筑绿色化改造的典范。结合前述诊断结果，上海钢琴厂室外物理环境改善技术体系如表3所示。

上海钢琴厂室外物理环境改善技术体系   表3

板块	诊断结果	改善技术体系
热环境	在炎热的夏季，场地热环境总体不佳，WBGT和SET*指标基本处于中和差的程度	1. 绿化水体布置
		2. 喷雾降温
		3. 室外遮阳
		4. 透水铺装
风环境	场地通风情况分布不均，既存在通风良好区域，又存在滞风区	5. 底层架空
		6. 功能区灵活布局
声环境	场地周边道路噪声状况达标，然而既有建筑场地狭小，建筑退让距离短，未来存在噪声问题	7. 文化墙
		8. 景观绿化
光环境	2栋主楼距离太近，正午时楼间廊道采光效果较差，不能满足现在的自然采光标准。	9. 智能调节人工照明

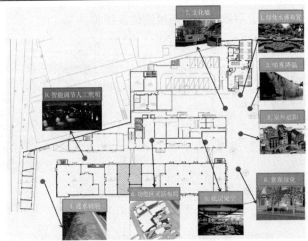

图7 上海钢琴厂室外物理环境改善方案

（二）上海钢琴厂室外物理环境改善方案

结合上海钢琴厂绿色化改造进程，室外物理环境改善技术体系最终将落实到景观、建筑等设计方案中，并结合美学、经济性等其他因素进行综合考虑，做出权衡优化，并最终由施工单位落地实施。上海钢琴厂室外物理环境初步改善方案如图7所示。

四、结论

本文以上海钢琴厂绿色化改造为例，从以人为本、定量化以及系统性3个原则建立绿色城市社区物理环境评价指标，运用现场实测及数值模拟等先进的诊断分析技术，从热环境、风环境、声环境及光环境4个方面诊断分析上海钢琴厂室外物理环境的现状及存在问题，基于诊断分析结果，从绿化水体布置、喷雾降温、室外遮阳、透水铺装、底层架空、功能区灵活布局、文化墙、景观绿化以及智能调节人工照明等9个方面提出上海钢琴厂室外物理环境改善技术体系及室外物理环境改善方案，为既有社区物理环境改善方案的制定提供了科学参考及依据。

（深圳市建筑科学研究院股份有限公司、无锡市太湖新城发展集团有限公司供稿，叶青、张国栋、贺启滨、李雨桐执笔）

既有建筑向上增层—层间隔震技术体系的应用研究

既有建筑"向上增层—层间隔震"改造体系是运用结构被动调谐质量减震的基本原理，在既有建筑上增层，并配置隔震层，达到提高既有建筑抗震性能的一种旧房改造技术。随着城市建设的发展，既有建筑的存量增加，既有建筑的增层改造工程迅速发展起来。一些包括国家政府机关在内的办公楼建筑及商业建筑，在使用面积不满足需求之后纷纷进行了向上增层改造，这些颇具影响力的改造建筑为既有建筑的向上增层改造起到了良好的示范和推动作用。本文通过系统地分析"向上增层—层间隔震"体系改造的动力响应，并将向上增层改造的方法应用到实际工程中，为现有改造技术提供理论基础。

一、"向上增层—层间隔震"改造体系的三自由度模型

（一）三自由度计算模型

对于隔震加层结构，隔震层设置在既有结构和向上增层结构之间（图1），因隔震层具有比其所分割的结构小得多的水平刚度，增层后结构的动力特性将发生很大的变化。基于此特点，对于形状、刚度和质量分布规则的既有结构和加层结构，可以分别近似用一个单自由度结构来代替，隔震层本身作为串联在既有结构和加层结构中间的另一个单自由度体，这样隔震加层结构可以按如

图2所示三自由度体系进行简化分析。

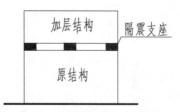

图1 "向上增层-层间隔震"结构体系简图

图2 "向上增层—层间隔震"计算模型

（二）体系响应和影响因素分析

为研究该"向上增层—层间隔震"结构体系的动力响应特性，本文以某6层框架结构为既有建筑实例模型进行向上增层设计，并进行参数影响分析。原6层框架结构每层质量为520t，层间刚度800×103kN/m，新增2层，每层质量为400t，层间刚度600×103kN/m。隔震层采用12个型号为GZY500和24个型号为GZY600的铅芯橡胶支座，隔震层位移限值为275mm，隔震层的计算参数如表1所示。

若采用上述三自由度模型对该加层结构进行计算，则须对既有6层框架和新增2层框

隔震层计算参数　　表1

隔震层计算重量（t）	隔震层刚度（×10³kN/m）			等效阻尼比
	等效刚度	屈服前刚度	屈服后刚度	
400	63.24	218.7	33.648	0.272

等效模型计算参数　　表2

	质点编号	层间刚度（×10³KN/m）	质量（t）
加层结构	3	434.16	758
隔震层	2	63.24	400
原结构	1	242.58	2713.1

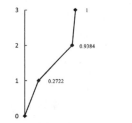 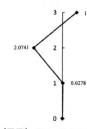

（a）一阶振型（T_1=1.058s)　　（b）二阶振型（T_2=0.565s)　　（c）三阶振型（T_3=0.150s)

图3　各阶振型图

架结构进行简化，简化后等效三质点模型参数如表2所示。

该隔震结构体系的动力反应如图3所示。由动力特性分析可知，应用隔震技术之后，结构基本周期延长到1.058s。一阶振型以隔震层变形为主，既有结构和加层结构基本不动；二阶振型以隔震层变形和既有结构变形为主，增层结构基本不动。因此，该体系中增层结构变形相对很小。此外，结构的动力特性由一阶振型和二阶振型共同控制，增层结构的动力反应主要受一阶频率影响；原结构的动力反应受一阶频率和二阶频率影响。

为了探讨隔震层特性对"向上增层-层间隔震"体系的影响，本文以原结构刚度与隔震层刚度的比值（K_1/K_2）和隔震层阻尼比为变量，分析各个子结构绝对加速度、基底剪力和相对位移的变化（图4）。通过分析得知，随着K_1/K_2值的变化，结构的动力响应也随之变化。增层结构的加速度反应和位移反应在共振区之后都随着K_1/K_2的值增大而减小。原结构的动力反应比较复杂，其加速度反应和位移反应在共振区之后都随着刚度比的增大先减小后增大，有极小值，这意味着隔震层刚度较小时能很好地控制向上增层结构的动力反应，却使原结构的动力反应有增大趋势。体系的基底剪重比是反映整个体系动力反应的一个参数，基底剪重比在共振区之后都随着刚度比的增大先减小后增大，有极小值。故"向上增层-层间隔震"体系设计时，可以以基底剪重比最小为控制目标选取最优的隔震层参数。

为了探讨向上增层结构的刚度对"向上增层-层间隔震"体系的影响，以隔震层上部结构的刚度与隔震层刚度比值（K_3/K_2）

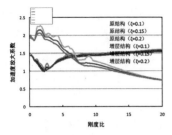 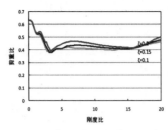 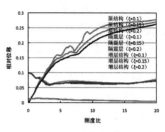

（a）加速度衰减比随刚度比的变化　（b）剪重比随刚度比的变化　（c）相对位移随刚度比的变化

图4　地震波激励下响应随刚度比的变化

为变量，分析各个子结构绝对加速度、基底剪力和相对位移随刚度比的变化。通过分析得知增层结构的刚度对体系的响应几乎无影响；除了刚度比接近0时，体系的响应有明显变化，其他段反应都趋于平稳。但是当刚度过小时，增层结构自身的位移难以控制。

二、"向上增层-层间隔震"改造设计方法

"向上增层-层间隔震"体系的设计目标有2个：对加层结构"隔震"和对既有结构"减震"，通过对这2个目标的实现，达到减小整体结构地震作用。对加层结构的"隔震"，主要通过设置较小的隔震层刚度，延长结构的第一周期，降低地震反应；设置合理的阻尼比，适当控制隔震层的位移。对下部结构"减震"，主要通过合理选择加层的层数，调整隔震层刚度，应用TMD原理达到减小下部结构以及整体结构地震作用。

（一）隔震层的设计

基于参数影响分析可知，在"向上增层-层间隔震"体系中选择合理的隔震层刚度，可以同时减小增层结构和既有结构的地震响应，但隔震层刚度不宜过小。隔震增层设计时，可以隔震层抗侧刚度和阻尼比为参数，分析基底剪重比和隔震层位移响应随隔震层抗侧刚度和阻尼比的变化，以最小基底剪重比为控制目标，在隔震层位移容许范围内选取最优的隔震层抗侧刚度以及合理的阻尼比。此外，还需要控制隔震层的位移，保证隔震层位移满足在罕遇地震作用下的最大位移限值。

（二）增层结构的设计

"向上增层-层间隔震"体系增层结构的抗震设计和抗震措施不应根据水平向减震系数对应的降低后的设防烈度来进行，宜根据原设防烈度进行抗震设计和抗震措施。以在原结构上直接增层为模型，进行增层结构的截面设计。为了保证隔震层能够整体协调工作，需对隔震层顶部楼板，即加层结构底层楼板进行刚性设计，楼板厚度不宜小于140mm。其余构件的设计方法与传统的抗震设计方法相同。

（三）设计的一般步骤

根据上述分析，"向上增层-层间隔震"体系设计可以按照以下步骤进行：1.将原结构、隔震层、加层结构等效成三质点体系；2.给出隔震层的总体抗侧刚度KIS的可调范围和总体阻尼比ζ的可调范围；3.输入推荐或可选的强震地震动；4.应用Newmark-β逐步积分法求解动力微分方程；5.将各地震波的基底减重比和隔震层位移取

平均值；6.绘出隔震层位移、基底减重比与抗侧刚度、阻尼比关系曲线；7.以最小基底剪重比为控制目标，在隔震层位移容许范围内选取最优的隔震层总体抗侧刚度KIS以及合理的阻尼比ζ。

三、工程运用分析

（一）算例基本参数

某6层建筑，层高3.15m，总高18.9m，为全现浇钢筋混凝土框架结构，楼盖为普通梁板体系。框架柱截面尺寸为500mm×600mm，混凝土等级为C30。设防烈度8度，设计基本加速度0.2g，设计分组第二组，场地类别Ⅱ类，不考虑近场影响。现加2层现浇框架结构。结构参数如表3所示。根据等效准则将算例结构等效成三质点体系，等效后的参数如表4所示。

（二）隔震层设计

根据工程经验，给定隔震层抗侧刚度取值范围10～300×10³kN/m（每间隔10×10³kN/m

取值），阻尼比取值0.1～0.5（每间隔0.1取值）。通过给定的22条地震波（ATC-63报告建议），使用Matlab语言编制程序按照2.3节流程进行大震弹性时程分析，得出基底剪力峰值和隔震层位移峰值的平均值与抗侧刚度、阻尼比关系曲线。图5绘出隔震层位移、基底剪重比与抗侧刚度、阻尼比关系曲线。

从图5剪重比反应曲线可见，阻尼比的取值对剪重比结构存在影响，当ζ=0.1时，KIS=30时剪重比最小；当ζ=0.2时，KIS=40时剪重比最小；当ζ=0.3时，KIS=50时剪重比最小；阻尼比越大，对减重比越存在有利影响。从隔震层位移曲线可见，抗侧刚度越小，隔震层位移越大；隔震层阻尼能有效衰减隔震层的位移。因此，考虑到实际隔震支座的阻尼比不会过大，初步选取隔震层阻尼比0.25，隔震层等效刚度为50×10³kN/m，此时隔震层位移为20.5cm。

根据上述初选参数，选择铅芯隔震支座LRB060120（支座外径600mm，铅芯直径

结构参数表 表3

层号		层间刚度（kN/m）	重量（kN）	层高（m）
加层结构	9	977277	9409.6	3.15
	8	977277	9409.6	3.15
隔震层	7		9000	1.8
原结构	6	1042795	12866	3.15
	5	1042795	12866	3.15
	4	1266635	13068	3.15
	3	1266635	13068	3.15
	2	1266635	13068	3.15
	1	1717043	13068	4.20

等效后结构参数表 表4

	质点编号	层间刚度/（×10³kN/m）	质量/（t）
加层结构	mu	707.16	1819
隔震层	mIS		918.4
原结构	md	394.35	6655.9

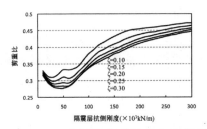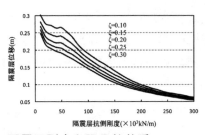

图5 基底剪重比和隔震层位移与隔震层刚度和阻尼的关系

隔震支座性能参数   表5

型号	设计压应力 （MPa）	一次刚度 （×10³kN/m）	二次刚度 （×10³kN/m）	屈服荷载 （kN）	水平刚度 γ =100% （kN/m）	等效阻尼比 γ =100%
LRB060120	10	9.008	0.697	90.2	1.084	0.265
LRB070140	10	12.091	0.937	122.7	1.398	0.265

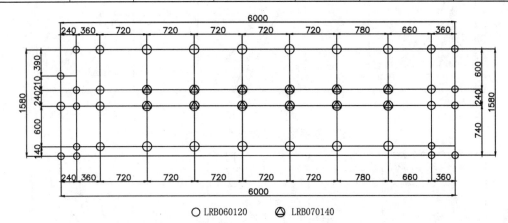

○ LRB060120   △ LRB070140

图6 隔震支座平面布置（单位：mm）

120mm的铅芯隔震支座）共33个，LRB070140（支座外径700mm，铅芯直径140mm的铅芯隔震支座）共12个，支座数总计45个。隔震支座的性能参数如表5所示，平面布置如图6所示。

（三）隔震结果分析

根据上述分析以及隔震支座的布置，确定隔震层总抗侧刚度为50.38×103 kN/m，隔震层阻尼比为0.265，进行隔震加层结构在多遇和罕遇地震下的动力分析，检验结构在大震作用下的隔震效果。本文建立了隔震加层、直接加层和原结构3种模型，并选用了El-Centro波和Tokachi-Oki（Hachinohe）波（简写为HA），以及22条强震地震动均值来分析。

通过对原结构、直接加层和隔震加层的时程分析，得出了各条地震波作用下的各楼层层剪力、最大加速度反应和位移反应，如图7、图8所示。通过对比分析得出，在使用了隔震技术后，隔震加层的层间剪力与直接加层的层间剪力的比值在0.41～0.45之间。因此，相比于原结构和直接增层，应用"向上增层-层间隔震"体系增层明显降低了结构地震反应，隔震结构的层间剪力明显减小，抗震安全性得到改善。虽然隔震加层体系可使地震作用降低半度设计，但是抗震构造措施仍需按8度设计。当采用直接加层的方案对原结构进行加层改造时，在多遇地震作用下，原结构的最大位移角为1/470；直接增层的最大位移角为1/414；均不满足规范层间弹性位移角限值要求，结构将局部进入弹塑性阶段。而采用隔震加层的方案，最大层间位移角1/732＜1/550，结构各层的层间位移均小于弹性层间位移容许值，说明采用隔震方案对原结构进行加层改造时，不需

要对原结构进行加固。

通过罕遇地震下的地震响应对比可以得出（图8），隔震加层方案不论对原结构还是上部加层结构都非常有利。原结构和加层结构的层间位移都比直接加层的层间位移小，位移集中在隔震层；加层结构加速度远小于直接加层，原结构的加速度也有一定降低。隔震加层结构，在罕遇地震下降低了地震反应，表现良好。

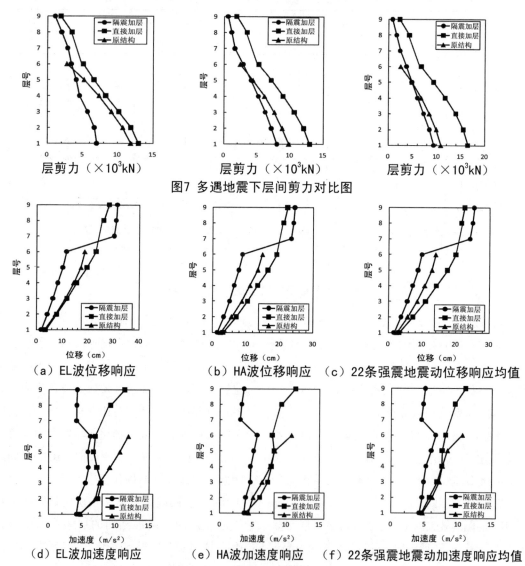

图7 多遇地震下层间剪力对比图

（a）EL波位移响应 （b）HA波位移响应 （c）22条强震地震动位移响应均值

（d）EL波加速度响应 （e）HA波加速度响应 （f）22条强震地震动加速度响应均值

图8 罕遇地震下地震响应对比

四、结语

本文分析了"向上增层-层间隔震"体系的力学模型和动力响应特性，以及各参数对整个体系隔震效果的影响，介绍了"向上增层-层间隔震"改造体系的设计思路，并运用一个工程实例来说明设计要点与步骤。

通过分析表明，隔震加层结构基底剪力和隔震层位移受隔震层抗侧刚度影响，并存在一个合理的抗侧刚度，可使得结构基底剪力最小，达到结构总体地震响应最优。隔震加层方案不论对原结构还是加层结构都非常有利。在多遇地震下，明显降低加层结构的层间剪力，加层结构可以降级设计；在罕遇地震下，对原结构和加层结构的地震响应均有效降低。

（南京工业大学供稿，王曙光、徐锋、韩凯、陈丽丽执笔）

六、工程篇

近年来我国通过对既有建筑改造技术、产品等研究成果的集成应用，形成了一批既有建筑改造示范项目，部分改造项目获得了绿色建筑评价标识，取得了良好的示范效果。本篇选取了部分不同气候区、不同建筑类型的既有建筑改造案例，分别从建筑概况、改造目标、改造技术、改造效果分析等方面进行介绍，供读者参考借鉴。

广州发展中心大厦

一、工程概况

（一）建筑简介

广州发展中心大厦位于广州市珠江新城临江大道北侧I6-3地块，是由广州发展新城投资有限公司投资兴建的高级办公、商业大厦。项目占地面积为6899.84m²，项目总建筑面积为80149.32m²，其中地下室面积为16088.55m²，建筑密度36.9%，容积率8.95，绿化率为35.4%。其中地下一层至地下三层为停车库和设备房，首层为大堂、安全中心、消防中心，二层至四层为银行，五层为餐厅，六层为会议中心，七至三十三层为写字楼，三十四至三十五层为发展集团总部会所，三十六至三十七层为设备房，屋顶为停机坪。广州发展中心大厦实景图1。

图1 广州发展中心大厦实景图

（二）环境与气候

广州地处珠江三角洲，濒临南海，海洋性气候特征特别显著，具有温暖多雨、光线充足、温差较小、夏季长、霜期短等气候特征。各区（县级市）日照时数在1481.7～2141.5h之间，年平均气温在22.1℃～23.2℃之间，年极端最低气温在1.1℃～5.7℃之间，年极端最高气温在36.6℃～37.8℃之间。

冬夏季风的交替是广州季风气候突出的特征。冬季的偏北风因极地大陆冷气团向南伸展而形成，天气较干燥和寒冷，有时会有寒潮、霜冻、冰冻等灾害；夏季偏南风因热带海洋暖气团向北扩张所形成，天气多温热潮湿，长江灾害有台风、暴雨、雷电、强对流等天气。夏季风转换为冬季风一般在每年9月份，而冬季风转换为夏季风一般在每年4月份。

（三）地理位置

发展中心大厦坐落于广州市临江大道3号，地处广州CBD珠江新城的珠江江畔。

图2 项目工程位置图

二、改造目的及意义

广州发展中心大厦的绿色节能工作的最终目标是通过绿色节能改造后，获得绿色建筑二星级标识，成为广东省乃至全国建设节约型社会的表率。

广州发展中心大厦绿色节能综合改造技术的实施，不仅给大厦的运营管理带来便利，提高大厦的整体形象，提升大厦的智能化控制水平，增强大厦的使用功能，改善大厦的室内外环境，而且大大提高大厦的能源利用效率，降低其运行能耗，并获得大厦业主、物业和租户的好评。

三、改造技术

（一）室内空气质量监控系统改造

广州发展中心大厦设置室内空气质量监控系统，根据室内CO_2浓度调整新风量，在保证健康舒适的室内环境的前提下降低新风能耗。室内空气质量监控系统改造是在室内安装CO_2传感器，根据采集的室内CO_2浓度值与设定值比较计算后送出控制信号，通过变频器控制新风机频率，从而改变新风柜的送风量。

1. 改造前诊断分析

通过现场调研，大厦7～17层，20～33层使用风机盘管加独立新风系统，在每层东、西侧各有一台新风机组提供新风，共50台，均为工频运行。

对上述楼层办公区的CO_2浓度进行测试，得知各房间（办公室、会议室和开放办公区）CO_2浓度在450～750ppm之间，远小于《室内空气中二氧化碳卫生标准》GB/T 17094-1997所规定的1000ppm限值，因此，室内新风送风量偏大，不仅增加了制冷耗电量，而且增加了新风机的运行能耗，需进行

节能改造。另外，根据新风机组服务区域的特殊性和租户的意见，其中44台新风机组符合本次节能改造的要求。

图3 二氧化碳浓度检测

2. 改造方案

本改造工程对大厦内44个新风系统进行改造，每个新风系统安装一套室内空气质量监控系统，改造内容包括7～17层（11层西半边、12层除外）、20～33层（23层西半边、26层西半边、33层东半边除外）等楼层的新风系统。每套室内空气质量监控系统均在室内安装CO_2传感器，且传感器安装在较多人员活动的房间，控制器和变频装置安装新风机房内，根据末端CO_2传感器采集的CO_2浓度（上限值800ppm）实时调整风机频率和送入室内的新风量，并确保室内最低新风量（新风机最小35Hz运行频率），在保证健康舒适的室内环境的前提下降低新风系统运行能耗，既节能又环保。

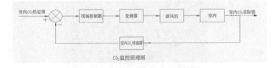

图4 二氧化碳监控原理图

3. 改造效果

发展中心大厦通过设置室内空气质量监控系统，在房间内安装了CO_2传感器，在新风

机房内增设了控制器和变频器等设备，合理控制新风量，新风机组基本处于35Hz的变频运行状态，新风机额定功率为1.5kW，运行频率为35Hz，则实际输出功率为0.515kW，单台新风机改造前后功率减少0.985kW，而发展中心大厦新风机每天开启时间为早上8点至下午6点，一天共10h，按一周开启5.5d算，改造后运行一年节电量大致为：0.985×44×10×5.5×52=123952kWh，节电率达65.7%，大大节省了新风系统的运行能耗。

本次改造项目共涉及44台新风机，每台风量为5000m³/h，则设计总新风量为220000m³/h，实际风量按照设计的80%取值，则实际新风量为176000m³/h。

采用CO_2浓度控制新风阀后，新风逐时负荷与监控前的比较如图5所示，逐月负荷比较如图6所示。

空调系统综合COP取3.5，节电量计算如表1所示。

可见，改造后新风系统制冷能耗每年节电量达到92918kWh，则综合考虑新风系统每年节电量为92918+123952=216870kWh。

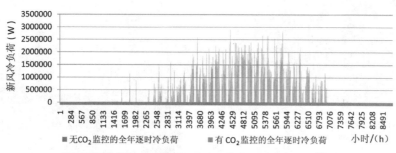

图5 监控前和监控后的全年8760小时新风逐时负荷

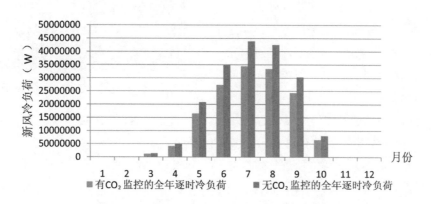

图6 监控前和监控后的全年新风逐月负荷

CO_2监控前和监控后新风系统节能效益　　　　　　　　表1

项目	监控前	监控后	节能量
全年新风负荷（kW）	1556208	1230996	325212
新风负荷折合电量（kWh）	444631	351713	92918

（二）地下车库光导照明系统改造

1.改造前诊断分析

广州发展中心大厦地下一层为车库，车库东侧对应的首层为花坛位置（如图所示），为改善车库的光环境，提高地下环境的舒适性，可在大厦地下一层车库的东侧设置6套光导照明系统，为车库提供照明。

根据现场测量，光导照明系统位于首层花坛的中间位置和地下一层车库的车道中间位置，不会影响建筑使用和美观（图7）。

图7 光导照明系统现场勘查

2.改造方案

光导照明装置是通过采光罩高效采集室外自然光线并导入系统内重新分配，再经过特殊制作的导光管传输后由底部的漫射装置把自然光均匀高效地照射到任何需要光线的地方，从黎明到黄昏，甚至阴天，导光管日光照明系统导入室内的光线仍然很充足。

本项目根据地下车库现有布局，从模拟、测试优化和方案对比等方面进行综合分析，选择最优的光导照明改造方案，在首层光照比较充足的花坛位置，均匀间隔布置6套光导照明装置（主要包括采光罩，光导管和漫射罩3部分），负责地下车库东侧车道和周边车位的照明，并增加地下车库光感控制系统，使原有灯具和光导照明系统协调工作，白天光照充足时不再利用灯具照明，白天光照暗淡（阴雨天）时自动开启灯具照明。

3.改造效果（图8）

图8 光导照明效果图

光导照明系统白天为车库提供免费照明，不用再开灯具，同时自然光照明给驾驶员更加舒适的感觉，创造了良好、舒适、健康的光环境（图9）。

图9 光导照明（左） 灯管照明（右）

发展中心大厦地下车库照明光管采用T8光管，功率36W，通过光导照明系统改造，可关闭光管9根，可关闭时间为早上6点至下午6点，每天共计12h，除去广州市一年中雾霾及严重阴雨天数60d（以2014年为例），可关闭光管天数为305d，年节电量为：$0.036 \times 12 \times 9 \times 305 = 1186 \text{kWh}$。

（三）屋面雨水收集回用系统改造

1.改造前诊断分析

广州市年平均降雨量为1800多mm，降

水主要集中在4~9月的汛期，占全年雨量的80%左右，其中4~6月的前汛期多为锋面雨，7~9月的后汛期多为热带气旋雨，其次为对流雨（热雷雨），年平均暴雨日数（日降水量≥50mm）约有7d，10月至翌年3月是少雨季节。在尽量不对建筑场地进行大规模开挖的基础上，本改造工程对大厦屋面雨水进行收集回用，雨水用途定位为绿化浇灌和广场道路清洗。

图10 大厦东侧景观水池

2.改造方案

本改造工程合理利用发展中心大厦现有的雨水收集设施和蓄水池，根据现场情况在沉砂井上游设置格栅井和弃流井，通过弃流井排出污浊雨水和收集较干净雨水，并使收集的雨水通过过滤装置后送入蓄水池，然后经提升水泵泵送至使用位置，进行回收利用(图11)。

3.改造效果

雨水季节，屋面雨水通过雨水收集装置过滤、消毒之后，注入景观水池（多余的一部分雨水溢流排走），一方面为景观补水和绿化喷灌提供水源，节约水资源；另一方面，暴雨季节减小了市政排水的容量，为市政排水减负。根据资料查阅和现场调研可知，广州发展中心大厦屋面集水面积为2380 m^2，所在地年平均降雨量为1736.1mm，年均最大月降雨量为283.7mm。经计算，每年收集利用雨水约4100t。

（四）绿化喷灌系统改造

1.改造前诊断分析

广州发展中心大厦在其东、西和北三侧种植有绿化带，包括草皮、灌木植物和花坛，绿化带分布见图13，绿化面积较大。目前绿化带灌溉方式为人工浇水，既耗水又消耗人力。经过现场勘查，这些绿化带可采用喷灌和滴灌的方式进行浇水。

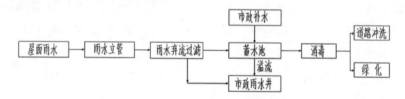

图11 雨水收集工艺流程图

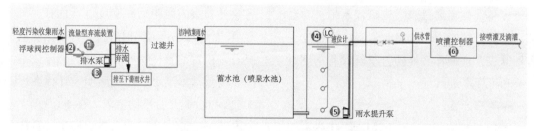

图12 雨水收集回用系统示意图

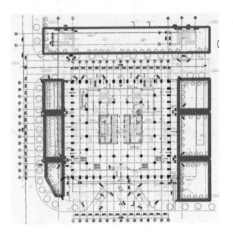

图13 大厦绿化带分布图

2.改造方案

根据发展中心大厦周围绿化植被的种类和布局，合理采用喷灌和滴灌的方式，通过喷灌管网系统对植被进行自动喷灌浇水，其中，喷灌系统由喷头、管网、首部和水源组成，负责大厦绿化草皮和花坛的喷灌浇水；滴灌系统由滴灌管、管网、首部和水源组成，负责大厦花坛和灌木植物的浇水。喷灌使用目前较为普遍的节水喷灌方式，即利用专门的设备(动力机、水泵、管道等)把水加压，将有压水送到灌溉地段，通过喷洒器(喷头)将水喷射到空中散成细小的水滴，均匀地散布，其中，喷灌喷头选用非旋转散射式小射程喷头，弹出高度为50～300mm，射程0.6～6m，选配可调角度的喷嘴，喷灌强度较大，适用于小块草坪，也可用于灌木、绿篱的灌水和洗尘；滴灌跟喷灌采用同一水加压设备，然后通过滴灌管给灌木植被自动滴水浇灌。同时，本项目设置有电控柜电子全程监控，使操作者能随时了解设备的运行情况和可用水量。

3.改造效果

本项目喷灌和滴灌水源均取自蓄水池

(不足时自来水补充)，充分利用雨水回收系统的回收雨水资源，且采用目前较为普遍的节水喷灌方式，查阅资料得知，此种喷灌方式比地面漫灌要省水50％左右。查阅物业资料记载得知，发展中心大厦一年用于绿化浇灌用水达10000t左右，经计算，绿化喷灌系统节能改造每年约节省绿化浇灌用水5000t。

本改造分项不仅大大减少了人工浇水的工作量和耗水量，节能又节水，而且自动喷灌给绿化增加了一道亮丽的风景线，美化了周围环境。

图14 喷灌与滴灌效果图

(五)照明系统节能改造

1.改造前诊断分析

(1)办公室照明系统

改造前根据图纸对广州发展中心大厦的各层办公室的照明功率密度进行估算(每个灯盘8支灯管，只能同时开关)，从估算的情况看，租赁的各楼层办公室（高档办公室）的照度值基本满足《建筑照明设计标准》GB 50034-2004设计标准的要求，小于$18W/m^2$。

而对于28～33层业主自用楼层，目前各

房间的照明功率密度在15～18W/m²之间，其中30层为高级办公室，《建筑照明设计标准》GB 50034-2004规定照明功率密度需小于18W/m²，满足标准要求。而对于28层、29层、31层和32层的普通办公室，GB 50034-2004规定其照明功率密度需小于11W/m²，同时实测照度值在550～600lx之间，明显高于标准要求的300lx，因此以上楼层的照明功率密度和照度不满足标准规定，需进行节能改造。

（2）电梯厅及地下车库照明系统

对大厦电梯厅及地下车库的照明灯具进行全面检查可知，电梯厅采用的照明灯具为28W的T5灯，地下车库采用的照明灯具为40W的普通日光灯，这些灯具不仅照明效果相对较差，而且能耗较高。

2.改造方案

（1）办公室照明系统

将灯盘的8支灯管分成2组进行控制，每组4支灯管，实现照明分组控制。

每个灯盘增加一个3段电子开关，将现有灯盘均匀对称分成2组，在原有开关控制的基础上通过连续按开关实现3种照明状态，即：1/2开、另外1/2开和全开。通过照明节能改造，可在室内照明达标的前提下，实现节能，同时也创造了舒适的室内环境，一改之前灯光刺眼的现象。

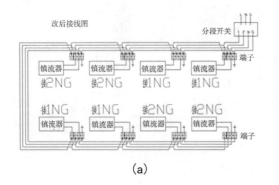

（a）

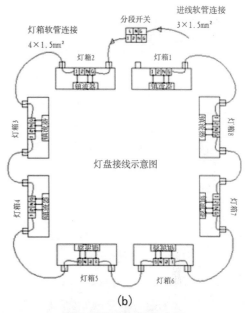

（b）

图15 线路改造示意图

（2）电梯厅及地下车库照明系统

将大厦电梯厅及地下车库的普通日光灯更换为节能灯具，如表2所示。

3.改造过程

本项目通过数码分段开关实现照明分组控制，将灯盘的8支灯管分成2组进行控制，灯盘进线采用原有线路，灯管进行分组并重新接线，数码分段开关安装在每个灯盘的天花上。

4.改造效果

（1）办公室照明系统

改造前8支灯管只能全开，通过照明节能改造，可实现灯盘1/2开、另外1/2开和全开3种功能。已知发展中心大厦灯盘为8支灯管组成，灯管为T5光管，功率21W，本次改造452个灯盘，以灯盘每天运行10h，每周运行5.5d计算，在室内照明达标的前提下，通过照明系统改造，年节电量约为：0.021×4×10×452×5.5×52=108588kWh，

电梯厅及地下车库照明系统节能改造方案　　　　表2

更换部位		电梯厅	地下车库
改造前灯具	类型	T5	普通日光灯
	功率（W/支）	28	40
	数量（支）	1520	670
	照明功率（kW）	42.56	26.8
改造后灯具	类型	T8、LED	LED
	功率（W/支）	18	13
	数量（支）	1140	670
	照明功率（kW）	20.52	8.71
改造后照明功率减少值（kW）		22.04	18.09
节能率（%）		51.8	67.5

注：1. 改造前电梯厅每层有灯具40支，共38层，每天运行12h，全年运行365d；改造后电梯厅每层有灯具30支，共38层，每天运行12h，全年运行365d；

2. 地下车库灯具每天运行12h，全年运行365d；晚上70%的灯具运行12h，白天30%的灯具运行12h（物业提供资料）。

图16　现场线路改造

图17　改造前8支灯管只能全开

图18　改造后8支灯管1/2开状态

实现节能50%，同时也创造了舒适的室内环境，一改之前灯光刺眼的现象。

（2）电梯厅及地下车库照明系统

根据表2可知，电梯厅照明灯具改造后，照明功率减少22.04kW；地下车库照明灯具改造后，照明功率减少18.09kW，两者每年的节电量如表3所示。

综上所述，大厦照明系统节能改造后，

电梯厅及地下车库照明系统节能改造效果　　表3

更换部位	电梯厅	地下车库
改造后照明功率减少值（kW）	22.04	18.09
每天运行时间（h）	12	12
每年运行天数（d）	365	365
每年节电量（kWh）	96535.2	79234.2

每年的节电量为：

108588+96535+79234=284357kWh。

（六）地下车库排风系统节能改造

1.改造前诊断分析

广州发展中心大厦的地下车库为地下一层至地下三层（B1、B2、B3），建筑面积约为6698㎡。地下车库选用的风机基本上都是低噪音箱式离心风机，送风机共设置6台，地下车库每层安装2台。排风机共设置12台，地下车库每层安装4台。通风系统根据设定的时间，自动运行或停止。

但是，这种比较固定的模式，一些时间可能通风过多，一些时间风机全关，又可能存在一定的突发安全隐患。根据运行特点，如果将每层启动最少的一组风机采用CO进行控制，即全天24小时内都根据CO浓度进行启停控制（《公共建筑节能设计标准》GB 50189-2005的推荐方式），不仅可以避免CO中毒等安全事故，在保证安全健康的通风环境的同时，也能有效减少不必要的风机能耗。

2.改造方案

针对广州发展中心大厦地下车库每层一组排风系统（B1层的1#、2#排风机，B2层的3#、4#排风机，B3层的1#、2#排风机），增加1个CO监控系统，共设置3个系统，每个CO监控系统配有1台控制电箱和8个CO传感器，控制电箱安装在风机房内，并根据原风机配电箱就近安装。CO传感器安装在带有强制通风的小电箱当中，并分散均匀布置在车库通道上方CO浓度最佳采集点的位置。

CO监控系统的控制原理：在每层车库安装8个CO传感器实时监测车库CO浓度，PLC控制器将CO浓度测试值与给定值进行比较，当CO平均浓度或最高浓度有一个超过给定值上限时，通过现场控制器的输出信号，使继电器启动风机；当CO平均浓度或最高浓度都低于给定值下限时，通过现场控制器的输出信号，使继电器关闭风机。

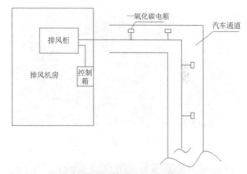

图19 排风系统改造示意图

图20 地下车库排风系统节能改造施工图片

3.改造过程

施工顺序：盘装控制电箱——安装电箱——安装一氧化碳传感器——线管敷设——线材敷设——设备连接——检查线路——通电调试。

4.改造效果

通过地下车库排风系统改造，确保地下车库有害气体（特别是CO）的浓度不超过标准规定值，避免CO中毒等安全事故，并在保证安全健康的通风环境的同时，有效减少不必要的风机能耗。

改造前排风机每天运行时间为：7:00～9:00，11:30～13:00，17:00～18:30，一天共计5h，全年无休。改造后排风机运行时间减少一半，改造风机数量为6台，单台额定功率11kW，年节电量约为：11×6×2.5×365=60225kWh，实现节能50%。

图21 排风控制电箱

图22 地下车库一氧化碳监控系统

（七）空调系统优化控制节能改造

1.改造前诊断分析

广州发展中心大厦空调机房设置在18楼，空调系统分上区和下区，共6台功率为280kW的螺杆式冷水机组，主要设备如下：

发展中心空调系统主要设备表　　表4

设备	功率(kW)	制冷量/流量	数量
螺杆式冷水机组	280	1512kW	6
冷冻水泵	45	285m³/h	8
冷却水泵	45	345m³/h	8
不锈钢方型逆流式冷却塔	11	400m³/h	6

根据现场调研，发展中心大厦空调系统存在如下问题：

（1）冷却水的回水温度一般都小于32℃，有30%以上的时间是小于30℃，在部分季节，通过优化冷却塔的风机运行模式，还有节能潜力。

（2）在运行当中，冷冻水的供回水温差均在4℃以内，而且70%以上的时间是小于3℃的，可见冷冻水水量偏大，因此对冷冻水泵采用变频等措施，还能起到较好的节能效果。

（3）可增加冷水机组变水温调节和升级完善空调冷源的监控系统。

基于以上问题，发展中心大厦空调系统可进行节能改造。

2.改造方案

本项目节能改造主要为2方面，见表5。

本改造工程对系统原有的控制方式进行节能优化，但同时为了保证系统运行的安全性，并符合现有人员的操作习惯和管理要求，并不追求所有设备的全自动化控制。改造后，对于主要设备的启/停，仍由操作人员在电脑上远程操作完成或系统根据工作人

空调冷原系统改造方案 表5

序号	对象	技术名称	内容简介
1	空调冷源系统	空调主机	针对高区和低区共6台功率为280kW的螺杆式冷水机组，通过数据网关的形式读取主机内部全部参数，增加主机通信数据板卡，实现空调主机的变水温调节。
		冷冻水泵	针对高区和低区共8台45kW冷冻水泵安装变频控制柜，根据主管路上供/回水压力差值对比需求设定值自动调节水泵运行频率，并设置最小运行频率以满足主机启动要求。
		冷却塔	针对高区和低区共6台11kW冷却塔，安装变频控制柜，根据主管路上的温度传感器监测点与需求设定值自动调节冷却塔变频运行。并在遮挡冷却塔的梁等建筑结构部位安装导风板。
2	监控平台	EBI系统	增加一套新的EBI楼宇集成管理系统软件，与现场增加PLC控制器连接，实现对改造的冷冻水泵、冷却塔以及冷却水泵的监控；原先DDC监控部分由原先EBI系统中独立出来，一并连接到新的系统中；增加Energy Manager能源管理模块，能源管理模块实现对空调配电系统的能源信息展示、分析和负载管理等功能。

中央空调系统节能改造范围 表6

名称		功率/（kW）	数量/个	改造范围
冷水机组	上区	280	3	中央空调系统群组监控、实现变水温调节
	下区	280	3	中央空调系统群组监控、实现变水温调节
冷冻水泵	上区	45	4	变频控制4台45kW电机，中央空调系统群组监控
	下区	45	4	变频控制4台45kW电机，中央空调系统群组监控
冷却水泵	上区	45	4	变频控制4台45kW电机，中央空调系统群组监控
	下区	45	4	变频控制4台45kW电机，中央空调系统群组监控
冷却塔	上区	11	3	中央空调系统群组监控
	下区	11	3	中央空调系统群组监控
备注				现拟采用的中央空调系统群组监控，并不追求所有设备的全自动化控制，其在控制方面的基本要求是对于主要设备的启/停，由操作人员在电脑上远程操作完成或根据预设定的时间由系统自动完成，同时系统累计设备的运行时间，并提供主要参数供操作人员参考和提醒。在水温设定、水泵频率设定、冷却塔风机运行台数方面则一般由电脑实现自动优化控制。这主要是出于几个方面的考虑：①现有群控系统存在一些问题，即便开比较大的代价实现全自动控制，其运行可靠性也不一定能保证；②本系统还有其他风冷热泵机组，2种不同主机，进一步增加系统的不确定因素；③现有人员的操作习惯和管理要求，使得全自动化的群控意义不是特别大。

员预设定的时间自动完成，同时系统累计设备的运行时间，并提供主要参数供操作人员参考和提醒。在水温设定、水泵频率设定、冷却塔风机变频方面则一般由电脑实现自动优化控制。

本改造工程在BA控制方面保留和利用系统原有的控制仪器和设备，控制软件则是单独采用一套新的Honeywell EBI楼宇集成管理系统进行监控。

3. 节能改造效果分析

通过空调系统优化控制节能改造，不仅可合理控制每一台空调冷源设备的运行时间，确保各冷源设备科学、合理地交替运行，而且冷冻水泵和冷却塔根据空调系统需求变频运行，可减少不必要的运行能耗，实现节能运行，同时冷水机组变水温调节，提高空调冷源系统能效比（EER），降低冷水机组运行能耗。

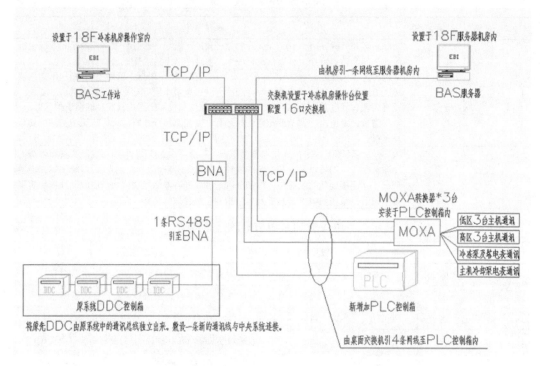

图23 空调系统优化控制改造框架示意图

图24 变频柜

图252 PLC控制柜

图26 监控平台

发展中心大厦空调系统变频改造前后对照表　表7

日期	运行工况	区域	EER（W/W）	耗电量（kWh）	室外温度（℃）
8月18日	工频	高区	3.89	13044	27～35
		低区	3.76		
8月19日	工频	高区	3.83	12943	28～36
		低区	3.69		
8月20日	变频	高区	4.08	12167	28～35
		低区	4.01		
8月21日	变频	高区	4.09	11363	27～35
		低区	4.02		

注：测试时间：8月18日-8月21日，8:00-17:00；
　　上表中能效比EER为平均值，详细数据见附录4；
　　耗电量为能源管理系统中测试当天空调耗电的总和（电表读数），于平台上读取。

节能改造前后空调冷原系统的耗电量分析　表8

时间	日期	室外温度（℃）	耗电量（kWh）	平均天耗电量（kWh）
2014年（改造前）	6月30日	26～34	13746	14221.5
	7月7日	26～36	13818	
	7月23日	26～36	15546	
	8月1日	26～36	13776	
2015年（改造后）	8月20日	28～35	12167	11764.5
	8月21日	27～35	11363	
节能率（%）	/	/	/	17.3

（八）变频改造效果

本项目以2015年8月18～21日（工作日）中的8:00～17:00，共计4天作为空调系统优化控制节能改造项目的测试，这4天室外气候条件基本一致，具备比较基础。测试方式为18～19日冷冻水泵、冷却塔工频运行，模拟改造前模式；20～21日冷冻水泵、冷却塔变频运行，模拟改造后模式。

由表可得，发展中心大厦空调系统经过变频改造后，在不影响使用效果的前提下，空调冷源系统平均能效比EER方面，高区由3.86增加至4.085，低区由3.725增加至4.015，空调冷源系统由工频单日平均耗电量12993.5kWh减

少至变频单日平均耗电量11765.0kWh，节能率达到9.5%（此时室外温度为35℃左右，空调系统负荷率较大，当空调系统的负荷率较低时，变频节能效果更佳）。

（九）其他方面节能改造效果

其他方面节能改造包括：空调主机变水温调节、冷却塔增加导风板以及增加一套新的EBI楼宇集成管理系统软件。

上述改造内容的节能效果无法具体分析，但可以通过整体改造前后的耗电量计算得到，选取改造前后空调系统负荷基本一致的时间段，进行节能量的分析，进一步得到该部分改造内容的节能率，如表8所示。

从表8可见，空调冷源系统改造前所选取的4天时间的室外空气温度与改造后所选取的2天时间的室外空气温度基本一致，则围护结构负荷基本一样，同时由于人员和设备负荷基本不变，因此，改造前后空调系统冷负荷基本一致，空调系统能耗具有可比性。

根据表8可知，当室外环境温度达到35℃左右时，空调冷源系统节能改造后的整体节能率达到17.3%，考虑变频改造贡献的节能率9.5%，则上述改造内容贡献的节能率为17.3%-9.5%=7.8%。

根据空调冷源系统往年的运行情况可知，广州发展中心大厦空调冷源系统每年1台主机运行时间约为115d，每天运行11h；2台主机运行时间约120d（当室外环境温度大于等于30℃时启动），每天运行11h。本次能效测试是在室外环境温度达到35℃时进行，此时空调系统负荷率较大，空调冷源变频的节能空间相对较小，综合考虑过渡季节及室外温度小于35℃时空调系统负荷率较低的情况，空调变频改造的节能率更佳，保守估算变频改造全年节能率可达到12.0%。

因此，本次空调冷源系统节能改造后的整体节能率可达到12.0%+7.8%=19.8%。根据发展中心大厦物业管理处资料记载，空调系统年耗电量为1792100kWh（2014年数据），改造后空调冷源系统年节电量约为：1792100×19.8%=354836kWh。

四、投资回收期

通过实施绿色节能综合改造后，发展中心大厦每年可节电91.7万kWh，现阶段广州市商业用电单价约为0.9元/kWh，故每年可节省电费82.5万元；每年节省用水9100t，按商业用水单价3.5月/t计算，每年节省水费3.2万元，故改造后年节省水电费共计：82.5+3.5=85.7万元。

广州发展中心大厦本次节能改造分2个阶段完成，共计投资成本约364万元，而改造后年可节省水电费用85.7万元，因此，静态投资回收周期为：

364÷85.7=4.25年

即投资回收周期不超过5年，约为4年3个月。

五、展望

广州发展中心大厦作为典型的大型公共建筑以及超甲级智能写字楼，通过实施绿色建筑综合改造技术，而获得绿色建筑二星A级标识，将为其他建筑树立标杆和榜样，为成为广东省建筑节能的典范奠定基础。同时，也在一定程度上对绿色节能改造技术的推广应用以及我省建筑节能事业的发展起到了积极推动和引导的作用，可为其他建筑的改造提供帮助和参考，为实现国家节约能源和保护环境的战略做出贡献，对我国建筑节能改造，尤其是公共建筑绿色节能改造具有较高的推广价值和示范意义。

（广东省建筑科学研究院集团股份有限公司供稿，路建岭执笔）

上海沪上生态家

一、工程概况

沪上生态家位于上海世博会城市最佳实践区北部街区内，是一幢以绿色生态为理念打造的科技示范建筑。原建筑引入了多种生态节能技术，具体有：风力发电、光伏发电、太阳能热水、绿化遮阳、追光百叶、雨水及中水回收利用系统等。

图1 改造前状况

图2 改造后图示

2014年上海现代建筑设计集团承租该建筑，并实施更新改造。改造后的沪上生态家已成为华东建筑设计研究院有限公司下属建筑科创中心的办公楼。改造前总建筑面积3147㎡，地上4层，地下1层。改造后的总建筑面积为3380.34㎡，地上5层，地下1层。

二、改造目标

（一）项目改造背景

本项目原为上海世博会期间的上海案例馆，世博会后该建筑闲置，至2014年现代建筑设计集团承租时已空置近4年。众多机电设备因长期未运行，已出现故障或损坏。更重要的是，原建筑是展览功能，现代集团承租后是作为办公楼使用，无论是建筑设计还是机电设备，均与改造后的功能需求不匹配，因此需进行更新改造。

（二）项目改造技术特点

原建筑为国家绿色建筑三星级标识建筑，其中应用了许多绿色建筑设计理念和技术措施，此次改造设计在涉及建筑本身空间关系重构的基础上，对原有生态节能技术做了积极应对。设计将原建筑在绿色、节能生态方面的技术示范变为了建筑实际应用与实践。

三、改造技术

（一）建筑改造

在沪上生态家建筑改造设计中，设计挖掘建筑原有内在的性格和特征，与新的功能角色的塑造结合起来，努力在原建筑基础上做文章，让改造后建筑科创中心的新角色既拥有自身的形象特点，又能透露出沪上生态家原有的气息特质。改造方案重点针对原有建筑中，最具性格特征，并能体现其自身建筑气质的3个相互之间有着一定关联度的空间：中庭、门厅和屋顶花园，在最大化利用旧有建筑设备及材料的原则下，紧密结合绿色设计理念层层展开。

1. 中庭改造

功能的转变，使原来适合展示参观的穿越型线性空间必须改变为符合办公特点的静态空间。由此也使风笼对原来穿越型空间组织这样一个功能定位无法在新的改造要求下得以完全保留（图3、图4）。

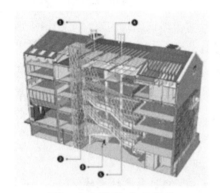

图3 中庭改造内容示意

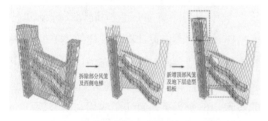

图4 中庭风笼保留与新建分析

设计维持中庭空间竖向自然通风及热压拔风的功能，将原来变化较为复杂的空间型的风笼改造为只有两维转折变化的建筑的一个界面。使中庭与风笼的关系，从原来的以表现风笼为主的"风笼中的中庭"自然地转

化为"中庭中的风笼"。既保持了风笼的主要特征，也让保留下来的风笼与天桥一起，继续让人们在中庭的空间穿越中，充分地体验到"沪上生态家"建筑原有的特点。设计拆除楼层面向中庭的封闭隔墙以增加自然采光，同时将开敞办公区域直接围绕中庭布置营造景观式办公的空间氛围（图5、图6）。

图5 改造前的中庭风笼

图6 改造后的中庭风笼

关于中庭底部空间，设计将观赏性的水池移除，改造为人可进入并具有多种复合功能的活动空间，为了改善原中庭南北向进深较浅的问题，设计对原来南北对称的下沉式庭院做了非对称的改造。北面庭院直接通过加顶的方式变为室内中庭的一部分，消除了

原北向的下沉式庭院因阴暗、狭小而带来的观赏性不强的问题（图7）。另外，为了加强中庭空间的纵深感，设计采用全透明的玻璃隔断将南面绿化庭院纳入到中庭空间的视觉范畴内。

图7 改造后的中庭与北边庭院

图8 改造后的门厅室内照片

图9 改造后的门厅外立面

2.门厅改造

为了不引起外立面过多的变化，设计将原有门厅大门移到北面大台阶处，南面边界采用整片的落地中空玻璃来封闭，从而使门厅在视觉上仍然维持原有南北相通的感受，并且结合对门厅两侧灰色清水砖墙的原样恢复，以及平顶上LED发光灯膜的引入，将门厅空间直接演绎为传统"弄堂"的一个横断面，以保留改造前门廊式门厅的空间特质，延续历史记忆（图8、图9）。

3.上人屋面改造

设计利用保留的钢结构框架下的有限空间，将屋面主要空间设计为一个开敞的公共活动平台，通过楼梯、电梯延伸至屋面层来提高其交通上的可达性，使屋顶绿化平台与地下一层中庭开放空间形成上下呼应的公共活动空间。屋顶平台本身也是一个绿色、生态理念的实践场所，原来的太阳能热水和光伏发电等可再生能源系统，以及遮阳设施经过整修、完善，得以重新发挥出它们的功效（图10、图11）。同时，设计将这些设备系统与建筑的形象与空间表达有机地结合起来，使其成为建筑本身不可或缺的一部分。从而，在建筑层面进行了绿色、生态设备与建筑一体化设计的有效尝试、在技术层面实现了将绿色环保先进技术的展示提升到以楼宇实际应用与发挥日常效能为基本设计考量这关键一步的转变。

4.旧有建筑设施及材料再利用

设计以充分利用原有设备材料为原则，重视成本控制，对各类设施及构件进行编号与尺寸统计，绘制成表格指导设计。相应地，施工过程中也采取具体措施，系统性地对原有设备材料进行拆除并修复再利用，进

图10　新建的屋顶遮阳百叶

图11　修复并移位的太阳能光伏板

而力求最大可能地利用原有材料，推广集约化、可持续的改造方式（图12、图13）。

此次改造方案具体的利旧措施有：

（1）入口大门拆除并移位安装。

（2）吊顶格栅保护性拆除，经重新喷漆上色，用于电梯厅吊顶及屋顶外遮阳格栅。

（3）将原VIP接待室的会议桌挪至新会议空间。

（4）原一层及地下层扶手栏杆经保护性拆除，重新安装至二至四层临中庭处。

（5）原厕所洁具统一修复再利用。

（6）原一层装饰性铁丝网片被改造为地下一层维护构件及二层、四层办公空间的装饰性构件。

（7）原有灯具被保护性拆除并重新上漆，根据不同空间的照度要求进行重新布置。

（8）厨房柜台被保护性拆除，作为改造后的自助厨房中的家具。

（9）对风笼部分拆除下的方钢管进行重新上漆并焊接，作为新建屋面层电梯厅的外维护结构。

（10）在原有地坪基础上运用水泥基自流平作为地坪的新面层。

（11）对屋面上的太阳能光伏板及太阳能热水板进行保护修复与再利用

（12）弱电设备：监控、配电箱、机柜等再利用。

图12　旧有设施及材料改造前后对比

图13　吊顶格栅拆除与再利用过程示意

（二）电气改造

本项目原供电电源为2路独立的220/380V电源，原设计单位建筑面积用电安装容量为140W/m²，根据改造后办公功能测算，原供电电源形式可满足改造为办公的需求，无需扩容。改造过程根据新的办公使用功能，对照明灯具进行重新设计。原有电气系统的主要问题为：光伏发电系统已不能正常运行，需检修或改造；BA系统原有的末端控制器均存在，部分传感器老化，且与主机间的通信线路故障，显示和控制功能均已失效。

1.太阳能光伏发电改造修复

原有光伏系统现场初步检测结果如下：东西两面共计72块光伏板，有8块光伏板表面开裂、电压异常，其中2块无工作电压，表面严重损坏。原电池板为非晶硅薄膜电池，电池片效率较低，该类型产品原厂家已经停产，现无合适替代产品；原发电设备为简易型小功率并网逆变器，设备已损坏，目前市场上多为大功率工频机型，该类型产品已不再使用；楼顶汇流箱也严重锈损，基本上已无再利用价值。

因而，可再利用光伏组件为64块，总装机容量约为8600W。光伏组件阵列在屋面分为5块区域布置，且每块光伏组件均与水平面呈一定倾角以最大限度地接受太阳辐射（图14、图15）。

光伏系统采用离网系统的运行模式，光伏系统产生的直流电直供5楼及4楼的照明；在光伏发电不足时，通过逆变器将市网供电转换为直流电，从而进行5楼和4楼照明供电的补充。

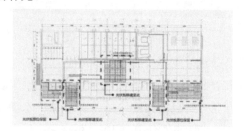

图14 屋面太阳能光伏板保留移建示意

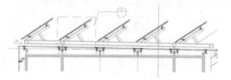

图15 移建屋面太阳能光伏板安装方式

2.BA系统改造修复

充分利用原有的末端控制器和传感器，重新铺设数据传输线路，并更新控制程序，实现对部分控制功能进的修复。修复的监控功能包括：空调通风系统、生活水泵系统、雨水及中水回收利用系统、泛光照明系统、太阳能光伏系统。

（三）暖通改造

原建筑由世博园区集中能源站设置的江水源热泵系统提供的冷热水作为空调冷热源，室内局部区域为全空气系统，局部区域为风机盘管+新风系统。改造过程基本保留了原有的空调冷热源、水系统、风系统形式。仅根据改造后的空间功能变化进行末端风系统、水系统的调整，以及根据设备的损坏情况进行空调设备的修复。原空调系统存在的问题为：1台溶液除湿式热泵机组无法正常工作；多台风机盘管无法启动；各层原有风口布置和改造后的功能划分不匹配，部分房间存在无新风或送风量无法满足现有的使用要求，需要设计与调整（图16、图17）；原有空调系统风量存在不平衡，需要对空调水系统及风系统调试。

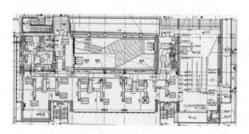

图16 改造前一层风口检测

1.空调设备改造

建筑内1台溶液除湿式热泵机组原来是供应二层展示区新风，经核查其风机可正常运行，但空气处理功能和控制功能均已失

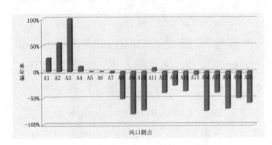

图17 改造前一层风口风量偏差率

效。经厂家检测是溶液除湿换热器损坏，因此更换换热器，现使用良好。多台风机盘管无法启动，经检测是电机损坏，从最大限度利用原设备角度，未整体更换风机盘管，仅对电机进行更换。此外，对部分失灵的空调箱变频装置进行了修复，保证了后期的正常使用。

2.水系统和风系统改造

原有的2层演播厅为高大空间，现改造为3层办公区域，对其全空气系统进行改造，重新布置风管及局部的风机盘管。5层新增区域将空调水管引至5层，并设卧式风机盘管。另外，根据会议和办公功能布局，对局部区域增加或减少风机盘管，在充分使用原有空调设备的基础上，实现室内温湿度的合理控制。

（四）给排水改造

原建筑给排水系统的主要问题有：原设计中的中水回用系统收集管较细，易堵塞。且收集管通过电磁阀控制，限制收集池充满条件下盥洗排水的进入，当改造为办公用途，使用人数增大，无法保证中水的及时处理，电磁阀会处于常闭状态，影响盥洗排水。绿化灌溉系统水泵损坏需要进行更换；太阳能热水系统老化严重。

1.雨水和中水系统改造修复

由于项目改造中原有室内景观水池的取消，设计对雨水排水进行调整，在B1F上部设置雨水悬吊管，将屋面雨水直接排入室外景观水池。改造在各个楼层中水供水管道均设置2个接出口，一路供应卫生间冲厕，另一路供应该楼层的绿化灌溉，绿化灌溉采用滴灌方式。对中水回用系统，将电磁阀控制排水的方式改为在收集池设置溢流口，多余的盥洗废水由溢流口排出。

图18 改造后中水系统流程图

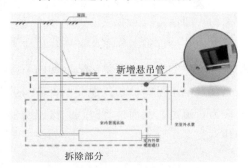

图19 雨水排水改造示意图

改造后收集到的雨水量按照680㎡的屋面面积，10%弃流，0.9径流系数，1200mm年降雨量，年可以收集雨水661m³。收集中水量按照改造后125人计算，40L/人·天的平均日用水定额，盥洗用水占用水量的40%，损耗率10%，计算得到平均日收集中水量1.8m³，按照一年工作260d，年收集中水量468m³。总收集量为1129m³。冲厕用水占用水量的60%，即冲厕平均日用水量为3m³，按照一年工作

260d，年用水量为780m³。按照水量平衡计算，中水和雨水收集量可全部供应冲厕用水且剩余349m³，剩余的水相当于可供应1246m²的绿化灌溉，基本可以满足全部的绿化灌溉面积（图18、图19）。

2.太阳能热水系统修复

改造前，建筑在西面坡屋面布置了太阳能集热系统，共2组平板式集热器，在南北侧对称布置，每组各12块。由于该系统老化严重，故而在改造中由原有供应商负责重新更换该系统，并根据改造方案调整集热板的安放位置。改造后的热水使用主要为办公洗手和厨房用水。

四、改造效果

通过此次工程改造，设计对沪上生态家进行了功能空间重构，并完成了机电设备系统的更新升级，使建筑在维持原有形象及绿色技术的基础上，实现了新的角色转换。

图20 地下一层北边庭改造后

图21 南立面改造后

图22 地下一层中庭改造后

图23 屋面层改造后

太阳能光伏发电、雨水及中水回收再利用系统等绿色技术在办公使用过程中得到了有效利用，同时屋面新增的遮阳系统、修复及部分移位的太阳能光伏板与太阳能热水板，有机结合了建筑的外立面形象和内部空间表达。通过在建筑层面进行的绿色、生态设备与建筑的一体化设计，在技术层面实现了将绿色环保先进技术的展示提升到以楼宇实际应用并能持续发挥日常效能的这一设计目标（图20～图23）。

五、改造经济性分析

本项目在制定改造方案时，基于改造前的大量诊断评估工作，实现了对原有材料、设备、设施的最大限度利用，因此有效地降低了改造费用，具有较好的经济性。改造费用主要用于按照办公功能的装修，绿色技术增量成本主要集中在太阳能光伏发电系统修复、太阳能热水系统修复，BA系统修复、溶液除湿空调更换换热器。

六、思考与启示

本项目原建筑即为绿色三星级建筑，由于功能的变化以及空置过长，而进行更新改造。对于这类建筑的改造，应充分强调对原有材料、设备、设施的最大限度利用，充分利用原有的绿色建筑技术措施。此外，改造前进行充分的评估诊断工作，可以为改造设计方案的制定和改造的经济性提供支撑。

（上海现代建筑设计（集团）有限公司供稿，高文艳、徐极光执笔）

中新天津生态城城市管理服务中心

一、工程概况

（一）地理位置

中新天津生态城城市管理服务中心项目位于天津市滨海新区营城乡汉北路西南侧营城中学旧址，距离南侧规划路约58m，距东侧汉北路约100m。项目用地面积1.33ha（图1）。

图1 中新天津生态城城市管理服务中心位置卫星图

（二）建筑类型

原有建筑建于20世纪80年代末，是天津市汉沽区的一所普通中学，建筑为4层砖混结构，改造后为办公楼。改扩建后地上总建筑面积为5174.88m²，其中原有改扩建建筑面积为3103.61m²，新建建筑面积为2071.27m²。原有改扩建建筑地上4层，层高3.6m，建筑高度15.9m；新建建筑地上3层，首层层高3.9m，其余层高3.6m，建筑高度12.3m。新建建筑采用钢筋混凝土框架剪力墙结构体系，原有改扩建建筑为砖混结构体系需经加固改造。

（三）改造的主要措施

基于绿色建筑评价标准二星级的要求和生态城城市管理服务中心的自身特点，项目在改扩建过程中采用的主要改造技术包括自然采光、自然通风、建筑遮阳、生态幕墙、屋顶绿化、空气热回收技术、采用市政中水、旧物翻新利用、太阳能照明、真空管太阳能热水系统、集成化的建筑设备监控系统等（图2）。

（四）改造后现状

项目于2010年改造完成，经过全面的设计和改造，营城中学原教学楼改造后变为城管中心对外接待办公用房，用于处理城管中心日常项目审批工作，同时在原有建筑北侧新建建筑作为办公楼后勤服务用房。总建筑面积为5174.88m²，项目将办公室等形状和尺寸统一的功能房间设计在旧建筑部分，而将大会议室、小会议室、休息室、员工餐厅等面积不一、功能多样的房间设计在新建部分。功能房间布局如图3所示。新建部分与原有建筑相拥环抱，形成建筑内庭院，改造后的实景如图4。

二、改造目标

天津市汉沽区营城中学，建于20世纪80年代末，建筑为4层砖混结构，建筑高度15.9m。原有改扩建建筑为砖混结构体系，由于年代久远，结构安全性得不到保障，并且需要在建筑屋顶布置安装太阳能热水系统，会影响原有建筑的荷载，因此需对建筑结构体系进行加固处理，保证了建筑的安

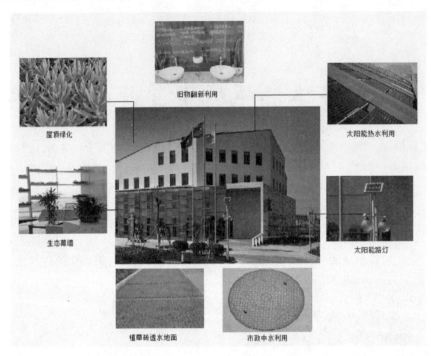

图2 生态城城市管理服务中心绿色技术策略

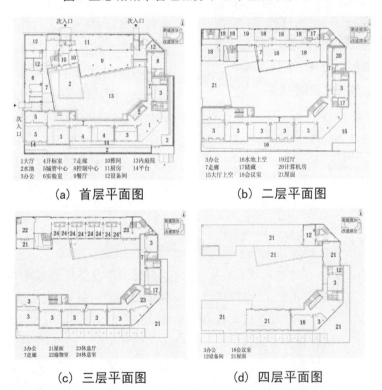

图3 生态城城市管理服务中心建筑平面图

图4 生态城城市管理服务中心实景

全性。原有教学楼主墙体材料为370mm厚砖墙，而且未进行全面的保温处理，热工性能较差，致使冬季室内热量散失大，室内温度很低，严重影响室内人员的热舒适水平。

为了满足城管中心人员办公需求，需将原教学楼改造为城管中心对外接待办公用房，用于处理城管中心日常项目审批工作，因此，对原有建筑进行改扩建，同时在原有建筑北侧新建建筑作为办公楼后勤服务用房。改扩建后的建筑要包括办公室、大会议室、小会议室、休息室、员工餐厅等功能多样的建筑空间。对原建筑进行绿色化改造，首先对原有建筑进行加固处理，保证结构的安全性；通过对围护结构进行保温改造，以降低建筑空调、采暖能耗；同时进行水资源合理规划，减少水资源消耗；采用灵活隔断和废旧物利用，降低材料资源消耗水平，引领绿色低碳的建筑理念。通过改造力求为室内人员创造舒适、高效的办公环境。

三、改造技术

改造项目参照《天津生态城绿色建筑评估标准》和《绿色建筑评价标准》对原建筑进行绿色化改造。改造重点围绕节地与室外环境改造、节能与可再生能源利用改造、节水与水资源利用改造、节材与材料资源利用改造、室内环境改造、绿色改造施工、绿色运行管理等几个方面展开。

（一）节地与室外环境

从建筑室外环境考虑首先对建筑进行日照分析，噪声分析，室外风环境分析等技术分析工作，确保满足相应技术指标的要求。另外进行交通分析，以判定场地是否形成便利的人车交通系统，是否利于绿色出行。本项目采用的主要技术措施包括合理采用屋顶绿化，绿化物种选择适宜当地气候和土壤条件的乡土植物，植草砖透水地面等。

1.避免光污染

生态城城市管理服务中心南侧为连通汉北路的规划道路，西侧为规划道路，北侧、东侧为其他用地。而且本建筑层高较低，不会对周边光环境造成影响。本项目外墙全部采用涂料，并采用颜色深、反射系数不大于0.3的玻璃幕墙，减少了建筑光对环境的影响，同时建筑与周边道路相距较远，且用较大的绿化带隔离，减少了对周边建筑和交通的影响。夜景灯光照明方案采用建筑内部透射光，未采用大功率的透射光，有效避免对周边环境的影响。

2.屋顶绿化

生态城城市管理服务中心在新建部分三层屋顶设置了屋顶绿化，本项目屋顶可绿化面积为1221.3m²，屋顶绿化面积为367.4m²，屋顶绿化面积占屋顶可绿化面积比例为30.1%。天津地区降水量较少，并且从荷载及维护方面考虑，绿化植物采用佛甲草，如图5所示，具有良好的绿化和隔热效果。在屋顶绿化施工前首先对屋面荷载进行核实，并结合建筑屋面排水坡向设计蓄排水板，屋顶绿化详细做法见图6。

图5 屋顶绿化植物佛甲草

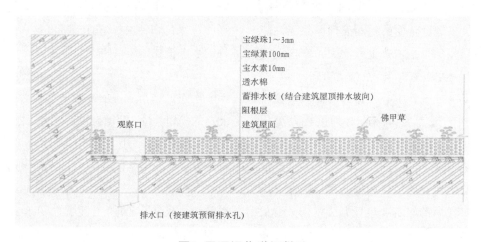

图6 屋顶绿化详细做法

3.透水地面

透水地面能很好地大量收集雨水，而且能很好地抑制扬尘。增强地面的透水能力，可缓解城市及住区气温升高和气候干燥状况，降低热岛效应，调节微小气候，增加场地雨水与地下水涵养，补充地下水量，减少因地下水位下降造成的地面下陷，减轻排水系统负荷，减少雨水的尖峰径流量，改善排水状况。本项目绿地率为40%，绿化物种选择适宜当地气候和土壤条件的乡土植物，且采用包含乔、灌木的复层绿化，具有微气候调节的功能。在停车场采用透水混凝土砖和18孔植草砖进行铺装，实现良好的透水效果。室外停车场植草砖铺装如图7所示，铺装详细做法见图8。

本项目总用地面积为13284.9m²，绿地率为40%，因此绿地面积为5313.96m²；建筑密度为15.9%，计算得到室外地面面积为11172.6m²，停车场植草砖铺装面积1925m²，因此本项目室外透水地面面积比为：

$$透水地面面积比 = \frac{透水地面面积}{室外地面面积} = \frac{7238.96}{11172.6} = 64.8\%$$

（二）节能与能源利用

采用主要技术措施包括改善围护结构热工性能，照明功率密度值满足目标值要求，高效冷热源，新风热回收，分项计量系统，

图7 停车场铺装植草砖

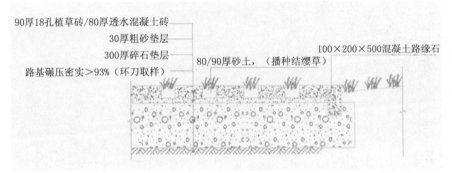

图8 室外停车场铺装详细做法

太阳能热水系统，太阳能照明系统等。

1.改善围护结构保温性能

绿色建筑重视围护结构的保温效果，一是防止室内结露，打造舒适的室内环境；二是减少采暖系统和空调系统的能耗。营城乡中学建于20世纪80年代末期，原有教学楼主墙体材料为370mm厚砖墙，热工性能较差，而且未进行全面的保温处理，致使冬季教室内热量大量散失，室内温度很低，严重影响室内人员的热舒适水平。为了满足城管中心人员的办公需求，同时降低建筑采暖能耗，实现绿色改造的目的，本项目需要对围护结构进行保温改造。

外墙保温形式的选择主要从保温效果和施工难易程度两个方面考虑。本项目采用外墙外保温，即在外墙体的外侧设置保温材料，可避免出现墙体裂缝现象，提高室内舒适度，且能保护建筑的主体结构，延长建筑的寿命，消除热桥造成的附加损失，是绿色建筑首选的保温形式。本项目新建部分采用热工性能良好的加气混凝土砌块（200mm厚）作为主要材料，改建与新建部分均采用50mm厚挤塑聚苯板作为保温材料。对于新建和改扩建部分的建筑外窗和天窗采用断桥铝合金中空玻璃，保证外窗的保温性能。

改造后经模拟计算，外墙的平均传热系数满足《天津市公共建筑节能设计规范》"外墙的传热系数≤0.60W/m²·K"的要求。热桥部位内表面温度最低值为17.37℃高于室内的露点温度(12.02℃)，不会出现结露现象，保证了良好的室内热环境。

2.高效冷热源

本项目改扩建部分原为营城乡中学旧址，原有建筑内部无空调系统，进行改扩建后，由于办公环境的需求，需要配套设计空调系统，以保证室内舒适的办公环境。地热资源属于一种高效、节约、环保且可重复利用的可再生能源，其开发利用主要体现在节省一次能源的消耗、环保节能、提升地区品牌和社会效应上。天津生态城处于滨海地热田中北部，目前区内尚未进行规模性人工开采，地热资源较为丰富。因此，项目在冷热源选择时充分利用当地的地热资源，采用地源热泵机组，实现可再生能源的合理利用，同时将地源热泵机组废热作为项目的太阳能热水系统的辅助热源，系统图如图9所示。工程地埋管换热器为双U形管垂直式换热系统，共计钻孔105个，孔深120m，间距4.5m。地埋管水平埋深2m，埋管范围占地约2000m²，在场地南侧，表面为停车场（图10）。

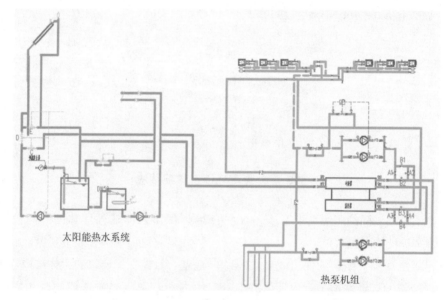

图9 地源热泵系统图

图10 地源热泵地埋管场地

项目充分利用可再生能源，地源热泵作为冷热源，提供建筑100%冷热负荷，实现了一机两用，一套系统就可实现夏季制冷和冬季采暖，也能够保证全年的冷热源平衡。系统在夏季空调供回水温度7/12℃，冬季空调供回水温度45/40℃，其制冷COP=5.1，制热COP=5.4，与传统的电制冷+市政供暖相比，采用高效的地源热泵机组具有明显的节能效益，采暖空调系统全年可节约运行费用74337.7元。

3. 太阳能光热一体化

本项目旧建筑原为教学楼，未进行生活热水设计，经过改扩建增加了城管中心后勤用房，并增设了职工休息室和淋浴间，所需生活热水量较大，因此需增设生活热水系统。

为了最大限度地利用可再生能源，降低建筑的能耗水平，实现绿色改造目标，本项目结合建筑层高少、屋顶面积大的特点，在屋顶进行太阳能光热一体化设计。区别于传统直接放置太阳能集热板的方式，本项目将太阳能集热器与屋面的方管钢柱相结合(图11)，为建筑提供生活热水。一体化设计不仅有效利用了屋顶的面积和空间，而且将集热器与屋面构建相结合，别具一格，起到美化建筑的作用。

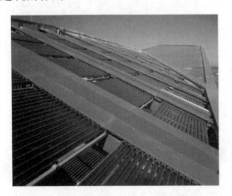

图11 太阳能集热器一体化设计

太阳能热水系统采用真空管太阳能集热器，集热器倾角与屋面坡度相同，为23°。计算集热器面积为80m²，平均每天为该建筑提供4.3m³生活热水。夏季利用地源热泵机组废热作为辅助热源，其他季节利用电辅助加热。考虑到冬季防冻，太阳能热水系统采用间接换热方式，屋顶太阳能集热器内充满防冻液，经太阳照射后，介质温度升高，通过强制循环对系统进行加热。

4. 太阳能照明

建筑庭院内的太阳能灯（图12）以太阳光为能源，白天太阳能电池板给蓄电池充电，晚上蓄电池为灯具供电使用，无需复杂昂贵的管线铺设，可任意调整灯具的布局，安全节能无污染，可以节省电费、免维护。

图12 太阳能路灯

（三）节水与水资源利用

采用的主要技术措施包括采取有效措施避免管网漏损，选用节水器具，绿化灌溉采取节水高效灌溉方式，采用市政中水，按用途设置用水计量水表，进行分项、分类计量等。同时也进行包括非传统水源利用率计算等技术分析工作。

1. 节水器具

本项目改造前建筑内采用的是老式的卫

生器具，冲厕用水量大，水嘴密封性差，造成自来水的浪费。绿色建筑设计将"节水"最为重要内容之一，绿色改造项目也应重视此项内容。本项目为办公建筑，室内用水环节主要为：卫生间洗手池、冲厕、厨房用水、休息室淋浴用水和室外用水（图13）。本项目坐便器采用2档水位，一次冲水量不大于4.5L，水龙头采用陶瓷片密封水嘴，休息室的淋浴也选用节水型花洒。

图13 部分节水器具（节水龙头、节水马桶、节水小便器、节水浴具）

2. 非传统水源

为了减少市政自来水的用量，项目引入市政中水。中新天津生态城配套有市政中水系统，从市政中水管道引入一条DN100管道作为广场内中水水源。本项目市政中水主要用于室内冲厕、室外浇洒、冲洗道路和室外绿化灌溉，实现分质供水。主要采取以下措施保证用水安全：（1）中水管道外壁涂浅绿色标志以示区分(图14)；（2）阀门、水表及给水栓、取水口均应有明显的"中水"标志；（3）公共场所及绿化的中水取水口应设带锁装置。（4）工程验收时逐段进行检查，防止

误接。本项目所需中水最高日用水量为4.2m³/d，经计算非传统水源利用率可达37%。

为了保证计量收费，达到节水的目的，项目按照绿化灌溉、空调补水等不同使用用途，分别设置计量水表。

图14 中水管道涂绿

3. 用水分项、分类计量

本项目根据不同的用水性质分别设置水表，对生活用水、中水、空调系统用水等进行分项计量(图15)，同时可根据水表数据统计各部分的用水量及管路的漏水量，便于项目的用水管理。

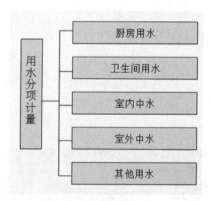

图15 用水分项计量

（四）节材与材料资源利用

采用的主要技术措施包括现浇混凝土采用预拌混凝土，可再循环材料使用，土建与装修工程是否一体化设计，室内采用灵活隔断，旧物再利用等。同时也进行包括可再循

环材料利用率计算、结构加固优化计算、灵活隔断比例计算等技术分析工作。

1.旧物翻新与利用

结合原建筑的风格和特征，充分保留"特征性元素"，建筑中试管、黑板、烧瓶等废弃物(图16)，设计过程中充分保留这些元素。将试管来装饰玻璃的交接点，用黑板来装饰卫生间墙面，将建筑文化延续下去。该方式不仅减少了改造过程中的人力和资源投入，节约了成本，而且形成了本建筑自身的风格，成为建筑内部极富特色的装饰。

（a）黑板利用

（b）试管利用

图16 废旧物利用

此外原旧建筑的水磨石地面保留完好，改造过程中将水磨石地面保留下来，经过修补石渣，擦灰抛光打蜡和结晶，使地面焕然一新。

2.灵活隔断

建筑功能重新划分时应以"节材"作为基本原则，尽量减少拆除和重建，被改建的房间原是作为教室，为了保证建筑的安全性，对内部墙体进行保留。将办公室等形状和尺寸统一的功能房间设计在旧建筑部分，而将大会议室、小会议室、休息室等面积不一、功能多样的房间设计在新建部分，新建部分隔墙采用轻钢龙骨石膏板。实现室内可利用空间的灵活隔断。灵活隔断为在拆装过程不影响周围空间的使用，能够循环利用，且不产生大量垃圾的隔断形式，以减少空间重新布置时重复装修对建筑构件的破坏，节约材料。建筑灵活隔断的面积为$1260.8m^2$，可变换空间的面积为$4048.98m^2$，灵活隔断的比例为31.14%。

（五）室内环境质量

采用主要技术措施包括防结露措施，自然通风、机械通风，自然采光，生态幕墙，主要光照面采用外遮阳，建筑入口和主要活动空间设有无障碍设施，隔声减振措施等。同时也进行包括自然通风模拟、自然采光模拟、室内背景噪声计算、结露计算等技术分析工作。

1.通风

中新生态城位于天津市滨海新区，属于温带滨海半湿润大陆性季风气候，全年平均气温11.9℃，最热月平均气温26.2℃。夏季平均风速为4.4m/s，夏季主导风向为东南方向。结合其气候特点，优先利用通风方式来改善室内温湿度环境。有效减少制冷空调开启时间，降低能耗。

自然通风：利用自然风压和热压实现建筑内通风换气。本工程采用加强自然通风的措施有：（1）建筑平面布局为庭院回合形式，且建筑进深小，大部分房间能开窗通

图17 自然通风

风；（2）建筑布局方案采用长面迎向夏季主导风向，使室外风在迎风面和背风面形成压力差，促进室内通风换气；（3）中庭、楼梯间和幕墙顶部开设可开启的百叶窗作为通风口（图17），利用建筑内部热压形成的烟囱效应，促进自然通风，夏季通风可以降低室内温度，冬季通风为改善室内空气质量。

强制通风：室外风力较弱时采用强制通风，本工程采取的措施有：（1）应用新风微循环系统，增强建筑呼吸。利用卫生间排风使室内保持负压，室外空气通过外墙通风器过滤后进入室内，在建筑内部形成新风微循环。（2）内区房间过渡季利用风机盘管向室内输送新风，风机盘管的回风管与外墙风口相连，因此，过渡季不用开启空调主机即可保证室内的热舒适性。

2.生态幕墙

为了配合建筑整体风格设计，本项目对建筑立面也做了一定改造，最主要的变化是在南立面设计了玻璃幕墙。但是与传统的设计不同，本项目提出"生态幕墙"这一新理念，内部增加绿化植物盆栽，夹层设计水幕，同时与城管中心的使用功能相结合，为

图18 生态幕墙

来访人员提供绿色休闲空间，如图18所示。

与传统的玻璃幕墙相比，生态幕墙同样具有保证室内自然采光和自然通风的效果，除此之外生态幕墙还具有一些"绿色"优势，如：美化室内环境，提升工作环境品质；双层构造可以减少夏季围护结构的得热，降低建筑空调系统的能耗，实现建筑节能的目的；水幕设计可降低幕墙外表面的反射率，避免幕墙给周边环境带来光污染，这些都符合绿色建筑的理念和内涵。

3.建筑遮阳

遮阳对降低建筑能耗，提高室内舒适性有显著的效果。本次改造过程中，在旧建筑东、南两侧分别增加了阳光玻璃大厅，如果没有很好地解决幕墙遮阳，该处是建筑能源

消耗最大，室内舒适度最差的区域。本工程采取的主要遮阳措施有：（1）采用遮阳系数为0.5的中空LOW-E低辐射玻璃，利用玻璃自身的遮阳性能，减少进入到室内的太阳辐射量；（2）东、南两向幕墙室内一侧采用构架与绿化结合的方法设置花槽，槽内种植绿化，既起到遮阳作用，同时又可改善空气质量；（3）玻璃间隔设置"水帘"，水从顶部水槽溢流出来，夏季降低幕墙围护结构内表面温度；4)屋顶天窗设置可开启遮阳帘。

4. 自然采光

本工程的旧建筑原为教育建筑，教学楼部分平面呈"L"型，进深小，且为外走廊，自然采光良好，因此在改扩建部分延续其优势，新建部分呈倒"L"型，与原有建筑围合一庭院(图19)，既有效解决建筑采光，又将平面进行功能整合，内庭院提供了交流与休憩空间。靠近内庭院一侧的走廊外窗部分保留原有尺寸，部分高度有所增加，在满足西、北两侧窗墙比控制要求的同时加大有效采光面积。

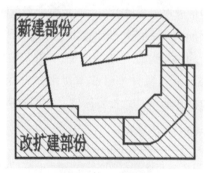

图19　建筑平面图

（六）绿色运行管理

采用的主要技术措施包括废弃物分类收集、建筑智能化系统、自动监控系统等，实现高效运营。

1. 建筑智能化

本建筑采用了集成化建筑设备监控系统。在各个建筑设备处设置信号采集和输出控制装置，包括：供配电系统、公共照明走道、电梯设备、地源热泵机组、循环泵、供水水泵、太阳能集热器水温及生活热水供回水温度、排风风机、电动窗、消防水池处。

供电系统监控：高压进线断路器和馈线断路器状态监测；低压主进开关、联络开关和重要馈线开关状态监测。

照明监控：公共照明配电箱内设置控制装置，可在控制中心实现状态监测和集中控制。

地源热泵：可实现启停控制、状态显示和故障报警，并设温度远传。

排风控制：实现起启停控制和故障报警。

电梯控制：实现电梯设备的工作状态监测和故障报警。

空调控制：各区域空调均可独立控制运行，保证系统高效运营。

各个采集信号通过总线传至控制中心，可在控制中心实现对各设备检测点工作状态监测和故障报警，方便管理并及时发现故障。根据程序设定自动控制各个设备的运行时间，并能够在控制中心远程控制设备运行。

2. 垃圾处理

城管中心设置180m²的职工餐厅，日产厨余垃圾80kg，在厂区的北侧设置垃圾处理站，处理设备每天可处理菜叶、剩饭，最终产生的干粉可作为生物能源的原料。

四、改造效果分析

（一）透水地面

本项目绿地率为40%，并在停车场采用透水混凝土砖和18孔植草砖进行铺装，提高场地的透水地面面积，实现良好的透水效果，经计算本项目室外透水地面面积比例为64.8%。通过增加透水地面面积可缓解建筑区气温升高和气候干燥状况；降低热岛效应，调节微气候；增加地下水涵养；减少地表径流，减轻排水系统负荷，改善排水状况。

（二）节能

1.围护结构。本项目新建部分采用加气混凝土砌块（200mm厚），改建与新建部分保温材料均采用50mm厚挤塑聚苯板。新建和改扩建部分的建筑外窗和天窗采用断桥铝合金中空玻璃。改造后经模拟计算，外墙的平均传热系数满足《天津市公共建筑节能设计规范》"外墙的传热系数≤0.60W/m^2·K"的要求。热桥部位内表面温度最低值为17.37℃高于室内的露点温度（12.02℃），不会出现结露现象。

2.地源热泵。项目采用地源热泵作为冷热源，提供建筑100%冷热负荷，能够实现夏季制冷和冬季采暖。系统制冷COP=5.1，制热COP=5.4，与传统的电制冷+市政供暖相比，采用高效的地源热泵机组具有明显的节能效益，采暖空调系统全年可节约运行费用74337.7元。

3.太阳能热水。本项目采用集热器面积为80m^2，平均每天提供4.3m^3生活热水。夏季

利用地源热泵机组废热作为辅助热源，其他季节利用电辅助加热。利用太阳能光热系统生活热水，全年可节约电费约2.1万kWh，减少建筑运行费用1.85万元。

（三）节水

中新天津生态城配套有市政中水系统，本项目采用市政再生水进行室内冲厕和室外绿化灌溉，实现分质供水，市政中水与自来水使用比例，如图20所示。经用水量计算，本项目非传统水源利用率可达到37%，每年可节省费用2889.4元。

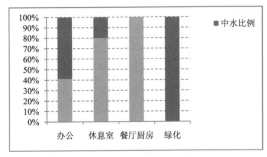

图20 分质供水比例

五、经济性分析

与普通办公建筑相比，本项目的绿色技术增量成本主要集中在地源热泵、绿色照明、太阳能热水系统、节水灌溉、生态幕墙等方面。为实现绿色建筑而增加的初投资成本为62.8万元，具体增量成本费用如表1所示，各项技术增量占总投资比例，如图21所示。

绿色增量成本汇总表 表1

为实现绿色建筑而采取的关键技术	应用面积（m^2）	应用量	单价（元/m^2）	增量成本（万元）
地源热泵	5174.88	冷负荷：520.2kW 热负荷：542.1kW	87.65	45.36
绿色照明	5174.88	60W（61个）	7.98	4.13
太阳能热水系统	5174.88	80m^2	6.09	3.15
节水灌溉	5174.88	3780m^2	0.39	0.20
生态幕墙	5174.88	635.9m^2	19.25	9.96
合计			121.38	62.8

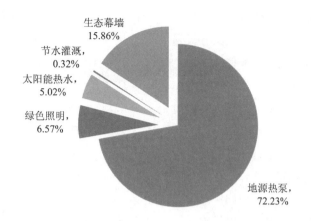

生态幕墙
15.86%

节水灌溉,
0.32%

太阳能热水,
5.02%

绿色照明,
6.57%

地源热泵,
72.23%

图21 各部分绿色技术增量成本所占比例

项目全部建设费用约为3000万元,节省土建成本384万元,通过旧建筑物利用节省350万元,由于采用绿色建筑增加的成本约62.8万元,占总投资的2.09%,单位建筑面积增量成本为121.38元,属于低成本绿色改造的典范。

绿色改造虽然会产生一定的增量成本,但采用绿色技术后,可以有效减少建筑耗电量和耗水量,减少每年的建筑运营费用。经估算,本项目采用以上绿色技术后,全年可节约用电量为12.85万kWh,节省电费11.29万元,此外每年还可以节约自来水约1400t。

六、结束语

既有建筑绿色改造源于既有建筑节能改造,却又高于单方面的节能改造,目前在我国尚处于探索阶段,通过本案例的分析和总结,在既有建筑绿色改造过程中有几点问题需要注意:

(一)建筑功能空间设计十分重要,要充分析用原有建筑的内部空间划分特点,做到少拆除、少增加,以实现改造过程中"节材"的目标;

(二)切忌技术的堆积。绿色建筑提倡的是建筑健康、节约的运行方式,选择技术时应做到因地制宜,而并不是高新技术的罗列。在既有建筑改造前期,设计和咨询部门应充分考核建筑所处位置的自然资源环境等特点,对可用的关键技术进行经济性分析,确定其可行性;

(三)合理规划改造的施工过程和施工顺序。既有建筑绿色改造与节能改造不同,它涉及节能、节水、节材等多方面的改造,在施工前一定要做好统筹安排,避免重复施工,减少施工量,实现绿色施工。

(四)我国北方地区既有建筑绿色改造过程中可优先选择的技术为:围护结构节能改造、节能灯具应用、节水器具应用、太阳能热水系统使用等,这些技术施工工程量较小,成本较低,但效果明显,具有良好的经济性。

生态城城市管理服务中心为学校建筑改扩建项目,是中新天津生态城内第一个既有建筑绿色改造项目,项目所采用绿色技术,自然采光、自然通风、建筑遮阳、生态幕墙、屋顶绿化、空气热回收技术、采用市政中水、旧物翻新利用、太阳能照明、真空管太阳能热水系统、集成化的建筑设备监控系统等，对于既有建筑的绿色化改造具有极强的推广借鉴价值。项目现已投入使用，绿色建筑的设计理念为人员的工作带来了很多便利，良好舒适的室内环境也有助于提高人员的工作效率。

项目在2010年5月获得了法国罗纳—阿尔卑斯大区和《时代建筑》杂志联合颁布的"生态建筑奖"第一名；并于2013年获得国家绿色建筑二星级设计标识。本项目为天津市乃至整个北方地区既有建筑低成本绿色改造提供了良好的示范作用，其外墙保温设计、节水器具设计、太阳能光热一体化设计等技术在改造过程中的工程量并不大，绿色效果却十分明显，可作为既有建筑改造中应大力推广的技术。

（中国建筑科学研究院天津分院供稿，
杨彩霞执笔）

江苏省镇江市老市政府建筑

一、工程概况

（一）项目基本情况

镇江市老市政府建筑项目位于江苏省镇江市正东路141号，老市政府大院位于镇江市建康路以东、正东路以南地块，地处镇江老城区市中心位置，周边交通便捷，公共配套齐全。

镇江市老市政府建筑由原文化局办公楼、原政法局办公楼、原统计局办公楼、原财政局办公楼、原市政府1、2号办公楼、原档案局办公楼及附属库房等组成，原总建筑面积为4.48万㎡，地下建筑面积0.6万㎡，容积率1.37，绿地率33.7%（图1）。建筑大多建于19世纪80年代末。

该老市政府大院办公建筑已不能满足现行政府办公要求，镇江市政府已进行了整体搬迁。为了节约资源，利用可用的既有建筑，镇江市决定对老市政府大院进行改建、改造。对原文化局、原政法局、原统计局、原财政局等办公楼进行拆除重建，对原市政府1、2号办公楼、原档案局办公楼及附属库房进行改造，改造建筑面积约1.3万㎡。拟改造的建筑基本信息如表1所示。

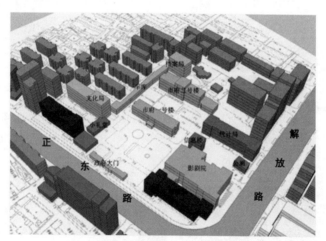

图1 老市政府改造前模型鸟瞰图

拟改造的建筑基本情况   表1

建筑名称	建筑层数	建筑面积/（㎡）	结构形式	空调型式
市政府1号楼	地上3层	约4000	砖混、框架	分体式空调
市政府2号楼	地上5层	约5000	砖混、框架	分体式空调
档案局办公楼	地上5层，地下1层	约2500	砖混	分体式空调
附属库房	地上2层	约1500	框架	分体式空调

（二）存在问题

拟改造的4个单体建筑建于19世纪80年代末，结构形式为砖混、框架结构，采用分体式空调，没有采用节能技术措施，加上年久失修，建筑使用状况较差。改造前建筑各部分状况如表2所示。改造前外墙、外窗及屋面状况见图2～图4。

综上所述，改造前镇江市老市政府建筑，围护结构外墙、屋面、外窗等热工性能大部分不满足《公共建筑节能设计标准》GB 50189-2005和江苏省《公共建筑节能设计标准》DGJ 32/J96-2010的要求。采用的分体式空调系统均已陈旧，已难以满足现代办公的要求；照明系统中大量采用普通T8荧光灯，公共区无控制系统、电气系统无分项计量，给排水系统大部分为普通用水器具。上述问题拟在单体建筑绿色改造中予以解决；通过单体建筑绿色改造也将使室内环境达到绿色建筑标准的要求。

办公大院占地面积较大，室外透水地面、绿化和景观有较好的基础，可通过绿色改造进一步提升，引入雨水回用等措施，通过节地、节水等改造使室内环境达到绿色建筑标准的要求。

二、改造目标

绿色改造的目的旨在，通过设计和多种绿色技术的合理构筑，使既有建筑在寿命周期内改善室内外环境，提供健康、舒适的使用空间，并达到节约资源（节能、节地、节

四个单体建筑改造前各部分状况　　　　　　　　　　　　　表2

系统		历史状况	主要问题
外围护结构	外窗	铝合金单层玻璃窗	保温、遮阳和气密性均不满足节能标准要求
	外墙	普通黏土空心砖墙，无外墙保温系统	保温不满足节能标准要求
	屋面保温	无保温层	保温不满足节能标准要求
暖通空调系统		分体式空调	空调系统陈旧，效率低
照明系统		灯具均为普通T8荧光灯，公共区无控制系统	照明能耗较大，未充分利用自然采光
给排水系统		均为普通洁具；无生活热水供应	节水不佳，热水能耗较大
电气系统		常规电气系统	电气系统老化，无分项计量装置

图2 改造前外墙

图3 改造前外窗

图4 改造前屋面状况

水、节材）、保护环境、减少污染的目的。本项目还将通过绿色改造达到提高办公效率、传播绿色建筑理念、垂范社会等目的。

本项目改造的目标为：

节能改造：按节能65%的标准设计。

绿色建筑等级：按一星级绿色建筑标准进行设计。

三、改造技术

基于绿色建筑评价标准的要求和镇江市老市政府建筑的自身特点，该改造项目采用的主要改造技术包括自然采光、自然通风、墙体保温、节能门窗、建筑遮阳、透水地面、雨水回用、VRV空调技术、节能照明灯具以及智能照明控制系统、太阳能热水系统、分项计量及能耗监测系统、节水器具等。各单体及项目总体绿色改造具体措施如表3所示。

（一）节地与室外环境

采用的主要技术措施包括绿化物种选择适宜当地气候和土壤条件的乡土植物；利用新建建筑新建地下停车场，合理利用地下空间；增加透水地面等。同时也进行包括改造前测试、室外风环境分析等技术分析工作。

1. 庭院绿化改造

充分利用现有的绿化，进行良好的维护。本项目占地面积较大，室外透水地面、绿化和景观有良好的基础，在最大限度地保留已有的绿化植物的基础上，进行多种类植物的增补和设计，尤其以适合镇江当地气候的乔、灌、草各类植物为主，形成完整的包含乔、灌木的复层绿化结构（图5）。落叶乔木在夏季可以为建筑起到一定的遮阳作

镇江市老市政府建筑项目绿色改造主要技术措施　　　　表3

项目	分项	部位或系统	改造技术措施
市政府1号、2号、档案局办公楼、附属库房	节能措施	外墙	增加复合材料保温板外墙外保温系统
		屋面	增加真空绝热板保温系统
		外窗	更换为断桥铝合金中空玻璃窗
		暖通空调系统	部分区域更换为VRV空调，室内增加温度控制装置，部分区域分体式空调更新
		照明系统	普通荧光灯更换为节能灯，公共区域增加智能控制
		热水系统	市政府1号、2号增加太阳能热水系统
		电气系统	选用高效电器，增加分项计量及能耗监测装置
	节水措施	给排水系统	普通器具更换为节水器具，增加用水计量表
	节材措施	室内	装修采用环保材料，部分区域采用灵活隔断
	室内环境改造措施	室内	利用遮阳设施、温度控制装置改善室内热环境
	其他措施	屋面	局部上人屋面增加屋顶绿化
办公大院	室外环境改善措施	院落绿化	充分利用现有的绿化，适当增加部分物种，形成灌木、乔木立体复层绿化
		透水地面	局部增加透水地面，透水面积比达到40%
	节水措施	雨水利用	增加雨水回用装置
		绿化灌溉	绿化采用喷灌

图5 老市政府大院绿化现状

图6 多种植物类型景观设置效果图

图7 新建建筑地下空间利用

用，在冬季叶落后亦可以增加建筑室内阳光的摄取，此外，还能有效阻挡周边环境噪音对建筑室内环境的影响。乔、灌木的增补设置将结合景观设计进行（图6）。

2.地下空间利用

利用新建建筑新建地下停车场，合理利用地下空间。老市政府地处镇江市中心，用地较为紧张，项目自身也多为低层建筑，因此本项目应增补地下空间。东南角和西北角，原文化局、原政法局、原统计局、原财政局等办公楼进行拆除后重建，设置地下停车场，满足日益紧张的停车需求（图7）。

3.旧建筑合理利用

合理利用旧建筑，减少重建工程量。本项目市政府1、2号办公楼、档案局办公楼、附属库房为改造工程，将合理地利用原旧建

围护结构节能改造技术措施

表4

部位	改造技术措施	改造前热工性能	改造后热工性能
外墙	外墙增加60mm厚复合材料保温板外保温系统	K=1.62W/(m²·K)	K=0.80W/(m²·K)
屋面	屋面增加15mm厚真空绝热板保温层	K=2.48W/(m²·K)	K=0.54W/(m²·K)
外窗	外窗将铝合金单玻窗更换为断热铝合金中空玻璃窗	K=6.4W/(m²·K)	K=3.0 W/(m²·K)（南北向） K=3.5W/(m²·K)　（东西向）

图8 外围护结构改造后的效果

图9 断桥铝合金中空玻璃窗

筑，在保留老旧建筑的韵味的基础上，增添一些新的时代特色。

4.透水地面

本项目绿化植被面积较大，绿化植被已形成良好的透水地面。庭院中步行道、自行车道拟采用透水性地砖等地面；汽车停车位，拟选用带孔的植草地砖。进行适当的改造和完善，使透水地面面积比在40％以上，减少了雨天地面雨水径流，也对土壤的保湿、室外环境的调节起到了辅助作用。

（二）节能与能源利用

节能改造主要按照《公共建筑节能改造技术规范》JGJ 176-2009的要求，依据《公共建筑节能设计标准》GB 50189-2005和江苏省《公共建筑节能设计标准》DGJ 32/J96-2010的要求进行节能计算和设计，确定节能改造的内容和技术措施。

1.围护结构

为保持原建筑立面的风格，对综合楼围护结构的改造采用了增加外墙外保温、屋面保温的做法，外窗将铝合金单玻窗更换为节能窗，具体措施见表4。外围护结构改造后的效果见图8，更换后的断桥铝合金中空玻璃窗见图9。

2.暖通空调系统改造

本项目改造后将作为集商贸、办公于一体的建筑群对外出租，空调系统将主要由租户自行设置。根据建筑楼层不高、负荷不太大等特点，改造部分采用VRV空调系统，室内增加温度控制装置，部分采用高效分体空调，拟在第二阶段改造中实施。

3.设置分项计量和能耗监控系统

根据老市政府改造设计，将空调、照明、动力、其他电力分成4类进行计量，充分保证本项目运营时期的能耗监控、管理。

4.可再生能源的应用

根据老市政府建筑群的实际情况，针对市政府1号、2号楼建筑增加太阳能光热系统，提供建筑的生活热水。拟安装500m²的光热系统，每天可以提供20t的生活热水。

5.照明系统改造

本项目电气线路将重新安装，照明将按《建筑照明设计标准》进行严格设计，如LPD值按目标值设计，采用节能光源、灯具、镇流器，并在一些公共部位配备节约型控制开关等。

（三）节水与水资源利用

1.用水器具更换

选用节水器具及完善的给排水系统。项目提出全面的给排水方案，在避免管网漏损、器具节水性能方面将做全方位的考量。选用节水型生活用水器具和节水管材、阀门等，通过节水器具更换、水计量、水平衡、查找漏水点，降低整个建筑群的水消耗。

2.绿化灌溉

绿化、景观等用水采用非传统水源。进行雨水回用的设计，拟在东南角或西北角地下车库内设置雨水回用系统的机房，回用的雨水用于建筑室外的绿化浇灌用，乔木、灌木区域采用取水口接水人工灌溉方式，草地区域设置高效喷灌设备，进一步节约灌溉用水(图10)。

3.用水计量

按用途设置用水计量水表。用水量计量

实现数据采集的目的。二级水表如：灌溉用水表，生活热水表，厕所水表等。

（四）节材与材料资源利用

本项目为改造项目，改造内容主要包括加固改造、节能改造、室内装修及相关绿色改造内容。加固过程中，充分采用碳纤维、钢材等高强度材料，体现材料资源的节约(图11)。改造所用的建筑材料标准符合GB 18580～GB 18588及《建筑材料放射性核素限量》GB 6566的要求。建筑本身造型要素简约，无大量装饰性构件。改造所用建筑材料大部分为本地化材料，装修中用量较多的玻璃、金属、石膏板等均为可再循环材料或可再利用材料。

改造时按照绿色建筑要求，土建和装修工程一体化施工，办公室部分区域采用灵活隔断，减少了重新装修时的材料浪费和垃圾产生。

（五）室内环境质量

1.室内热湿环境

室内热环境的改善通过建筑室内构造的优化，使其保持良好的自然通风、自然采光和隔声性能，为使用者带来舒适的环境体验。

暖通空调系统改造采用调节方便、可提高人员舒适性的空调末端。室内均设置温湿度显示及调节装置，满足不同使用者的需

图10 高效喷灌设施

图11 采用碳纤维、钢材等高强度材料的结构加固

求，可根据需要自行调节。

2.室内光环境

白天室内尽可能利用自然采光，太阳辐射强烈的朝向利用百叶调节室内自然光，使室内光线更加柔和，减少炫光。进深大的区域利用人工照明，照明均采用光线柔和的节能灯具，在满足办公需要的情况下尽可能使能耗更低。

（六）绿色运营管理

采用的主要技术措施包括建筑智能化系统、用能系统监控等，以实现绿色运行。

建筑采用了建筑智能化系统，包括网络、通讯、安全监控系统等。

用能系统监控包括室内环境自动调控和用能用水监控。暖通空调系统改造采用调节方便、可提高人员舒适性的空调末端，室内均设置温湿度显示及调节装置，可根据需要自行调节，但系统中心控制温度上限。用能用水监控系统包括：在公共照明配电箱内设

置控制装置，可在控制中心实现状态监测和集中控制；增设了分项计量装置，对电气系统进行了改造，分项计量表用于计量总用电、总用水、总用气、暖通空调能耗、照明插座能耗、动力能耗、特殊能耗等。

在原有管道设施的基础上重新进行设计，充分保证改造后的建筑管道在公共部位，便于维护与更换。对整体建筑进行较为先进的智能化系统设计，保证本项目的安防、巡检、车辆管理、信息发布等需求。

四、改造效果分析

结合建筑加固改造、装潢等改造需求，镇江市老市政府建筑绿色改造项目分二阶段实施。第一阶段主要是对市政府1号、2号、档案局办公楼、附属库房进行结构加固及围护结构节能改造，已于2014年6月完成。第二阶段对电气、暖通空调、给排水等系统进行改造，以及对大院进行绿色改造，拟于2015年12月完

成。项目改建、改造后的效果见图12。项目的室内外环境、节能、节水、建材等方面的分析将在全部改造完成后综合测评。

4个单体建筑节能改造按照节能65%的标准设计。外墙增加了以60mm厚复合材料保温板为保温材料的外保温系统；外窗由单玻窗置换成断桥铝合金中空玻璃窗；屋面增加了15mm厚的真空绝热板保温层，并对防水层进行了改造。改造后的外墙、屋面、外窗热工性能均达到公共建筑节能标准要求；外立面采用浅色涂料配合真石漆饰面，改造后建筑外立面保持了淡雅、大方的风格（图13、图14）。

五、经济性分析

（一）绿色改造增量成本计算

与普通办公建筑改造相比，本项目的绿色技术增量成本主要集中在围护结构、暖通空调改造、雨水回用系统、太阳能光热系统、绿化系统等方面。为实现绿色建筑而增加的初投资成本为197万元，具体增量成本费用如表5。

（二）投资回收计算

根据计算，本项目既有建筑的绿色改造，每年可以节省36万kWh电量。节能改造增量成本为197万元，镇江电费为0.8元/kWh，则静态投资回收期为1970000元÷（0.8元/kWh×360000kWh）=6.84年，具有良好的经济效益。

六、结束语

本项目按照相关标准的要求，结合夏热冬冷地区办公建筑的特点，因地制宜，采用了适宜的绿色技术，如外遮阳措施、暖通空调节能改造、智能控制、照明节能、屋面绿化、墙面绿化等技术。通过项目研究，我们得到一些启示：

图12 项目改建、改造后的效果图

图13 市政府1号楼改造后的外观图

图14 市政府2号楼改造后的外观图

绿色改造的增量成本 表5

位置	子项	项目增量投资额（万元）	备注
建筑	围护结构	100	结合综合楼整体改造
	暖通空调系统	25	
	节水器具	5	结合平时维保，局部改造
	智能控制	5	
	照明系统	5	结合改造和日常维修，逐步更换照明灯具。
	太阳能热水系统	20	
	分项计量	15	
大院	院落绿化	5	以绿建指标为目标
	硬地面透水	5	以绿建指标为目标
	雨水回收系统	10	以绿建指标为目标
	水表计量	2	结合节水工作，同步开展
合计		197.0	

（一）改造应根据所处地区气候特征及建筑特点，因地制宜，综合考虑节能效果、经济效益、美观等因素，选择适宜的绿色改造技术，制定专门的改造方案。

（二）应从全寿命周期分析，从节能、节地、节水、节材、运行、室内环境等多方面平衡选用技术，从改造设计、施工、运行多环节全过程控制技术的选择、应用。

（三）改造应结合建筑的功能改造、装修改造项目进行，减少绿色建筑改造的增量成本，减少改造工作量，减少对建筑使用的影响。

（四）应充分发挥示范工程的宣传作用，通过绿色节能、安全环保技术的展示，垂范社会，扩大示范影响力。

（五）应积极倡导管理节能、行为节能。采用分项计量，加强能耗监测，结合用能管理，进行设备和用能行为控制节能，技术简便、经济、实用，节能效果显著。

（江苏省建筑科学研究院有限公司供稿，沈志明、吴志敏、成维川、陈龙执笔）

辽宁省建筑设计研究院办公楼

一、工程概况

严寒地区的历史建筑根据气候特点并结合自身特点，具体分析其更新方法，在建筑更新前对其进行综合评估是非常重要的。不同类型的历史建筑会给改造设计带来不同的制约和限制条件，设计者应尽可能地挖掘历史建筑的特点和潜力，将原有建筑空间与新的使用功能有机地融合，同时采用适用的绿色更新技术。

辽宁省建筑设计研究院位于沈阳市和平区和平南大街84号，园区内现有办公建筑3栋，总建筑面积8409m²（图1）。其中1号楼建于1956年，4658m²，砖混结构，地上3层，半地下1层，外墙为370mm厚砖墙，层高为3.6m，半地下室层高3.0m，该楼为沈阳市近现代优秀建筑；2号楼建于1986年，2867m²，框架结构，地上5层，外墙为370mm厚空心砖墙，层高为3.6m，3号楼建于1976年，884m²，砖混结构，地上3层，外墙为370mm厚砖墙，层高为3.6m。该区域的供热锅炉房设在省建筑设计研究院院内，承担辽宁省建筑设计研究院及周边几个单位的供暖。总供热面积为39950m²。锅炉房现有2台锅炉，一台4T，一台6T。

辽宁省建筑设计研究院1号楼是一栋非常有特点的历史建筑。该楼建成于1956年，为沈阳市近现代优秀建筑，外观简朴自然，外墙清水墙的质感与坡屋顶共同构成了建筑物的显著特征。台阶、檐口和女儿墙、窗间墙等细部处理丰富，分别采用了做工精美的水磨石、水刷石、砂浆装饰花纹等手工艺，是该建筑建设时期的历史特点的典型代表（图2）。

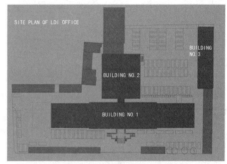

图1 场地总平面示意图

图2 1号楼建筑外观

园区内3栋建筑物均为非节能建筑，存在着运营能耗高、使用功能差等问题。原建筑墙体采用370mm厚承重黏土砖砌筑、屋面保温层为传统的炉渣保温、门窗种类繁多且密封性较差。这种情况导致许多房间，尤其是顶层、山墙、西侧等房间存在着冬天冷、夏天热、热舒适度差的情况，同时加剧了室内对分体空调设备的依赖，致使夏天时人们大量使用空调制冷，而冬天室内长时间使用电加热设备，其结果是：耗电量很大，造成经济上的浪费，而且舒适效果也不够理想。建筑室内装修陈旧使得室内的自然光线变暗，室内照明更多地依赖人工照明，较小的室内空间布置也不适应工作发展需要。同时，在长期使用中，该建筑外观包括作为历史建筑重要特征的清水砖墙受到了不同程度的污染和破坏，外墙上呈现着不同时期所更换的不同形式的外窗、悬挂着各式各样的空调室外机，屋面瓦部分破损、甚至有脱落的危险等等，极大地影响到建筑的外观效果。

二、改造目标

为了更好地体现和完善历史建筑具有的情感价值、文化价值和使用价值，我们通过可持续的更新设计引导建筑从"物本"世界到"人本"世界的转化，围绕着新的自然观和生活工作方式展开分析和讨论，结合本工程特点分析和经济性分析，我们确定了该建筑更新的保护要求：修缮清水砖墙，排除外保温方式；保持大屋顶建筑风貌，进行维修或更换；保持包括台阶、檐口和女儿墙、窗间墙等部位在内的精美建筑细部等。

我们对经济方面和更新期间使用要求进行充分论证分析：工程的更新投入将全部由本单位自行解决，希望将费用控制在300万元人民币，同时在保证日常的工作的前提下，通过采用适合工程特点、技术成熟的、性价比高的技术，来进行LDI办公楼的绿色更新。

三、改造技术

（一）规划与建筑

1.外墙与屋面保温

为保持老楼历史风貌，我们采用内、外保温相结合技术，针对不同建筑和建筑物不同部位选择不同的保温办法。为保持老楼历

史风貌，辽宁省建筑设计研究院1号楼采用内、外保温相结合技术，1号楼半地下室外墙没有过多的立面细部，为了取得较好的保温效果，我们采用100mm厚EPS外保温技术（图3、图4）。1号楼的一、二、三层清水砖墙部位是历史建筑的重要特征，建筑细部非常丰富，因此实施内保温方案，采用水性聚氨酯发泡保温40mm厚（防火B1级），轻钢龙骨内衬石膏板的墙体保温处理办法，同时着重加强屋面保温处理和更换外窗来加强节能效果（图5、图6）。

2号楼采用外贴100mm厚EPS保温板，选用阻燃苯板作为保温材料的原因是因为其保温性能好，造价低，容重20~22kg/m³，氧指数不小于30（图7、图8）。3号楼一、二层外墙粘贴100mm厚EPS保温板，容重20~22kg/m³，氧指数不小于30。三层外墙与屋面现有保温轧型钢板外贴100mm厚EPS保温板。

图3 1号楼改造前外墙状况

图4 1号楼基座外保温改造中照片

图5 1号楼采用内保温施工照片

图6 1号楼基座外保温改造后照片

图7 2号楼外保温改造中照片

图8 2号楼外保温改造后照片

本项目根据不同部位采用不同的屋面保

温材料。建筑中央坡顶内有木屋架，考虑到防火要求，屋下部采用150mm厚岩棉板保温，两侧平屋顶在屋面上部采用120mm厚阻燃挤塑苯板保温。

本项目外窗被统一更换成新型玻璃钢单框双玻窗，空气间层采用16mm，传热系数 k≤2.4w/m²•k，窗开启形式采用平开加内倒方式，便于室内通风换气。

玻璃钢门窗框材的密度只相当于钢材的1/4，铝合金的60%，但材料强度却与钢材相当，是铝合金的2.8倍，PVC塑料的8倍，与塑钢门窗比较，不需要靠加钢衬补强，即可以达到抗风压水平。玻璃钢的传热系数是钢材的1/110，铝合金的1/470，较低的传热系数消除了冬季室内窗框的冷效应区避免了结露，提高了居住的舒适度。作为继木、钢、铝、塑后又一新型门窗，玻璃钢门窗综合了其他类门窗的防腐、保温、节能性能，更具有自身的独特性能，在阳光直接照射下无膨胀，在严寒的气候下无收缩，轻质高强无需金属加固，耐老化使用寿命长，在本项目中应用，其综合性能优于其他类门窗。

2.历史建筑外观修复和室内外环境整治

我们首先对建筑屋面根据原有屋面瓦的形式、材质进行了更换（见图9）。其后，我们对建筑外清水砖墙采用了砖粉修复方式，其修复流程为：（1）高压水清洗风化层（图10），（2）淋涂岩石增强剂养护，（3）使用砖粉修补材料对砖体损坏程度在2mm以上的部分进行修补、割缝、用专门勾缝材料勾缝（图11），（4）采用无色透明渗透型憎水性保护液对整个墙面进行全面保护。同时，我们将现状外墙上不同时期的多种外窗统一更换为茶色玻璃钢框的节能窗，并对檐口、入口等历史建筑重要节点部位进行了细致的修复（图12、图13）。修复后的建筑整洁统一、并体现出经历风霜的历史面貌，反映了原有建筑色彩丰富、具有良好质感和肌理的特征。

在室内环境方面，我们在充分考虑原有结构安全要求的基础上，将原来许多很小的办公空间组成了较大的办公空间，这样可以提供了更为整洁明亮、紧凑高效的办公空间，减少了对人工照明的依赖（图14）。

图12 历史建筑檐口部位修复

图13 外窗更换

图9 屋面瓦更换后与远处同时期建筑的对比

图10 高压水清洗风化层

图11 砖粉修补

图14 室内自然光和节能照明的运用

3.结构与材料

三栋建筑的结构形式分别为：1号楼为砖混结构，地上3层，半地下1层；2号楼为构架结构，地上5层； 3号楼为砖混结构，地上3层。建筑原有建筑材料得以充分利用，原有建筑的围护结构和承重结构几乎没有改变加以利用。新增加的隔墙采用轻钢龙骨＋硅酸钙板，高效环保节能，运输、安装方便。

（二）暖通空调

1、2、3号楼原供暖系统采用散热器供

暖系统，热源由我院锅炉房供给，热源温度为80/60℃，采暖系统配管形式为水平单管串联式，散热器为铸铁M132型，采暖系统管材为焊接钢管。由于原供暖系统已安装运行了30多年之久，时间较长，采暖管道及散热器内部结垢非常严重，散热效果很差，造成能源的浪费。

根据建筑外围护结构节能改造的方案，我们对1、2、3号楼的供暖系统改造方案进行了深入研究和方案论证，改造后的供暖系统仍采用散热器供暖系统，但采暖系统配管形式调整为水平单管跨越式，散热器更换为内腔无砂节能高效散热型铸铁散热器，每组散热器设恒温调节阀，在每个采暖入口处设置热计量装置及水力平衡装置。

为了保护历史建筑立面风貌，我们将空调改造和遮阳处理纳入更新的范围。我们结合对办公楼外立面的保护和修缮，采用新型节能环保的全自动变频集中控制多联机空调系统替代了原有的分体式空调，并完成了空调系统节能、计量、自控方面的改造，使历史建筑重新焕发青春。围护结构的改造为空调节能创造了条件，经计算通过对原建筑物的围护结构（包括墙、窗、屋顶等）进行了节能、保温等处理后，围护结构的热损失比改造前减少了50%以上，节能效果显著。同时在外窗内侧增加高强低缩涤纶布内遮阳窗帘，可以过滤眩目日光、有效阻挡强紫外线、降低黄色光线和水分的遗失。

（三）给水排水

楼内的供水系统得到了全面的更新，所有公共用水部位采用了感应水龙头、感应冲洗器，充分节约水资源。本项目给水排水改造的一个亮点是太阳热水系统的利用。

太阳热水系统是利用太阳辐射能加热水的装置，它由集热器、贮水箱、管道、控制设备4部分组成。作为利用太阳能的一个设备整体，也称为太阳热水装置。太阳热水系统按运行方式可分为3种：自然循环系统、直流式系统和主动循环系统。太阳热水系统按有无换热器可分为：直接系统和间接系统。直接系统在集热器中直接加热供水，间接系统是利用换热器间接加热供水，间接系统同时也是主动循环系统。

楼内食堂共有生活热水龙头8个，其中厨房内设2个水龙头，用于洗菜、洗厨房内部餐具等；餐厅设6个水龙头，用于职工清洗自带餐具。用水人数约200人，用水标准为15L/d，用水时间约1小时，用水温度约45℃，计算出食堂生活热水每天用水量约$3m^3$。项目增设的太阳热水系统主要为食堂提供生活热水。系统采用管排式热管联集管集热器作为集热单元，采用真空玻璃管集热，通过热管组件传热，结合相关的管道、配件、辅助能源及控制系统，组成主动循环式太阳能中央热水系统（图15）。该系统主要有以下功能：

图15 屋面太阳能集热板

1. 自动补水：该功能单元主要有控制系统、储水箱和电磁阀构成。通过温控补水、无水补水的功能实现系统自动补水。

温控补水：储水箱内的温度达到设定数值，冷水补水电磁阀自动开启，向水箱内补充冷水；当储水箱内的温度低于设定值，冷水电磁阀自动关闭。当水箱的水位达到设定值或者水满，系统自动切换至防溢保护状态，电磁阀不再受温度的控制进行补水。

无水补水：水箱内的水位低于20%，补水电磁阀自动开启，冷水通过锅炉加热到设定温度自动补充到水箱内。当水箱内的水位到达40%，补水电磁阀自动关闭。系统参数可以根据实际情况设定。

2.温差循环：该功能单元主要由控制系统、循环水泵和循环管路构成。控制系统通过检测集热器和水箱的温度差值来控制循环水泵的启动与停止，实现热量的传递。当集热器探测点的温度和水箱内的温度差达到设定的数值（温差循环启动温度）时，循环水泵自动启动，将集热器内的水和水箱内的水进行循环；二者的差值降低到设定数值（温差循环停止温度）时，循环水泵自动停止运行。集热器中的水在太阳辐射下温度又开始升高，当升高到一定值时，又开始下一个循环过程。热水系统就是通过这种强制循环的方式把集热器吸收的太阳能储存到水箱中。

3.辅助锅炉：在设定的时间内，如果水箱内的水位（或水温）没有达到设定值，锅炉自动启动，向水箱内补充热水。既节约能源又保证了供水的正常。

4.多重防冻保护：集热器采用管排式热管集热器，真空管内不走水，热管低温启动，零下40℃照样产热水，专为严寒地区设计，确保集热器安全过冬；所有的室外管路在保温的前提下，增加自限温伴热带，保证系统在寒冷的冬季安全畅通；控制系统配有管路防冻循环，在管路温度低于设定值时，循环水泵自动启动，将管路内的水与水箱内的水进行循环，确保系统不冻堵。

5.系统升级预留：在系统设计时，考虑系统以后的升级和维护需要，根据实际情况，预留接口。

6.管路循环，一开即热：通过管道的末端温度控制电磁阀的开启，管道温度低于设定值，电磁阀打开管道内的冷水进入水箱；温度达到设定值，电磁阀关闭。

7.恒压供水：通过变频恒压供水设备，实现系统的恒压恒温供水。

（四）建筑电气

改造前大部分办公室的照明灯具采用直径为38mm的T12型管状荧光灯，使用电感镇流器，荧光灯用电感镇流器一般功率为灯管额定功率的20%。结构简单，自身功耗大。由于其发光效率低、光衰大、显色指数低，并且工作频率低（50Hz）会造成频闪、功率因数低（0.4～0.5），从而大量浪费电能。

本项目首先考虑充分利用自然光，当自然光不足时补充人工照明，根据自然光的照度变化，分组分片控制灯具开关，增加照明开关数量，使每个开关控制灯的数量不要过多，以利管理和节能。电力计量按设计部门为单元，独立划分为计量单元并单独核算成本。

我们通过技术分析确定了照明节能改造措施：办公室采用T5-28W三基色荧光灯，替换T12-40W单色卤粉荧光灯；会议室采用T8-36W三基色荧光灯，替换T12-40W单色卤粉荧光灯；走廊采用16W紧凑型单端荧光灯，替换60W白炽灯；使用高频电子镇流器代替电感镇流器；楼梯间采用感应照明灯，替换照明开关控制的照明灯；每个房间灯的开关数不少于2个（只设置1只光源的除外）；充分利用自然光，采取所控灯列与侧窗平行方式。

（五）施工管理

在此次绿色更新的中我们遇到了以下困难：保持外立面风貌对选择保温形式的影响；保证结构安全的要求使内部改造方式受到局限；施工要尽可能减少工作的影响（更新期间我们仍要坚持在楼内办公）；同时要节省工程造价以减少设计院的经济负担。改造工程由院后勤副院长会同综合办公室主持实施，各专业改造设计方案由院内主要技术负责人把关，施工队伍选择具有相应资质的专业队伍，并由辽宁省建筑设计研究院项目管理公司负责具体组织和监理。建筑室内和室外分阶段实施，以确保施工安全和减少对员工工作的影响。

（六）运营管理

我们非常重视建筑在改造后的运行管理，建立了完善的管理制度，技术处负责完善大厦能源计量系统，为能源统计工作提供充分的基础数据，定期对水、电、气能源消耗进行总结分析并与历史数据进行对比分析；综合办公室负责建筑的日常管理，并按改造制定的节能目标实施和监督，同时负责各区域巡视，及时关闭公共区域部分照明。改造后的建筑完备了智能化系统，可对场区内各部位、各方面进行监控与管理。

（七）改造技术小结

我们将在这些部位的保护前提下，研究并选择可以进行改造的更新技术和拟选择的更新技术，并列表进行分析选择（表1）。

绿色更新技术一览表　　　　　　　　　　表1

	形式	选用情况和材料	采用（或未采用）的原因
外墙与外墙保温	外保温	●局部采用EPS外保温	根据影响外观风貌程度部分采用
	夹心墙保温	×	不具备施工条件，结构荷载太大
	内保温	●全水基发泡聚氨酯	配合清水墙修缮，保护建筑传统风貌，防火性较好
屋顶更新	外保温	●岩棉保温	防火和保温性能好
	防水	●新增柔性卷材防水	防水性好，施工方便
	木构件	●木檩条更换	延长寿命
	屋面瓦更换	●水泥机制瓦	材质与色彩接近原有屋面瓦
外窗更换	单框三玻窗	×	价格较高
	Low-E玻璃	×	价格高
	其他技术	●新型玻璃钢单框双玻窗，空气间层16mm，采用平开内倒的开窗方式	轻质高强，性价比高
清水墙修缮	粉刷涂料勾缝	×	干预程度高，耐久性差
	替砖修复	×	干涉程度较低，工艺要求较高
	砖粉修复	●	维持历史面貌、外观整体和谐，满足具有丰富色彩、质感和肌理的砖墙修复
	外贴仿制面砖	×	干预程度较高，将对历史文化风貌造成一定伤害

	形式	选用情况和材料	采用（或未采用）的原因
构件修缮	水磨石地面清洗维修	●	外观整体美观
	水刷石构件清洗维修	●	外观整体美观
采暖改造	散热器更换	●更换新型铸铁散热器	原有设备寿命已到
	配管材料	●焊接钢管更换为PP-R塑料管	减少热损耗，性价比高，施工方便
	配管形式	●水平单管串联式更换为水平单管跨越式	系统更加合理
	加设温控阀	●设温控阀	便于节能控制
太阳能	热水供暖	●管排式热管集热器	性价比高
	PV光电板	×	光伏板安装空间不足，投资较大
风力发电		×	条件有限，性价比不高
空调*	形式改变	●将分体式空调更换成VRV空调	立面外观要求与设备处于更换期
	计量	●控制计量系统	控制与计量
遮阳*	外遮阳	×	结合建筑立面保护，内遮阳对于严寒地区性价比高
	内遮阳	●内置遮阳帘	
照明节能	新型光源	●节能灯具	更新基本要求
	利用自然光	●粉饰墙面	性价比高，提高工作效率
	计量和控制	●分项控制	照明节能的保障
室外环境		●	更新基本要求
室内环境		●	更新基本要求
节水	节水器具	●	更新基本要求
	场地雨水渗透	●	绿色环保，造价低廉
	雨水收集	×	收集量和处理后使用量太小，性价比不好
	中水回用	×	
节材	既有建筑材料充分利用	●老建筑的围护结构和承重结构几乎没有改变加以利用	历史建筑保护的需要
	新增加的建材高效环保节能	●轻钢龙骨＋硅酸钙板（或石膏板）	新功能空间的分隔需求

注：1. 带"＊"的项目，对于北方严寒地区而言并非重要因素，根据项目条件作为可选项考虑。考虑到本建筑外立面保护要求，以及建筑工作的工作特点，本工程将空调改造和遮阳处理纳入更新的范围。

2. "●"代表工程项目采用了该项技术，"×"代表工程项目未采用该项技术。

四、改造效果分析

辽宁省建筑设计研究院办公楼作为沈阳市和平大街历史变迁的见证者，历经了56年的风雨，它不但仍旧承担着办公的使用功能，同时也在延续着城市的历史文脉，具有较高的历史价值，通过绿色更新，达到了优秀历史建筑的保护要求，同时满足了建筑作为设计公司办公楼的使用功能和舒适性要求，延长了建筑的使用寿命，体现了综合的社会效益和经济效益（图16、图17）。

图16 改造后办公楼沿街全貌

室外景观效果的改善进一步加强了科研和学术的氛围。通过拆除杂乱的室外空调机、统一更换了不同种类的外窗、清水墙清洗、屋面瓦更换、生态植草地坪、通透式围栏更换等来达到这一目标。通过维护和更新，使整个历史建筑焕然一新（图18）。园区充分考虑自行车的停放位置以鼓励人们更多选用低碳出行方式（图19）。停车场和自行车场结合透水地面进行设计，设置了生态植草地坪。它能够调节地表的温度和湿度，维护地表生态平衡，其特殊的肌理、质感和色彩，也极大地丰富了室外景观。

五、经济效果分析

（一）工程项目（分类）投资状况

本项目总投资为270.16万元。其中主要包括外墙与屋面保温、更换节能型门窗及配件、太阳能热水器、安装多联机变频空调系统、节能灯具更新以及因节能改造引起的装饰装修恢复的工程费用。为了更直观地反映投资与回收的情况，对既有公共建筑改造起到良好的推广和示范作用，其他未直接影响到能耗的投资，包括空调计量系统、采暖数据采集系统、热表计量系统、试验检测等为科研积累数据的费用，外墙清洗、室外植草砖生态停车场、通透式围栏等结合绿色建筑改造所涉及的费用，以及门卫房、实验室等附属建筑的改造费用未包括在上述费用中。本项目各项投资全部由辽宁省建筑设计研究院自筹，各项投资组成详见表2工程投资汇总表。

（二）采暖改造节能经济效益分析

我们通过采暖节能计算分析得出如下结果：

1号楼绿色改造前建筑物总热负荷为222259.5W，绿色改造后建筑物总热负荷为132684.7W。2号楼绿色改造前建筑物总热负荷为145469.7W，绿色改造后建筑物总热负荷为67765.0W。

从实际运行角度来看，改造前，辽宁省建筑设计研究院锅炉房每年耗煤量平均为1500t，锅炉房供暖面积4.5万m²，为我院及

图17 绿色更新后鸟瞰

图18 改造后办公楼主入口

图19 透水地面自行车停放位置

工程投资汇总表 表2

序号	费用名称	金额（元）	备注
1	建筑物围护结构改造		
	外墙外侧保温	407000	实际发生费用，下同
	外墙涂料	88400	
	外墙内侧保温	60864	
	玻璃钢节能门窗	540500	
	办公楼室内墙面硅钙板与粉饰	126563	
	屋面保温及防水维修	8260	
	更换散热器	144560	
	小计	1376147	
2	采暖、空调、热水系统改造		
	变频多联机空调系统	978180	
	太阳能热水器	95000	
	小计	1073180	
3	电气节能改造		
	灯具更新	252270	
	小计	252270	
4	工程费用合计	2701597	

辽宁省建筑设计研究院锅炉房2006-2010年燃煤量与价格费用 表3

年度	员工数量/（人）	耗煤量/（t）	单位煤耗/（t/m²）	人均煤耗/（kg/人）
2006	393	313	37.2	796
2007	422	303	36.0	718
2008	456	143	17.0	314
2009	486	143	17.0	294
2010	502	148	17.6	295

卫生厅与成套局办公供暖建筑面积约为2.0万m²，为周边住宅供暖建筑面积为2.5万m²。

根据历史数据测算，改造前辽宁省建筑设计研究院办公楼年均耗煤量约为303吨。项目改造后，辽宁省建筑设计研究院改造办公楼年均耗燃煤量约为143t，年节煤160t，平均耗煤量为17kg/m²，2006～2010年燃煤情况对比见表3。

本项目建筑采暖节能改造总投资为人民币137.61万元，年节煤160t，综合考虑煤量价格变化趋势，单价按750元计算，年节约燃煤采购成本12.0万元，节约其他成本1.0万元，每年节约总成本13.0万元。按照基准收益率ic=5.94%计算，动态投资回收期Pt=14.87年。

（三）空调节能改造节能经济效益分析

建筑节能改造改造前总冷负荷为371196W，冷负荷指标为79.69W/m²；而改造后的总冷负荷为323079W，冷负荷指标为69.36W/m²，冷负荷减少了约13%。改造后即使是最不利房间也可以减少12%～15%左右。

在加强建筑物围护结构保温性能的基础上，我们将原有的分体空调替换为新型节能环保的全自动变频集中控制多联机空调系统，该空调系统的COP值制冷时可达到3.6以上，而原分体空调只有2.6左右，即单位电量的输出制冷量增加了（3.60～2.60）/2.60＝0.3846，使单位用电量增加了38.46%的制冷量，同时运行费用也节约了38.46%。通过对围护结构的改造和空调设备的更新，2项在空调当中节能（12%～15%）+38.46%=50.46%～53.46%，按照节电量50%计算，每年节约空调制冷电费成本为：

371.20kW×90d×8h/d×80%×0.80元/kWh×0.5=85523元。

本项目建筑采暖节能改造总投资为人民币97.82万元，每年节约总成本8.55万元。按照基准收益率ic=5.94%计算，动态投资回收期Pt=17.77年。

（四）太阳能热水供应节能经济效益分析

根据实际情况，如不采用太阳能热水供应时，楼内将采用电热水器提供生活热水方式。按照能源及设备参数可计算出耗费的能源量及费用，电热水器每天耗电量为：

（4.01×105）/（3600×95%）=117.25kWh，

每天电费（工业用电）：117.25kWh×0.8元/kWh=93.8元，

每年耗电量：117.25kWh/d×255d=29898kWh，

每年节约电费：29898kWh×0.8元/kWh=23918元。

本项目建筑太阳能应用改造总投资为人民币9.5万元，每年节约总成本2.39万元。当照基准收益率ic=5.94%时，动态投资回收期Pt=4.37年。

（五）电气节能改造经济效益分析

照明节能技术，是所有节能技术中较为成熟的一种，其优越性体现在：改造简单方便（改造时不影响正常使用），效果明显（视觉感受和节能效果显而易见），回报快。本项目的室内照明方面，我们将原有的荧光灯进行了更换，将T12-40W的荧光灯替换为T5-28W和T8-36W的荧光灯，用16W紧凑型单端荧光灯替换60W白炽灯。通过对照明系统进行高效节能灯改造后，将办公光环境和舒适度大大提高，诸如：节约照明用电消耗34%以上；提高工作区域环境亮度15%以上；降低照明系统电流2/3，系统线路损耗大大降低，安全性更高；由于节能灯发热低，可同时间接降低空调用电；照明设备寿命延长2～3倍，减少60%以上的设备维护费用支出。经过计算，替换后每年节省电费41280元。

本项目建筑太阳能应用改造总投资为人民币25.23万元，每年节约总成本4.13万元。当照基准收益率ic=5.94%时，动态投资回收期Pt=7.28年，2006～2010年耗电情况对比见表4。

（六）节水改造经济效益分析

建筑物内的供水系统进行局部改造，在公共用水部位结合使用功能采用感应水龙头、感应冲洗器，实践证明，其节水效果是非常显著的。2006～2010年耗水情况对比见表5。

（七）总体节能经济效益分析

根据以上计算，本项目节能改造总投资为270.16万元，年节约运营成本28.47万元，当照基准收益率ic=5.94%时，动态投资

辽宁省建筑设计研究院2006～2010年耗电量对比表　　　表4

年度	员工数量（人）	耗电量（kWh）	人均耗电量（kWh）
2006	393	3.74×10^6	952
2007	422	4.63×10^6	1033
2008	456	4.12×10^6	904
2009	486	4.27×10^6	879
2010	502	4.01×10^6	799

辽宁省建筑设计研究院2006～2010年耗水量对比表　　　表5

年度	员工数量（人）	单位水价（元/m^3）	耗水量（m^3）	人均耗水量（m^3/人）
2006	393	1.3	2.22×10^4	56.6
2007	422	1.3	2.63×10^4	62.2
2008	456	1.3	2.62×10^4	57.4
2009	486	2.5	1.96×10^4	40.3
2010	502	3.0	1.44×10^4	28.7

回收期$Pt=9.49$年。

各项技术回收期的比较分析可为其他既有建筑改造提供参考。通过本项目回收期比较，我们可以看到太阳能具有回收期短、见效快的特点，本工程回收期仅为4.37年，加之其充分利用太阳能这一可再生能源，可作为大力推广的技术。本工程其他采用技术的回收期依次为：室内照明改造动态投资回收期7.28年，建筑采暖节能改造动态投资回收期14.87年，全自动变频集中控制多联机空调系统动态投资回收期17.77年。对于其他既有建筑，可根据项目的具体特点和资金情况，进行选择和分阶段实施。通过每项节能技术的回收期分析，选择适当的技术。

六、结论

历史建筑的绿色更新利用问题已经成为业界必须正视的问题，在其保护和再利用过程中，出于对全球生态环境问题的响应，应充分采用可持续的方法，除了考虑历史风貌的延续性和内部功能的合理性外，认真考虑其能耗问题，通过绿色更新来降低能耗、提升其使用舒适度。

在绿色改造试点中，对现有的围护结构进行内、外保温改造，将现有的窗体更换为玻璃钢节能窗，充分利用太阳能热水器及太阳能照明技术。辽宁省工程质量检测中心（LEQTC）根据复核计算及检验，检测结论证明：辽宁省建筑设计研究院办公楼经节能改造后，其建筑物外围护结构瓦度值WK及建筑物外围护结构的传热耗热量系数K_w均优于节能50%的参照建筑的指标，可以判定该建筑节能改造后满足《公共建筑节能设计标准》DB21/T 1477-2006要求，其建筑节能率大于50%。

在此次绿色更新中我们遇到了以下困难：保持外立面风貌对选择保温形式的影响；保证结构安全的要求使内部改造方式受

到局限；施工要尽可能减少工作的影响；绿色更新的资金比较紧张等。因为每一栋历史建筑都是独一无二的，因此历史建筑绿色更新的最大挑战也在于这种独特带来的反复的评估、分析、评价过程。辽宁省建筑设计研究院办公楼的更新使我们对历史建筑绿色更新的意义、更新技术的复杂性与特殊性有了更深的认识。我们认识到：只有做到因地制宜，理论和实际相结合，才能做好历史建筑

的绿色更新工作。

办公楼的绿色更新现在仍在持续发展和完善之中，对于项目的运营管理和数据统计是我们需要加强重视的方面，同时我们将通过加强宣传提高全体职工乃至社会的低碳意识，推动绿色建筑向前发展。

（辽宁省建筑设计研究院供稿，曹辉执笔）

呼和浩特如意区西蒙奈伦广场4号楼

一、工程概况

西蒙奈伦广场4号楼位于内蒙古呼和浩特市如意开发区四纬路，总建筑面积为9600m²，地下2层，地上12层，建筑总高度为49.7m，容积率为2.76，绿地率为36.6%。主要功能为科研及办公（图1）。该科研业务楼已被选为"十二五"课题"既有建筑绿色改造关键技术研究和示范"的示范工程，成为严寒地区绿色改造项目的典范。

图1 改造项目实景图

二、改造评估

该科研业务楼位于严寒地区，属中温带大陆性季风气候，四季气候变化明显，差异较大，年平均降水量为335.2～534.6mm。为保证项目改造技术适宜性，根据项目实际情况，项目组对建筑室外环境、围护结构热工性能、供暖空调系统、照明系统、电气系统、室内环境等改造内容进行了系统诊断评估（表1）。

（一）室外环境

1.室外声环境

该科研业务楼东向和北向各有一栋办公楼，无相关噪声源。南向靠近四纬路，车流量较大，主要噪声源为交通噪声。西向周边为未开发的地块，无相关噪声源。该建筑距呼和浩特白塔机场约7km，每隔10～20min即有一架飞机起飞，噪声较大。经检测，室外

诊断评估内容表　　　　　　　　　　　　　表1

1	室外环境	场地环境噪声	12	供暖空调系统	风机盘管
2		场地风环境	13		排风热回收
3		复层绿化	14		室内气流组织
4		透水地面	15	给水系统	非传统水源利用
5	围护结构	外墙热工性能	16		节水器具
6		围护结构热工缺陷	17		用水分项计量
7	照明系统	照度	18	室内环境质量	温湿度
8		照明功率密度	19		采光系数
9		节能灯具	20		室内背景噪声
10	变配电	节能变压器	21		CO_2浓度监测
11		用电分项计量			

噪声超过60dB，飞机经过时室外噪声值可达到81dB，因此，需采取隔声措施，保证室内声环境质量。

现场噪声测试结果如表2所示。

室外噪声检测结果 表2

测点	噪声值/（dB）
1#（南向）	63.1
2#（西向）	62.4
3#（北向）	61.8
4#（东向）	60.2

图2 室外声环境现场检测

2.室外风环境

该科研业务楼北向和东向各有一栋同样高度的办公建筑，在主导风向下，易形成穿堂风。对于建筑周边"人行区风速低于5m/s"的要求，经过风环境模拟分析如下：

（1）建筑周围人行区距地1.5m高处，不存在风速V＞5m/s的情况，满足要求；

（2）风速放大系数小于2，满足要求；

（3）夏季建筑前后压差大于1.5Pa，满足要求；

（4）冬季建筑前后压差部分大于5Pa，未满足要求；

（5）参评建筑周边出现涡流区，可能影响项目室外散热和污染物的消散，可结合绿化植被对周边风环境进行改造，改造示意图如图3所示。

（二）围护结构热工性能

1.外墙

填充墙部分采用250mm厚陶粒混凝土空心砌块，剪力墙部分外加100mm厚岩棉板，外部全部采用陶土板干挂饰面，计算传热系数为0.5W/m²·K（图4）。

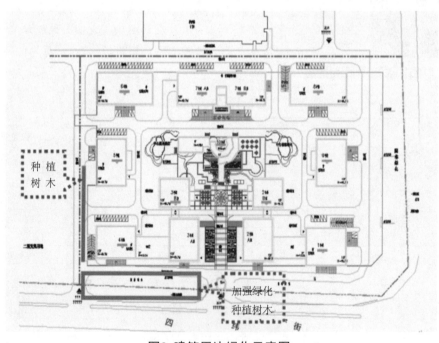

图3 建筑周边绿化示意图

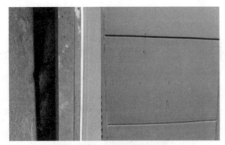

图4 外墙结构实景图

2.外窗

采用2层6+9A+6的断桥铝合金窗，下层可开启，上层固定，可开启部分周边都有密封胶条，整个窗的气密性较好。经计算外窗可开启部分面积比大于35%（图5）。

图5 外窗实景图

图6 屋顶及地下室楼板示意图

3.屋顶和架空楼板

依据设计图纸，屋顶采用的是80mm的挤塑板，计算传热系数为0.38W/m²·K，架空楼板采用70mm的挤塑板，计算传热系数为

0.44W/m²·K（图6）。

经诊断，该项目围护结构热工性能满足节能相关规定。

（三）建筑给排水

1.非传统水源利用

该业务楼目前没有使用非传统水源，用水量与一般普通办公建筑相当，没有节水措施。其所在气候区域虽为干旱区域，降雨量少，可收集雨水量较少，但优质杂排水水量充足，可处理后代替部分自来水，楼内管网较容易进行改造，并且地下室空间充足，总体考虑建筑物的中水利用，可采用非传统水源利用技术。

2.节水器具应用

科研业务楼末端的用水器具还未安装，后续改造中应考虑采用节水型器具。

3.节水灌溉

科研业务楼绿化目前采用人工灌溉，既占用人力资源，又浪费大量水资源，应考虑采用节水喷灌灌溉方式，最终可节水50%至70%。建议使用滴灌，提高水的利用率。

4.用水分项计量

科研业务楼土建施工完成阶段尚未安装用水分项计量装置，现状只有在卫生间设有各层总表，以及全楼总表，并没有细化到餐饮、商业、中水、绿化等处。分项计量装置较容易进行改装添置，故改造中应考虑采用分项计量。

（四）建筑电气

1.节能灯具

目前地下室已安装了T5节能型荧光灯，电梯厅安装了节能环形荧光灯，均属于节能型灯具（图7）。公共部位由于装修未开始，灯具尚未安装。

图7 地下室灯具（左）和电梯厅灯具（右）

2. 变配电系统

按照设计说明，科研业务楼所采用的变压器型号为SCB10-10，属于国家推荐的节能型变压器。

3. 用电分项计量

科研业务楼目前尚未装用电分项计量电表，无法对各类型用电系统进行用电能耗记录，应根据国家相关标准增加风机盘管系统以及照明等能耗独立分项计量装置，实现建筑分项用电数据采集

（五）供暖通风空调系统

1. 供暖空调系统

科研业务楼采用风机盘管系统方式进行夏季供冷和冬季供热，冷源为地下二层内设置的制冷设备，热源为小区燃气锅炉房。供能方式较为传统，能耗较高，应加装热回收系统以降低热负荷。

2. 自然通风

目前建筑主要依靠开窗进行自然通风，由于科研业务楼的核心筒位于建筑平面的北部，对整体自然通风不利。

（六）室内环境

1. 室内光环境

科研业务楼只有东侧采光受其他建筑物遮挡，其余三侧采光不受其他建筑物影响，经检测该建筑75%以上主要功能房间的采光系数满足《建筑采光设计标准》GB 50033-

2013的要求（图8）。

图8 室内采光检测

2. 室内声环境

科研业务楼南侧紧邻呼和浩特市如意开发区四纬路，东侧300m处有高架快速路，西侧为科研业务楼车辆出入口，北侧为写字楼群间过道。在门窗关闭的状况下，选取三层进行了室内背景噪声测试。结果如表3所示，满足国家室内背景噪声监测要求。

室内背景噪声检测结果　　　表3

测点	测试值（dB）	标准要求（dB）
测点1（靠近西侧窗）	41.6	45
测点2（靠近南侧窗）	43.1	45

3. 室内空气质量

室内空气质量是人员活动的基础条件，目前该科研业务楼未安装空气监控系统。为达到绿色建筑要求，可对科研业务楼增加室内二氧化碳、空气污染物浓度等进行数据采集和分析；也可同时检测进、排风设备的工作状态，并与室内空气污染监控系统关联，实现自动通风调节，保证室内空气质量。

（七）可再生能源应用

科研业务楼位于严寒地区，太阳能资源非常丰富，全年多晴朗天气，云量低，日照时间较长，多年平均日照时数为2862.2h。

呼和浩特（1971—2000）气候平均数据 表4

月份	1月	2月	3月	4月	5月	6月	7月	8月	9月	10月	11月	12月	全年
平均高温 ℃（℉）	-5.0 (23)	-0.4 (31.3)	7.0 (44.6)	16.3 (61.3)	23.2 (73.8)	27.3 (81.1)	28.5 (83.3)	26.4 (79.5)	21.2 (70.2)	14.1 (57.4)	4.4 (39.9)	-3.2 (26.2)	13.3 (55.9)
平均低温 ℃（℉）	-16.8 (1.8)	-12.8 (9)	-5.5 (22.1)	1.6 (34.9)	8.2 (46.8)	13.3 (55.9)	16.4 (61.5)	14.8 (58.6)	8.3 (46.9)	1.0 (33.8)	-7.0 (19)	-14.2 (6.4)	0.6 (33.1)
降水量 mm（英寸）	2.6 (0.102)	5.2 (0.205)	10.2 (0.402)	13.5 (0.531)	27.6 (1.087)	47.2 (1.858)	106.5 (4.193)	109.1 (4.295)	47.4 (1.866)	20.7 (0.815)	6.2 (0.244)	1.8 (0.071)	398.0 (15.669)
相对湿度（%）	57	52	46	37	39	47	61	66	62	59	59	59	53.7
平均降水日数（≥0.1mm）	2.5	2.8	3.4	3.7	6.0	8.9	12.9	12.7	8.3	4.5	2.4	1.8	69.9
日照时数	180.7	198.3	245.5	268.6	294.5	291.3	264.9	255.2	252.1	244.8	195.3	171.0	2,862.2

来源：中国气象局 国家气象信息中心 2009-03-17

太阳能辐射较强，全区年辐射总量在4830～7014MJ/m²之间，一年之中4至9月辐射总量与日照率都在全年的50%以上。基于这种特点，宜采用光热和光电技术。

三、改造技术

（一）节能与能源利用

科研业务楼采用了热回收系统的新风换气机组，光导照明技术，红外感应灯光控制系统，太阳能光热、光电技术以及能耗监测系统等。其新风机组内设置了热回装置，有效地降低新风热负荷。导光筒技术的应用直接采用了绿色无污染的自然光，替代传统照明采光，真正意义上达到了零能耗。此外红外感应灯光控制系统、太热能光热技术和太阳能光伏发电技术和能耗监测系统有效地达到了对能耗的智能控制，以达到最佳的节能效果。

1. 新风热回收系统

为满足建筑物内办公人员对新风的要求，科研业务楼内设置了具备热回收功能的新风换气机组，系统能够将欲排出室外的室内废气中的热量（或冷量）留住，再使用这个热量（或冷量），加热（或制冷）吸入的新鲜空气，这样就能保证室内空气的清新，同时也能减少因室内外空气的通风循环消耗过多的能源。该设备热回收效率可达到70%以上，有效地降低新风热负荷。

2. 导光筒技术应用

科研业务楼所处严寒地区多以晴朗少云天气为主，雨季较短且集中，对阳光收集影响较小，全年日照时间长，是理想使用导光筒的理想地区。因此，选定在12层西侧电梯前室设置2个导光筒，方便人员进出屋顶，节约传统照明采光能耗。

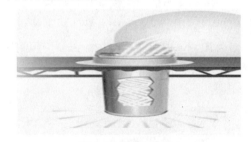

图9 导光筒原理图

3. 红外感应灯光控制系统

科研业务楼中采用智能控制方式对展厅的灯光进行控制。根据红外感应调节展厅内灯具的开关，有人进入时自动开灯；人员离开时自动关闭，达到智能控制和节能的目的。

4. 太阳能光热技术

内蒙古地区太阳能资源非常丰富，利用

太阳能热水系统能有效减少常规能源的消耗。科研业务楼采用集中供热、间接换热、集中储热太阳能热水系统。即在楼顶采用集中的集热系统，通过集热器将太阳能收集的热量传递到储热水箱，每天能够提供3t、温度45℃以上的热水。由于太阳能同时具有能源分散，气候状况不稳定等特征，因此系统设计时除考虑到充分吸收太阳能，最大限度地储存能量外，辅助有常规能源加热等一系列功能。安装于屋顶后如图10所示。

图10 集热器安装示意图

5.太阳能光伏发电技术应用

科研业务楼采用分布式光伏发电低压侧并网系统，太阳能光伏板敷设在楼顶，安装了250W、120块多晶硅光伏组件，系统设计容量为30kW，占地面积约128.25m²。预测年平均发电量4.928万kWh。

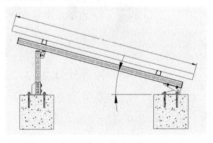

图11 太阳能电池组件安装图

6.能耗监测系统

科研业务楼内的资源消耗主要是电能、热能以及水资源，首先对接入建筑的各种分类能源进行总量计量，以实现能耗监测系统对科研业务楼内整体用能状况的体现。

总电量-计量点设计在电力结算总电表的后端，用于计量楼内的总用电量。在总电量计量的基础上，为了解楼内设备子系统的实际能耗情况，能耗监测系统还需要对设备子系统实行用电分项计量，采用分层、分用电性质的方式进行电量的分项计量。

总水量-计量点设计在用水结算总表的后端，用于计量楼内的总用水量。在总用水量的基础上，为了了解各个用水区域的水资源消耗情况，还需要对分层的各用水点或者用水单元进行计量。

总热量-计量点设计在冷热水总管上，用于计量空调系统消耗的冷热能总量。各类能耗系统分项、分区计量情况如表5所示。

能耗监测系统基于节能综合管理平台，可实现如下功能：

（1）用能状态监测

可直观显示用能数据及各种能源的占比情况；实时数据查询；展示方式具备柱状图、曲线图等数据图形显示功能；支持多种查询方式（包括总能耗、分类能耗、分项能耗）。

（2）数据导出

用户可根据需要对需要导出的数据进行灵活处理。对建筑、区域、设备能耗的消耗情况进行统计排名；支持按总能耗、分类等能耗数据导出。

（二）节水与水资源利用

节水及水资源利用是既有建筑改造的重要内容之一，而且对于既有建筑可实现性较高。在改造过程中，以自给自足、充分利用为原则，主要措施包括中水雨水收集回用系统、节水器具以及分项计量装置等。

分类能耗分项、分区计量统计表　　　　　　　　表5

分类能耗	能耗监测指标	一级子项	二级子项
电能	电能总量		
	分层电能用量	通风空调系统	新风换气机用电（分楼层监测）
			新风机组加热用电（十一楼）
			风机盘管用电（分楼层监测）
		照明系统（分楼层监测）	
		插座用电（分楼层监测）	
		其他用电	安防、消防系统、信息中心机房等用电
		太阳能光热系统辅助加热用电（十二层顶部）	
		太阳能光伏发电发电量（十二层顶部）	
热能	热能总量	空调总管热能总量	
水资源	水资源总量	分区分类水资源用量	一二层商业用水
			三层餐饮用水
			直饮水系统用水
			太阳能热水系统用水
		中水用水量	楼内冲厕用水
			绿化浇灌等用水

1. 中水雨水回用收集系统

为充分利用非传统水源，以节约传统水源的用水量，采用中水及雨水收集处理系统。收集的水源主要来自楼内洗脸池、洗浴间、凝结水等优质杂排水和屋面雨水。经过处理，水质符合《城镇污水处理厂污染物排放标准》GB 18918-2002中1级A标准。

中水处理设备放置于地下二层，占地15m²左右，易于检修清洁。处理后的中水主要用于四层和五层两层的冲厕、绿化浇灌等。经过计算最终确定日处理量为5m³/d，处理工艺为A/O处理工艺，主要流程如图12所示

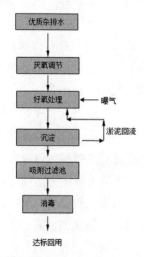

图12 优质杂排水处理工艺流程图

2.节水器具

本项目暂未安装卫生器具，且要求在选购时首选节水型卫生器具。项目建筑用水处主要有：洗手、冲厕、餐具清洗、淋浴器等。水龙头选用陶瓷片密封水嘴，淋浴花洒选用节水型淋浴喷嘴，大便器采用2档、用水量3L/6L大便器。

3.节水灌溉

在绿化灌溉时，灌溉方式直接影响用水量，一般采用喷灌方式比地面漫灌与人工灌溉省水30%～50%，故本项目最终采用节水型喷灌系统，喷头埋地，可以浇灌草坪与摆花。

4.用水分项计量

本项目根据用水用途分别设置水表，对卫生间，餐厅，淋浴室等进行分项计量，以便统计各种用途的用水量和漏水量，数据采集的完整性和准确性具有重要意义，继而可以更好地进行水量的管理与分析。

（三）节材与材料资源利用

本科研办公楼室内办公区域分割采用灵活隔断。

建筑内部在整体装修过程中以"节约材料"作为基本出发点，在大空间分割为多个研究所时，不采用传统黏土砖构建的隔断墙，而使用轻钢龙骨石膏板作为隔断，可实现室内可利用空间的灵活隔断。灵活隔断是在拆装过程中不影响周围空间的使用，能够循环利用，且不产生大量垃圾的隔断形式，可减少空间重新布置时重复装修对建筑构件的破坏，达到节约材料的目的。

（四）室内环境

1.室内空气质量监测系统

通过空气质量监测系统，可以清楚地看出建筑的通风空调系统设计运行的状况，一个好的通风空调系统应该既具备节能的特性，又能够保持建筑内部良好的空气质量。因此，空气质量监测系统的优劣可直接反映出通风空调系统的服务品质。

空气质量监测系统主要监测的参数有温度、湿度、CO_2浓度、PM2.5含量等指标；温度、湿度、CO_2浓度主要体现的是舒适度指标，其中一项或多项指标超标，会导致人体感觉头晕、头痛、胸闷、视力模糊等不适；PM2.5含量是健康指标，人长期在PM2.5含量超标的环境中容易引发包括哮喘、支气管炎和心血管病等方面的疾病。

该项目设计对以上提及的4项指标进行有效地监控。为更好地反应楼内各个区域的空气质量状况，在室内的各个区域安装相应的传感器，用于监测楼内的各项参数指标，并将空气质量监测系统和新风系统进行联动。

空气质量监测设备使用的检测仪是利用总线传输技术，将实时数据上传到监测平台，操作人员可以通过PC平台显示和监测当前的空气质量数据（图13）。

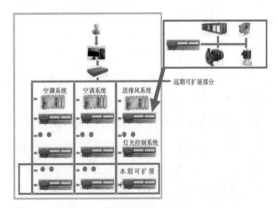

图13 自控系统构架示意图

设计时结合空调图纸及楼体平面图，每层安装传感器，其安装位置应选择面积大、对通风有一定要求的区域。具体监测点位的

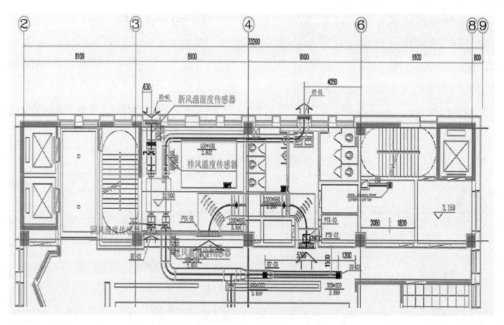

图14 传感器安装示意图

设置如下：PM2.5、温度、湿度传感器用于整层监测，CO_2传感器安装于每层人员密集区域（图14）。

2.室外气象站

科研业务楼在楼顶设置一气象站箱，由电子设备或计算机控制，气象站箱包括以下仪器：温度计、风速计、湿度计、PM2.5浓度探头，该设备自动进行气象观测和资料收集传输，用以监测室外温湿度、风速、PM2.5含量等。以上所有参数可由中控室SCADA系统监视。在屋顶安装以上传感器，在监控系统中实时反映当前气象条件。

图15 气象站箱示意图

四、改造效果分析

通过绿色建筑技术应用，可有效减少建筑整体能耗。良好的自然通风措施，可尽量减少设计、科研及办公空间夏季空调时间。充分利用太阳能，采用节能的建筑围护结构以及采暖和新风热回收机组，减少采暖和绿色建筑空调的使用。根据自然通风的原理设置通风系统，使建筑能够有效地利用夏季的主导风向。新风热回收机组配合良好的建筑围护结构热工性能，可有效降低冬季采暖能耗。导光筒和智能灯光控制系统可减少建筑照明能耗。在建筑改造中，考虑资源的合理使用，尽可能选取可再生材料。

本项目采用分布式光伏发电低压侧并网系统，占地面积约128.25m²，系统设计容量为30kW，太阳能光伏板设置在楼顶。项目所处地区全年日照时数为2862.2h，充分利用内蒙古地区丰富的太阳能资源，可有效减少建筑碳排放。预测年平均发电量4.928万

kWh，按照呼和浩特现行电价计算，每年可减少建筑运行费用3.2万元。其配套采用的雨水、优质杂排水回收处理系统，处理后的中水主要用于室内冲厕，经过水量计算，本项目每年节约用水约1300t，可节省运营费用3367元。具有很好的社会、经济和生态效益。

五、经济性分析

该项目总建筑面积9600m^2，绿色改造技术增量成本1338580元，单位面积绿色建筑改造技术增量成本139.44元，技术经济基本合理。可为严寒地区同类建筑绿色改造提供借鉴和参考（表6）。

项目绿色改造技术应用及增量成本统计表　　　　　表6

编号	主动式绿色改造技术应用	应用部位	工程量	单位	折合单价/（元）	投资总价/（元）	基本技术	增量总价/（元）
1	新风热回收	整个建筑	9600	m^2	20	192000	无新风	192000
2	节能照明T5	整个建筑	9600	m^2	60	576000	普通照明T8	96000
3	光伏发电	屋顶	1	套	360000	360000	无	360000
4	太阳能热水	屋顶	1	套	80000	80000	无	80000
5	节水灌溉	地面绿化	1	套	50000	50000	普通浇灌	50000
6	中水、雨水收集回用设备	室内冲厕室外绿化	1	套	265000	265000	无雨水收集系统	265000
7	导光筒	十二层顶部	2	个	15580	15580	无	15580
8	室内空气质量监控系统及能耗监测系统	整个建筑	1	套	280000	280000	无监控系统	280000
9	合计							1338580

六、总结

该项目位于严寒地区，属于典型的科研及办公建筑绿色改造项目之一。本项目应用的改造技术是与当地气候、环境相适应，如充分利用太阳能资源丰富的优势采用太阳能光热技术；利用新风热回收系统来调整室内空气环境的舒适度；采用优质杂排水、雨水收集回用系统达到节水的效果。经过改造后的科研楼在节能、节水、节材和室内环境方面均有大幅度的提高，使用的技术大部分较容易进行。

通过该科研业务楼绿色改造案例的诊断内容分析，提出了严寒地区既有建筑绿色改造诊断的思路和目标，为今后进行既有建筑绿色改造诊断和技术应用提供了方向和参考。

在后续实际工程实践中，将进一步应用实施本研究成果中的诊断指标体系和方法，以验证其适用性和改善的方向，达到最终建立既有建筑绿色改造诊断成套技术体系的目的，推进我国既有建筑绿色改造工作的真正落实。

（内蒙古城市规划市政设计研究院有限公司、中国建筑科学研究院城乡规划院供稿，杨永胜、许有明执笔）

南京新街口百货商店中心店

一、工程概况

南京新街口百货商店股份有限公司，是1952年由南京市政府创建的第一家老字号大型百货零售企业、中国十大百货商店之一，南京市首批股份制试点企业和上市公司。新百中心店建于1993年，位于南京市中心最繁华地段新街口广场的东南侧，占地面积1.3万m²，建筑面积为48481m²。

图1 新街口百货商店中心店

二、改造目标

南京新百将建筑节能工作上升为上市公司发展的首要战略任务，其中新百中心店既有建筑节能改造是2014年集团重要战略目标。南京新百作为中国十大百货商场之一，同时也是国家发改委万家节能企业之一，新百中心店的节能改造也将为商业流通领域建筑节能产生深远影响。

三、改造技术

根据江苏省《既有建筑节能改造技术规程》DGJ 32/TJ 127-2011的标准要求，结合本工程实际情况，该项目的实施内容主要包括综合设备节能和综合管理节能两大方面。其中综合设备节能主要包括商场围护结构节能改造、中央空调整体节能优化改造、照明改造及智能控制、电梯系统节能改造以及可再生能源利用五大方面；综合管理节能主要是基于能耗监测平台的能源管理和节能物管服务。

（一）围护结构改造

考虑到新百中心店为始建于1993年的老建筑，围护结构的改动需要按部就班进行，一方面要确保节能效果，另一方面要与实际商业营业环境相结合。具体改造分为2期进行，一期主要集中在幕墙的节能改造；二期主要集中在窗户和屋顶的节能改造。

1. 建筑外墙（包括非透明幕墙）

改造后的外墙主要材料加入25mm的XPS挤塑聚苯板外保温。外墙饰面以玻璃幕墙、铝塑板外墙饰面为主，平均传热系数约为0.73W/m²·K。幕墙改建系统包括铝合金框架式玻璃幕墙系统和金属铝塑幕墙两大系统。非透明幕墙采用4mm厚铝塑板装饰，并采用0.5mm厚的双面铝基板，表面氟碳树脂涂层；玻璃幕墙背衬铝塑板采用0.12mm厚双面铝基板，表面粉末喷涂。改造后的幕墙设有通风装置。

幕墙开启部分气密性小于1.5m³/m·h，幕墙整体气密性小于1.2m³/m·h，幕墙透光位置传热系数为6级（2.0W/m²·K＞K≥1.5W/

m²·K），墙体位置传热系数为8级（K<1.0W/m²·K），透光区域遮阳系数为4级（0.6≥SC>0.5）。所有玻璃幕墙、金属幕墙内层均设有防火保温实体墙。部分幕墙加贴低辐射玻璃膜，膜层具有极低的表面辐射率，低辐射玻璃膜的表面辐射率在0.30以下。

2.建筑窗户

改造后的外窗主要采用6mm+12A+6mmLow-E和8mm+12A+8mmLow-E双层中空钢化玻璃，加贴低辐射玻璃膜，膜层具有极低的表面辐射率，低辐射玻璃膜的表面辐射率在0.30以下。传热系数均小于2.5W/m²·K，窗框采用断热金属材料，大部分外窗设有内外遮阳。部分幕墙玻璃采用10mm单片彩釉钢化玻璃和8mm单片透明钢化玻璃。

3.建筑屋面

改造后的屋面保温材料为25mm厚的挤塑聚苯板外保温，增强保温隔热效果，屋顶传热系数为0.51W/m²·K。

（二）空调系统改造

以整个中央空调水系统作为整体控制对象，全面收集中央空调各机组各种运行参数，动态地依据负荷的实时变化，采用智能控制技术对中央空调各机组功率及循环系统进行综合控制，实现整个中央空调系统的整体优化运行，从而实现中央空调系统的综合节能。

图2 智慧中央空调系统整体架构图

整个系统优化和自控节能改造分为五大部分：机组群控-设备最佳启停控制、空调循环水系统-最佳输出能量控制、系统区域平衡控制、三元流水泵节能技术和新风及末端智能精确管控。

1.机组群控-设备最佳启停控制

在冷冻机房增加节能控制系统，对整个冷冻机房（包括冰水主机、冷冻水泵、冷却水泵和冷却塔）进行监测及控制，以整个冷冻机房综合运行效率最高（或运行能耗最低）为控制目标，以冷冻机房各种设备基本特性为基础，以实时制冷负荷为控制依据。

通过自适应智能优化控制模型，实现了冷却水系统、制冷主机、冷冻水系统的匹配与协调运行，实现了变工况下主机效率的提高，并以提高整个系统的综合效率（即系统COP）为最终目的，实现综合节能。根据既定控制策略对冷冻机房各设备进行协调控制，达到15%～20%的节能优化目标。

2.空调循环水系统-最佳输出能量控制

由于空调水系统管路一般都较长，冷冻水循环周期长达十几分钟至几十分钟，造成温度采样的时滞性很大。同时因为水系统的惰性大，反应慢，传统的PID控制会造成冷冻水回水温度波动很大，影响系统的稳定性、末端的舒适性和节能效果。

对空调冷冻水系统采用智能预测算法实现最佳输出能量控制。当气候条件或空调末端负荷发生变化时，空调冷冻水系统供回水温度、温差、压差和流量亦随之变化，流量计、压差传感器和温度传感器将检测到的这些参数送至智能控制器，智能控制器依据所采集的实时数据及系统的历史运行数据，根据智能预测算法模型、系统特性及循环周期，通过推理，预测出未来时刻空调负荷所需的制冷量和系统的运行参数，包括冷冻水供回水温度、温差、压差和流量的最佳值，并以此调节各变频器输出频率，控制冷冻水泵的转速，改变其流量，使冷冻水系统的供回水温度、温差、压差和流量运行在智能控制器给出的最优值，使系统输出能量与末端负荷需求相匹配，在保证末端舒适性的同时消耗最少的能耗。

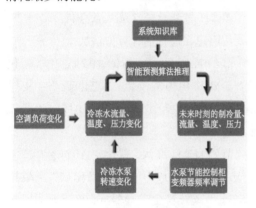

图3 冷冻水系统控制流程图

3. 系统区域平衡控制

在大中型暖通空调系统中，冷热媒多由闭式管路系统输配到末端各个用户。由于建筑结构的复杂性和功能的多样性，暖通空调水系统往往更具空调负荷的特点，分成若干个区域，每个区域由一个水系统分支环路供冷和供热。

水力失调是由于各个水力环路的阻力不平衡引起的，在水系统管路中，与设计的管路阻力相比，如果某些分支环路（如最不利环路）的阻力偏大，而某些分支环路的阻力偏小，就会使实际供水流量与设计要求水流量或所需水流量产生较大偏差，为了满足最不利端的制冷或供暖需求，往往加大供冷或供热量，从而进一步导致空调系统能耗的增大。

以满足各区域的冷/热量需求平衡为控制目标，通过监测各区域的实际冷/热量需求动态调整相应的电动调节阀门，使各区域获得所需求的冷/热量，达到一种动态的能量平衡，极大地提高了节能效果。

4. 集成气候补偿的冷却效率极大化技术

空调终端负荷发生变化时，冷却水供回水温度、温差和流量亦随之变化，流量计和温度传感器将检测到的这些参数送至冷却水泵智能控制柜和冷却塔智能控制柜。冷却水泵智能控制柜和冷却塔智能控制柜依据所采集的实时数据，与智能主控柜计算出的冷却水的优化运行工况点进行比较，动态调节冷却水流量和冷却塔风量，通过协同改变结合气候补偿算法，利用泵与风机的变频技术，确保冷却效率极大化，冷却泵与冷却塔风机的电耗极小化。

5. 新风及末端智能精确管控技术

在不同类型的建筑中，终端能耗往往占了三分之一以上，因而对终端设备（空调机组、新风机组、风机盘管）提供不同的高效化和智慧节能集成控制，可有效降低终端能耗，提升室内空气品质。核心技术包括：空调终端负荷预测、变风量调节温控。

（三）照明系统改造

整个系统优化和自控节能改造分为两大部分：将原来高耗能的灯具更换成高效节能的LED灯，T5灯以及节能灯。

（四）电梯系统改造

电梯能耗巨大，一方面造成了经济负担，另一方面也是重大的能源浪费。针对电梯节能，制定了2种方案，齐头并进，齐抓共管，从技术和管理2个层面推动电梯节能，为集团和社会创造效益。在扶梯方面，应用了最新的感应变速装置，让扶梯有了智慧眼，可以按需自动启停，不仅节约了能源，而且变速移动的策略也提升了舒适度以及安全性；在电梯方面，请专家根据商场运行实际情况设计了最佳的模糊控制策略，并具备自学习、自适应功能，大幅降低能耗。

（五）能耗监测平台

采用的能耗监测系统可以无缝对接建筑重点用能设备监控系统，形成"监测、分析、控制、优化"的节能闭环管理。专注建筑全生命周期的能源管控和优化技术，全力推进能耗监测平台在建筑节能中的应用。基于能耗监测平台的综合节能管理主要包括2个部分：基于能耗监测平台的节能诊断和基于能耗监测平台的节能物管服务。

四、改造经济性分析

（一）经济效益分析

节能改造效果应采用节能量进行评估。改造后节能量应按下式进行计算：

$$E_{节约} = E_{基准} - E_{当前} + E_{调整}$$

式中：$E_{节约}$——节能措施的节能量；

$E_{基准}$——基准能耗，即节能改造前，1年内设备或系统的能耗，也就是改造前的能耗；

$E_{当前}$——当前能耗，即改造后的能耗；

$E_{调整}$——调整量。

各项改造技术经济效益计算结果如表1所示：

根据项目改造使用技术情况，项目需总投资1336万元，静态回收期为2.94年。

（二）节能改造环境效益分析

按照现在通行的计算方法：

节约1kWh电=减排0.997kg"二氧化碳"=减排0.03kg"二氧化硫"=减排0.272kg"碳粒粉尘"=减排0.015kg"氮氧化合物"

节约1kg标准煤=减排2.493kg"二氧化碳"减排0.075kg"二氧化硫"=减排0.68kg"碳粒粉尘"=减排0.0375kg"氮氧化合物"

本工程实施后，可节约1783t标准煤，主要大气污染物减排效果如表2所示。

各项改造技术经济效益计算结果　　　　　表1

类别	节能量（t标煤）	节电量（万kWh）	年节省费用（万元）	6年节省费用（万元）
围护结构	353.81	106.25	91.48	548.89
中央空调	405.93	121.9	104.9	629.4
照明系统	732.23	219.89	189.32	1135.95
电梯	69.63	20.91	18	108
能耗监测和节能物管	221.61	66.55	57.63	399.3
合计	1783.21	535.50	461.33	2768.03

大气污染物减排具体数据　　　　　表2

节能量	年减排量（t）				6年内减排量（t）			
	二氧化碳	二氧化硫	碳粒粉尘	氮氧化合物	二氧化碳	二氧化硫	碳粒粉尘	氮氧化合物
1783t 标准煤	4445.02	133.73	1212.44	66.86	26670.11	802.35	7274.64	401.18

五、总结

通过项目的实施，不仅节约了新百中心店的能耗，同时也能够为社会节约燃煤消耗和减少SO_2、CO_2、粉尘的排放，为推进全社会节约能源，提高能源利用效率和经济效益，保护环境，保障国民经济和社会的发展做出了贡献。

项目的实施将有力地带动计算机产品及网络产品、建筑节能设计、建筑节能设施等相关产品的生产、销售与应用，同时，对计算机及网络知识、建筑节能知识的推广与普及同样意义重大。

（上海维固工程实业有限公司供稿，徐瑛执笔）

南京金茂广场一期商业

南京金茂广场一期商业项目位于南京市鼓楼区中央路201号，总用地面积约3.29万m²，项目改造涉及的总建筑面积约8.95万m²，项目改造竣工时间为2015年9月。改造内容主要包括增设下沉广场、外立面改造、内部装修改造、空调、电气、给排水系统改造，并采取了多项因地制宜的绿色化改造措施，获得了国家绿色建筑设计标识二星级认证。南京金茂广场一期商业改造后的效果图如图1所示。

一、绿色建筑改造原则和改造目标

（一）改造原则

我国既有公共建筑存量巨大，特别是大型商业建筑，存在能耗大、室内环境质量不够理想等诸多问题。未来大量的既有公共建筑面临着改造及功能提升。因此，在既有公共建筑进行改造优化升级的同时亟须引入绿色建筑和可持续发展的理念，"量体裁衣"、"因地制宜"地采取适宜的绿色技术对既有公共建筑进行绿色化改造，以实现既有公共建筑的功能提升和可持续发展。既有公共建筑绿色化改造，旨在通过多种绿色技术的合理构筑，达到改善室内外环境，提供健康、舒适的使用空间，节约资源（节能、节地、节水、节材），保护环境，减少污染的目的。

（二）改造目标

本项目绿色建筑改造的星级认证目标为：国家绿色建筑设计标识二星级和绿色建筑运行标识二星级。

二、绿色建筑改造思路

根据《绿色建筑评价标准》GB 50378-2006，以下简称"评价标准"的相关要求，以绿色建筑二星级为目标，结合本工程改造优化升级的实际情况和运营管理的需求，确定需要进行绿色化改造的内容。

根据《评价标准》的评价技术要素，本项目绿色化改造从节地与室外环境、节能与能源利用、节水与水资源利用、节材与材料资源利用、室内环境质量、运营管理等6个方面入手进行分析，结合项目现状提出绿色化改造的方向和技术策略。

图1 南京金茂广场一期商业改造后效果图

绿色化改造思路概况 表1

评价要素	系统	项目改造前	改造方向
节地与室外环境	立体绿化	有屋顶绿化	继续保留屋顶绿化，在下沉广场设置垂直绿化
	复层绿化	复层绿化较少	结合室外场地改造增加复层绿化面积
	公共交通	临近公共汽车和地铁线路	项目地下与南京地铁玄武门站直接接驳
	地下空间	主要为车库和设备用房	地下一层部分改造为商铺
节能与能源利用	自然通风	通过可开启门进行自然通风	结合主立面（东立面）改造在幕墙增设可开启扇，加强自然通风的可能性
	自然采光	无地下采光措施	结合地下一层商铺新增下沉广场和光导照明系统
	暖通空调	采用水环热泵机组	将部分老旧低能效机组替换为水源VRV机组
	人工照明	公共区域主要采用T8荧光灯	公共区域更换为LED照明系统
	可再生能源	无可再生能源利用	设置光伏发电系统提供部分照明电力
节水与水资源利用	用水器具	耗水量较大	更换为节水器具
	非传统水源利用	无	新增雨水回用系统，用于室外绿化灌溉、景观补水以及道路冲洗
	节水灌溉	浇灌	新增节水滴灌系统
	计量水表	仅部分支路有计量	全面设置远传计量水表
节材与材料资源利用	室内隔断	砌块隔墙	替换为可拆卸的灵活隔断
	建筑机电材料	部分建筑、机电系统的材料仍可使用	最大限度地保留可以继续使用的建筑、机电系统的材料
室内环境质量	空气质量控制	无	在地下车库设置一氧化碳传感器，在商场中庭公共区域设置二氧化碳传感器
运营管理	建筑设备管理	不够完善	设置更加完善的BA系统
	能源管理	无	结合电力分项计量增加能源管理软件平台

为了更加系统化、便捷化地将本项目绿色化改造技术策略落实到改造设计当中，本项目进一步将拟采取的绿色建筑技术措施分解到建筑、暖通、给排水、电气等各专业，下面将就各专业所采取的重点技术措施进行详细介绍。

三、绿色建筑改造内容

（一）建筑绿色化改造技术措施

南京金茂广场一期商业在原设计建造之时，节能保温措施尚不完善，本项目结合本次主立面（东立面）的改造，采用了岩棉保温（70厚）加ALC加气混凝土砌块（200厚）的节能围护结构，建筑围护结构热工性能通过权衡判断满足江苏省《公共建筑节能设计标准》DGJ 32/J96-2010中甲类建筑的相关规定。

由于本项目将地下一层部分车库空间改造为商铺区域，为了营造良好的购物体验，同时也为了达到改善地下一层商铺自然采光效果和降低人工照明能耗的目的，本项目在原室外广场东侧区域增设了下沉广场，下沉广场效果图如图2所示。

图2 南京金茂广场一期商业新增下沉广场效果图

通过采用采光模拟计算软件Ecotect进行模拟分析，如图3所示，下沉广场对于临近地下室外的商铺自然采光效果改善明显，采光系数大于1%的区域与地下一层总面积的比例达到了13.1%。

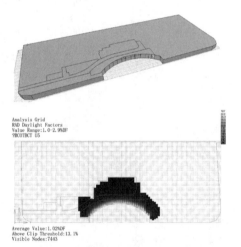

图3 临近下沉广场商铺自然采光模拟结果示意图

为了进一步改善地下一层内区的自然采光效果，本项目除了采取下沉广场的措施之外，另在项目东侧室外广场设置了5根直径约600mm的光导管，采光罩采用平板玻璃，既能满足采光效果，又不会影响人员通行。每根光导管提供自然采光的面积约为50m²，则通过采取光导管的措施还可以额外改善约

250m²面积的自然采光效果。本项目光导管安装效果图如图4所示。

图4 室外广场光导管采光罩安装效果图

本项目结合主立面（东立面）的改造，在三层至五层靠近东立面幕墙的侧方设置了若干可开启部分，可兼做自然通风及逃生救援的用途。本项目东立面幕墙的侧方可开启扇的安装效果图如图5所示。

图5 东立面幕墙侧方可开启扇安装效果图

首先通过采用室外风环境模拟计算得到夏季及过渡季典型工况下的压力分布，室外风环境模拟计算的结果如图6所示。

除风压外兼顾一定的热压通风作用（室内温度设置为26℃，室外温度设置为20℃）进行风压与热压耦合作用下的模拟计算，对于三层至五层靠近东立面可开启扇的商铺区域所进行的模拟如图7所示。根据模拟计算结果，通过可开启部分的自然通风所形成的换气次数可以达到3.6～5.4次/h，自然通风效果良好。

（二）暖通空调系统绿色化改造措施

南京金茂广场一期商业改造前商铺区域

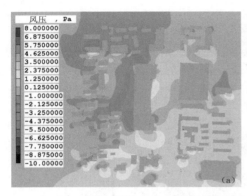
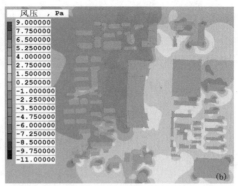

图6 夏季（a）和过渡季（b）室外风环境模拟结果示意图

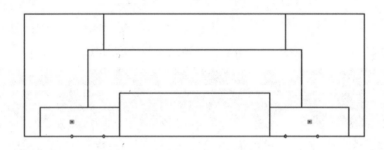

图7 三层至五层自然通风模拟示意图

主要采用小型水环热泵机组，公共区域主要采用大型水环热泵机组，在屋面设置锅炉和冷却塔，以向水环路供冷或供热。由于商场空调系统运行多年，部分水环热泵机组性能衰减，部件老化，为了继续充分利用已有水环路，本项目将部分水环热泵机组替换为水源多联式空调热泵机组（水冷VRV），相比于常规的风冷多联式空调热泵机组（风冷VRV），水冷VRV除了具有调控灵活、运行稳定可靠等诸多优点以外，其性能系数（IPLV）更高，具有更大节能优势。以本项目采用的型号为RWXYQ6AY1C的室外机为例，其制冷综合性能系数（IPLV）高达6.19，制热性能系数（COP）也可达到5.42。水源多联式空调热泵系统示意图如图8所示。

为了更加智能化以及节能地控制通风及新风系统，本项目在地下二层停车库设置一氧化碳传感器，实时探测停车区域一氧化碳

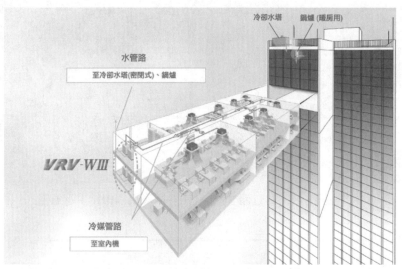

图8 水源多联式空调热泵系统示意图

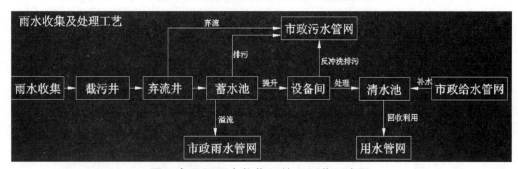

图9 本项目雨水收集及处理工艺示意图

浓度，并与负责此区域的排风机组联动。同时在地下一层至地上八层公共区域设置二氧化碳传感器，实时探测公共区域二氧化碳浓度，并与负责此区域的全空气空调机组的新风阀进行联动，当二氧化碳浓度超标时，新风阀开度增大以加大新风量保持二氧化碳浓度在可接受的范围内。

（三）给排水系统绿色化改造措施

由于南京市降水丰沛，年平均降雨量约为1031mm，因此南京市金茂广场一期商业和给排水系统密切相关的绿色化改造措施主要为增设了一套雨水回用系统，结合内部改造，将南塔楼及南部裙房部分屋面雨水回收利用，雨水收集池的有效容积为40m³，蓄水池采用混凝土制成，雨水机房位于项目场地东北侧汽车坡道下。雨水收集处理后作为绿化浇灌、道路浇洒和景观水体补水用水。

雨水回用系统的绿化景观配水管不与自来水管网连接，清水池设置自来水进水管，作为极度干旱时的备用水源，自来水进水管上设置防污隔断阀，且补水管管内底标高高于清水池溢流管最高水位以上150mm；雨水回用管道外壁涂浅绿色，水池、阀门、水表等设有"雨水"标志；雨水回用管道不加装水龙头。雨水处理满足处理环节运行观察、水量计量、水质取样化验监测的条件，保证出水水质，尤其是景观水体水质的要求。本项目雨水收集及处理工艺如图9所示。

（四）电气系统绿色化改造措施

南京金茂广场一期商业改造前公共区域主要采用T8荧光灯管，耗电量大且易损耗。本次改造将商场公共区域（购物中心公共区、通道照明、环廊照明、大厅照明、天花布置）等更换为LED灯具，取消T8荧光灯带，用LED宽角度筒灯替代原有的节能灯筒灯，提高空间的水平照度，且可显著降低人工照明系统能耗。本项目LED灯具安装效果图如图10所示。

图10 本项目LED灯具安装效果图

四、改造效果分析

本项目创新性地将商业优化升级工程与绿色化改造紧密结合，在优化升级的同时达到了绿色建筑二星级的要求。根据全年模拟计算，本项目针对主要耗能系统（如采暖、空调、照明系统）预计每年可节约运行成本约为271万元，模拟计算的建筑模型如图11所示，计算结果对比如表2所示。

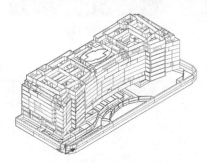

图11 本项目能耗模拟建筑模型示意图

能耗模拟计算结果统计表　　　表2

能耗拆分	参照建筑	设计建筑
全年采暖能耗（kWh/m²）	9.58	6.76
全年空调能耗（kWh/m²）	102.10	78.11
全年照明能耗（kWh/m²）	33.03	29.56
合计	144.72	114.44
能耗比例	79.08%	

通过采用雨水回用系统，预计每年可节约482m³的自来水，与绿色化改造相关的初投资约为825万元（主要为水源VRV、LED照明灯具、光导管、雨水回用系统、空气质量监测系统等），改造投资回收期约为3年左右，改造后达到节能65%和绿色建筑二星级标准，具有良好的经济效益和社会效益。同时，通过绿色化改造，有效改善了南京金茂广场一期商业室内声、光、热环境品质，综合效益显著。

五、结语

本项目不同于以往新建建筑实现绿色建筑的目标，而是大型商业改造项目，将优化升级工程与绿色建筑措施紧密地结合起来。根据绿色建筑的目标"量体裁衣"、"因地制宜"、结合项目特点选用改造措施，诸如围护结构节能改造、增设下沉广场及光导管、水源VRV系统改造、二氧化碳和一氧化碳监控、雨水回用系统、LED照明改造等，对于夏热冬冷地区及其他既有商业项目的绿色化改造起到了较好的借鉴作用。

（北京清华同衡规划设计研究院有限公司、清华大学、南京国际集团股份有限公司供稿，肖伟、李晋秋、林波荣、陈勇执笔）

上海某大厦综合节能改造

一、项目概述

（一）项目概况

上海某大厦位于上海市徐汇区的繁华路段，1997年投入使用，总建筑面积31190㎡，建筑地面高度为102m，地上24层，地下2层。大厦刚建成时的业态为酒店、餐饮与写字楼，其中一至三层为餐饮区域，四至八层为酒店客房，九至二十四层为办公区域。地下2层分别为车库和设备用房。2010年12月宾馆停业，2012年2月份餐厅停业，成为纯办公业态，且属多业主大厦。随着大厦业态的变化，大厦用能情况也发生了相应的变化。

（二）原有设备情况

大厦原集中冷热源由2台2110kW的直燃型溴化锂机组以及1台696kW螺杆式冷水机组提供（图1、图2），系统设备参数如表1、表2所示。

中央空调系统为两管制，由冷冻机房进行冬夏季集中转换控制和管理。夏季供/回水设计温度为7℃/12℃，冬季供暖供/回水设计温度为60℃/56℃。总供水管经分水器分2路，一路供应裙房一至三层，另一路供应四至二十四层。空调水系统的裙房立管和主楼立管、平面管道均为同程式。空调输配系统共有3台冷冻水泵，额定流量为430m³/h，额定扬程为32m，功率为45kW；冷却水输配系统由3台冷却泵组成，单台额定流量为600m³/h，额定扬程为40m，功率为90kW。

图1 直燃型溴化锂机组

图2 螺杆式水冷机组

大厦冷热源设备参数表　　　　　表1

设备名称	品牌/型号	台数	基本参数	备注
直燃型吸收式溴化锂机组	日本"EBARA"RAD-G060	2	单台制冷量2110kW；单台制热量1865kW；额定耗气量424Nm³/h；额定电功率12kW	一用一备，2014年以前能源为城市煤气，后改为天然气
螺杆式冷水机组	Carrier 30HXC200A	1	单台供冷量696kW；单台功率138kW	宾馆停业后，使用率低

图3 冷水泵

图4 冷却泵

大厦输配系统设备参数表

表2

设备名称	品牌/型号	台数	基本参数	备注
冷水泵	威乐M150/315-45/4	3	Q=430m³/h；H=32m；P=45kW	1.供冷供热合用；2.2台变频1台工频，流量350～390m³/h；3.夏季2台变频运行；4.冬季1台运行
冷却泵	威乐	3	Q=600m³/h；H=40m；P=90kW	夏季1台变频运行

（三）设备运行状况

从大厦建成至今，溴化锂机组和螺杆式冷水机组已经运行了十几年，出现机组效率降低的现象。加上大厦使用业态发生变化，制冷负荷也随之下降，螺杆式冷水机组使用率低。大厦七、八层楼为计算机学校，改造前为了满足此部分用能需求，空调系统在双休日仍然运行，导致大厦空调能耗很高。

二、建筑能耗分析

大厦消耗能源种类主要为电和煤气，大厦2012年2月到2014年1月的实际能源消耗数据如表3所示，其中空调供冷季为每年5月到9月，供暖季为每年11月到次年3月，直燃煤气吸收式溴化锂机组全年运行，大厦空调运行时间为7:30～17:30。

2010年后大厦的使用业态发生了变化，但大厦空调系统从竣工到运行期间一直未有大的变化。根据物业提供的大厦实际用能数据（表3），2012年2月到2013年1月大厦能源消耗量为533万kWhe，2013年2月到2014年1月大厦能源消耗量为534万kWhe，年平均能源消耗为533.6万kWhe（煤气折算等效电系数：3.578kWh/Nm³），其中电消耗占总能源消耗的64.6%，煤气消耗占总能源消耗的35.4%，制冷季能源消耗占年能源消耗的47.4%，供暖季能源消耗占年能源消耗的40.1%（图5）。

以2013年能耗数据为例，对大厦建筑的能耗进行逐月分析，结果见图6～图8。从图6可以看出，大厦8、9月的耗气量全年最高，2、3月份次之，煤气主要用于溴化锂机组夏季制冷和冬季供热，过渡季节溴化锂机组几乎未开，煤气耗量低。大厦夏季煤气耗量与冬季煤气耗量相差几乎一倍，这说明大厦制冷累计负荷远大于供热负荷。由于直燃溴化锂机组本身的能效比偏低，并且该系统已经使用了十几年，性能衰退，因此节能改造的潜力较大。

大厦用电量主要集中在照明、网络机房用电和动力系统。从图7可以看出大厦月用电量随季节变化的趋势并不明显，但是1月

大厦改造前能耗情况 表3

| 月份 | 2012年2月—2013年1月 | | | 2013年2月—2014年1月 | | | 平均能源消耗 |
	电（kWh）	煤气（m³）	电/煤气折合等效电（kWhe）	电（kWh）	煤气（m³）	电/煤气折合等效电（kWhe）	折合等效电（kWhe）
1月	364894	58030	572525.34	322828	48080	494858.24	533691.79
2月	275490	67738	517856.56	219985	62360	443109.08	480482.82
3月	266931	70108	517777.42	245599	51253	428982.23	473379.83
4月	208778	11707	250665.65	231534	27990	331682.22	291173.94
5月	255894	46886	423652.11	287538	441	289115.90	356384.01
6月	271782	19922	343062.92	301430	13008	347972.62	345517.77
7月	320016	43235	474710.83	419508	41786	569018.31	521864.57
8月	355804	82965	652652.77	365306	95909	708468.40	680560.59
9月	303595	91665	631572.37	283060	93844	618833.83	625203.10
10月	208529	20202	280811.76	254225	40999	400919.42	340865.59
11月	254678	11707	296565.65	269165	2886	279491.11	288028.38
12月	288753	22251	368367.08	314156	32025	428741.45	398554.27
总计	3375144	546416	5330220.5	3514334	510581	5341192.8	5335706.7

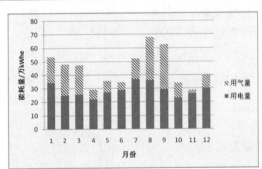

图5 2012年2月—2014年1月大厦月平均能源消耗量

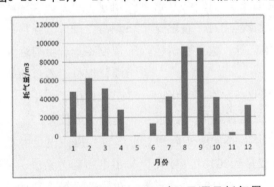

图6 大厦2013年2月—2014年1月逐月耗气量

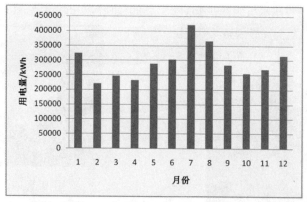

图7 大厦2013年2月—2014年1月逐月用电量

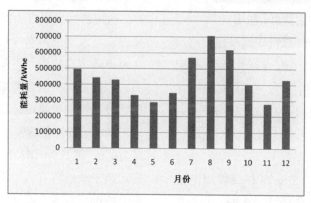

图8 2013年2月—2014年1月逐月能耗

份和7月份用电量最高，高出的电耗主要是空调输配系统的电耗，主要包括冷水泵、冷却水泵、冷却塔和空调末端的电耗。大厦原有照明灯具主要为普通荧光灯、球泡灯和筒灯，照明总功率为203.1kW，灯具每天开启10h，全年工作日250d，部分灯具工作日和双休日均开启，年照明系统耗电量为562667kWh。图8为大厦建筑总能耗的逐月变化情况，由于用电量占建筑总能耗的64.6%，因此总能耗的变化趋势与耗电量的变化规律较为一致。

三、改造内容

（一）空调系统改造

大厦直燃型溴化锂机组运行已有15年，制冷COP值已由1.13降至0.8。自2010年12月宾馆停业后，螺杆机组使用率也较低。实际运行过程中，夏季最多只用一台溴化锂机组，在夜间或是大楼负荷较小的情况下一台螺杆机即可。而在冬季也是一台溴化锂机组即可满足使用要求。经过分析，用4台型号为BSMW-525组合的磁悬浮变频离心机组替代原来的一台直燃型溴化锂机组，保留另一台作为辅助或备用冷源。

磁悬浮变频离心机组采用磁悬浮无油变频压缩机，能有效增大机组的运行范围，并大大提高机组运行效率，尤其是部分负荷效率。由于机组无润滑油系统，因此免去了日常繁杂的油系统维护，也避免了润滑油所导致的冷量衰减。磁悬浮模块机组COP最高可达9.0，电力消耗比一般冷水机组减少45%以上。通过更换溴化锂机组为高效磁悬浮模块机组提高了空调冷源的能效比，节省了能耗。

图9 磁悬浮变频离心机组

大厦七、八层为计算机培训学校，培训教室在节假日及周末上课，因此需要开启空调系统。为减少大厦中央空调系统低负荷运行时间，在七、八层培训教室单独增设多联机空调系统，提高空调系统利用效率。

（二）照明系统改造

大厦照明改造的主要内容为使用节能灯，对大厦原有的普通荧光灯和球泡灯及筒灯进行置换。改造前灯具总功率为203.1kW，改造后灯具总功率为86.2kW。

图10 照明改造效果

四、节能效果分析

大厦改造完成后的7月26日机组实际运行情况和冷水进出口温度如图11、图12所示，高温季典型日机组一直保持高负荷运行的状态，运行期间机组负荷率在75%～90%之间，说明改造空调机组设计负荷符合大厦用能需求，未出现设计负荷偏大的现象。系统COP最高为9.0，最低为6.6，日平均COP高达7.89，远远高于改造前直燃型溴化锂机组的运行效率。冷水平均供水温度为7.36℃，冷水平均回水温度为12.03℃，平均温差4.67℃。

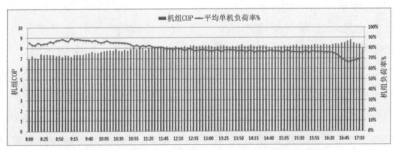

图11 2015年7月26日机组COP与机组负荷率变化

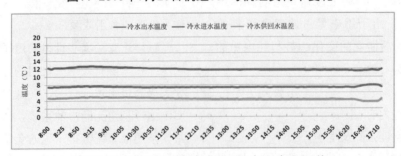

图12 2015年7月26日冷水供/回水温度和温差

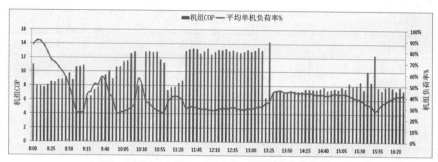

图13 2015年9月15日机组COP与负荷率变化

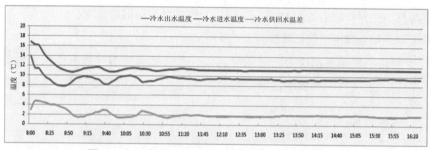

图14 2015年9月15日冷水供/回水温度和温差

改造后非高温典型日机组运行情况如图13、图14所示，根据9月15日当天机组运行数据，中午11:30～13:30机组COP最高，最高为13.05，13:30～16:30机组COP较低，约为7.31。7月26日机组平均负荷率80%，日平均COP7.89；9月15日机组负荷率在30%左右时（中午11:30～13:10）COP高达13，磁悬浮变频离心机组运行时呈现部分负荷时COP更高的特点，磁悬浮变频离心机组部分负荷运行时节能性能更出色。

从大厦改造前后同月份（7、8、9月）的实际账单能耗数据可以看出，大厦改造完成后同月份能耗数据与改造前同月份能耗数据相比均有下降，其中高温月（8月）能耗下降39.03%，非高温月（9月）能耗下降50.65%（图15）。

大厦改造前后能耗数据如表4所示，通过空调系统节能改造，大大降低了直燃型溴化锂机组的耗气量，空调系统用电量会有所增加，但是总体能耗是降低的。大厦改造完成后，年能耗为4748058kWhe，改造前大厦能耗为5335707kWhe，改造后大厦每年节约能耗折合等效电1150316kWhe。空调冷源系统节能率15.48%，照明系统节能率6.08%，总节能率21.56%。

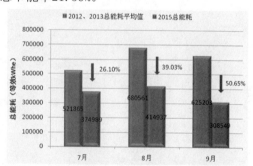

图15 2015年7月—9月与2012、2013年7月—9月电与煤气实际总能耗平均值逐月比较

五、结语

大厦节能改造的措施是用4台组合的磁悬浮变频离心机组替代原有2台直燃煤气溴化锂机组中的1台，改造后建筑总能耗降低

大厦改造前后能耗汇总表　　　　表4

改造项目	改造前能耗（等效电kWhe）	改造后能耗（等效电kWhe）
空调系统	5335707	4509610
照明系统		238448

了21.56%，节能量为1150316kWhe。

通过对大厦改造前能耗数据的分析和大厦实际用能情况，提出了用磁悬浮变频离心机组替代直燃煤气溴化锂机组的改造方法。将大厦照明的普通荧光灯全部用节能灯管替换。

磁悬浮变频离心机组采用组合的磁悬浮无油变频压缩机，无需使用系统润滑油，与传统制冷机组相比有综合能效比高、运行稳定、占地面积小和易扩容的特点，此节能改造案例对类似用能形式的建筑物的节能改造具有参考和借鉴意义。

（上海建科建筑节能技术股份有限公司
供稿，杜佳军、袁瑗、汪洋执笔）

上海城市名人酒店（原沪西商业大厦）

一、工程概况

上海城市名人酒店（原沪西商业大厦）改建工程位于曹家渡的中心区域，多条市中心重要干道在此交汇，基地南侧为万航渡路，东侧为长寿路，地域优势加上成熟的商住区定位，使其成为一个以中高档综合商业服务为特色的新兴中心区域。

改建前的城市名人酒店为一幢集酒店、商业、电影院功能于一体的高层建筑，建于1994年，总建筑面积5.4万余m²（包含影院），层高为地下2层，地上28层（含技术层），为框架剪力墙结构，总高度107.8m。目前地下二层为机房及车库，地下一层至七层为友谊商店，八至十三层为酒店配套设施，十四至二十七层为酒店。

图1　上海城市名人酒店

二、改造需求

1. 加固方式的选择、加固方法的选择要降低经济成本。

2. 加固节点的做法综合考虑可操作性以及经济优化。

3. 缩短大圆筒的施工工期，避免此区域的施工工期延长整体施工工期。

三、改造设计方案

此项目共12个主要改造区域的拆除以及改造位置。

1. 按照改造设计方案，将5～1/8-B～F轴区域，二层至八层平面拆除，增加8根直径800mm的圆柱，每柱对应基础底板下，增补锚杆静压钢管桩（直径500mm，壁厚12mm），长度28m的钢管桩，原底板2000mm，满足冲切要求。同时在对应区域地下二层至七层新增直径为800mm的圆柱，在一层至八层处新建混凝土梁、板形成中庭，考虑到结构在改造过程中，原有楼层部位的柱子等构件由于构造等原因强度可能会有不同程度的削弱，对裙楼八层以下5～1/8-B～F轴区域四周的柱子进行加固处理。

2. 地上二层至八层1/8～9-C～E轴区域的楼梯拆除，对应的1/8～9-C～D轴区域新增楼梯由地下二层通往四层，其他区域均新增楼板进行填补。

3. 在主楼一层至九层的西北角外7轴东侧、4轴西侧区域切角处新建混凝土结构，新增800mm×1000mm的柱，桩采用直径800mm，桩长51m，增补二桩承台。上部为梁板结构。

4. 楼4～5-A～B轴区域1层至8层新增楼梯通往屋面，将对应区域的梁、板进行拆除，二层6～7-A～1/A轴区域开洞形成中庭；同时将楼梯东侧5～7-A～1/A轴、7～9-

A～C轴开洞区域进行增补。

5.楼2～3-C～D轴区域二层楼面拆除，原结构为无楼盖四周，现四周增补混凝土框架梁，中间增加梁板，形成中庭。

6.5～7-A～B轴九层以下区域电梯部分墙体开洞，九层以上楼层的电梯拆除，且在对应位置增补混凝土梁、板。

7.根据建筑方案设计要求，在九至十一层5轴与B～F轴西侧增设1780mm宽外挑阳台，做法：钢结构斜撑，上铺压型钢板，浇捣C50加筋混凝土。

8.楼4～5-F～H轴地下二层～屋顶的剪力墙、楼电梯及楼板等结构全部拆除，在对应区域新增混凝土梁、板结构。

9.楼5～6-H～J轴增设3部电梯由地下二层通往屋面，在对应区域新增混凝土梁、板结构。

10.8～9-F～J轴区域，圆形混凝土筒体平面调整，原电梯取消，楼梯保留至十四层，十四层以上楼梯取消。结构在中心增设直径800mm的混凝土柱，原基础是裙桩厚板，经计算复核满足要求。

11.楼7～8-H～J轴区域增设1部楼梯由十四层通往屋顶，在对应区域新增混凝土梁、板结构重做。

12.5～6-B～C轴地下二层到地下一层局部拆除，增设2部电梯。

四、加固方法选择

（一）柱加固

框架柱选择粘贴型钢加固的方法，如图2所示。本加固方法施工周期加快，节约工期成本；施工操作方便；场地整洁干净，方便安全管理，但是在有柱帽的地方，型钢穿过较为困难，所以在节点处改成钢套连接型钢，如图3所示。

（二）框架梁加固

框架梁选择加大截面的处理方法，部分梁采取粘贴CFRP的加固方法，如图4所示。

配筋计算结果与原配筋相差较大，所以选择加大截面的方法；对于配筋结果相差不大的梁，为节约施工成本，选用粘贴碳纤维的处理方法，如图5所示.

（三）剪力墙边缘构件加固

剪力墙边缘构件的加固采取包型钢的加固方式，如图6所示。本方法施工周期快，节约工期成本；施工操作方便；场地整洁干净，方便安全管理。

（四）连梁加固

连梁采取的是外包钢加固的方法，如

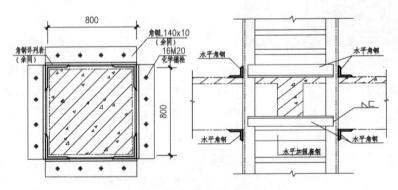

图2 柱包钢加固大样

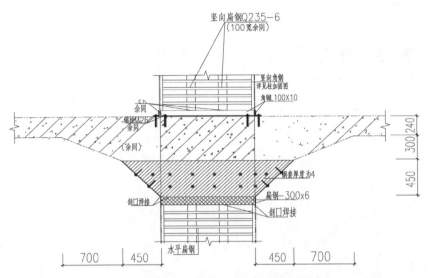

图3 型钢加固柱在柱帽处示意

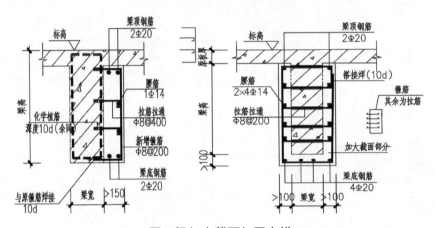

图4 梁加大截面加固大样

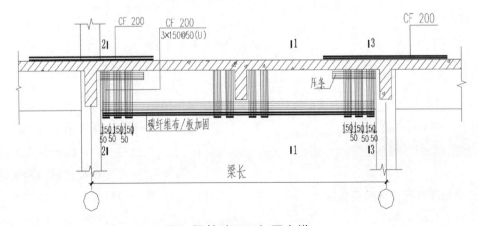

图5 梁粘贴CFRP加固大样

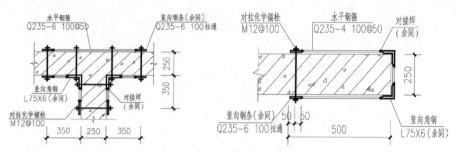

图6 剪力墙边缘构件加固详图

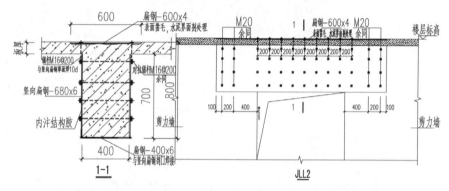

图7 既有连梁包钢加固

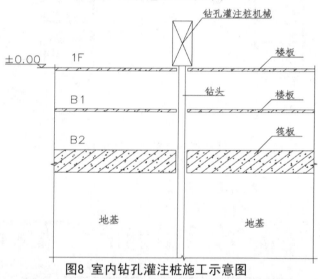

图8 室内钻孔灌注桩施工示意图

图7所示。该方法施工操作方便，且安全性高，对建筑空间影响小。

五、加固可行性分析及建议

（一）新增桩基

原设计方案采取的是锚杆静压钢管桩，单桩竖向极限承载力标准值为1700kN，所以要将此桩压入地基土中，需要很大的反力装置，而实际的施工现场很难做到。现建议采用钻孔灌注桩代替原方案，钻孔的施工平台放在标高正负零处，分别在一层、地下一层、二层楼面开小洞，如图8所示。

（二）地下室新增锚杆静压桩施工

根据既有设计方案，裙楼中庭部位新增24根锚杆静压桩，钢管桩采用直径500mm×12mm，单桩竖向极限承载力标准值为1700kN；该工艺存在以下难点：

桩径较大，压桩力较大，施工难度也相应增加，质量保证难度也较大。同时底板上开洞为采用倒棱台形，上孔为600mm×600mm，下孔为650mm×650mm，由于原底板深度约2.0m，因此开孔也难度较大。

建议从设计角度考虑，可否调整为灌注桩，打桩可以采取如下措施：

由于该区域二层以上楼板拆除，则可以将桩架架设在地下室顶板上进行钻孔施工；在相应的桩机停放部位下的梁板部位设置格构式支承。

（上海维固工程实业有限公司供稿，徐瑛、刘芳执笔）

南京中航工业科技城1号厂房

一、工程概况

南京中航工业科技城1号厂房原为国营第511厂1号厂房，建于20世纪60年代，由第一机械工业部第四设计院设计。厂房为单层7跨钢筋混凝土排架结构，跨度18m，柱距6m，连续10跨（图1、图2）。厂房总长124.4m，总宽71.1m，总面积约7531m²。除①～②轴高度为11.4m，⑦～⑧轴为10.48m外，其余各跨高度均为9m。基础采用钢筋混凝土杯口独立基础，基础与基础间未设拉梁，基础埋深-1.5m。屋架采用钢筋混凝土屋架，屋架与屋架之间通过钢结构支撑连接，屋面板采用钢筋混凝土预制大型屋面板。

现根据业主要求，改造为科技艺术中心，主要有三大功能空间：样板房展示区、航空探知馆、项目体验中心和灵活空间。

图1　厂房北立面

图2　厂房内景

二、改造目标

（一）改造背景

目前，我国经济结构正在加快转变，制造业快速衰退，第三产业蓬勃兴起，金融、科技、交通、文化等已成为城市的主要职能。那些过去依靠制造业发展起来的城市已出现不同程度的衰落，遗留下来的工业建筑需要更新改造以适应城市新的需求。在此背景下，南京中航工业科技城的改造可谓是顺势而为。

项目的改造在尽量保留原有厂房建筑形象和尽量少破坏原有结构的前提下，最大化地体现项目的人文及历史价值，使之成为南京具有人文特色的商业开发项目。为实现上述目标，主要进行以下改造：

1.建筑改造

将厂房立面原有一层平房拆除，同时将厂房维护砖墙拆除，向厂房内退缩一段距离，以轻钢玻璃墙面取代原有建筑的外表面，凸显原有老厂房的大跨度结构体系，利用玻璃的通透性展示内部及外部的景观空间（图3）。

图3　厂房改造后立面效果图

2.结构改造

为满足现行结构规范要求,在最大限度地保护原有结构的前提下,对原厂房结构进行承载力、耐久性及抗震加固。

3.绿色改造

为改善项目风、光、热环境,对项目进行了屋顶绿化、太阳能光伏发电、外窗遮阳、增设屋顶天窗等改造。

（二）改造技术特点

在尽量保留原有结构的前提下,将工业厂房改造为科技艺术中心。需要解决的主要问题有:1.在原工业厂房围护墙、室内砖墙大量拆除后,结构抗侧能力大大减弱的问题;2.在原厂房结构内部新建许多商业单体后,新基础与老基础的连接问题;3.老基础因结构功能改变导致的加固问题。

三、改造技术

（一）建筑改造

1.功能规划

将艺术中心的三大功能融合在购物街、住宅街、商业街3条主要街道呈现出来,使客户直接体验未来生活环境（图4）。

图4 功能规划

2.外部平面规划

在室外布置延伸空间与户外广场,弱化室

内外功能关系,使室内外不同功能空间相互渗透延伸（图5）。此外,在室外布置多处展示平台,配合LED显示板,使人流在游览景观的同时能够了解中航企业文化。

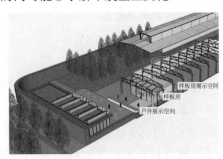

图5 室外布置延伸与户外广场

3.立面方案

将原有外墙拆除,以轻钢玻璃墙取代,使原有结构由里至外展现连续性及通透性,凸显原有厂房的大跨结构（图6）。

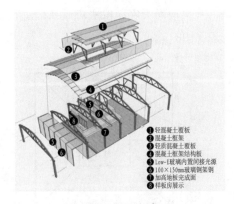

图6 立面方案

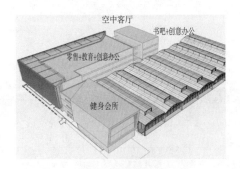

图7 新建建筑

4.新建建筑

新建零售、教育、创意办公、健身等建筑，填补项目功能缺陷，满足人们多样需求（图7）。

（二）结构改造

1.原结构构件承载力验算

（1）地基基础承载力验算

根据地质地质勘察报告，标高-1.500位置为素填土，其地基承载力特征值综合建议值为85kPa。以○3/○D轴基础为例，采用JCCAD计算得到基础荷载标准值为768kN，根据计算结果，修正后的地基承载力为103kPa，而实际计算所需的地基承载力为110kPa，原地基承载力不满足要求。同时，原设计配筋为ϕ10@150双向布置，配筋率为0.1%，不满足现行规范构造配筋率0.15%的要求，故采取增大底面积法对原基础进行加固处理（图8、图9）。

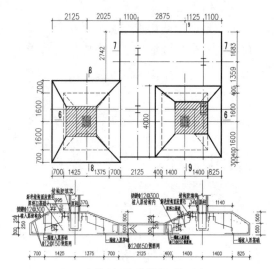

图9 独基扩展成整板基础加固

（2）柱承载力验算

采用PKPM结构设计软件，对结构整体进行建模计算。柱单侧配筋最小为700mm²，原柱单侧最小配筋为2ϕ16（402mm²），因此柱配筋不满足要求，同时根据检测结果，柱碳化较为严重，最大碳化深度为42.5mm，已超出混凝土保护层厚度，故需要对柱进行增大截面加固，加固前，应凿除柱表面混凝土碳化层（图10）。

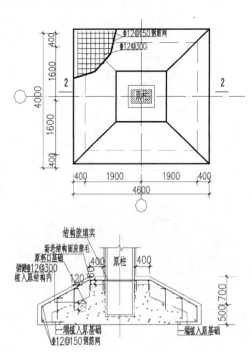

图8 独基加固

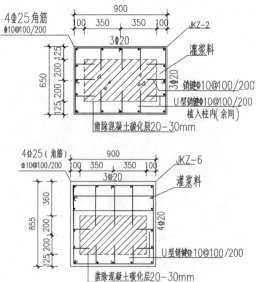

图10 柱增大截面加固

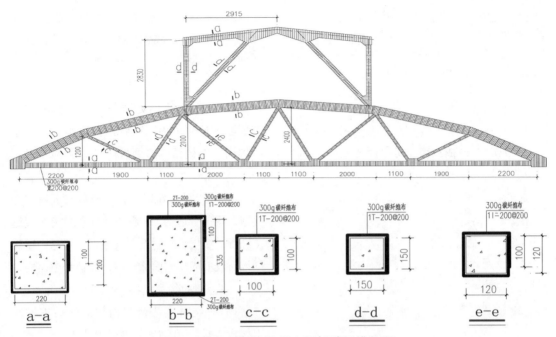

图11 预应力钢筋混凝土屋架碳纤维加固

（3）预应力构件（屋架）承载力验算

采用PK对屋架进行计算，计算表明，屋架上弦所需配筋为394mm²，实际配筋仅为314mm²，不满足承载力要求，应进行加固。其他杆件承载力满足要求。同时检测报告显示屋架碳化深度最大为34mm，超出钢筋保护层厚度，应进行耐久性加固。具体措施为喷涂阻锈剂提高耐久性，同时粘贴碳纤维布进行屋架整体加固（图11）。

（4）屋面板承载力验算

鉴定报告对5块屋面板（编号为DWB1～DWB5）进行了抽样荷载试验。DWB5板外观完好，其极限试验荷载（不包括板自重）为3.38kN/m²；DWB1、DWB2、DWB43块板初始裂缝较多，裂缝宽度在0.05～0.1mm，其极限试验荷载为2.08kN/m²；DWB3板初始裂缝也较多，裂缝宽度在0.05～0.1mm，肋局部还出现纵向锈胀开裂，其极限试验荷载为1.64kN/m²。

本工程改造后屋面恒载约为2.5kN/m²（包括绿化及保温、防水，不包括板重），活荷载为0.65kN/m²，由此看出，使用荷载大于实际承载能力，因此需更换大型屋面板。新屋面采用轻钢结构屋面。

（5）钢构件处理

根据鉴定报告，除钢构件表面及节点有轻微锈蚀外，未发现明显缺陷或损伤。因此在钢构件除锈处理后即可进行防腐防火处理。

2. 抗震加固方案

（1）纵向排架柱根部增设钢筋混凝土拉梁，增加基础部分的整体性。

（2）纵向排架柱柱顶增设钢梁，增加柱间的整体性。

（3）纵向、横向局部排架柱间增设钢结构屈曲约束支撑（图12、图13），以提高厂房综合抗震能力。

3. 改造施工

（1）结构拆除

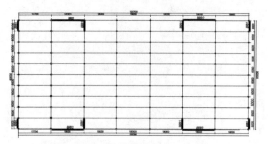

图12 屈曲约束支撑平面布置

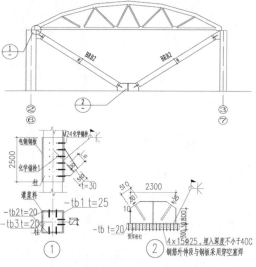

图13 屈曲约束支撑节点详图

1）拆除施工时必须考虑结构稳定性及安全性，必要时，应提供临时支撑，保持整体及局部的结构稳定。

2）应采用以低噪声、低振动和低尘为特征的拆除法，对原结构及环境的影响减至最低。

3）拆除时应采取可靠的吊装措施，吊装过程中应谨慎，操作应轻缓，严禁超负荷吊装。

（2）加大截面加固

1）施工前，应凿除构件表面的粉刷层至混凝土基层，对混凝土缺陷部位（疏松、破损）应清理至坚实基层。裂缝应按要求进行处理，锈蚀的钢筋应进行除锈和清洁。

2）新老混凝土结合面处的混凝土应按要求进行凿毛，混凝土棱角也要去除，表面的油污、浮浆、灰尘也应清理干净。

（3）粘贴碳纤维复合材料加固

1）混凝土基面处理与加大截面相同。需要注意的是，由于碳纤维抗剪很弱，对于结构构件的棱角应打磨成圆角，圆弧半径不应小于20mm。

2）粘贴碳纤维时，保证碳纤维胶密实无气泡，厚度合适均匀，碳纤维布胶能充分浸透碳纤维。多层粘贴时要分层粘贴，最后一层碳纤维布表面应均匀面涂一层，保证平整。

（4）屈曲约束支撑

1）安装时应符合《TJ屈曲约束支撑应用技术规程》DBJ/CT105的有关规定。

2）本工程屈曲约束支撑要求制造商对芯材及整体部件进行性能试验，保证芯材的屈强比小于0.8，伸长率大于30%，并有明显的屈服台阶，且应具有常温下27J冲击韧性功。屈曲约束支撑整体部件应能表现出稳定的、可重复的滞回性能，要求依次在其1/300、1/200、1/150、1/100支撑长度的拉压往复各3次循环下，支撑有稳定饱满的滞回曲线。并在1/150长度位移幅值下往复循环30次后，主要设计指标误差和衰减量不应超过15%，且不应有明显的低周疲劳现象。

（三）绿色改造

1.屋顶绿化及太阳能光伏发电

南京夏季气温较高，为有效减小项目屋顶因太阳热辐射导致的室内高温，对项目屋顶进行了大面积绿化（绿化率高达50%）及太阳能光伏发电改造（图14、图15）。

2.外窗遮阳

为改善项目室内采光及减小热辐射，在

项目东立面外窗后设置了垂直木质百叶遮阳板。该遮阳板可根据内部空间需求，调整角度，实现采光需求的变化（图16、图17）。同时，在调整的过程中，还可以实现建筑物立面的动态变化。

为减小项目太阳西晒，采用灰色亚光喷涂的金属板制作西立面外窗（图18）。

图18 灰色亚光金属板外窗

3.屋顶天窗

为改善项目室内风环境及采光，在屋顶侧面增设了天窗，在采光的同时，还能利用热风压进行气流置换，改善室内风热环境（图19）。图20和图21为室内局部温度场及风场云图，表明室内风热环境良好。

图14 屋顶绿化

图15 屋顶太阳能光伏发电

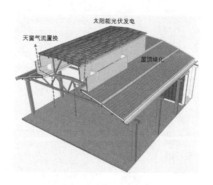

图19 屋顶天窗、绿化及太阳能

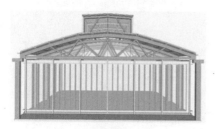

图16 遮阳板90度开启

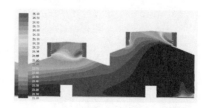

图20 局部温度场云图

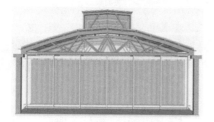

图17 遮阳板0度关闭

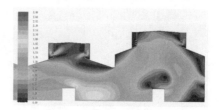

图21 局部风场云图

四、改造效果分析

南京中航工业科技城1号厂房的改造，在尊重历史的同时，运用现代化手段，对项目进行了绿色化改造，使项目最大限度地保留了原有工业厂房的建筑风格和结构型式，最大化地体现了我国20世纪60年代工业厂房的人文及历史价值，已经顺理成章地成了区域板块的地标建筑，极大地提升了周边地块的地产价值。

五、思考与启示

随着我国产业结构的调整，今后工业建筑的改造会越来越多。工业建筑的改造关键是要尊重建筑的历史价值，找寻历史与当代的结合点，即将历史空间与当代功能有机结合，使历史建筑在当代重放光芒。此外，在具体改造技术方面，要特别注重绿色可持续理念及新技术的运用，这样才能使历史建筑的改造更加安全、环保，具有永恒的生命力。

（建研科技股份有限公司供稿，吴元执笔）

上海鑫桥创意产业园

一、工程概况

上海鑫桥创意产业园项目位于上海市浦东新区银山路183号，该园区原为上海柴油机厂洋泾分厂厂区。原厂区内建有机械加工车间、半精加工车间、精加工车间、后方车间及变电所、空压机房、清洗车间、锅炉房、浴室、综合楼、餐厅及厨房等多幢建筑，由上海市川沙县建筑勘察设计所于1991年设计，并由洋泾建筑工程公司于1993年建造完成。原厂区内主要建筑平面布置示意图详见图1。为了满足将厂区改造为创意产业园区办公使用的要求，现拟将部分厂房建筑使用功能进行调整，新增室内夹层；部分建筑屋面重做或加固；增设室外钢楼梯及雨篷等。

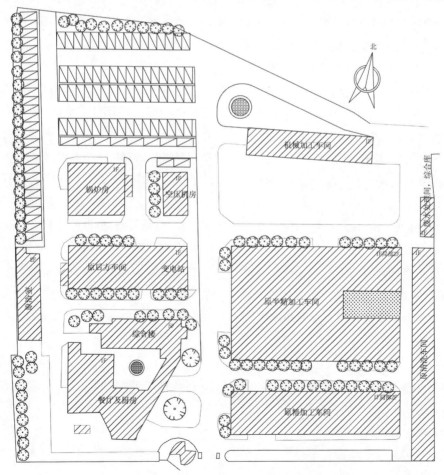

图1 原厂区内主要建筑平面布置示意图

二、改造目标

本工程将旧工业建筑改造为创意产业园区办公建筑，使改造后的建筑最大限度地节约资源，保护环境和减少污染，同时为使用者提供健康、舒适的室外、室内环境。

该项目结构改造的技术特点为：在尽量少破坏原有结构的情况下，充分利用原有结构抗震和抗振能力较强，牢固耐久的特点，合理地进行改造，实现用于大空间建筑室内增层的加固改造技术。

原有厂房以排架结构形式居多，跨度和高度均较大，可在中间增设一排钢柱，新增夹层楼盖采用钢结构主次梁连接，楼面板则采用闭口型压型钢板与混凝土组合楼盖结构；由于新增钢结构夹层依托在原有混凝土结构上，因此必须根据计算结果对原有混凝土排架柱及基础的承载力进行复核，采取相应的加固方法，以满足改造后的承载能力要求。

在结构体系上通过增设纵向柱间连系梁形成双向抗侧力框架结构体系。

当新增室内夹层导致二层净高偏小时，可将原有的屋面结构拆除，采用与夹层楼面相同的组合楼盖做法，同时将屋面标高提升一定高度后重做屋面，这样不仅增加了房屋的整体高度，也使新增的室内夹层净空高度相应提高，以便满足大开间办公使用的要求。新做屋面四周边界采用与原有屋面相同材质的钢筋混凝土梁及外挑天沟，这样可不改变原有屋面排水线路的完整性。

三、改造技术

（一）结构检测的主要情况

由于原厂房建筑图纸资料不完整，为给结构改造设计提供基本依据，在结构改造前对原厂区内的主要结构单体进行了较为详细的结构检测。通过检测，了解主要单体建筑的现状情况。

根据原始设计资料对房屋结构形式、构件布置及建筑布置等进行了检测复核。检测结果表明，房屋建筑布置与结构体系现状与原设计图纸基本相符。

房屋整体倾斜检测结果表明，部分房屋整体存在较为明显倾斜趋势，但所有测点整体倾斜值均较小，均未超过相关规范的限值要求。

房屋主要结构构件尺寸及配筋检测结果表明，抽检梁、柱截面尺寸与原设计截面尺寸基本一致；混凝土梁、柱构件主筋及箍筋配置与原设计基本相符。

（二）结构计算分析

采用中国建筑科学研究院PKPM系列软件中的PMCAD、SATWE-8、STS、QITI及JDJG模块进行结构整体计算分析。根据《建筑抗震鉴定标准》GB50023-2009要求，在20世纪90年代建造的现有建筑，后续使用年限不宜少于40年，改造后结构抗震验算应能满足周期、层间位移及构件抗震承载力的要求。

本工程基本风压取值$0.55kN/m^2$，风压高度变化系数根据地面粗糙度类别为C类取值。抗震设防烈度为7度，设计地震分组为第一组，设计基本地震加速度为0.1g，场地类别为Ⅳ类，场地特征周期为0.90s。

根据改造后的建筑功能用途，新增楼、屋面荷载标准值分别为：

恒载标准值：楼面$4.5kN/m^2$；屋面$5.5kN/m^2$。

活载标准值：楼面$2.0kN/m^2$；非上人屋面$0.5kN/m^2$；上人屋面$1.5kN/m^2$。

对于未提供地基承载力的单体建筑，按上海地区80kPa验算基础埋深、尺寸及配筋。

现以本工程中加固改造面积最大的单体半精加工车间进行模型计算分析。原结构轴线①～③分别交于轴线Ⓐ～Ⓒ及轴线Ⓓ～Ⓕ，为二层框架结构部分，一层层高4.000m，二层层高4.200m，柱距为6m；轴线④～⑬分别交于轴线Ⓐ～Ⓒ及轴线Ⓓ～Ⓕ，为排架结构，檐口标高5.650m，跨度为15m；轴线①～⑦交于轴线Ⓒ～Ⓓ，

为一层砌体结构，层高4.000m。结构体系平面分布图详见图2。现将原有排架结构部分的屋架体系（包括原屋架梁、屋面板及砼天沟）拆除，保留原有预制砼柱及柱下独立基础，将其结构标高由原来的5.050m增高至8.150m；分别在结构标高3.950m和8.150m处，增设楼面和屋面，使其层高与相邻的二层框架结构一致；由于原有排架跨度较大，在跨中7.500m位置增设一排钢柱。改造前后剖面图详见图3及图4。

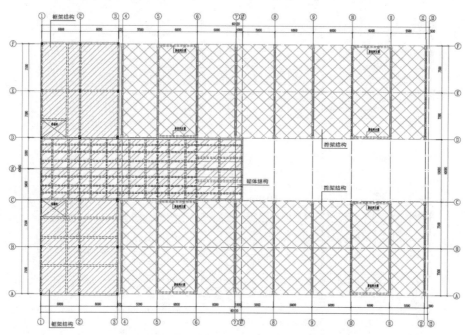

图2 原半精加工车间结构体系平面分布图

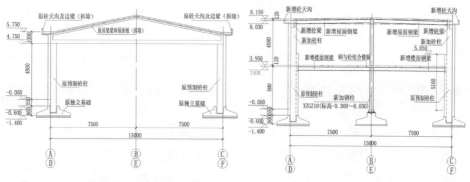

图3 排架结构改造前剖面图

图4 排架结构改造后剖面图

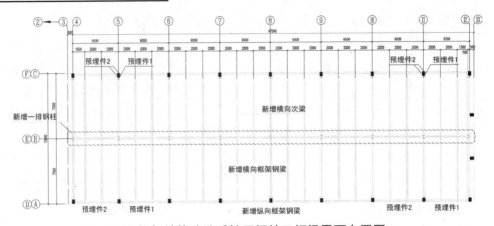

图5 排架结构改造后楼层钢柱及钢梁平面布置图

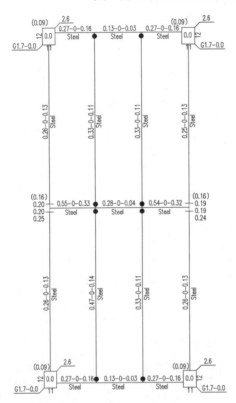

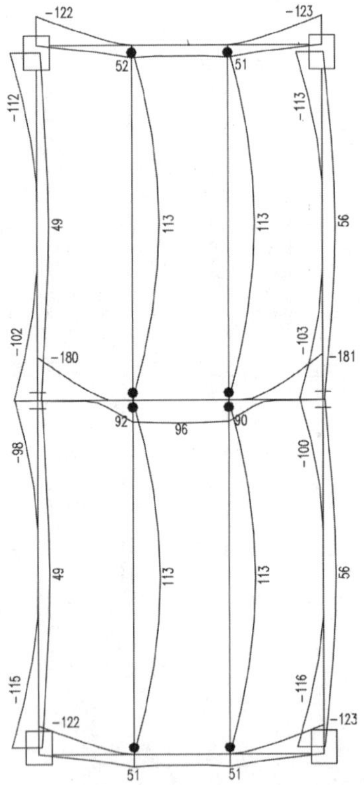

图6 局部混凝土构件配筋及钢构件应力比简图

图7 局部钢梁截面设计弯矩包络图

1. 排架结构新增楼、屋面计算分析

在15m跨中增设一排HW350×350×12×19（Q345B）钢柱；楼、屋面的纵、横向框架梁采用HW340×250×9×14（Q345B）钢梁；在钢与混凝土结构连接中，新增钢构件需通过预埋件与原有预制柱锚固，考虑钢结构次梁沿7.5m跨度方向三等分布置，这样不仅分担并减小了横向框架钢梁的弯矩，而且避免了由于锚筋直径设计过大，造成受拉钢筋的锚固长度无法满足规范要求，导致钢梁无法与原有混凝土柱连接。图5及图6计算数据表明，与混凝土柱连接处钢主梁弯矩设计值M=116kN·m，剪力设计值V=60kN，经计算预埋件尺寸为400mm×600mm，锚筋为12×20，锚固长度为35d。

2.改造后的计算简图及数据结果（详见图6、图7）

（三）改造加固技术的应用

1.基础加固

经复核，原结构柱底轴力约为N=240kN；改造后原结构由单层排架结构变为多层框架结构，柱底轴力约为N=440kN，比原先增大近一倍。计算表明，对原有基础承载力不能满足新增楼面及屋面层的要求，采用增大截面法对原有基础进行加固。考虑不影响原有建筑周边道路地下布设的管线以及不破坏邻近的框架及砌体结构的基础，加固采用三面加大法，即尽量减少室外道路和邻近结构的开挖面积，宽度方向各增加500mm，长度往室内方向增加1m。加固做法详见图8～图10及表1。

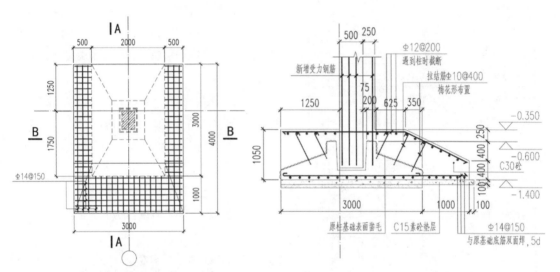

图8 三面加大截面法加固原有基础

图9 A-A剖面加固做法

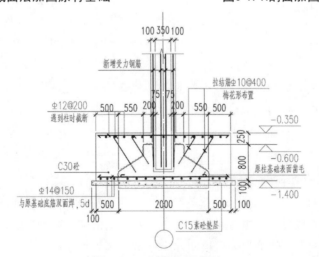

图10 B-B剖面加固做法

三面加大截面加固柱JGZ3列表　　表1

截面	
编号	JGZ3
标高	−0.600～5.050
原截面尺寸及增加的厚度	350×500（100/100−0/200）
角筋	4Φ20
b边一侧中部钢筋	2Φ20
h边一侧中部钢筋	3Φ20
箍筋	Φ10@100/200
拉筋	Φ10@300，可错开布置
混凝土强度等级	自密实高强混凝土
截面示意图	

2.混凝土柱加固

经计算改造后的预制柱配筋面积比原来增加一倍多，采用加大截面法增大原构件的截面面积，补足缺少的受力钢筋面积，从而提高构件的承载能力。为保证新旧两部分混凝土能整体工作，共同受力，在截面中部以植筋方法附加一定的U型锚筋；新加纵向受力钢筋端部应有可靠的锚固，混凝土柱下端采用植筋方法与原基础锚固。新增屋面高度范围内混凝土柱的纵向受力钢筋也采用植筋方法植入原有预制柱内。加固做法详见图11。

3.新增夹层楼盖

新增夹层楼盖采用钢结构主次梁，楼面板则采用闭口型压型钢板与混凝土组合楼盖结构。新增钢梁与钢柱、新增钢梁与原混凝土柱可采用刚性连接，新增的楼层钢梁可通过预埋件与加固后的混凝土排架柱连接。钢筋植筋的孔径、孔深应符合规定要求。对于不满足锚固要求的锚筋可采用对穿孔塞焊做法以满足规范要求。节点做法见图11。

4.原有混凝土排架柱间支撑拆除，在纵向通过增设柱间连系梁形成双向抗侧力框架结构体系，提高结构整体性。节点做法见图12。

5.裂缝修补技术

对于老建筑加固改造中，经常在施工中发现结构开裂的问题（构造原因或受力原因），为提高结构耐久性，对混凝土结构构件的裂缝采用压力灌胶修补技术。压力灌胶主要通过在裂缝中压力注入环氧树脂的方式达到封闭裂缝以防止开裂后钢筋锈蚀的目的。

四、改造效果分析

创意园区内废弃的工业厂房及基础设施的再利用，避免了大量拆除和新建的资源耗费。旧工业建筑具有良好的基础设施，改造项目可以以原有的基础设施为依托，不用增加新的市政设施接口，只需在原有设施的基础上扩大或改变位置，改进设备即可，此一项即可有效减免大量的前期投入。不仅如此，空间宽敞、房屋结构好的优势，使得在对旧厂房进行改造时可以很随意方便地按照自身需要分割再造空间。同时，良好的房屋结构也能节省不少装修改造的经费。这种变消极因素为积极因素的二次设计活动，能够

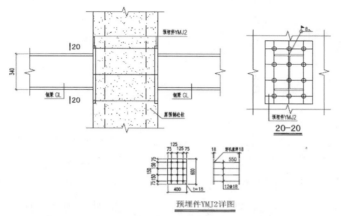

图11 新增钢梁与原混凝土柱刚性连接

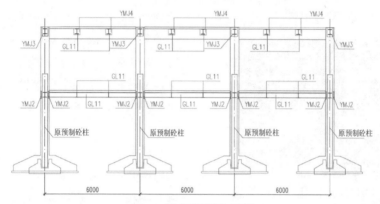

图12 纵向新增连系梁

节省建设资金，减少建设周期，变废为宝，使旧工业建筑再次焕发生机。

该工程旧工业区厂房的租借和购买成本较低，厂房本身结构空间高大，通过新增室内夹层的改造，新增了约3400m²的可使用建筑面积，改造后使整个园区具有更多的面积可以出售、租赁和利用，而由此所需付出的结构改造加固费用仅为300万元左右，相对较少，少量的投入带来大量的收益，降低建筑经济成本，相应也减少了对环境的污染。

五、结语

目前，上海有许多旧厂房被改造成创意园区，主要用于办公、商业、娱乐及生活等。单层厂房形体方正简洁，具有高大宽敞的室内空间，易增建夹层，又可向外拓展空间。厂房往往设置天窗和高窗来满足工业生产的采光与通风要求，为后期改造的生态设计提供良好的条件。旧单层厂房建筑与创意园区的结合是面对产业结构调整和城市更新需求的一种创新，是对旧工业建筑进行改造和再利用的适应性潜力挖掘，对经济文化、社会和环境的发展有着很大的推动作用。

（上海建科结构新技术工程有限公司、中国建筑科学研究院上海分院供稿，平洁静、张素珍、刘文丽、梁加兴执笔）

上海乐宁老年福利院

一、工程概况

上海乐宁老年福利院位于上海市静安区武定路661号。静安区作为上海中心城区，60岁以上老年人口超过9万，占户籍人口30.6%。本项目主要针对静安区居民的养老服务需求，适当考虑周边区县。

图1　地理位置

该建筑建于1985年，最初为上海光华出版社的业务楼，之后改造为经济型酒店。该建筑地上7层，建筑高度23.8m，建筑面积4167m²，主体结构为钢筋混凝土框架结构。本次由经济型酒店改造为养老机构。

图2　改造后外立面

二、改造目标

（一）改造背景

1. 围护结构

建筑外墙为200mm厚空心砖，外面粉刷涂料。外墙饰面材料局部脱落，抹灰层出现空鼓现象，墙面上出现不规则分布且深浅不一的裂缝。外墙涂料褪色，涂层粉化。广告牌、宣传牌、供电、通信线路等悬挂在外墙上，随时有坠落的安全隐患。外窗为铝合金单层玻璃窗，距离马路4.5m左右，噪音和灰尘大。

楼板为钢筋混凝土现浇楼板，楼板厚80mm或90mm。局部楼板出现水渍，局部填充墙出现水渍、粉刷龟裂、涂料剥落等现象，个别楼层地坪出现裂缝。

屋顶由彩钢板和混凝土板2部分组成。彩钢板区域由于钢板老化漏水现象严重，支持钢屋面的主要钢构件防腐蚀涂层腐蚀老化。混凝土板区域大部分楼板厚70mm，局部厚80mm。防水层为沥青防水卷材，局部分隔缝处裂缝明显。

2. 结构

（1）房屋结构布置基本符合设计要求。混凝土构件截面尺寸、配筋情况与设计基本相符。混凝土实测强度满足原设计要求。房屋倾斜和相对沉降均较小。

（2）房屋基础为筏板基础，筏板板底标高为-3.000m，筏板厚300mm。主要柱截面尺寸为400mm×600mm，主要梁截面尺寸为

250mm×600mm或200mm×400mm。主体结构未发现明显损伤。

（3）在不考虑地震作用下进行结构验算，结果表明，除一层厨房区域楼板及部分屋面板承载力不足外，其余构件承载力均满足要求。

（4）房屋未考虑抗震设防，抗震性能有所欠缺。

（5）为保证房屋今后的使用安全，房屋室内外装修应尽量采用轻质材料。

3.暖通空调

空调形式为分体式空调，由室内机和室外机组成。无通风系统和采暖系统。

4.给水排水

原建筑生活、消防用水为一路进水管，生活用水和消防用水合用屋顶水箱，消防水量不满足现行消防规范要求。原室内灭火系统仅为消火栓系统，按现行消防规范要求，需增加自动喷淋灭火系统。原建筑排水系统为雨污合流，排水经基地内化粪池处理后排入市政管网。原有热水炉年久失修，不能满足现在的使用要求。

5.建筑环境

原建筑东侧与一家餐馆共用一条消防道路，此道路也是该建筑南侧办公楼内人员必经之路。路面污水外溢严重。该建筑容积率非常高，场地内几乎没有绿化，楼与楼之间的间距很近，环境质量和实际舒适度不高。

6.建筑照明

（1）原来的照明线路老化严重，主要管线的位置不合理，电线大部分明装。

（2）大量使用低效白炽灯和荧光灯，启动较慢，容易闪烁，且灯体温度高，灯管容易老化，耗电量非常大，没有回收价值。

（二）改造目标

在人口深度老龄化以及土地资源紧张的现实背景下，为切实缓解人口老龄化与养老服务供应不足的矛盾，通过建筑、结构、暖通空调、给水排水、电气等方面的综合绿色化改造，将该建筑改造成集生活照料、医疗护理、康复护理、心理护理、娱乐活动等为一体的养老居住建筑。

三、改造技术

（一）建筑改造

根据"以人为本"的指导思想，为住养人员营造"家"的氛围。根据合理布局、流线顺畅、居住舒适、环境优美、功能完善等原则进行再生设计。具体考虑以下方面：

（1）让住养老人感受到老有所养、老有所医、老有所乐，贯彻"人性化管理，个性化服务，专业化介入，社会化互动，维护老人残存功能，开发老人自助潜能"的服务理念，让全自理老人找到属于自己的活动平台，让有潜力的老人发挥自己的价值，让孤独的老人重塑社会关系，为特殊需要的专护老人提供亲情帮助。

（2）每层平面规划中全面考虑无障碍设计，注重扶手、地面防滑、电器插座等细节处理。

（3）使用的建筑材料、设备等要考虑环保、绿色、节能、阻燃、色彩等问题，满足老人使用要求。

（4）平面功能设计和竖向垂直交通设计进行有机结合。

1.建筑功能改造

改造后的上海乐宁老年福利院共有7层，建筑面积为4167m²，拥有167张床位，其中二至四层以6人全护理房间为主，五至七层以2~3人全自理房间为主，护理床位数量约占总床位数的60%，在一定程度上可以满足失能老人的需求。除了生活区域外，还有集体食堂、娱乐空间、空中花园等设施供老人使用。

老年人护理区：护理间设有卫生间、电视机、空调、床、橱、柜、桌、椅等。每层均设置生活区管理站(含日常管理、救护治疗、医护值班等)、公共助浴室、污物室(内设浸泡池、消毒池、冲洗池等)、配餐室(内设消毒柜、冰箱、电开水炉、不锈钢水槽等)、餐厅、活动室(可与餐厅合用)、储藏室。每楼层设置公共厕所(男/女)。新增1部医疗电梯，满足老年人竖向交通需求；改造和拓宽2部楼梯，确保消防疏散要求。

多功能康复训练厅：位于一楼南侧房间，训练厅内可以进行健康指导、康复训练、康复评估等。

文化娱乐活动区：位于每层中间的公共区域，为老人提供适合自己的康乐性活动，包括歌咏、舞蹈、棋艺、上网、手工、影视、书法等，通过丰富多彩的活动增加老人生活的充实感。

医疗服务区：在功能上满足针对老人常见病、慢性病、季发病的常规检查和治疗，以及社会老人的入院评估等，积累经验在适当的时候向社区辐射，对外开放，资源共享。

后勤服务区：厨房设置在一楼东侧，养老人员和职工厨房各一个。设置洗衣房，具备洗衣、烘干、消毒等功能。其他配套用房包括：变配电房、水处理用房、监控室等。

行政办公区：保障福利院顺利进行日常工作，体现现代福利院运作、经营、管理水平的高效、便捷、有序性。设置下列功能房间：院长室、行政办公室、业务部、财务部、人事部、接待室、出入院管理室等。

2.围护结构改造

屋面保温层采用40厚半硬质玻璃棉板，具体节能改造做法如图3所示

1.40厚C20细石混凝土保护层，配φ6或冷拔φ4的Ⅰ级钢，双向@150，钢筋网片绑扎或点焊(设分格缝)
2.10厚低强度等级砂浆隔离层
3.防水卷材或涂膜层
4.20厚1:3水泥砂浆找平层
5.最薄30厚LC5.0轻集料混凝土2%找坡层
6.保温层
7.钢筋混凝土屋面板

图3 屋面节能改造做法

3.外窗节能改造

改造后外窗采用透光Low-E6+12空气+6mm透明中空玻璃，玻璃自身遮阳系数0.50（图4）。

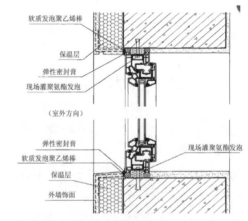

软质发泡聚乙烯棒
保温层
弹性密封膏
现场灌聚氨酯发泡
(室外方向)
弹性密封膏
软质发泡聚乙烯棒
现场灌聚氨酯发泡
保温层
外墙饰面

图4 外窗节能改造做法

改造后外窗具有以下优势：

（1）隔热保温环保。能隔断红外热能的传递；中空玻璃采用了双道密封，大大提

高了隔热性能，保证室内环境冬暖夏凉。

（2）隔音降噪。采用多腔结构型材和双道密封胶条，最大限度地减少噪音污染。

（3）密封、抗风压性好。配以优质钢材确保达到抗风压等级要求，确保在一定的风雨交加天气下，仍然完好，不会因变形而渗水。

（4）防紫外线。有效阻止紫外线，既能保持室内紫外线在微量级内，又能阻止室内家居、衣物、图书、收藏品等老化、褪色，减少紫外线对身体的伤害。

（二）结构改造

主体结构的用途和使用要求没有发生改变，原建筑在1985年竣工，目前在50年的使用年限内。本次主要对电梯采用的规格做调整，由原来1台800kg客梯改造为1300kg的无障碍客梯1台和1600kg的医用电梯1台。根据建筑功能需要，现将电梯井道重新分隔，采用钢梁＋压型钢板组合楼板的形式。原有建筑的出屋面电梯机房建筑高度不满足现有电梯的提升高度，结构设计时采取植筋方式在原屋顶电梯机房的结构基础上增设框架柱、框架梁及机房顶屋面板（图5）。

图5 改造后屋顶机房

改造后，二至四层为福利院的全护理用房，与之对应的辅助用房有多功能室、助浴间、值班室、茶水间、储藏室、污物间等功

能用房。不同功能用房之间采用隔墙进行空间分割，具体墙体位置根据功能要求确定，尽量不改变原有墙体位置，并尽可能在原有框架梁上布置隔墙。

原混凝土结构受自然环境、使用环境等各种因素的影响，呈现出不同程度的承载力不足问题。针对部分楼面梁、板配筋不足的地方采用粘贴碳纤维布加固。楼板上新增砌墙的地方，采取板底增设钢梁加固和薄弱梁进行碳纤维布包覆加固，以增强构件和房屋整体的承载能力（图6）。

图6 增设钢梁加固和碳纤维布包覆加固

（三）暖通空调改造

1.冷热源改造

所有自理间、护理间均采用分体式冷暖空调机组。公共区域、活动间、餐厅等采用热泵式变制冷剂流量多联机组，外机放置于屋顶。

图7 热泵式变制冷剂流量多联机组外机

2.室内环境控制

（1）公共区域的新风由室外直接引入

新风机组，由新风机组送至各个房间。

（2）值班室、监控室新风采用新风机组直接送新风。

（3）自理间、护理间通过卫生间排风，自然引入新风。

（4）卫生间、更衣室等设置机械排风系统。

（5）配电房、水泵房等均设有通风系统，以排除房间的余热、余湿。

（6）厨房设置机械排风及送风系统（图8）。

（7）新风取风口、补风口和排风口合理设置，防止短路。

图8 厨房通风装置

（四）给水排水改造

1.节水器具与设备改造

（1）喷淋管全部采用内外热镀锌钢管；消火栓管管径小于等于DN100采用焊接钢管，管径大于DN100采用镀锌钢管。DN100及以下采用丝口连接，DN100以上采用卡箍连接。

（2）室内污废水管、雨水管、空调冷凝水管均采用UPVC排水硬聚氯乙烯管，粘接。

（3）室外埋地给水和消防市政进户管均采用球墨铸铁管。室外埋地排水管采用UPVC双壁波纹管，橡胶圈连接。

2.消防系统改造

（1）每层、每个防火分区均设有水流指示器和监控阀，以指示火警发生的具体楼层或部位。报警阀组前的管道采用环状供水管道。每个报警阀控制喷头数不大于800只，每个报警阀组控制的最不利点喷头处设末端试水装置，其他防火分区、楼层的最不利点处设直径为25mm的试水阀。

（2）室内消火栓系统、自动喷淋灭火系统及手提式灭火器。室内消火栓系统采用临时高压消防给水系统，在消防泵房内设置消火栓泵2台，一用一备；每层均设室内消火栓保护，室内消火栓的布置能保证同层相邻2个消火栓水枪的充实水柱同时到达任何部位。自动喷水灭火系统采用临时高压消防给水系统，在消防泵房内设置喷淋泵2台，一用一备；喷淋泵从室外DN300消防环管直接吸水，经湿式报警阀供至喷淋管网。在屋顶设有高位消防水箱及喷淋稳压设施，保证最不利喷头的最低工作压力和喷水强度。

（3）增加1路直径为200mm的市政供水管网，建筑物内生活用水充分利用市政供水压力，需要加压供水的楼层，采用变频泵加压供水。压力大于0.20MPa的用水点处设减压措施。

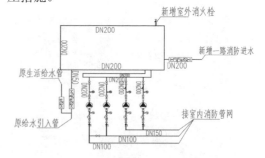

图9 改造后消防系统图

3.节水系统改造

（1）原有生活水泵为工频泵，现在更换为变频泵。水泵及给排水设备均采用高效节能产品，水泵工作在高效区。

（2）建筑各处分别设水表，其余部分根据功能及管理要求设分表计量。给水立管均采用钢塑复合管，支管采用PP-R给水管。

（3）选用节水型卫生洁具及配水件。坐便器采用容积为6L的冲洗水箱，用水点龙头应为陶瓷芯节水型水嘴；所有的给水阀门选用性能良好的零泄漏阀门。

（4）公共卫生间采用感应式水嘴和感应式小便器冲洗阀、感应式蹲式大便器冲洗阀。

4.污水系统改造

（1）排水体制根据静安区市政管网现状，为室外雨、污在园区内分流，污水经化粪池处理，厨房排水经隔油池处理。污水不对环境产生污染。

（2）排水系统设置通气管，洁具排水设置存水弯。

（3）水泵选用低噪声泵，进出口设置隔振橡胶接头，基础设置隔振装置，管道吊架采用弹性吊架，减少振动和噪声对环境的影响。给水支管的水流速度采用措施不超过1.0m/s，并在直线管段设置胀缩装置，防止水流噪音的产生。

（4）生活水池采用不锈钢水箱，独立设置。

（五）电气与智能化改造

1.供配电设备与系统改造

（1）消防联动控制系统

在消防控制室内设置消防联动控制屏，对消防设备进行联动和监视：消防泵、防排烟风机的启动、停止及工作状态显示、手动/自动状态、显示和故障报警；各类防火门、防火阀、排烟阀的控制及状态显示

（2）应急广播的程序控制

电梯的控制和楼层显示；火灾区有关部位的非消防设备(空调设备和风机等)电源的切除；火灾应急照明和疏散指示灯的控制。

（3）火灾自动报警系统

火灾探测报警系统由集中火灾报警控制器、楼层区域报警显示器、火灾探测器、手动报警按钮等组成。集中火灾报警控制器选用智能型控制器，能显示各报警点的位置，并根据报警信号发出联动控制指令。控制器预留RS232/485通信接口。

2.照明系统改造

（1）光源

有装修要求的场所视装修要求商定，护理用房、活动室照明光源普遍采用T5型三基色荧光灯管。一般场所采用18W节能灯具、36W（T5或T8）节能荧光灯具、金属卤化物灯或其他节能型灯具。光源显色指数Ra≥80，色温在2500K～5000K之间。所有灯具功率因数均补偿到0.9。所有灯具均按I类考虑。

（2）应急照明

配电间、消防水泵房、电信总机房均设备用照明灯。人员密集场所、疏散楼梯间、疏散走道等场所均设疏散照明灯。公共建筑疏散走道及公共出口均设疏散指示标志灯及安全出口指示灯，该灯附带蓄电池装置，其连续供电时间不少于90min。应急照明电源采用双电源互投后供电，采用蓄电池作为备用电源。

3.智能化系统改造

（1）通信系统和综合布线系统

小区内部管网均接入1#楼一层弱电机房，机房内设置光纤互连装置LIU、网络交

换机SW、集线器HUB、配线架等。每层弱电井间内设电信分线箱。由一层弱电机房电信设备配出的电话电缆及信息光缆或线缆均在金属线槽内沿弱电竖井引上敷设后转换穿金属管至各层分线箱。护理用房设置至少一个单孔电话/信息终端，其他活动空间内设双孔电话/信息终端。

（2）呼叫系统

各层照护站设置呼叫总机，每床位设置一呼叫分机，卫生间设置呼叫按钮。呼叫系统采用总线制呼叫系统，分机采用在线编码方式，可任意设定分机号。分机含呼叫器可与主机双工对讲。主机含广播功能，可对全部分机进行广播。

图10 呼叫装置

（3）安全技术防范系统（保安监视和楼宇对讲）

闭路监视机房与消防控制室合用。各出入口、各层走道内均设闭路监视摄像机，走道内监视摄像机吸顶安装。

四、改造效果分析

上海静安区老龄化程度居全市首位，60岁以上老年人口占户籍人口30.6%，养老床位缺口较大。乐宁老年福利院在养老功能上叠加收住残疾人的功能，在福利院内开辟独立区域，根据不同残疾人的特点，有针对性地融入无障碍设施和康复器材，为今后收住残疾老年人提供了硬件保障，使养老服务与残疾人服务进一步融合。护理床位数量约占总床位数的60%，可一定程度满足本区失能老人对入住养老机构的需求。除此之外，福利院食堂不仅为住养老人提供餐食服务，还作为社区食堂为社区老人提供助餐服务，实现了机构养老服务功能向社区居家养老辐射和延伸。既有建筑经过功能转变和改造利用，能很好地满足现代人的某种生活需求。旧建筑经过功能转变和改造利用，既实现其经济价值的转移，又体现其文化价值的延续，既是对历史的尊重，也是对未来负责。

（上海市建筑科学研究院（集团）有限公司供稿，郑迪、陈琼、高润东执笔）

北京昆仑饭店

一、工程概况

北京昆仑饭店位于北京朝阳区新源南路2号，为五星级饭店，主楼高29层，建筑面积约为9万平方米，幕墙面积约3万平方米，建筑立面比较复杂，转角多。

二、改造目标

（一）项目改造背景

1. 项目改造前情况

原建筑外墙采用干挂预制水泥板，内设40mm保温棉，部分保温岩棉已现老化或者脱落，门窗采用非隔热铝合金型材与单片玻璃，部分窗五金件出现松动、损坏，窗的水密性、气密性、风压性能、隔声性能已经满足不了规范要求，建筑整体的节能指标也达不到当地采暖住宅建筑相应的要求。

图2 改造后外围图片

2. 项目改造后目标

（1）规划布局改造

维持建筑原外观效果，在不影响酒店营业的情况下，将现有外墙材料全部拆除，更换上新的材料。旧的门窗和幕墙系统改造成具有良好保温隔热、隔声、气密和水密性性能的新系统。

（2）建筑节能改造

①改造建筑幕墙系统，调节室内温度、消除热桥效应、。

②更换窗系统，尤其是窗玻璃，提高窗系统的保温隔热性能、。

③更换非透明部位（铝单板）背衬保温岩棉，提高建筑保温隔热性能。

（3）室内环境改造

对室内的面板玻璃、隔音棉进行更换，

图1 改造前外围图片

保证酒店隔声效果问题及酒店客房间的独立、隐私、安全性，使建筑室内的隔声效果达到46db以上，确保了室内环境。

（二）改造技术特点

考虑整体布局，在不影响酒店正常营业情况下，结合既有建筑所处的地理位置及甲方特殊要求、结合施工进行通盘考虑，力求将旧的门窗和幕墙系统改造成具有良好保温隔热、隔声、气密和水密性能的新系统，将新系统与建筑有机结合，为客人提供更优质的入住体验。

三、改造技术

（一）改造系统的选择

1. 该项目地处闹市，且施工期间酒店照常营业，故采用单元式幕墙与构件式幕墙相结合的设计方案，即：将每个洞口做成一个单元板块，单元板块安装后，立即进行四周的防水封堵，有利于房间的快速封闭，减少客房的空置，能避免雨季施工期间雨水进入房间的风险。采用此设计方案，现场安装快、幕墙性能好、对现场影响小。玻璃单元板块吊装完毕后使用吊篮进行陶土板和铝板的安装，最大限度减小对饭店的正常营业影响。

每个单元板块只进行上下插接，中间陶土板龙骨亦采用铝龙骨与单元板块竖向龙骨进行螺栓连接，这样既能保证窗洞能及时的封闭，也能比较好地保证单元板块的连接支座安装到位。由于单元板块之间只进行上下插接，左右板块无直接的联系，本系统不用考虑"十字处缝"排水问题，仅需将上下两单元板块边部的封堵做好即可，排水方式更为简单，气密性有了更大的提高。

考虑到固定墙部位较多，且陶土板不太

适合单元板块整体安装，因此，陶土板幕墙、铝板幕墙采用构件式幕墙，即：陶土板、铝板是在玻璃单元板块安装完毕后，进行吊篮安装的。

为了减少建筑立面效果改变，将建筑层间预制水泥板设计为相近颜色的陶土板。陶土本身都是一种很好的绝热、绿色环保材料，无污染，100%可重复利用，耐久性能好，是易维护的外立面绿色材料。

2. 建筑层间条窗系统改为中空6T+1.14PVB+6T+12A+6T钢化夹胶中空双LOW-E玻璃及断桥铝系统窗。玻璃U值亦达到1.62～1.67之间，具有良好的保温隔热性能。另外，夹胶玻璃中的PVB胶膜能阻挡99%的紫外线，对于室内的地板、家具等具有很好的保护作用，防止受紫外线长期照射而老化，给予使酒店一个绿色的室内环境。

透明部分设计的夹胶中空LOW-E玻璃具有很好的保温隔热性。夏季，能够有效地阻挡太阳照射产生的热量进入室内；冬季，能够有效地防止室内的热量流失。非透明部位设计的采用了100mm厚的保温防火岩棉，且幕墙龙骨内也填塞满防火保温岩棉。而且对于陶土板、铝板分格，在保证美观的前提下，进行了大板块的分格，如陶土板分格尺寸为1200×600mm，这样可减少缝隙的数量，提高幕墙的保温隔热性能。经过热工性能计算，该系统的传热系数可达1.83W/(㎡•K)，满足北京市要求不大于2.0W/(㎡•K)的要求。

3. 间隔窗部分采用3mm厚氟碳喷涂铝单板。铝板的耐腐蚀性好，氟涂料膜的非粘着性，使表面很难附着污染物，更具有良好的向洁性，容易清洁保养，而且铝板可100%回收利用，为绿色建筑材料。

4.透明部分幕墙面板选用6T+1.14PVB+6T+12A+6T钢化夹胶中空双LOW-E玻璃，在非透明幕墙位置采用良好隔声效果的陶土板外加100mm厚隔声保温隔热棉（玻璃棉毡），系统具有十分优异的吸声、减震特性，尤其对中低频和各种震动噪声均有良好的吸收效果，十分有利于减少噪声污染，改善室内环。

（二）幕墙安装过程

昆仑饭店的幕墙安装是在原幕墙拆除的基础上流水进行的，裙楼幕墙主要为陶土板、窗等构件式幕墙系统，采用搭设脚手架进行施工；塔楼为单元式幕墙幕墙，采用屋顶滑车及女儿墙位置的骑马式飞架进行单元式幕墙吊装、材料的散置；观光电梯处为构件式幕墙，需搭设脚手架进行施工。

在保证酒店正常营业的基础上，将建筑立面根据单元板块生产量、单元板块吊装进度分成多个施工段，使塔楼窗的拆除和幕墙单元板块的吊装、安装进行流水施工作业。

主要施工过程如下：

A.一施工段中，待窗拆除完毕区域，立即进行单元板块吊装，玻璃单元板块安装完毕后，马上用1.5mm热镀锌防水钢板钢板对窗洞口进行封闭，并进行打胶密封，同时进行室内窗台扣线安装、房间整理，待窗洞口封闭完即可进行营业。

B.在安装一施工段的时候，可以组织班组在白天进行二施工段内的原窗拆除、窗洞口的临时封闭、层间后置埋件的施工，晚上此施工段内的单元板块进入现场，

C.二施工段的窗洞口拆卸的同时，可以安排人员进行三施工段内的层间钢筋混凝土板的拆卸，层间原保温层的清理，此时间段内，做到"早上9点前不施工，中午午休时

间不施工，晚上7点后不施工"，以确保客房的正常使用。

本工程层间的陶土板、铝单板的安装是在单元板块吊装调整完毕、窗洞口四周密封后进行施工的。因此，三施工段内的钢筋混凝土板的拆卸完毕后，工人可以安排到一施工段进行陶土板、铝单板的安装。陶土板、铝单板安装前需先做保温、防水钢板安装，再挂装陶土板。为保证保温效果，保温岩棉的安装需饱满、不间断，不出现漏洞，安装好的保温岩棉用保温棉钉固定好。防水钢板固定后，需沿四周打硅酮耐候防水密封胶，确保防水效果。

裙楼位置主要为陶土板及条窗，此部分主要采用角手架进行施工，为了减少施工现场的交叉作业，塔楼在进行南立面施工时候，裙楼进行北立面施工；塔楼在进行北立面施工时候，裙楼进行南立面施工，提高现场施工管理，确保施工的质量与安全。

图3 各施工段立面图片

（三）单元板块吊装

本工程地面四周场地狭小，裙楼顶上的设施多，材料无法堆放，单元板块的吊装较难。经过现场的考察发现，屋顶上的擦窗机

的轨道保留比较完好，但两台擦窗机已经不能使用，因此决定对现有的擦窗机的轨道进行加固，并新设计三台出适合现有轨道的屋顶滑车，西区一台，东区两台，在滑车上设置卷扬机，以解决单元板块垂直、水平运输问题。

由于东、西区建筑高度不一致，因此需要在东、西区各设一个单元板块吊点，以东区为例，介绍昆仑饭店单元板块吊装方案：

夜间将在加工厂组装好的幕墙单元板块运到现场后，通过吊车把单元板块转移到东区北面的材料堆放平台上，白天通过屋顶滑车将单元板块起吊后滑到指定的安装位置进行安装，滑车水平水平滑动过程中，需要安排2个工人通过缆风绳控制单元板块的摆动。

吊装单元板块时，吊点不应少于两个，由于本项目单元板块不是很大，采用两个吊点。板块吊装过程应遵循"一慢，二缓，三稳"原则，以使各吊点受力均匀，确保起吊过程单元板块平稳，起吊过程中如遇到暴风骤起，立即将起吊物放下。

图4 屋顶滑车图片

单元板块垂直运输到指定位置后，窗洞口处工人通过对讲机与滑车操作员进行沟通，

将单元板块就位到目的。单元板块的支座连接应能进行三向调节，以消除工程中的施工误差。单元板块调整完毕后，工人通过 吊篮对窗洞口四周进行保温、隔声及防水封堵，尽快使该单元板块对应的房间能正常营业。

四、改造效果分析

经过优化的施工办法和材料与建筑的有机结合，不仅节约施工场地，而且因地制宜的利用了原有的设备轨道，还能机动地随时调整工作面，确保不影响甲方的其他面的营业，使整个工程的施工管理处于有序的监控状态。原建筑的隔热保温性能大大提升，使建筑耗能量大大减少，进而缓解生态系统碳含量压力，同时推进业主经营成本大大减少。

改造前后热工性能对比　　表1

改造部位	改造前传热系统W/(m²·K)	改造后传热系统W/(m²·K)	传热系数降低幅度
外墙	1.8	0.6	67%
外窗	5.1	1.8	65%

五、改造经济性分析

既有建筑的绿色化改造要因地制宜，在考虑其在改造升级的过程中必须针对当地特征采用相应的方法，消耗最少的资源，达到最大的贡献。在对原建筑幕墙系统进行绿色改造后，通过降低建筑的传热系数，提高建筑的保温隔热性能，降低建筑耗能，从而降低业主经营成本，缓解环境压力，具有明显实用的经济性，是未来既有建筑改造的发展方向。

六、推广应用价值

幕墙进入中国已经20多年，按一般玻璃

幕墙的使用年限是25年计，许多早期的幕墙工程已经到了建筑节能改造的节点了，但既有幕墙的升级改造需要结合原有建筑的实地情况，在设计、施工安装上进行通盘的考虑，使改造升级后比之前有"质"的飞跃，完成既有建筑维护结构的绿色化改造。通过深化外围护结构的绿色化改造方案，提出绿色化改造设计和施工措施的一揽子解决方案，使得建筑幕墙系统外观效果提升同时，其保温、隔声、水密、气密等性能大幅度提升，优化施工措施，确保施工过程对周边较低的环境影响。

（珠海兴业绿色建筑科技有限公司供稿，李卫东、褥荣、曾伟清、余国保、徐鹏、陈志鹏、向红旭、王强执笔）

京郊山区地源热泵系统集中供暖工程

一、工程概况

本项目位于北京市延庆区大庄科乡铁炉村，是山区整村搬迁集中使用地源热泵供暖安居工程。项目总占地面积68632平方米，总建筑面积34400平方米，涉及铁炉村180户居民（共126栋民宅）。本项目是由北京市、延庆区发展改革委员会及延庆区农村工作委员会牵头投资建设，由依科瑞德（北京）能源科技有限公司负责工程实施。

二、改造目标

为深入推进社会主义新农村建设，解决大庄科乡铁炉村180户农户现住宅房屋老化，部分农户的住房受到地质灾害威胁，抗震和保温性能差，且存在安全隐患等问题，延庆区委、区政府、区发改委和区农村工作委员会结合铁炉村冶铁遗迹保护和未来产业发展，启动了安居惠民工程，对铁炉旧村实施了重新规划建设。

图1 改造前铁炉村

（一）项目改造前情况

改造前，铁炉村采暖方式为各家的家用热水炉，经现场调查，村内共有约50台家用热水炉，燃料主要为煤和柴，用量比例为2.7:1，煤用量每年约524吨、柴用量每年约194吨。采暖期，热水炉每天运行18小时。燃煤、烧柴排放的污染物主要为TSP、烟尘、SO_2、NO_x，见表1、表2。

燃煤废气污染物产排污情况　　　表1

用煤量 （t/a）	污染物名称	排污系数 （kg/t）	排放量 （t/a）
524	TSP	0.71	0.372
	PM10	0.31	0.162
	SO_2	1.47	0.770
	NO_x	0.50	0.262

生物质燃烧废气污染物产排污情况　　表2

用柴量 （t/a）	污染物名称	排污系数 （kg/t）	排放量 （t/a）
194	烟尘	37.6	7.29
	NO_x	1.02	0.020

（二）项目改造后目标

铁炉村新农村改造建设的农户住宅在原址之上建成，建筑供暖采用地源热泵系统，替代燃煤燃柴热水炉，室内末端选用地板辐射采暖。充分利用土壤中的低品位热源，采用节能、环保的热泵技术，做到热能综合利用，保证冬季室内温度20℃以上。改造后，力求实现铁炉整村无煤化供暖，室内温度舒适宜人，打造成生态、休闲旅游新农村。

图2 改造后铁炉村

三、改造技术

本项目采用节能环保的地源热泵系统供暖，采暖120天，每天24小时，总热负荷2483.18千瓦。

本项目地源热泵系统设置391口地下换热器，单口井有效深度为120米，热泵地埋管埋深范围内土层原始温度为13.5℃，地埋管钻孔间距为4.5米，孔内采用32的HDPE管，双U形连接，建设场地地层120米深度范围内的地层岩性为燕山期花岗岩。

四、改造效果分析

本项目利用地下土壤的浅层地热能，结合热泵技术，实现能量的"转移"，用于室内供能，系统综合制热COP值可达4.3以上，节能效果显著。山区严寒的冬季，居民室内平均温度在20℃以上，运行稳定效果好。

五、改造经济性分析

设计方案遵循技术先进、投资省、效率高、经济实用、节省能源，无污染，运行管理简便的原则。其中，将如何降低农村地区农民采暖日常开支问题、延庆地区特殊的气候条件冬季运行安全问题作为重点。

按照正常的农村居民电费计算，每度电费按0.5元计价，铁炉村地源热泵系统运行费用折合单供暖季每平米12.01元。

六、思考与启示

山区地源热泵系统运行数据来源于铁炉村实际运行的数据，参照蓄能式电采暖、天然气壁挂炉、低温空气源热泵三种形式的运行费用，包括蓄能式电采暖及低温空气源热泵在享受低谷电价0.3元/度的基础上，再由北京市、区两级财政各补贴0.1元/度，补贴用电限额每个采暖季每户不超过1万度。

比较结果显示，本系统是目前几种"煤改电"技术运行费用中最低为每平方米12.01元，其他依次为天然气壁挂炉每平方米28.00元、低温空气源热泵每平方米33.33元、蓄能电采暖每平方米40.00元，详见表3。

四类"煤改电"技术运行费用比较   表3

项目	地源热泵系统（元）	蓄能式电采暖（元）	天然壁挂炉（元）	低温空气源热泵（元）
每平方米采暖费	12.01	40.00	28.00	33.33

延庆地处北京北部地区，属大陆季风气候区，位于温带与中温带、半干旱与半湿润的过渡带。山区年平均气温8.4℃，无霜期185天，昼夜温差大（13.6℃）、光照充足，全年大于等于10℃的有效积温达3394.1℃，且同期降雨相对较少。2016年1月17日至2月8日，我国北部地区出现了40年来连续的低温天气，其中，延庆地区最低温度出现在2016年1月23日，白天室外最高温度为-20℃，夜间温度为-24℃，而铁炉村室内平均温度仍可保证20℃以上。通过对铁炉项目综合气温变化与耗电功率分析，得出本系统受室外气温影响小，环境适应性强，运

行稳定，展现了该系统以地源热泵为核心的优势与特点。

七、推广应用价值

本项目已于2015～2016年冬季供暖期投入运行。本系统年替代燃煤供热约524吨标准煤，等效减排二氧化碳约1048吨，减少粉尘排放300余吨，二氧化硫约35吨，氮氧化物约18吨。本系统地下换热系统与建筑物同等寿命，空调主机使用寿命为25年。设备的

日常运行为自动运行状态，日常仅需1名兼职人员维护。

依科瑞德（北京）能源科技有限公司实施的山区地源热泵系统，在延庆区铁炉冬季采暖项目上表现出良好的运行效果，为北京市及京津冀地区尤其京郊山区"煤改清洁能源及"空气清洁计划"做进一步的探索。

（依科瑞德（北京）能源科技有限公司供稿，何亚东执笔）

郑州金桥宾馆节能改造

一、工程概况

金桥宾馆位于河南省省会郑州市，是拥有国际标准服务的四星级宾馆，于1989年开业，已有二十余年的运营历史。

二、改造目标

（一）项目改造背景

金桥宾馆原采用两台溴化锂吸收式制冷机组进行制冷，现已无法满足节能要求，必须进行空调系统的改造。该项目原溴化锂机组被拆除，改用麦克维尔模块式磁悬浮变频离心机组满足日常制冷需求。

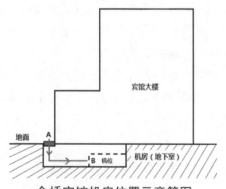

金桥宾馆机房位置示意简图

（二）改造技术特点

项目机房位于地下室，为保障宾馆正常营业，无法进行大规模的机房拆墙和吊装。仅在宾馆大楼侧的地面上，留有一处长宽约4000mm×2000mm的入口（见示意图A处），用于移除原机组和吊入新机组。空调机位位于机房最里侧（见示意图B处），其他位置设有水泵、系统管路等配套设施，机房通

道最窄处约1300mm，常规机组难以进入。麦克维尔磁悬浮模块机体积小巧，单模块宽约1000mm，可轻松进入机房，逐一吊至机位后，进行简单的管路配装，形成总管与现场水管对接即可。施工投资少、周期短，是节能改造项目最佳选择。

三、改造效果分析

（一）方案对比

对比	磁悬浮模块机	溴化锂吸收式制冷机组
冷量	1266kW	
工况	冷水出水温度7℃，冷却水进水温度30℃	
台数	1台（3模块组合）	2台
能源	电能	热能（蒸汽/煤/油/气等）

（二）维护对比

溴化锂吸收式制冷机组设备庞大、系统复杂，必须定期进行检修保养，否则冷量/性能衰减明显。操作复杂，维护费用高，人工成本大。而麦克维尔磁悬浮机组系统简单，整机无油路系统，在使用过程中可免除约80%的后期维护费用和人工费用。

（三）环保性对比

溴化锂吸收式制冷机组采用的溴化锂溶液，其泄露和更换都会对环境造成消极影响，并且机组制冷效率低下。而麦克维尔磁

总冷量 /kW	负荷 百分比	各负荷 冷量/kW	总运转 时长/h	各工况 百分比	各工况 时长/h	磁悬浮模块机		吸收式制冷机组
						功率/kW	总耗电/ kWh	天然气/Nm³
1265.8	100%	1265.8	2880	2.3%	66.2	219.6	14537.5	6308.2
	75%	949.4		41.5%	1195.2	116.8	139599.4	74043.3
	50%	632.9		46.1%	1327.7	57.1	75811.7	53138.3
	25%	316.5		10.1%	290.9	26.5	7708.9	7206.6
累计耗能情况						237657.5kWh		140696.4Nm³
能源单价（商用）						0.83元/kWh		3.70元/Nm³
年耗能费用/元						197255.7		520576.7
年节省费用/元						323321.0		

注：1. 部分负荷加权系数基于GB/T 18430.1-2007《蒸汽压缩循环冷水（热泵）机组》；

2. 溴化锂吸收式制冷机组：耗气量=功率/能效比/能源单位值；

3. 天然气热值约8400Kcal/Nm³。

悬浮机组采用R134a环保冷媒，不对臭氧层造成破坏。其超高的运行能效，更是大幅减少碳排放量。

四、改造经济性分析

根据项目所在地郑州市气候条件，每年制冷季约为5月～10月，结合宾馆类项目日平均运行时间较长的特点，合计年度制冷时长约为6m×30d/m×16h/d=2880h。

金桥宾馆采用麦克维尔磁悬浮机组进行空调系统节能改造后，凭借其高效节能性，每年可节省运行费用约32万元，大幅减少后期运行投入。

五、推广应用价值

在现有技术发展和政策环境下，电制冷冷水机组的优越性日益显现，更新改造市场容量巨大，据行业估计，未来5～10年有近千亿元市场。麦克维尔模块式磁悬浮变频离心机组正是顺应此类市场而生，其轻巧的体积无需对原机房进行改造，超高的效率节省用户后期投入，完美满足改造项目的多重特殊需求。

（麦克维尔空调制冷（武汉）有限公司供稿，魏永建、黄珊执笔）

深圳金地花园宿舍楼

一、项目概况

金地花园位于深圳市福田区沙嘴路与福强路交汇处,于1993年4月6日竣工并投入使用,总占地面积2.05万㎡²,总建筑面积4.01万㎡²,小区内有11栋多层住宅楼,8栋宿舍楼,均无电梯。

金地花园宿舍楼为砖混结构,随着使用年限的增长,出现了建筑材料老化、环境和设施陈旧等问题。出于安全和使用需求考虑,金地(集团)股份有限公司决定对金地花园租赁的和单位自主的宿舍楼(包括301栋、303—307栋、309栋、310栋宿舍楼,建筑面积共2.05万㎡²)进行绿色改造,部分改造由租赁宿舍楼的承租方出资,改造从2012年底开始,至2015年上半年完成。

本次金地花园宿舍楼绿色改造的主要内容包括结构整体加固、加装节能电梯、屋面防水处理、外墙刷隔热涂料及外立面美化、空气源热泵集中供热系统供热、室内空气光触媒处理、电气改造、消防设施改造、节水器具改造、住区景观改造等。

二、改造建筑既有性能检测

金地花园总体布置以行列式为主,单体呈长条形、U型两种。宿舍楼建筑密度较大,房屋间距较小,一般为14m,如图1所示。

建筑结构为砖混结构;平屋面为普通素色水泥砖;外墙采用1:1:6混合砂浆粉面、抽毛,不做任何装饰;采用钢筋混凝土楼板上铺瓷砖;室内通风较差,无空气处理措施;阳台外设铁质防盗网以及铁质遮阳棚(图2)。金地花园宿舍楼经过多年使用且缺少必要的维护,普遍存在以下问题:

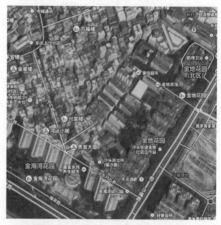

图1 金地花园平面示意图

图2 金地花园宿舍楼实景图

1. 小区内居住环境较差,绿化养护管理较为粗放,景观效果不好。

2. 宿舍楼砖混结构安全性和抗震性差。

3. 外墙无保温隔热措施,夏季室内热环境较差。

4. 宿舍楼门窗密封性较差,隔音性能有待提升。

5. 金地花园301栋、303—307栋屋顶防水层受到破坏严重，部分顶层房间存在一定程度的漏水情况，此外屋面层积灰严重。

6. 宿舍楼为外走廊式，单面阳台布局，出于安全考虑房门常处于关闭状态，无法形成穿堂风，室内空气较差。

7. 建筑立面脏乱无序，外墙面受到铁质遮阳棚及防盗网的浸渍严重，整体立面情况亟待改善。

8. 卫生洁具使用年限较长，存在损坏及漏水等现象。

9. 配电箱等电气元件老化，存在安全隐患；小区用电负荷增大，电容补偿柜容量不足。

10. 小区建设时对消防设施的要求较低，许多消防设施不齐全，20年后不少消防设施保养、维护不到位，目前已经无法启用。

三、绿色改造设计

绿色改造目标是通过对金地花园宿舍楼进行结构整体加固、加装节能电梯、屋面防水处理、外墙刷隔热涂料及外立面美化、空气源热泵集中供热系统供热、室内空气光触媒处理、电气改造、消防设施改造、节水器具改造、住区景观改造等，提高结构安全性，改善使用功能，从而有效提升居住品质。在绿色化改造过程中，遵循经济适用、施工简单的基本原则，通过合理对比筛选各类技术措施，达到最优绿色改造效果。

（一）规划与建筑

1. 外墙隔热性能提升技术

改造前，外墙立面陈旧，涂料剥落严重，且因受到铁质防盗网的锈蚀影响，墙面颜色脏乱，严重影响建筑立面效果。本次外墙改造在结构整体加固完成的基础上涂刷热反射涂料，改善外墙隔热性能的同时提升外立面效果。

深圳地区夏季太阳辐射强烈，辐射传热是建筑得热的主要部分，因此，采用热反射涂料可有效减少外立面对太阳辐射热的吸收。外墙隔热改造还可采用外墙外保温以及外墙内保温技术。但是，外墙外保温施工难度较大，且保温层在外侧，深圳地区降雨量较大，对外保温层的防水要求非常高，如果受潮保温性能会大幅降低。外墙内保温虽然保温效果较好，但是需要在室内施工，对居住者日常生活影响很大，所以一般不用在既有居住建筑改造中。本项目考虑到实际情况，采用在外立面涂热反射涂料，施工简单，工期较短，造价较低，且对居民影响较小。

施工改造前，对基底墙面进行了处理，做到表面平整、干燥，无浮尘、油脂等，对整体墙面进行检查，针对部分墙面存在一定的空鼓的情况进行了修补处理，并对粗糙表面进行了修补打磨，确保墙面整体效果。改造前后外墙面效果如图3、图4所示。

图3 改造前外墙立面

图4 改造后外墙立面

图5 金地花园宿舍楼屋面防水处理施工现场

2. 屋面防水处理技术

针对金地花园宿舍楼301栋、303—307栋屋面防水层受到破坏的情况，通过为屋面重新铺设屋面板，解决屋面防水问题，如图5所示。对需要改造的屋面拆除至防水层（含防水层），露出原基层，对原基层进行修复至可施工防水层的要求，然后进行施工。

屋面防水的施工工序为：钢筋混凝土自防水顶板→2厚911聚氨酯防水涂膜→2厚丙纶聚酯肽防水卷材（0.7卷材+1.3聚合物水泥胶）→干铺玻纤网布一层→20厚1：3水泥砂浆保护层→25厚XPS挤塑型聚苯乙烯保温隔热板→最薄处40厚C20细石混凝土兼1.5%找坡，配φ4@200双向钢筋，每隔4m×4m设置分隔缝，缝宽20mm，内嵌防水油膏密实。

3. 景观环境改造

金地花园宿舍楼小区改造前没有形成完善的景观绿化环境，植物和景观布局均呈零散、无规则、无组织状。景观布局与园区空间形态缺少呼应，形式简单，缺乏特色和主题；无明显的集中透水铺装活动广场，无景观中心；植物配置缺乏多样性，维护管理的不利导致生长态势较差；各种景观手段之间联系配合生硬，影响住区整体环境的营造。

对金地花园宿舍楼小区景观环境的改造遵循"因地制宜、就地取材、因材设计、就料施工"的原则以降低造价、节约投资，综合考虑环境效应和经济效益；景观营造与规划布局相配合，强调景观和建筑实体交相呼应，充分做到"整旧如新、融新于旧"，增加垂直绿化；在植物配置上，乔、灌、草多层次搭配，充分发挥植物净化空气、改善微环境、遮阳、隔声、防尘杀菌的作用；室外铺地配合景观进行艺术设计处理，丰富地面层次；在入口、广场、空间节点等位置进行重点景观处理，有效增加住区的主题性及文化性；综合组织绿化、小品等，突出住区意境和主题，如图6所示。

图6 改造后小区绿化景观

（二）结构与材料

1. 宿舍楼整体结构加固技术

对金地花园301栋、303—307栋、309

栋、310栋宿舍楼整体结构进行加固，如图7所示。加固用材料如下：钢筋采用HRB235钢筋、HRB335钢筋，钢材采用Q235钢，混凝土采用C25微膨胀细石混凝土，以及聚合物水泥砂浆（PC材料）等。PC材料是一种性能优良的复合材料，其具有抗拉强度高、粘结强度高、耐久性好等优点，过去多用于水利、工民建等项目的修补。本项目采用"PC材料置换法"，将PC材料置换低强度等级混凝土梁中的部分混凝土，并相应增加钢筋，从而形成一种新的加固方法。满足加固工程提高构件强度要求，能保证构件使用安全，且施工方便，工期短，综合造价较低。项目结构加固的施工现场详见图7，结构加固遵循以下方法和原则：

（1）加固施工遵循先卸荷再加固的顺序，先墙柱、后梁，再楼板。

（2）对需要加固的部位(包括施工作业面)如需进行拆除或凿除，加固完成后应恢复原状。

（3）对双面加固墙体采用钢筋网喷射混凝土方法进行加固，对单面加固墙体采用现浇钢筋混凝土板墙方法进行加固。

（4）对混凝土挑梁采用扩大截面法进行加固。

（5）对锈蚀钢筋应除锈，锈蚀严重的应补强，混凝土保护层不足的采取相应处理措施。

宿舍楼整体结构加固的施工顺序为：施工现场及周边成品保护→构件表面处理（对需要加固部位原有构件表面进行凿毛，并对基面的浮渣、尘土进行清理，刷界面剂）→布置钢筋、植筋→模板支设→浇筑混凝土（喷射混凝土）→养护→基础回填夯实→加固后检测→场地清理→验收。

图7 金地花园宿舍楼整体结构加固施工现场

2. 加装节能电梯

项目宿舍楼303栋由金地（集团）股份有限公司租赁给外单位使用，承租方根据自身使用需求，对宿舍楼303栋加装电梯，如图8所示。宿舍楼303栋原为外廊式住宅，承租方通过改建成内廊式布局增加户型，电梯安装在原外廊一侧。改造后的项目电梯采用小机房无齿轮主机的节能电梯，采取变频调速拖动方式，变频控制可有效地根据负荷的变化而调节电机功率，实现电梯节能运行。

图8 金地花园宿舍楼加装电梯施工现场

（三）暖通空调

1. 空气源热泵集中供热系统

根据使用需求，对租赁的一栋宿舍楼进行集中供应热水改造，采用空气源热泵集中供热系统（图9）。

图9 空气源热泵集中供热系统

空气能（源）热泵采用热泵加热的形式，水、电完全分离，无需燃煤或天然气，因此可以实现一年四季全天24小时安全运行，不会对环境造成污染。项目采用空气源热泵热水工程：通过对电加热进行改造，改造前的能效比为1.0（电加热），改造后的能效比为4.0（国标工况，环境干球20℃、湿球15℃），而实际深圳的年平均气温为23～28℃，按照25℃进行分析，能效比约比国标工况提高15%，即年综合能效比为4.6左右。所以改造后的耗能为改造前的1/4.6=21.7%。根据计算，项目采用空气源热泵集中供应热水系统每年能节约8～10万元，对比电加热系统，预计2～3年即可收回投资差，节能效果显著。

2.室内空气光触媒处理技术

对宿舍楼310栋的6层和7层楼进行室内光触媒喷涂的探索性改造，光触媒可以有效地降解甲醛、苯、甲苯、二甲苯、氨、TVOC等污染物，并具有高效广泛的消毒性能，能将细菌或真菌释放出的毒素分解及无害化处理。光触媒处理是一种以纳米级二氧化钛为主体的、具有光催化功能的半导体活性材料

的总称，是当前世界上空气净化及污水处理最为理想的材料之一。当一定能级的光，照射到搭载在某一材料上面的光触媒时，如果其能级大于该光触媒的能量参数时，会激发产生电子飞跃，形成氧化能力很强的空穴或称之为氢氧自由基，能把空气或水中的有毒有害有机物彻底降解为CO_2和H_2O，同时将细菌杀灭，实现室内空气净化，具有降解有毒有害有机物、杀菌、除臭、吸收紫外线、防静电等功能。

图10 室内空气光触媒处理

图11 光触媒产品祛除甲醛等污染物检测报告

用于室内空气污染治理的光触媒产品主要包括主动式光触媒空气净化器、光触媒喷涂剂等。本项目采用光触媒喷涂剂，喷涂在玻璃、石灰墙表面，光触媒喷涂在玻璃上的效果相对要好，因为它得到的光照最多，如

图10所示。正常使用量为20～30mL/m^2，对裸露较多或污染较重的地方应适当增加用量；室内的空气是流动的，空气慢慢接触涂有光触媒喷涂剂的表面而逐渐被净化。图11是本次改造的项目厂家提供的光触媒产品祛除甲醛等污染物的检测报告，根据检测报告可知，使用该种光触媒涂料可达到80.75%的甲醛祛除率，以及90.50%的苯、TUOC、氨、甲苯、二甲苯祛除率，净化室内空气的效果良好。

图12 节水器具改造

（四）给水排水

金地花园宿舍楼由于使用年限较长，卫生洁具存在损坏及漏水等现象。家庭生活中，便器冲洗水量占全天用水量的30%～40%，此次对金地花园宿舍楼节水器具的改造包含对老式抽水马桶水箱配件进行更换，以此达到节水的目的。其次，传统的老式水龙头、水管容易生锈且会污染水质，早起使用时需要先将管里存有的黄水流掉，因此改造后采用不锈钢和铜制水龙头、水管，不仅不会生锈，铜质水龙头还有杀菌、消毒作用，属于健康产品。再次，原来宿舍楼水龙头的内置阀芯大多采用钢球阀，钢球阀具备坚实耐用的钢球体、顽强的抗耐压能力，

但缺点是起密封作用的橡胶圈容易损耗和老化。因此，此次改造后采用陶瓷阀，陶瓷阀本身就具有良好的密封性能，而且采用陶瓷阀芯的龙头，从手感上说更舒适、顺滑，能达到很高的耐开启次数，且开启、关闭迅速，解决了跑、冒、滴、漏问题。项目更换节水器具后可达到节水30%～50%。节水器具改造如图12所示。

（五）电气

1.电气改造

由于项目宿舍使用至今已有22年，电气元件老化，容易发生触电事故；其次，用电负荷增大，电容补偿柜容量不足；为保障站内安全正常用电，需对金地花园宿舍楼老式配电箱进行更换，如图13所示。首先是拆除前的施工准备，其次是原来老旧的配电箱拆除阶段，最后是新的配电箱的安装阶段，图14是配电箱安装的工艺流程图。箱内电器元件均选用具有CCC认证的产品。建筑公共空间的照明，如走廊、楼梯间、室外景观等公共区域的照明，对部分损坏设施进行统一维护和灯具更换。灯具采用LED灯具、三基色T5直管形荧光灯和紧凑型荧光灯（室内），36W以上容量的光源采用节能型电感式镇流器。住宅走廊、楼梯前室、楼梯间照明采用红外感应开关（火警时强制启动）。

图13 电气改造

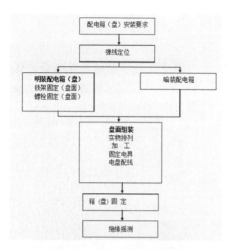

图14 配电箱安装工艺流程

图15 消防设施改造

2. 消防设施改造

本项目宿舍楼是典型的20世纪90年代老旧小区，一是老旧小区建筑结构本身耐火等级较低，易燃材质多，发生火灾蔓延快；二是老旧小区消防通道狭窄，而且常有杂物堆积，一旦发生火灾，消防部门难以迅速扑救；三是老旧小区有些区域道路狭窄，消防车难以直接到达，给灭火带来不便。由于这些原因，再加上老旧小区内的消防设施不到位和一些消防设施无法使用，容易造成火灾等重大损失。基于以上原因，本项目对金地花园的消防设施进行升级改造，如图15所示。项目对金地花园小区消防设施进行重新规划，按照小区消防设施建设的相关要求进行改造建设，通过景观环境改造设置隐形消防车道，更换老化及故障的火灾自动报警系统设备、消火栓系统设备等，通过定期演练等手段，确保消防设施发挥应有的作用。

四、改造效果分析

深圳市经过改革开放30多年的发展，城市面貌焕然一新，但也存在大量存量既有居住建筑。如果将此类建筑进行拆除重建，将耗费大量人力物力和财力，也不利于节能减排。金地花园宿舍楼通过安全性能提升、建筑功能升级、室内空气质量和居住环境改善等绿色改造技术措施，显著提升了居住品质，人们安居乐业，社会效益显著。

通过改造，宿舍楼建筑整体结构稳固性、屋面防水性能得到了显著提升；小区景观环境的改造使得小区景观总体布局得到了优化，小区的交通流线设计更加合理，增加了中心景观和集中活动铺装广场，为居住者提供了良好的室外生态环境和活动空间；提升了建筑外墙保温隔热性能以及居住的舒适和便利性，室内空气质量也得到了改善。

通过对金地花园宿舍楼的绿色改造，项目采用整体结构加固以及屋面防水改造的成本为1600多万，其余加装电梯、外墙隔热涂料、采用空气源热泵、消防电气以及景观改造等的综合成本在2000万左右。其中，绿化采用节水率大于10%的节水器具、采用植草砖等透水铺装方式，每年节约用水量达到25%以上。对建筑围护结构隔热性能的提升、节能灯具和智能化系统改造，项目每年节约用电达到35%以上。采用空气源热泵集中供热系统替代原有的电加热系统，节能达到65%以上。另外，项目对小区绿化景观环境的改造，对改善生态环境、提升小区居住的舒适性具有重要意义。项目静态回收期为5~7年，具备良好的经济效益。

（中国建筑科学研究院深圳分院供稿，

张辉、王立璞执笔）

无锡巡塘老街

近年来，随着城市建设步伐的加快，大量高楼拔地而起，在城市急速更新的同时，一大批城市古迹、历史建筑和传统社区被破坏。城市是一个按照自身规律不断运转的有机整体，破坏性、疾风骤雨式的大拆大建不仅不会加快城市更新的步伐，反而将导致城市历史遗失、文化消殆等现象，最终使城市进程由发展转向衰败。因此，在城市更新过程中亟须探索一种更加温和、审慎且经济的途径。有别于大规模、高成本的推倒重建，确保能在继承和弘扬城市既有肌理与历史文化遗产的同时，赋予既有建筑新的功能性与时代感，于此，绿色化改造的优势便凸显出来。

绿色化改造是指在既有建筑更新中采用保护与改造相结合的手段，一方面考量周边环境与市场，赋予既有建筑新的功能，提高片区活力，而后加以一系列绿色化的生态技术，改善场地及建筑环境；另一方面要求在改造时完全遵循"修旧如旧"的原则，不破坏原有历史风貌，尽可能保留原有聚族部落的"乡村遗痕"。绿色化改造更新能够在提升区域生态环境质量的同时，保留珍贵的历史读本及地域个性。

本文选用无锡巡塘老街历史街区为研究样本，对绿色化改造的各个阶段及方式展开详述。

一、巡塘历史

无锡巡塘古镇始建于1913年，是无锡市历史重镇之一，拥有丰厚的历史事迹及文化底蕴，是连接周边华庄、雪浪、大浮等的交通要道，为锡南货物交易、人员集散要地。2003年6月，巡塘区块被列入"无锡市第四批文物保护单位"。

巡塘老街位于巡塘河湾旁，三面环水，好像一个半岛，除了保存至今的巡塘桥，原来还有前贤渡桥、后贤渡桥、毛文桥、棠甘桥，共5座桥梁连缀街镇。巡塘南街尽头保存着的民国时期西洋风格、二层建筑的"巡塘镇救熄会"旧址；巡塘北街沿街而立有蚕室、蚕铺、蚕业会馆和河边密植的桑树，曾是远近闻名的茧行集市，北街尽头是古镇最为恢宏气派的传统式大宅——巡塘老宅，是钱凤高、钱敏高兄弟的旧宅。

图1 巡塘老街旧景

二、巡塘绿色化改造诊断

改造前的巡塘老街保留了比较完整的江南水乡传统风貌及古村落历史空间肌理，其内部超过65%的建筑为历史建筑。古镇在本次绿色化改造前亦经历多次整修，部分历史建筑、传统文化遭到破坏，且受城市发展的影响，大部分原住民已搬离该区域，没有人气的古镇逐渐失去原有韵味，江南小镇失去

图2 巡塘老街改造前实景

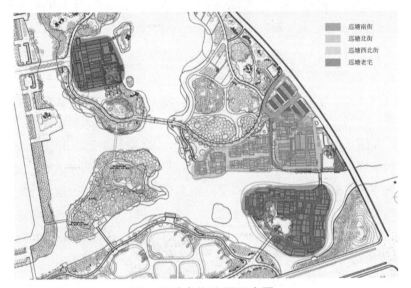

巡塘南街
巡塘北街
巡塘西北街
巡塘老宅

图3 巡塘老街分区示意图

灵性，不仅繁荣不再，反而成为大面积的空置古宅。

改造前通过多次实地勘探发现，老街内部建筑多为2～3层，建筑质量较差，形式杂乱，部分建筑因火灾、年久失修等原因破损严重；部分建筑经翻修，与周边江南风格建筑显得格格不入；受日积月累的航运、农业、工业及生活等影响，巡塘河水质污染较为严重，水体劣于III类水，且原水域对污染源的控制和河道污水净化系统不完善；老街内部环境呈现道路铺装损坏严重，植被种类单一、数量不多，江南村落风格被破坏，城市气息浓重的现象。

三、巡塘绿色化改造方案

根据改造前巡塘老街实际情况，绿色化改造针对建筑本体与周边环境同步展开，总规划用地面积222570m²，总建筑面积13036m²。通过改造，旨将空置住宅建筑及老旧商铺重新利用，实现功能提升；并通过改善周边水环境及室内外物理环境的手段，将巡塘古镇与周边城市湿地环境有机融合，实现巡塘古镇的华丽蜕变。

在功能复合提升方面，将巡塘古镇划分为巡塘南街、巡塘北街、巡塘西北街以及巡塘老宅4个区域，各区区位见图3，历史价值评估及改造定位见表1。通过对巡塘古镇功

巡塘古镇各分区历史价值评估及改造定位

表1

区域	区域历史价值评估	改造定位
巡塘南街	旧时的巡塘南街百业兴旺，街市熙熙攘攘。现今巡塘河边，古建筑、古街道保存完好，充分体现了当时古镇的繁荣景象。巡塘南街尽头保存着一所典型的民国仿西洋2层楼房——"巡塘镇救熄会"旧址，历史价值高。南街内部保留着乡间传统使用的古井及木制电线杆等。	巡塘书香精品酒店
巡塘北街	原为沿街而立的蚕室、蚕铺、蚕业会馆和河边密植的桑树，街上前铺后坊的格制至今保留相对完整，反映了农业文明时代的乡村经济和极富人情味的社会生活，历史意义显著。北街尽头的蚕业会馆是古镇上较大的宅子，用青砖和红砖相间砌成的大烟囱最具特色及艺术性，具有相当高的保护价值。	巡塘北街商业、餐饮
巡塘西北街		
巡塘老宅	宅院建成于民国14年（1925年），旧时主人为钱凤高，现称作"巡塘老宅"。老宅对于各处细节的处理十分讲究，门头皆为青砖雕花，上刻戏文以及寓意风调雨顺、五谷丰登的图案。整组建筑浑厚丰满，既传统又透出近代气息，充分体现了江南水乡传统民居的风格特色，有较高的建筑历史价值。	万和书院

能的复合提升，不仅可增加历史建筑本体的商业价值，而且会吸引外来人员到此旅游、参观、度假等，进而带动周边产业的发展。

在建筑本体修缮方面，针对建筑外部及内部分别展开。外部修缮遵循修旧如旧的原则，采用"热水瓶换胆"式的手段，保证在外墙、外形不留下修整痕迹，继承江南传统建筑文化；内部改造首先尽可能利用自然采光、通风等，而后加以合理的能源供给方式，在为室内人员提供舒适的同时，最大限度体现无锡江南小镇特色，传递民俗文化设计理念。

室外物理环境的改善遵循协调村落保护与开发之间的矛盾、减少人工干预、尊重历史以及保护村落物质与非物质遗存的真实性、发挥经济性原则，形成"巡塘水情"、"巡塘渔趣"、"硕果怡情"、"烟水布庄"、"桑蚕锦绣"、"阡陌赋春"、"春华秋实"7个景点。改善策略中充分融入绿色生态技术，具体包括丰富的植物碳汇补偿、原生场地利用，人工湿地、生态小品、透水铺装、都市农业以及乡土植物绿化配置等。

对于巡塘这样一个滨水古镇而言，周边水环境是其历代居民生活、繁衍的灵魂，如何做到滨水建筑与景观的互补、共生共荣亦是本次绿色化改造的重点之一。针对巡塘古镇周边水质较差的现象，结合周边的生态系统，实际改造策略包括人工湿地、雨水收集系统搭建以及低冲击改造等，通过重新规划地表排水系统，利用水生植物净化水体，并加强老街区域内的雨水管理，采用部分雨水渗透、部分雨水收集利用和排放相结合的方式，以改善巡塘内部及周边水环境。

此外就巡塘道路现状而言，对其交通流线也进行了相应改造。各分项绿色化改造技术体系总结如表2所示。

四、巡塘绿色化改造实施

施工作为建筑全寿命周期中的一个重要阶段，是实现建筑领域资源节约和节能减排的关键环节。既有建筑的绿色化改造不仅应使用绿色的技术，更应保证在改造实施过程中是绿色的，要求在保证质量、安全等基本要求的前提下，通过科学管理和技术进步，

巡塘古镇绿色化改造技术体系 表2

改造项目	编号	技术体系
功能复合	1	历史建筑功能提升
	2	历史建筑价值评估
建筑本体	3	建筑立面改造
	4	建筑外窗改造
	5	室内功能优化改造
室内环境	6	增设暖通空调系统
	7	增设电气智能化系统
水系统	8	水系生态化改造
	9	雨水收集利用
	10	污排水系统改造
生态环境	11	物理环境优化
	12	透水铺装改造
	13	乡土植物绿色配置
	14	植物碳汇补偿
	15	人工湿地
	16	都市农业
	17	生态小品
交通	18	道路慢行交通系统
	19	水路交通系统

最大限度地节约资源并减少对环境负面影响的施工活动，实现"四节一环保"的理念。

巡塘古镇改造实施过程中，严格遵守了绿色施工的各项规定。对古镇而言，由于原住居民早已搬离，因而不存在噪声扰民这一问题的存在，但在施工过程中还是进行了相应控制，尽量减少本地施工对周边的影响；改造过程中，对古镇内部进行了大量的绿化和景观布置，绿化优先选用本地树木，基本从周边苗圃移植，一方面降低运输成本，另一方面则是提高植物存活率，降低后期养护成本；在古镇建筑"修旧如旧"过程中，不

合理屋脊的拆除、内部整修等均产生大量建筑垃圾，本次绿色化改造中利用了建筑垃圾再生骨料，部分回收的骨料被用于地面的铺制，还有部分骨料被制作成为沿巡塘河岸的休闲石凳，既没有破坏场地江南小镇风情，又大量减少建筑垃圾，真正做到绿色施工。

五、巡塘绿色化改造效果评估

2015年3月，巡塘南街、北街改造工作基本完成，老街完整地保留了历史风貌，为定量、科学地评估改造效果，从室外环境、地表水质两方面对改造后现状进行分析。

室外环境评价指标 表3

板块	评价指标	参考标准
热环境	湿黑球温度（Wet Bulb Globe Temperature, WBGT）	ISO7243； 高温作业分级
	新标准有效温度（Standard Effective Temperature, SET*）	
风环境	风速（Wind Velocity）	绿色建筑评价标准
声环境	居住区声环境质量分级标准	城市区域环境噪声标准； 民用建筑隔声设计规范
空气品质	空气质量指数（Air Quality Index, AQI）	环境空气质量标准

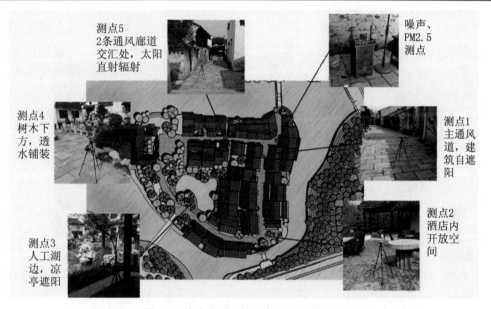

图4 巡塘老街室外环境测试布点图

（一）室外环境后评估

巡塘老街室外环境后评估采用实地测试与主观评价相结合的方法，主要测试参数为巡塘南街街区内室外温度、湿度、风速、WBGT、噪声、PM2.5等，各参数的评价标准详见表3，并对巡塘老街内活动人员的舒适度感受进行了调研。

测试中使用仪器均为自主研发产品。室外环境无线监测系统为深圳市建筑科学研究院股份有限公司专利产品，分别为室外测试模块、无线传输模块及显示模块，该设备可实现在无人情况下持续采集，而且将数据实时显示在定制显示屏上，便于测试时对比分析各测点数据。本次测试中噪声及PM2.5的采样应用无线监测技术。另外，考虑到巡塘老街内建筑属于历史保护建筑，不宜在墙体打孔安装室外环境测试模块，因此室外温湿度等测试使用自行搭建的微型气象站。测点布置见图4。

逐时测试结果列于图5中，分析PM2.5数据可以发现，测试日平均PM2.5为38.14μg/m³，达到空气一级标准，改造后巡塘古镇内部增加了诸多植被、水体景观，不仅展现旧时江南风情，还起到美化微环境、增氧减碳的作用；测试日平均噪声值为42.64dB，达到标准中对于高档酒店的要求，分析图线发现14:20时出现噪声峰值48.15dB，这是由于巡塘古色古香的江南建筑及配套植被引来周边的麻雀、小鸟等，驻足的游客在建筑旁逗小鸟，引起瞬时声环境的变化。分析空气温度及湿度图线可知，测试全天范围内，测点5空气温度呈现明显高于其他测点的趋势，日平均温度为35.70℃，这是由于该点始终处于太阳直射辐射区域导致的，相比之下测点1周边存在建筑遮阳，测点2靠近水域，且下午时间位于遮阳环境内，测点3位于景观水体及连廊边，测点4有乔木遮挡，表明巡塘范围内采取的一系列改善措施对室外环境起到一定程度的改善效果；测点4空气平均温度为34.58℃，空气湿度为43.17%，表明尽管该处有乔木遮挡，但在改造初期阶段，乔木树冠较小，增湿效果不明显，且无法形成大面积遮阳环境，判断认为经过3～5年，树木充分成长后，该处热环境会得到大幅改善。测点1和测点2空气平均温度相近，但结合舒适

性指标可以发现，测点2处黑球温度较高，达42.67℃，标准有效温度SET*亦较高，为37.38℃，表明尽管该处为透水地面，但没有人工遮阳，全天范围内均受太阳直射辐射，结合测试实景可发现，测点2处设有桌椅，为供游人休闲小憩的区块，然而该处室外热舒适性较差导致夏日人员不愿在此久留，建议后期布置可调外遮阳、薄膜遮阳等设施，以改善局部微环境。

整体分析巡塘老街室外环境测试数据可知，使用透水铺装、遮阳、绿化及水景小品等一系列改善措施后，古镇空气品质、声环境以及热环境等均得到大幅改善，且改造并未局限于功能升级、绿建技术的叠加，还将建筑变为与自然和谐共生的个体，原本略有脏乱的巡塘老街变为江南风格酒店，且有莺燕筑巢，表明现有微环境得到大自然的认可，真正做到人与自然和谐共处，成为无锡市区的世外桃源。

（二）水环境后评估

改造后水环境评价采用实地取样测试方法，主要测试参数包括水温、pH、溶解氧、高锰酸盐指数、化学需氧量（COD）、五日

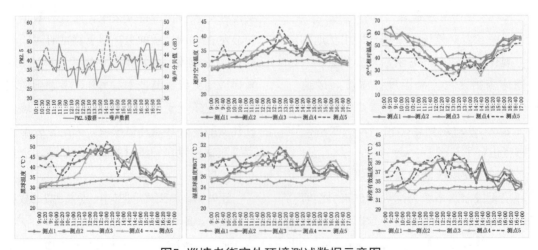

图5 巡塘老街室外环境测试数据示意图

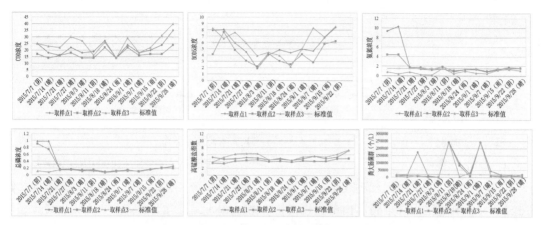

图6 巡塘老街水环境测试数据示意图

生化需氧量（BOD5）、氨氮（NH3-N）、总磷、总氮、类大肠菌群、浊度等。巡塘古镇周边河道水环境评价标准参考《地表水环境质量标准》内基本项目限值。测试时间为2015年7月7日—9月28日，每周在巡塘古镇周边河道设置3个取样点进行取水，而后将水样送至具有水质检测的机构进行监测。

测试结果如图6所示，分析数据可知，不同的时间取样点各检测参数的浓度不同，3个取样点的COD浓度均达地表水质环境IV类水质标准。BOD5的浓度波动比较大，取样点3的超标率较高，为50%。3个取样点的总氮浓度基本都超标，主要是由于周边农田的面源污染影响，后期应加强河道周边的截污及生态护坡技术的实施。高锰酸盐指标均未出现超标现象。表明通过目前的改造，水质已有提升，但仍可通过相关控制措施进一步减少面源污染和雨水的径流污染。

六、结论

城市发展中形成的众多历史建筑、传统风貌和街巷形态，是维持一定地域社区结构的基础。本文从改造诊断与评价、改造设计策略、改造实施以及改造后评估5个方面对无锡巡塘古镇绿色化改造示范项目进行了梳理总结。结果表明，通过功能复合提升、建筑本体改善设计、环境改善设计、水系统改善设计以及交通流线设计等绿色化改造设计内容，配合绿色化的施工措施，巡塘古镇的室外环境、尚贤河水质、建筑室内环境等均得到了大幅提升。

对历史文化村镇进行保护和改造，使其与周边现代化城市有机结合，不仅是一种更为绿色、低成本的城市更新模式，而且能够保留乡村风貌，为人们提供怀念过往、追溯历史的机会，赋予历史文化新的时代精神。

（深圳市建筑科学研究院股份有限公司、无锡市太湖新城发展集团有限公司生态城办公室、无锡市新震泽实业有限公司供稿，姜纬驰、杨晓凡、韩勃、江娟、顾星执笔）

上海钢琴厂片区

一、工程概况

（一）区位条件

上海钢琴厂片区位于上海杨浦区江浦路627号，北侧道路为济宁路，南侧为惠民路，西侧为怀德路，东侧为江浦路，距离北外滩约1km，距离同济大学约3.4km。项目毗邻杨浦区政府、民政局，周边拥有复旦大学、同济大学、上海财经大学等17所高等学府，创智天地、上海国际时尚中心、上海国际设计交流中心3大创意园区和丰富成熟的居民区资源（图1）。

（二）项目规模

上海钢琴厂片区改造前为上海钢琴有限公司厂房，共7栋建筑，占地面积7900m²，总建筑面积18271m²。本项目改造总建筑面积13126.83m²，其中地上建筑面积12324.26m²，地下建筑面积802.57m²，容积率2.31，建筑密度55.35%。

本次改造主要针对建筑内部空间及外立面进行修缮、装饰，提升建筑的环境品质，使其满足综合办公、商业、会议、展厅、实验室等建筑的使用需求。

改造前建筑平面布局如图2所示，项目基本信息见表1。

二、改造特点

本项目总体定位为服务于上海以创建国际著名的"设计之都"和"低碳城市"为主线，以提升产业规模和集聚辐射能力，秉承"低碳城市"规划设计新思维，将项目的建筑与社区本身建设成为重要的高标准绿色低碳示范载体，将成为上海低碳发展生态文明宏观趋势下的技术创新的典型示范，是上海继续引领全国低碳生态城市建设的典型示

图1 上海钢琴厂项目区位图

图2 上海钢琴厂片区改造前建筑平面布局

项目基本信息表   表1

建筑编号	建筑层数	改造后建筑功能	建筑面积（m²）	建筑高度（m）
1#	地上4层，租用1~2层	一层商业，二层办公	3031.5	21.000
2#	地上6层，地下1层	地下一层为实验室及设备用房，一层展厅，二层办公，三层餐厅，四至六层办公	4871.74	26.955
3#	地上3层	一层商铺，二层办公，三层厨房	770.72	11.400
4#	地上3层，租用1~2层	一层商铺，二层宿舍，三层宿舍	473.6	9.900
5#	地上3层	一层实验室，二至四层会议室、活动室	854.91	14.410
6#	地上4层	一层设备用房，二层会议室，三、四层办公室	2539.64	18.260
7#	地上2层	办公	584.72	

范、特色低碳社区的技术集成范本、国际领先的近零碳排放社区示范项目。

项目改造主要有以下4个特点。

1.运营模式创新

本项目采用DOT（设计－运营－移交）业务运营模式，该模式是公司在技术服务延伸和价值综合化方面的业务模式创新，是以绿色运营和绿色生产、生活方式提供为核心，贯穿策划、设计、建设、运营全过程，实现技术服务和收益的延伸。同时，以绿色

技术平台为核心，开展面对产业的技术孵化服务和产业聚集服务（绿色办公、实验平台、数据中心的租赁和服务，行业交流和交易推广服务，技术和产品的技术认证和测评服务，项目或企业的综合孵化服务等），实现跨界服务和收益多元性。

2.低碳社区绿色化改造技术集成体系

本项目立足于既有社区绿色化改造全过程研究，以共享为核心理念，在对上海钢琴厂片区进行诊断评估的基础上，对上海钢琴

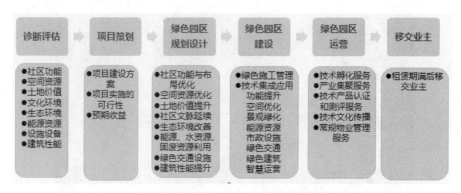

图3 上海钢琴厂项目业务运营模式

图4 上海钢琴厂片区绿色化改造技术分布示意图

厂片区进行了社区功能复合提升、环境质量改善、资源高效利用（能源、水资源、固废资源）、交通设施完善、建筑性能提升和社区智慧运营管理六大方面的绿色化改造，综合采用了40多项绿色化改造技术，提升土地价值、优化资源利用、改善社区环境、提升社区活力。上海钢琴厂片区绿色化改造技术分布如图4所示。

3. 绿色施工

本项目在施工过程中严格遵守国家现行绿色施工标准，并结合园区的实际情况和改造特点，尽量减少扰民、尽可能保护和修复既有设施、循环利用废旧材料，供配电、供燃气、弱电工程、给排水等地下管线施工协同开展，避免反复开挖，减少重复工作量。

4. 智慧运营管理

本项目建立了一个社区运营管理监控平台，可实现对社区能源、水资源、物理环境、交通组织、垃圾排放及碳排放等信息的监测及管理，并对收集的数据信息进行分析计算，为社区运营管理提供决策支持。

同时，本项目IBMS智能楼宇集成管理系统，主要包括智能化集成系统（IIS）、信息设施系统（ITSI）、信息化应用系统（ITAS）、建筑设备管理系统（BMS）、公共安全系统(PSS)、机房工程（EEEP），可以实现对园区各种设备设施的全方位监控和智能化运行控制。

三、改造技术

（一）社区功能复合提升

1.功能布局优化

本项目利用垂直城市和功能混合理念，实现了从单一厂房建筑到集研发办公、实验检测、中试生产、数据中心、服务展示、人才公寓等多元功能在平面和立体的高度复合，为园区使用者提供一站式的社区服务，提升土地价值，优化空间资源，减少园区内的交通能耗，提升生活效率，促进社会和谐，增强了社区归属感。

上海钢琴厂片区功能布局上，低层多设计为通透开放的共享空间，包括展示区、花园等共享空间，中部主要以会议功能为主，上部设计为办公空间。在空间布局的设计上，强调灵活可变性，避免空间功能单一性，而通过灵活的家具布置、可移动隔墙实现内部功能的可变性。园区功能布局见图5。

2.交通组织优化

为了体现整个园区的整体性，提倡资源共享、公共开放的理念，在相邻建筑间设计连桥、连廊，加强不同楼宇间的交流与联系，创造便利的交通空间及资源共享平台（图6）。

3.建筑立面优化设计

在保持建筑原有风貌的同时，通过装饰

手段实现协调统一的立面效果。同时，鉴于建筑建成距今年代久远，外围护结构在节能保温上也存在一些不足，本次修缮也立足于提升建筑性能，提倡节能环保，因此结合外立面设计，加入了绿色设计理念。为应对不同季节的变换，设计了可变化的外墙，即在夏季增强遮阳功能，加强通风效果，而在冬季要提升建筑的保温性能。建筑设计方案效果图如图7所示。

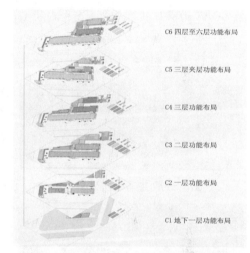

C6 四层至六层功能布局

C5 三层夹层功能布局

C4 三层功能布局

C3 二层功能布局

C2 一层功能布局

C1 地下一层功能布局

图5 上海钢琴厂片区建筑功能布局图

图6 建筑之间通过连廊、平台连接

图7 建筑设计方案效果图

4. 公共空间创意设计

公共空间与城市空间有机衔接。遵循低碳城规划设计理念，营造区域开放和联通的公共空间。依托城市生态网络与社区生态板块的有机衔接，将城市公园绿地、湿地系统与地块绿地、建筑立体绿化衔接，形成有机整体的城市绿色公共空间网络。联系周边山水景观环境，形成轴、点、廊结合的公共空间结构。创意办公空间采用中国版"WeWork"办公模式，办公工位分时租赁，免费为创业者提供无线网络、会议、行政、文印、法律、财务服务（图8～图10）。

图8 开放共享的室外广场

图9 5#楼二层室外共享花园

图10 共享会议空间

（二）能源高效利用改造

1. 供配电系统改造

综合考虑供电安全性、可靠性、稳定性和节能性，本项目供配电系统改造中淘汰了原有的一台630kVA的旧变压器及老化的配电设施。改造后在6#楼一层设置一个10/0.4kV变配电所，包括10kV高压配电室、低压配电室。高压配电室采用2回路10KV电源引自市政高压电源，采用高压电缆穿保护管埋地引入高压配电室；选择2台630kVA的干式变压器，并在变配电所高压侧设专用计量柜进行电能计量。为保证消防、客梯及应急照明等重要用电负荷需要，另设1台250kW柴油发电机作为备用电源，应急柴油发电机房设置在1号楼地下一层。

改造前改造后
图11 供配电设施改造前后对比

2. 供燃气系统改造

考虑未来商业用气量，当前燃气供应量尚不满足需求，且燃气管网陈旧老化。因此，本项目改造中更换了老旧的燃气管网，并对地下燃气管网预排，预留未来燃气使用接入口。

3. 可再生能源利用

太阳能热水系统：上海市典型气象年太阳能年总辐射量为4577MJ/m²，年峰值日照时数为1271h，适宜开发利用太阳能资源。综合考虑技术、经济和美观因素，本项目太阳能热水系统设计为集中式太阳能热水系统+空气源辅助加热，太阳能集热器和水箱均布置在2#楼屋顶，以满足2#楼三层食堂和三层夹层淋浴间热水需求。本项目太阳能热水系统共安装有30块建筑一体化平板集热器，集热器面积54m²，太阳能热水系统主要设备参数见表2。

太阳能热水系统主要设备参数 表2

序号	名称	型号	单位	数量
1	建筑一体化平板集热器	30块3000mm×600mm	m²	54
2	储热水箱	2m³	个	1
3	空气源热泵	KRS-20A,制热量11kW,额定功率2.43kW	台	1
4	膨胀罐	100L	台	1
5	集热循环泵	KQWR-G25/200B-0.55/4,Q=0.72L/S,H=9m,N=0.55kW	台	2
6	空气源循环泵	KQWR-G25/200B-0.55/4,Q=0.58L/S,H=10m,N=0.55kW	台	2
7	回水循环泵	KQWR-G25/200B-0.55/4,Q=0.2L/S,H=11m,N=0.55kW	台	2

太阳能光伏系统：本项目在2#楼屋顶安装太阳能光伏系统，安装总面积约114m²，共安装126块80Wp双玻光伏组件和50块夹胶玻璃，总装机容量10.08kW。

图12 太阳能热水、太阳能光伏系统实景图

4.高效分散空调系统

与传统写字楼的集中的冷热负荷不同，由于本项目主要针对创意设计团队，房间使用时间不规律，冷热负荷分散。同时，考虑到后期运营管理的灵活性，本项目公共区域采用高效分体空调，末端按照最小模块单元设置可独立控制的空调系统，可根据负荷需求情况在末端进行调节，保证在部分负荷情况下高效运行，降低空调系统能耗。同时，结合插卡办公系统来灵活分配非固定时限员工的空调运行时间，以适应灵活变化的空间功能和个性化的送风需求。

对于IBR实验室区域，采用高效多联机空调，部分有特殊要求的实验区域采用高效恒温恒湿空调系统；IBR自用办公区域采用高效分体空调或多联机，室外机布置在6#楼屋顶；出租商铺区域和出租办公区域空调系统不在本次设计范围内，建议采用分体空调系统或多联机，本次改造中仅预留空调机位，由后续入住商家自行安装；多功能厅和会议室采用多联机，公寓采用高效分体空调。

图13 6号楼三层、四层高效分体冷暖空调

2号楼地下一层实验室和5号楼一层实验室采用VRV变频多联空调系统，建筑材料检测实验室中部分检测需要保证室内空气恒温恒湿的房间采用恒温恒湿空调机组。

图14 2号楼地下一层实验室变频多联机

5. 智能照明系统

智能照明控制系统是综合运用各种现代科技手段对自然采光和人工照明进行控制，以满足现代人们对照明各种各样需求的系统。采用LED照明灯具，在带来舒适照明体验的同时，降低照明能耗。

6号楼多功能厅、办公室、会议室和电梯厅均采用LED调光灯具，并采用Dynalite智能灯光控制系统，该系统具备日光感应、人员动静感应、场景个性化智能调控等功能，可实现极为优化的节能水平以及创造更为舒适的照明条件。

图15 多功能厅LED调光灯+Dynalite系统

图16 6号楼四层POE供电+ Dynalite控制系统

6号楼四层办公区域采用Power Balance系列LED调光灯具，并采用以太网供电（POE）照明系统，可通过网线实现供电和传输数据2个功能，用户可以通过无线客户端APP软件进行灯光控制。照明系统变成一个信息通道，每个照明装置都和建筑的IT系统互联发送和接收信息。因为照明在整个建筑内部是无处不在的，所以系统可以抓取并发送整个空间的数据，通过专门的管理软件帮助建筑管理者分析空间利用数据，改善照明使用策略。同时，它还可以节省布线时间以及部分昂贵的材料费用，降低照明的安装成本。POE系统将把照明从单一的照明功能带入一个全数字时代，实现人、场所与设备之间的智能互联。

室外景观照明均采用LED灯具，与景观水体和绿化结合，营造出和谐安宁的环境氛围。

图17 室外景观照明

6. 节能电梯

上海钢琴厂片区共4台电梯，其中2#楼2台观光梯，1台货梯，6#楼1台客梯，全部由电脑变频变压控制，可有效减少电梯能耗。

图18 2号楼观光电梯

（三）水资源高效利用改造

1. 节水器具

本工程全部采用节水器具，节水率不低

于8%。坐便器采用3.5L/5L两档冲洗水箱；水龙头采用流量小于0.125L/s陶瓷阀芯龙头；淋浴器采用节水型淋浴器；公共卫生间小便器、蹲便器及洗脸盆龙头采用自动感应冲洗阀。

2.场地径流控制

本项目改造中通过采用场地透水铺装、路基蓄水系统（IBR专利）、浅草沟（IBR专利）、雨水花园、下凹式绿地、生态自净化景观水体（IBR专利）、屋顶花园等多种措施，增加场地雨水入渗、削减洪峰，从而有效降低地表径流系数，大大降低雨水地表径流量（图19）。

3.非传统水源利用

本项目将综合采用中水处理系统、雨水收集利用和微喷灌、滴灌等技术，提高非传统水源利用率。绿化灌溉、道路冲洗及水景补水53%利用非传统水源，冲厕63%利用非传统水源。

（1）中水处理系统

本项目将本工程生活污水经化粪池处理后的上清液作为本工程的中水原水，用于小区内绿化浇洒、道路冲洗、地下车库冲洗及公共卫生间冲厕。中水处理采用AMBBR与SAF新型填料、MF外置膜处理技术，中水处理系统工艺流程见图20。

（2）雨水收集系统

本工程屋面雨水按重力流设置雨水立管，将建筑屋面雨水排至室外低势绿地或雨水花园等渗透设施。停车场等地采用透水砖铺装，消防车道上雨水采用漫流至道路两侧渗水场地或草地，可增加雨水下渗量以营养地下水及减少地面热岛效应，从而有效降低地表径流系数，大大降低雨水地表径流量。场地内设软式透水管，雨水通过地面透水铺装后渗入软式透水管，经透水管收集后进入雨水井中，井中雨水采取回流过滤措施，并设置高位溢水口，以使多余雨水能安全溢流

图19 场地径流控制技术措施

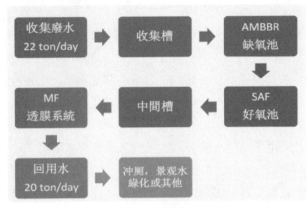

图20 中水处理系统工艺流程

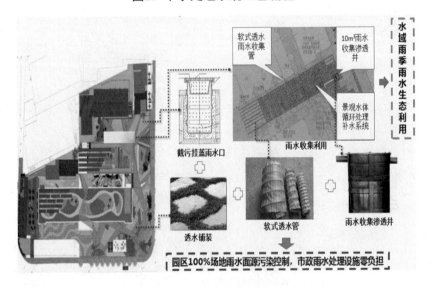

图21 上海钢琴厂雨水收集利用技术措施

至市政雨水管网（图21）。

（3）节水灌溉

本工程场地绿化、屋顶绿化灌溉均采用微喷灌技术，东立面垂直绿化采用滴灌技术，同时设置雨天关闭装置等节水控制措施，有效节约水资源。

（四）固废资源循环利用

1. 建筑垃圾再利用

本项目对于从旧建筑拆除的构件与建筑废弃物优先考虑资源再利用，拆除建筑隔墙产生的建筑垃圾以及现有路面的碎石用于场地内道路铺设，应用建筑面积约2000㎡，建筑垃圾回收率达60%。

2. 废旧材料循环利用

本项目将拆除的废旧管材用于立体绿化装饰材料，拆除的废旧地板用于楼层标识。建筑材料中可再循环材料用量占建筑材料总量的比例达到14%以上。

（五）绿色交通设施完善

1. 自行车停车棚

为使园区与周边地铁站、公交站的便捷连接，本园区规划于场地东侧设置自行车租

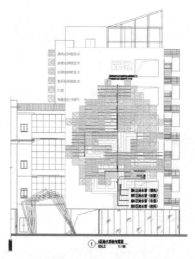

改造后实景滴灌给水系统图

图22 东立面垂直绿化养护采用滴灌技术

废旧管材用作树干废旧地板用于楼层标识

图23 废旧材料循环利用

赁点，并完善自行车停车棚和停车设施，鼓励员工骑自行车上班。

2.电动车充电桩

为给新能源车提供电力补给，鼓励电动车出行，宣传低碳环保理念，本项目规划于园区南侧一层建设5个充电桩，2个7kW，1个20kW，1个30kW，1个备用。

3.电动车通勤接驳

为鼓励园区内人员及周边居民使用公共交通，培养公交+接驳车的出行习惯，减少私家车出行，本项目规划于园区南侧一层室外设置5辆通勤接驳车，高峰时段每10min一班次，可满足2km内4个地铁站及多个公交站的接驳作用，通过通勤接驳车提高项目与公共交通服务点的关联。

（六）环境质量改善

针对诊断现状存在的通风、采光效果差等问题，本项目在改造中通过设计开敞式的

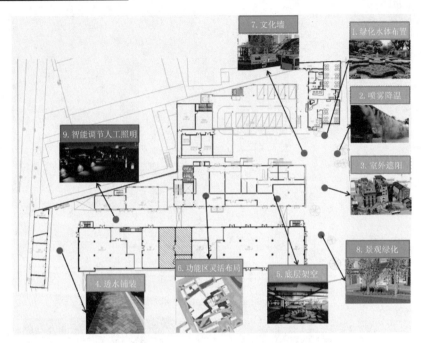

图24 上海钢琴厂片区室外物理环境改善方案

前广场、底层架空、可开启的外墙等方式，将风引入内部无风区，加强局部风环境。通过设计玻璃幕墙、玻璃采光顶、导光管等设计手段，引入自然光，改善地下室和大空间办公区域采光问题。热环境改善将结合场地景观绿化、水体等，共同改善园区微气候。上海钢琴厂室外物理环境改善方案如图24所示。

（七）建筑性能提升

1.建筑结构加固

本工程结构形式为1#、2#、6#楼为框架结构，3#、4#、5#为砖混结构。本次修缮加固原则为：对粉饰层疏松、碳化较严重的柱构件，钢筋锈蚀处应进行保护处理；承载力不满足要求的构件，采用加大构件截面、粘贴钢板、碳纤维布等方法进行加固处理。

2.建筑消防设施完善

消火栓灭火系统：本工程消火栓灭火系统按照火灾持续时间为3h设计。室外消火栓系统与生活用水合用管道，从江浦路和惠民路市政环状给水管道各接入一根DN150引入管，供小区生活与室外消防用水。

自动喷水灭火系统：本项目除泵房、卫生间和电气用房等不宜采用水灭火的房间不设喷洒头外，其余部分均设喷洒头保护。自动喷水灭火系统按中危险II级、火灾持续时间为1h设计，自动喷水系统设计用水量取30L/s。

气体灭火系统：本项目低压配电室、高压配电房、发电机房、储油间、数据中心机房、网络机房、UPS电池间等不宜采用水灭火方式的区域采用热气溶胶气体灭火，系统为预制式。

移动式灭火装置：地上商铺按A类中危险级设置手提式磷酸铵盐干粉灭火器，每个设置点设2具MF/ABC3级灭火器；地下室电气设备间按B类中危险级设置手推式灭火器，每个设置点设1具MFT/ABC50级灭火器，且每个计算单元内配置的灭火器数量不少于2具。

消防排水：电梯坑底旁设有集水坑，坑

内设2台消防潜水泵排出消防用水，集水坑有效容积2.4m³，潜水泵抽水量为10L/s，均满足规范要求。地下自动喷水灭火系统的消防排水，利用地下室潜水泵坑进行排水。

3.绿色改造方案

（1）建筑遮阳

通过植物及建筑构筑物的遮阳作用有效降低太阳光辐射，提高园区环境舒适性并降低建筑能耗。本项目1号楼、2号楼、4号楼采用立体绿化进行遮阳，改善园区和室内热环境。6号楼通过外阳台实现建筑自遮阳。

（2）可开合的围护结构

本项目5号楼阳光房和6号楼二至四层，通过采用中悬窗、旋转门、平开窗，可在过渡季节打开外窗和外门，增加室内自然通风及光照，减少制冷及照明能耗；6号楼三层和四层在空调期和采暖期可以关闭外窗和外门，形成双层幕墙，降低空调及采暖能耗。

（3）屋面保温

本项目在6号楼四层屋面内部喷涂无机棉保温材料，增加传热热阻，夏季减小太阳辐射传入室内的量，冬季减少室内热耗散，降低建筑能耗。

（4）垂直绿化、屋顶绿化

本项目共设计垂直绿化370m²（已完成），屋顶绿化500m²。立体绿化采用乡土植物，复层绿化种植，产生多样化的立体搭配和层次感，同时降低维护成本；综合采用了模块化配置方式，应用形式上板槽式、布袋式和容器式等多种立体绿化安装方式组合。立体绿化的浇灌与园区雨水收集系统和中水处理系统结合，采用滴管积水，灌溉全部采用园区内回收处理的雨水和中水。立体绿化与立面涂鸦结合，兼顾功能性和美观性，考虑四季植物的自然变化。

图25 可开启的围护结构

图26 6号楼四层屋顶无机保温棉

图27 2号楼东立面垂直绿化

图28 1号楼屋顶绿化

（5）自然采光

为增加地下实验室的采光量，在2号楼北侧设置自然采光井；同时，为增加5号楼二层会议室的自然采光，在会议室顶部开设玻璃采光井。在5号楼二层平台处设置光导管，改善一层室内光环境。

图29 地下室自然采光效果

图30 5号楼实验室光导管

（八）社区运营管理监控系统

1. 社区运营管理监控平台

本项目建立了一套社区运营管理监控平台，可实现对社区能源、水资源、物理环境、交通组织、垃圾排放及碳排放等信息的监测及管理，并对收集的数据信息进行分析计算，为社区运营管理提供决策支持（图31）。

2. IBMS智能楼宇集成管理系统

本项目采用IBMS智能楼宇集成管理系统，主要包括智能化集成系统（IIS）、信息设施系统（ITSI）、信息化应用系统（ITAS）、建筑设备管理系统（BMS）、公共安全系统(PSS)和机房工程（EEEP），可以实现对园区各种设备设施的全方位监控和智能化运行控制（图32）。

四、改造效果分析

能源资源高效利用：通过采用高效围护结构（可开启的外墙、外窗、绿化屋面、垂直绿化、屋面保温、自然采光、自然通风）、高效空调设备、LED智能照明、高效电梯、智慧能源管理等节能技术措施，上海钢琴厂片区总用电量为207.4万kWh，园区单位建筑面积电耗为159kWh/（m².a）。其中：5#、6#总用电量17.8万kWh，单位建筑面积电耗为56.7kWh/（m².a），比《公共建筑节能设计标准》GB 50189节能20%，比ASHRAE90.1基准模型节能41%，比上海市大型办公建筑平均电耗节能37%。通过太阳能光热系统和太阳能光电系统利用，每年可节约标准煤10.2t，减排二氧化碳21.8t。

水资源高效利用：本工程全部采用节水器具，节水率不低于8%。本工程平均日总用水量：63.8m³/d，年均总用水量为：19442m³/a，非传统水源利用率为27.12%。本项目通过采用场地透水铺装、路基蓄水系统（IBR专利）、浅草沟（IBR专利）、雨水花园、下凹式绿地、生态自净化景观水体（IBR专利）、屋顶花园等多种措施，场地综合径流系数由改造前的0.78降低为0.68，比改造前降低了12.8%。

生态环境效益：本项目通过科学规划场地内的绿化用地，大量采用屋顶绿化、空中花园、垂直绿化的形式，补偿原有场地内绿地不足的情况，在建筑物的屋顶、立面、上部空间进行多层次、多功能绿化布置，每年可吸收二氧化碳5716.3kg，释放氧气4498.9kg，降低粉尘140.2kg，将显著改善场地生态环境和空气质量，缓解城市热岛效应。

图31 社区运营管理平台

建筑概况能源管理

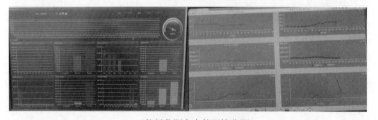

能耗监测室内外环境监测

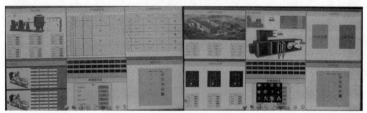

安防监控机电设备监控

图32 上海钢琴厂片区IBMS智能楼宇集成管理系统

五、改造经济性分析

本项目总投资为6032万元，按照运营期9年，租金定为4.5元/d·m²估算，租金增幅为3年递增10%估算，项目投资回收期（税后）为5.35年，可见项目的盈利性良好，经济效益显著，可为公司带来可观的利润贡献，同时具有良好的社会效益。

六、推广应用价值

本项目作为"十二五"国家科技支撑计划课题"城市社区绿色化综合改造技术研究与工程示范"国家级课题的重点示范工程之一，将努力建立适应东部沿海气候的低碳社区绿色化改造技术体系，创新运营模式，打造面向低碳建筑的全生命周期集成管理服务能力，改变传统理念，打造集工作、培训、休闲等于一体的乐活体验系统。

（深圳市建筑科学研究院股份有限公司供稿，孙冬梅、李雨桐执笔）

深圳市福田区梅坳片区

一、工程概况

梅坳片区位于福田区梅林街道办辖区东起凯丰路，南起梅坳八路，西、北至二线关。梅坳片区占地面积约40万㎡，其中道路用地面积约7万㎡，公共绿地面积5万㎡，建筑用地面积约28万㎡。片区总建筑面积404246㎡，其中居住建筑面积163637㎡，科研办公面积205648㎡，商业服务面积34961㎡。

片区共有1543户，总人口为7667人（包含工作和居住人口），提供就业岗位4678个。片区常住人口和暂住人口比例大致为1∶1，男女比例大致为1∶1。片区年龄比例调查发现学龄前∶中小学∶青年∶中年∶老年的比例大致为0.04∶0.43∶1∶0.71∶0.11，以年轻人为主。片区现状功能混合，区域内及周边现有办公、居住、科研、市场、教育等多种功能，居住人口与就业岗位基本匹配。

图1 深圳市梅坳片区区位图

二、改造计划和目标

（一）改造计划

本项目拟采用总体立项、总体设计、分项施工的策略。在总体设计保障目标落实和各分项之间协调性的基础上，准备工作先完成的分项可先实施。将分项工程分为2批实施。

第一批工程拟于2015年9月完成，包括：人行道绿化带低冲击改造、自行车租赁点建设、福康之家和福田城管绿色化改造、垃圾分类及处理、环卫宿舍太阳能改造、环卫基地立体绿化和屋面绿化改造。

第二批工程拟于2016年6月完成，包括：慢行交通系统改造、雨水收集利用（排洪渠雨水蓄存利用）工程和其他建筑屋面和立体绿化改造工程、运营管理及参观展示中心建设。

（二）改造目标

《关于创建国家生态文明建设试点示范区的决定》明确指出到2015年底，将福田创建为国家生态文明建设示范区。梅坳片区绿色生态提升一期项目是福田区创建国家生态文明示范区的名片工程，保持原有社区功能基本不变，在不消耗更多资源和对环境友善的情况下，提高居民居住、工作和休憩环境的安全、健康、便捷和舒适性水平，为居民、企业和社会带来切身的利益，有利于社区的宜居、企业的发展以及社会的和谐，是福田区创建国家生态文明建设试点示范区的重要举措，也是福田区促进循环经济、节能减排和民生幸福的重要新领域。

三、改造技术

（一）福田区残疾人综合服务中心绿色化改造工程

福康之家在2012年的功能改造过程中已运用了部分绿色技术，所以本次绿色化改造目标是将福康之家改造为绿色二星级建筑，定位合适。需进一步开展绿色技术措施，如自行车停车位、分项计量水表、给水减压限流装置、空调中效过滤器和电子消毒器、照明光控、场地绿化等。

地2号厂房）进行立体绿化改造。

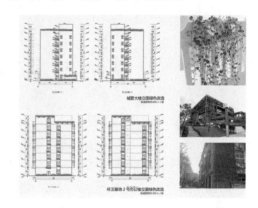

图4 城管大楼与环卫基地2号办公楼改造后立面示意图

图2 改造前的福康之家

（二）福田城管局综合办公楼改造

福田城管办公大楼建造时间较早，需要对其进行全面的绿色改造。将福田城管办公大楼改造为绿色二星级建筑，需要增加的绿色技术措施，如自行车停车位、分项计量水表、给水减压限流装置、照明光控、能耗分项计量、场地绿化透水地面和微喷灌等。

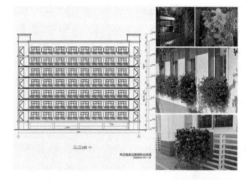

图5 环卫宿舍改造后立面示意图

图3 改造前的福田城管局综合办公楼

（三）环卫基地改造

1. 建筑立体绿化改造

对环卫宿舍、福田城管局综合办公楼进行屋顶绿化、城管园林办公楼（原称环卫基

图6 环卫宿舍地理位置

2. 环卫宿舍太阳能热水

环卫宿舍有4栋，其中2、3、4#宿舍户型相同，标准层为7层，单栋户数为70户，单栋建筑面积为3318.4m²；1号宿舍标准层为7层，

户数为56户，单栋建筑面积为2742.4m²。环卫宿舍为平屋顶框架结构，居民制备热水的主要热源为电热水器或者煤气热水器，职工按照水、电、气用量计量缴费。

图7 宿舍立面图与室内热水器

环卫宿舍选用半集中式太阳能热水系统供给热水，集热板和热水箱集中设置，辅助加热装置为燃气热水器。热水供应温度为60℃，采用机械强制循环方式。由于是既有建筑改造项目，考虑结构安全因素，集热板采用直接在屋顶安装，不架空。改造的内容包括：

（1）屋顶设置太阳能集热板；

（2）楼梯间屋面设置太阳能水箱；

（3）在屋顶、阳台等处敷设太阳能热水及回水管网及附件；

（4）在屋顶、阳台等处敷设太阳能冷水补水管网及附件；

（5）太阳能热水控制系统；

（6）分户管道安装后的装修修复工作；

在太阳能保证率为50%时，太阳能板面积需求约为520m²，考虑到屋面面积较大，设计将太阳能板铺满屋面，此时太阳板面积为624m²，太阳能保证率约为60%。

运营管理方案比选表如表1所示，根据小区共266户，可得到每月每户运营费用为8.8元，如果由政府补贴，则每个月需补贴2342元。

（四）室外景观改造工程

1.人行道路环境提升（遮阴连廊）

根据片区现状道路状况和慢行需求，建议在中康路（上梅林地铁站以北段）和梅坳二路（梅坳六路以南段）拟建连接梅坳片区与上梅林地铁站的风雨连廊，为行人提供安全、舒适的步行环境。风雨连廊总长度约350m，改造形式示意见图8。

图8 遮阴连廊示意图

2.垃圾分类收集清运

（1）开展垃圾分类

因垃圾的组成不同，公共建筑和居住小区垃圾分类方式不同。对汇龙花园、建龙苑、环卫宿舍、鸿发宿舍等居住小区开展垃圾分类小区建设工作，包括以下3个方面：

1）各个楼层撤桶：撤除各个楼层的垃圾桶，保证楼层清洁卫生。

运营管理方案比选表   表1

序号	收费方案	收费标准	优缺点
方案1	职工分户均摊	每月每户8.8元	用水不均，承担费用一样
方案2	按户计量收费	根据入户的热水管水表计量用水量，根据冷热水价格取值收费	热水使用量无法计量，价格无法合理取值，造成收费不准确
方案3	政府补贴形式	每月需补贴2342元	促进太阳能的使用

2）每栋楼前设置垃圾分类集中投放点，并在投放点旁边设置洗手池：考虑到现阶段垃圾分类的居民可接受度与实施积极性，先开展厨余垃圾、可回收垃圾、有害垃圾与其他垃圾4种分类。其中垃圾桶应采用脚踩式垃圾桶，并设置洗手池，方便居民投放垃圾。

根据各栋居住小区的垃圾分类产生量，按照300kg/d配置一对垃圾桶（含厨余垃圾与其他垃圾）、每个小区有害垃圾桶1～2个，且考虑到小区建筑布局、方便居民垃圾投放的原则，约需要垃圾桶50个。

3）保持垃圾投放点清洁：集中投放点容器应有专门物业人员定时维护，保持干净，避免对周边环境造成污染。

对建科大楼、深燃大厦等社区内公共建筑开展垃圾分类小区建设工作，包括以下两个方面：

1）厨余垃圾集中收集。各单位食堂的厨余垃圾应集中收集，部分员工自行带饭的厨余垃圾应并入食堂的厨余垃圾一起收集，或单独设置厨余垃圾桶进行收集。

2）垃圾三大分类。由于单位内部垃圾种类较为单一，员工素质普遍较高，便于营造垃圾分类的气氛，宜根据自身情况开展可回收垃圾、其他垃圾、有毒有害垃圾分类工作。

（2）生活垃圾分类宣传

垃圾分类设施只是物理设施，提供了垃圾分类的可能性，如何进行正确的垃圾分类并付之于行动是重点。应长期频繁开展垃圾分类宣传，使垃圾分类知识深入人心，具体包括以下几个方面：

1）各个单位集中培训：对各单位可采取集中培训的方式，通过对各个单位进行逐一培训，使绝大部分员工了解熟悉如何进行垃圾分类。

2）小区多种形式培训：对于人数多、素质参差不齐的小区，应采用多种形式进行培训，例如垃圾投放点应有垃圾分类宣传板、发放垃圾分类手册、垃圾分类知识比赛等。

3）小区垃圾分类积分换礼品活动：考虑到建龙苑小区人数较少、便于管理，可在建龙苑小区进行试点。以物联网技术与垃圾分类相结合，通过刷卡积分鼓励居民参与垃圾分类，实名注册后即可利用数字垃圾桶丢弃分好类的垃圾，留下垃圾分类的行为记录并获得相应的积分，积分可以兑换礼品。其中垃圾桶上可安装智能芯片，可以记录垃圾投放时间和垃圾的重量，为小区实行生活垃圾计量收费模式提供数据支撑。

图9 小区垃圾分类收集服务站

（3）建筑垃圾回收

在每个居住小区设置建筑垃圾回收点，进行统一管理。

3.自行车租赁点建设

梅坳片区自行车租赁点建设包括站点土建施工、锁柱建设、自行车配备、网点控制箱。建成后交由城管纳入区自行车租赁系统进行统一运营管理。根据片区内现状道路空间和自行车服务需求，结合自行车道布局，建议规划3个自行车租赁点和一个自行车停车点，方便自行车出行。片区内自行车服务点分布如图10所示。

图10 梅坳片区自行车服务点150m服务范围图

规划的自行车服务点位置如表2所示，服务点规模应根据设置点需求确定。根据日自行车骑行量，初步估算约需要150辆自行车，180个锁柱。

梅坳片区自行车服务点位置一览表　表2

编号	类型	位置	编号	类型	位置
1	自行车租赁点	梅坳二路与梅坳五路交叉口处	4	自行车停车点	梅坳一路与梅坳七路交叉口附近
2	自行车租赁点	汇龙花园出口附近	5	自行车租赁点	上梅林地铁站门口
3	自行车租赁点	梅坳三路与梅坳六路交叉口附近			

自行车服务点集太阳能与智能系统为一体，提供自行车充气服务、休息空间以及地图查询，设计示意图如图11所示。

图11 梅坳片区自行车服务点设计示意图

4.社区雨水收集利用工程

根据策划分析，建议雨水收集利用工程采取简单方案，即洒水车到沟渠处取水即可，不增设储水罐。

（五）道路交通工程

1.慢行交通系统改造

（1）道路平面设计

根据片区道路两侧慢行空间现状，拟在道路布置"四横三纵"的自行车道网络。自行车道布置如图12所示。

图12 梅坳片区自行车道布置图

图13 梅坳片区交叉口分布图

"四横"从北至南分别为梅坳五路、梅坳六路、梅坳七路、梅坳八路；"三纵"从西向东分别为梅坳一路、梅坳二路（顺接中康路至上梅林地铁站北段）、梅坳三路。自行车道设置的空间以及长度如表3所示。

（2）交叉口改造设计

为降低机动车通过交叉口的速度，保证

梅坳片区自行车道改造表

表3

名称		改造/设置方式	宽度（m）	长度（m）
三纵	梅坳一路	占用机动车道，两侧	1.5	580
	梅坳二路	占用机动车道，单侧	3.5	780
	梅坳三路	占用机动车道，两侧	1.5	820
	中康路	沿机动车道右侧	3.5	400
四横	梅坳五路	沿机动车道两侧	1.5	420
	梅坳六路	沿机动车道两侧	1.5	420
	梅坳七路	沿机动车道两侧	1.5	410
	梅坳八路（梅坳二路至梅坳十路）	沿机动车道两侧	1.5	720
	梅坳八路（梅坳十路至凯丰路）	改造北侧人行道为自行车道	2	150
合计				4700

交叉口改造措施一览表

表4

序号	措施	作用	图例
1	直接的过街路线	慢行过街以过街期望路线设置，使步行者、骑车者以最短距离通过交叉口。	
2	清晰指定自行车道	明确自行车过街所属位置，避免冲突产生。	
3	路缘石缓坡处理	提高步行和骑车者的舒适度。	

续表

序号	措施	作用	图例
4	减少路缘石半径	收紧交叉口，降低机动车通过速度。	
5	设置醒目的过街标志	保证过街安全	

步行和自行车的安全，提高慢行出行的舒适度，对片区内交叉口进行改造。片区交叉口分布图如图17所示。

交叉口改造措施如表4所示，对于改造措施4，各交叉口应根据实际情况确定路缘石半径的减少量，避免降低道路运行效率。

2.人行绿化带低冲击改造（雨水入渗）

人行道绿化带低冲击改造技术示意图见图14，即将人行道绿地标高降低，改造成浅草沟，作为径流雨水调蓄设施，增加雨水入渗量，缓解暴雨时的洪涝问题。

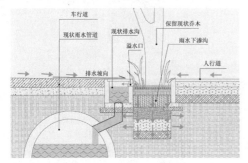

图14 浅草沟改造示意图

上文需求分析表明对具备条件的绿化带均宜进行低冲击改造。绿化带宽度1.5m，蓄水层取800mm深，则挖深约1000mm。根据物探资料，梅坳片区绿化带下面有电信管道、路灯电线、燃气管道。结合浅草沟的施工要求及地下管道，将没有燃气管道且改造施工不影响其他管道或者影响较小的路段处的绿化带改造成浅草沟。浅草沟设计分布图如图15所示，浅草沟的改造分布为梅坳二路、梅坳三路东侧绿化带，梅坳六路南侧绿化带，梅坳一路南半段东侧绿化带，梅坳七路西半段北侧绿化带，梅坳七路东半段南侧绿化带。改造的绿化带总长度约1100m，浅草沟总面积为1650m^2。

（六）其他建筑屋面和立体绿化改造

在路桥集团、燃气大厦附楼、交通监测大楼、环境监测大楼等合适地方进行建筑屋顶和立体绿化改造。

（七）运营管理平台与展示中心设计

1.运营管理平台

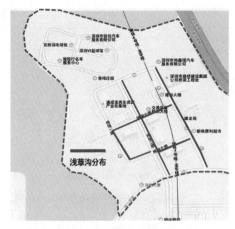

图15 浅草沟分布图

本项目将建立一套社区运营管理监控平台，可实现对社区能源、水资源、物理环境、交通组织、垃圾排放及生物多样性等信息的监测及管理，并对收集的数据信息进行分析计算，为社区运营管理提供决策支持。

2.展示中心建设方案

展示梅坳片区运营管理监测平台和梅坳片区绿色生态提升项目的全面情况，需要有固定的展示中心场所，供社会各界参观交流。因为梅坳社区改造是在动态变化的，展示中心的展示主要以电子展示为主，可根据改造进度实时进行更新。本展示中心的主要展示内容如下：

（1）梅坳片区改造效果展示，包括整体效果，分项展示以及涉及的绿色建筑技术说明；

（2）梅坳片区绿色建筑技术展详细介绍，包括各项技术的应用成果展示、技术介绍等；

（3）展示改造的可复制性和推广性，介绍福田区内其他区域改造效果，如水围村、皇岗村绿色建筑技术应用等；

（4）大型液晶屏展示，福田区绿色建筑成就展，以及梅坳片区运营管理平台监测数据展示。

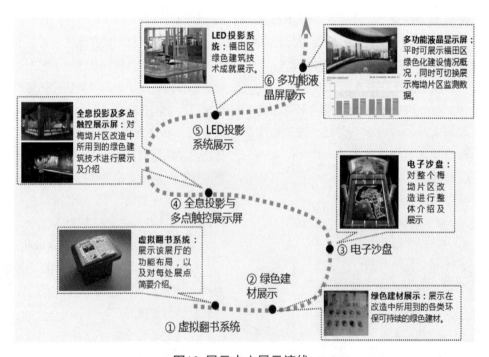

图16 展示中心展示流线

四、改造效果分析

本项目的绿色生态提升将在不消耗更多资源和对环境友善的情况下，提高居民居住、工作和休憩环境的安全、健康、便捷和舒适性水平，促进社会和谐，惠及片区7000多人口，有效解决了小区房屋和基础设施陈旧老化、公共空间缺少等实际问题。

人行绿化带低冲击改造和雨水收集利用工程，可以增加雨水入渗量，涵养地下水，改善社区暴雨来临时路面急流的情况。屋顶绿化、立体绿化、围墙覆绿等绿色技术的应用，可以进一步改善社区微环境。既有建筑绿色化改造、太阳能光热应用等技术可减少用电量40万kWh/a，减排二氧化碳约380t。通过慢行交通系统提升，预计减少交通碳排放约373t/a。

五、改造经济性分析

通过慢行交通系统提升、可再生能源利用、水资源节约、社区资源共享等均可以带来一定的经济效益。片区增加绿色出行量为34.45万人次/a，减少交通能耗约16万L/a，按照当前油价计算，约97万元/年。环卫宿舍太阳能光热应用将代替电量24万kWh/a，福康之家等既有建筑绿色化改造可节约16万kWh/a，按照电费1元/kWh计，即每年可节约电费40万元。雨水收集回用将减少自来水用量1.5万t/a，则根据深圳市自来水费（含排污费）4.4元/吨的价钱，则每年可节约水费约6万元。总计直接经济效益约143万元。

六、推广应用价值

该项目是旧城绿色更新的示范工程，是当地居民自发地根据改造需求提出的，在保留现状的基础上进行绿色提升。该项目可促进旧城更新从粗放的大拆大建到绿色城市更新模式转变，向可持续方向发展，尤其在绿色生态环境的改善、高效的城市管理、健康舒适的居住社区等几个方面都有着显著的提升。

该示范工程具有很好的扩散效益。预计梅坳社区绿色生态提升后，年参观交流量约6000人次，参观交流者包括国内外政府机关工作人员、城市建设行业从业人员、学生和市民。通过0.4km²的梅坳片区改造，可为深圳市近期24km²的建成区生态更新树立榜样，起到以点带面的效果，也是对生态文明建设的最佳实践探索。

（深圳市建筑科学研究院股份有限公司、深圳市福田区环境保护和水务局供稿，叶青、陈慧明、郭永聪、刘向国、景艳波、郑剑娇执笔）

潍坊苇湾社区

一、工程概况

苇湾社区位于潍坊市奎文区东风东街以北，潍州路以西，四平路以东，福寿街以南。苇湾社区位图如图1所示。社区内建筑建于20世纪80年代末期和90年代初期，均为非节能建筑。整个社区占地面积0.36km²，辖区内有居民楼127栋，居民4859户，1.8万余人，是目前潍坊市规模较大的纯居民社区。

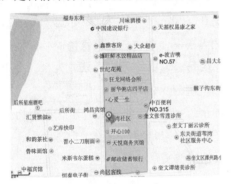

图1 苇湾社区位图

二、苇湾社区现状及目前存在的问题

由于社区建筑所有楼房均无外墙保温，全部为单层木门窗或钢制门窗等形式，建筑负荷需求大。苇湾社区内的居民楼建设年代久远，三无院落多，整个社区呈开放式，无统一的物业管理。社区内整体环境较差，道路破损严重。社区内绝大多数住户仍采用土暖气进行冬季采暖，冬季室内环境品质差，污染严重。通过问卷调查可知，社区内老年人较多，居民对供暖改造意向尤其强烈。据初步调研及诊断结果，该社区在如下几方面亟须进行节能改造。

（一）既有供热设施能耗高，污染重

在2007年配合城区旧改时，潍坊市热力有限公司已将热力主管网敷设到社区附近，当时由于多数居民经济条件差，没有足够资金进行供暖设施改造，至今未供暖，只有少部分住户采用了集中供暖，其余住户仍采用土暖气进行冬季采暖。为节省成本，居民采用低价劣质煤，在采暖过程中产生的烟气、粉尘对社区环境产生严重的污染。

（二）管网老旧，输配能耗大

苇湾社区敷设的供热管道于2007年建成。由于大部分管网建成后一直未启用，导致管道内出现生锈和堵塞现象，管道老化现象严重。部分在用管道也存在跑、冒、滴、漏等现象，因此需对部分管网及设备进行改造。

图2 系统老化管道

（三）建筑保温性能差，能耗高

苇湾社区建筑围护结构破旧，外墙无保温，窗户为单层普通玻璃。通过建筑负荷模拟软件对该社区的建筑进行负荷模拟，可知该社区的建筑热指标约为55W/m²，远高于山东

省节能65%的居民建筑的热指标（32W/m²）。这也导致了社区建筑冬季采暖能耗高。

图3 苇湾社区外围护结构

（四）社区环境亟待改造

由于社区建设年代久远，社区内基础设施及环境较差。社区内基本无绿化，路面破损严重，室外雨水污水管网堵塞等现象时有发生。

（五）能源管理水平差

集中供暖系统的运行管理水平差，无运行监控平台，二次网始终采用定流量质调节的调节手段，且为人工操作。供电和供燃气系统无法实现数据的远端上传和控制，无法根据室外气候变化实现自动节能调控。居民住户供暖未实现分户热计量，无论居民用热收费统一标准，这在很大程度上打击了居民行为节能的积极性。

三、改造目标

针对上述问题，根据潍政办字[2014]149号《关于印发市区老旧小区改造整治提升行动方案的通知》及苇湾社区实际，拟建设奎文区东关街道苇湾社区老旧社区提升改造项目。

（一）能源系统改造

对54栋2531户146772.63平方米室内暖气片安装、管道、锁闭阀安装改造、新建1个换热站，改造2个老旧换热站，新建庭院管网及楼内立管等供暖设施；对住户进行热计量表安装；

（二）建筑本体性能改造

对全部72栋楼3113户进行外墙保温，更换单层钢框窗户为双层玻璃，加装单元门。对396个楼顶烟道进行维修。

（三）建设社区能源系统管理平台

建设换热站自动监控系统，实现运行节能。采用分布式变频，换热站无人值守，系统集中控制，提高热源保障能力。

（四）社区环境改善

对破损的路面进行修正，重新硬化路面。景观绿化改造。修复改造路面4679㎡。

（五）给排水改造

维修疏通雨污水管道6400m；

（六）其他

建设1座日间照料中心（建筑面积3084㎡）和1座物业用房（建筑面积800㎡）；其他房屋修缮及配套设施完善等工程。

该改造项目分为一期二期，其中上述1～5项改造内容的大部分工作已于2015年10月竣工完成。社区景观绿化与社区辅助公建（1座日间照料中心建筑和1座物业用房）拟于2016年上半年完成。

四、改造技术

该示范项目主要针对苇湾社区的供热系统及社区的基本环境与设施进行改造，提高一次能源的利用率，通过提高建筑性能来降低既有建筑的用能需求，满足苇湾社区供热需求。现存的问题主要是社区没有集中供热系统，所以综合分析，经过调研及方案对比，选择如下改造技术模式。

（一）换热站改造

换热站为保证供暖效果，按照常规的技术在原有的基础上新增一座换热站。换热器选用换热效率高、占地小的换热器，增设了3台机组分别负责不同的区域；循环水泵选用静音、节能的高效率水泵；热力站循环水泵应采用调速泵。

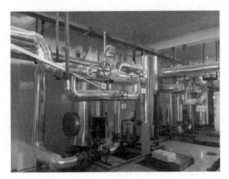

图4 苇湾新换热站设备

（二）供热管网改造

因原有的换热站位置在社区偏北方向，原有的管网在南端较细，将南侧的主管网更换为3条DN200的主管网。共计改造DN200双线1600m，DN250双线200m，DN150双线330m，其他沿用原有的管网。管道采用直埋方式，无缝钢管焊接，保温采用聚氨酯发泡，外壳是聚乙烯管。苇湾新站所供的区域之前没有集中供暖，在改造过程中需要安装楼道内的立管、入户管和热量表，对用户的用热量实行分户热计量。

对室外管网进行变流量动态运行调节，在每个热力入口加装动态调节平衡阀，当用户室内温度达到设计值时，户内恒温阀自动关小，用户回水压力降低，压差增大，压差阀就会配合恒温阀工作，自动关小阀口来恒定用户压差。换热站内变频器根据所感知的用户需求，自动调节变频水泵运行，从而达到变流量节能运行。以用户为主动变流量运行有个前提，用户必须安装恒温阀等自控装置，热力入户入口安装自力式压差控制阀才能实现。户内安装恒温阀，热力入户入口安装自力式压差控制阀，热网循环水泵采用变频控制。

图5 室外热水管道

图6 苇湾新站楼梯管道和热计量表

（三）围护结构改造

苇湾社区采用的是外墙外保温措施。

200厚砼剪力墙（剪力墙之间砌体为200厚混凝土加气块），外做60厚岩棉板保温层。

整体更换满足节能标准要求的外窗，窗框部分可以选择PVC中空玻璃窗、断热桥铝合金等新型材料；窗玻璃则可选择中空玻璃、热反射玻璃、Low-E玻璃等新型玻璃。

安装防盗单元门，减少一层居民的室外冷风侵入。

图7 更换的新型双层玻璃窗户

图8 外墙保温竣工后的照片

图9 加装的建筑单元门

（四）监测与控制系统改造

针对新建的集中供热系统建立一套全面的能源管理监测系统。该系统可以测量系统中的水泵、换热器等设备的运行状态、参数以及运行的能耗，并测量热源系统的供热量。通常

以楼为单位对上述能源进行分项计量。现有系统在潍坊热力有限公司办公区域设采暖管控中心，以上各站均采用无人值守设计，系统自动控制，参数无线采集并远传至控制中心，不再设运行值班人员。

图10 换热站与远程操控中心界面

（五）修复改造路面工程

旧水泥混凝土面板的修补过程中不伤及相邻的路面和基层，旧水泥混凝土面板的破除面积不应大于1d能完成面板修补的面积，混凝土面板破除以后应清除所有混杂的或松散的材料。水泥混凝土面板的破除过程，会不可避免地引起现有的路面拉杆、传力杆的松动，浇筑新的C30混凝土面板前，需对面板接缝的传荷能力进行恢复，即新混凝土面板与老混凝土面板之间增设连接钢筋。

（六）疏通雨污水管道工程

施工前，先现场摸查，探明管道及检查井淤积堵塞情况、水流量情况，并找出每条道路排水管道的上下游，先从排水主管道开始清淤疏通，然后清理堵塞严重的支管道，最后是其余支管道。对于堵塞的管道，用管道疏通机疏通后，以高压水枪反复冲洗管道，使杂物淤泥等流入检查井内沉淀，实行人工清理。收水井、检查井等用高压水枪冲洗，确保彻底清理干净。

五、改造效果分析

该项目总投资为6287万元，其中环境治

理工程费146万元，房屋修缮工程费128万元，设施完善工程费1677万元，节能改造工程费4336万元。资金来源为：项目建设资金申请国家、省节能补贴1093万元，市旧社区改造补贴2179万元，区财政拨款2082万元，居民负担费用933万元。

苇湾社区绿色化改造工程从2014年10月开始施工，到目前为止集中供热系统、能源监控平台以及建筑性能提升等环节已改造完成。道路交通改造、给排水改造和环境绿化改造还在施工过程中，现在仅对集中供热系统和能源监测控制系统进行评价。改造前后集中供热系统单位建筑面积年能耗量分别为154.44 kWh和79.37 kWh。改造后集中供暖热源的总效率为 78%，比之前提高23%。

该项目属于社会福利公益性项目，项目改建后，将损坏的道路及时修补，照明设施得到增设，方便出行；安装改造供暖设施；进行外墙保温等，改善居住条件，使环境更加优美，具有良好的社会效益。

六、总结

目前类似于苇湾这样采取土暖气进行冬季采暖，且所有房屋均无外墙保温的老社区还有很多，由于大部分区域未设置集中供暖系统，冬季室内环境品质差，污染严重。已设置集中供暖的区域，供热管网老旧，输配损耗较大。其节能改造潜力巨大，稍加改造就能大幅减少一次能源的消耗。改造后整套系统智能化水平很高，真正实现24小时无人值守，由监控中心统一调控的先进运行模式。本项目对于既有未集中供暖社区的绿色化改造具有示范作用。改造中通过对围护结构改造，降低了热负荷，大大减少了对一次能源的消耗。并安装了热量表，对用户的用热量实行分户热计量。有利于提高居民的主观节能意识。此次绿色化节能改造对类似工程具有很好的推广与应用价值。

（山东建筑大学，潍坊联能新科能源发展有限公司供稿，刁乃仁、崔萍、庄兆意、张学东执笔）

七、附 录

　　本篇以统计分析的方式，介绍了全国范围的既有建筑和建筑节能总体情况，以及部分省市和典型地区的具体情况，以期读者对我国近年来既有建筑改造和建筑节能工作成果有一概括性的了解。此外，本篇还记述了2015年和2016年期间我国既有建筑改造工作所发生的重要事件，包括政策的出台、行业重大活动、会议、重要工程的进展等，旨在记述过去，鉴于未来。

2014年全国建筑业基本情况

2014年，建筑业深入贯彻落实党的十八大和十八届三中全会精神，主动适应经济发展新常态，全面深化改革，加快转型升级，积极推进建筑产业现代化，整体发展稳中有进，发展质量不断提升。全国建筑业企业（指具有资质等级的总承包和专业承包建筑业企业，不含劳务分包建筑业企业，下同）完成建筑业总产值176713.40亿元，增长10.2%；完成竣工产值100719.51亿元，增长7.5%；房屋施工面积达到125.02亿m²，增长10.4%；房屋竣工面积达到42.31亿m²，增长5.4%；签订合同额323613.77亿元，增长11.8%；实现利润6913亿元，增长13.7%。截至2014年年底，全国有施工活动的建筑业企业81141个，增长2.8%；年末从业人数达到4960.58万人，增长10.25%；按建筑业总产值计算的劳动生产率为320366元/人，下降1.38%。

一、建筑业有力支持国民经济健康持续发展，支柱产业地位稳固

经初步核算，2014年全年国内生产总值636463亿元，比上年增长7.4%。全年全社会建筑业实现增加值44725亿元，比上年增长8.9%，增速高出国内生产总值增速1.5个百分点。建筑业为国民经济健康持续发展作出了重要贡献。

2005年以来，建筑业增加值占国内生产总值比重持续稳步上升。2014年再创新高，突破7%，达到7.03%，比上年增加0.17个百分点，进一步巩固了建筑业的国民经济支柱产业地位。

（一）建筑业固定资产投资增速由降转升且大幅增长，总产值增速持续放缓

2014年，全社会固定资产投资（不含农户，下同）502005亿元，比上年增长15.7%，增速连续4年下降。建筑业固定资产投资4449.94亿元，比上年增长27.2%，占全社会固定资产投资的0.89%。建筑业固定资产投资增速结束了自2012年以来的下滑态势，出现了较大幅度的增长，比上年增加了31.4个百分点。

近10年来，随着我国建筑业企业生产和经营规模的不断扩大，建筑业总产值持续增长，2014年达到176713.40亿元，是2005年的5.11倍。建筑业总产值在经过2006年至2011年连续6年超过20%的高速增长后，增速步入下行区间，降到20%以下，且渐行渐降。2014年增速为10.9%，仅为2011年的一半左右，下行趋势更加明显。

（二）建筑业从业人数与企业数量增加，劳动生产率小幅下降

2014年年底，全社会就业人员总数77253万人。其中，建筑业从业人数4960.58万人，比上年末增加461.28万人，增长10.25%。建筑业从业人数占全社会就业人员总数的6.42%，比上年提高0.58个百分点。建筑业在推动地方经济发展、吸纳农村转

移、人口就业、推进新型城镇化建设和维护社会稳定等方面作用显著。

截至2014年年底，全国共有建筑业企业81141个，比上年增加2222个，增长2.8%。国有及国有控股建筑业企业6855个，比上年减少68个，占建筑业企业总数的8.45%，比上年下降了0.32个百分点。

2014年，按建筑业总产值计算的劳动生产率小幅下滑，为320366元/人，比上年下降1.38%，增速在上年降低17.6个百分点的基础上又下降了10.98个百分点。

（三）建筑业企业利润稳步增长，行业产值利润率明显提升

2014年，全国建筑业企业实现利润6913亿元，比上年增加1338亿元，增长24%，增速继续保持回升势头，企业综合盈利能力持续提升。

自2005年以来，建筑业产值利润率（利润总额与总产值之比）一直曲折上升。2014年，建筑业产值利润率出现较大幅度上升，打破了自2008年以来"维稳"在3.5%左右的僵局，达到3.91%，比上年增长了0.41个百分点。

（四）建筑业企业签订合同总额保持增长态势 新签合同额增速出现较大幅度下降

201 4年，全国建筑业企业签订合同总额323613.77亿元，比上年增长11.72%，增速连续5年下降。其中，本年新签合同额184683.31亿元，比上年增长5.62%，增速较上年有较大幅度下降，降低13.5个百分点。本年新签合同额占签订合同总额比例为57.07%，比上年下降了3.29个百分点。

（五）房屋施工面积增速进一步放缓，竣工面积增速有所回升，住宅房屋占竣工面积近七成，实际投标承包工程所占比例略有提高

2014年，全国建筑业企业房屋施工面积125.02亿m²，增长10.6%，增速连续3年下降；竣工面积42.31亿m²，增长8.7%。增速在连续两年下降后有所回升。

从全国建筑业企业房屋竣工面积构成情况看，住宅房屋竣工面积占绝大比重，为67.66%；厂房及建筑物竣工面积占12.88%；商业及服务用房屋竣工面积、办公用房屋竣工面积分别占6.53%和5.44%；其他种类房屋竣工面积占比均在5%以下。

全年房屋施工面积中，实行投标承包的房屋施工面积100.57亿m²，占全国房屋施工总面积的比重为80.4%，比上年提高了0.5个百分点，比重持续下降的趋势出现扭转。

在城镇保障性安居工程方面，2014年，新开工建设城镇保障性安居工程住房740万套，基本建成511万套。

（六）对外承包工程完成营业额增速大幅下降，新签合同额增速小幅上升，我国企业对外承包工程竞争力增强

2014年，我国对外承包工程业务完成营业额1424.1亿美元，增长3.8%，增速较上年出现较大幅度下降，降低了13.8个百分点。新签合同额1917.6亿美元，增长11.7%，增速较上年上升了2.1个百分点。

2014年，我国对外劳务合作派出各类劳务人员56.2万人，较上年同期增加3.5万人，增长6.6%。其中，承包工程项下派出26.9万人，劳务合作项下派出29.3万人。2014年年末，在外各类劳务人员100.6万人，较上年同期增加15.3万人。

美国《工程新闻记录》（简称

"ENR")杂志公布的2014年度全球最大250家国际承包商在海外市场共实现承包收入5439.7亿美元。其中，我国内地共有62家企业榜上有名，我国入选企业共实现海外承包收入791.35亿美元，占250家国际承包商海外承包收入总额的14.5%，比上年提高近1.4个百分点，每个入选企业平均承包收入为12.76亿美元。

62家上榜企业中，有30家企业排名比上届有所提升，3家企业排名与上年持平，17家企业排名下降，12家企业首次入选或重回榜单。中国交通建设股份有限公司连续7年排名中国上榜企业首位，而且名次比上年提升了1位。

二、2014年全国建筑业发展特点

（一）江、浙两省雄踞行业龙头，总产值增速总体趋缓

2014年，江苏、浙江两省依然领跑全国各地区建筑业，建筑业总产值继续双双超过2万亿元，分别达到24592.93亿元、22668.19亿元，两省共占全国建筑业总产值的26.7%，比上年提高了0.5个百分点，进一步巩固了行业龙头地位。

除江、浙两省外，总产值超过7000亿元的还有湖北、山东、广东、北京、四川、河南和辽宁共7个地区，上述9省市完成的建筑业总产值占全国建筑业总产值的60.6%，占比与上年相当。

从各地区建筑业总产值增长情况看，增速总体趋缓，有26个地区增速不同幅度地低于上年。福建以22.5%增幅位居第一，低于上年的23.4%；贵州以18.9%的增幅位居第二，比上年的31.3%下降了12.4个百分点；

湖北、江西以18.8%的增幅并列第三，湖北的增幅稍高于上年的18.5%，江西则比上年的24.0%下降了5.2个百分点，增幅连续两年下降。黑龙江、内蒙古、辽宁、西藏和海南5个省、自治区出现负增长（上年只有西藏负增长），其中，西藏连续3年出现负增长，黑龙江、内蒙古也出现了超出10%的负增长。

（二）新签合同额增速大幅下降，个别地区出现负增长

2014年，全国建筑业企业新签合同额184683.31亿元，比上年增长5.6%，增幅较上年降低了13.5个百分点。浙江、江苏两省建筑业企业新签合同额继续占据前两位，分别达到22363.20亿元、21964.46亿元，占各自签订合同额总量的58.47%、59.55%，但增速分别比上年降低了13.36和13.53个百分点。新签合同额超过6000亿元的还有湖北、北京、广东、山东、上海、四川、河南、辽宁、福建、湖南10个地区。新签合同额增速较快的地区是上海、福建、贵州、天津、广西，分别增长20.4%、19.0%、18.7%、17.4%、12.5%。有7个省、自治区（广东、甘肃、内蒙古、黑龙江、辽宁、宁夏、西藏）新签合同额出现负增长，其中西藏负增长高达79.7%，宁夏负增长也超过了10%。

（三）各地区跨省完成建筑业总产值持续增长但增速放缓 对外拓展能力稳定

2014年，各地区跨省完成的建筑业总产值57267.35亿元，比上年增长14.1%，增速同比下降4.3个百分点。跨省完成建筑业总产值占全国建筑业总产值的32.4%，比上年提高0.9个百分点。

跨省完成的建筑业总产值排名前两位的

仍然是浙江和江苏，分别为11325.65亿元、10298.65亿元。两省跨省产值之和占全部跨省产值的比重为37.8%。北京、湖北、上海、福建、广东和湖南6省市，跨省完成的建筑业总产值均超过2000亿元。

从外向度（即本地区在外省完成的产值占本地区建筑业总产值的比例）来看，各地区外向度数值及其排名基本稳定，有15个地区的外向度小幅下降，但降幅均不超过2%。排在前3位的地区与上年相同，仍然是北京、浙江、上海，分别为64.73%、49.96%和47.17%。外向度超过30%的还有江苏、湖北、福建、天津、湖南、河北、陕西、江西8个省市，全国各省外向度排序保持了上年的格局。

（四）多数地区从业人数增加 半数以上地区劳动生产率降低

2014年，全国建筑业从业人数超过百万的地区共15个，比上年增加1个。江苏、浙江依然是从业人数大省，人数分别达到811.22万人、725.60万人。山东、四川、福建、河南、广东、湖南、湖北7个省从业人数均超过200万人，分别为303.14万人、291.21万人、276.97万人、238.19万人、227.19万人、220.32万人、201.23万人。与上年相比，23个地区的从业人数增加，8个地区的从业人数减少。增加人数最多的是湖南，增加84.28万人；减少人数最多的是黑龙江，减少12.78万人。

2014年，按建筑业总产值计算的劳动生产率有16个地区有所降低，地区数量比上年增加了12个。劳动生产率排序前3位的地区与上年相同，仍然是北京、天津、湖北。北京自2012年来连续3年领跑全国，2014年继续保持在第一位，劳动生产率为510338元/人，但相

比上年大幅降低，降低了39.42%。湖北排第二，为487454元/人，比上年略有提高。天津排第三，为452385元/人，比上年降低15.1%。

比较京、津、沪、江、浙5个地方2009年以来的劳动生产率情况，北京2012年、2013年以绝对优势领跑全国，2014年大幅下降；天津、上海经过前几年的稳步增长后，从2013年开始均有所下降；江苏、浙江提升较缓，2012～2014连续3年均处于全国平均水平之下。

（五）对外承包工程业务广东继续领跑中西部地区发展势头良好

2014年，我国对外承包工程业务完成营业额1424.1亿美元，同比增长3.8%。各地区（包括新疆生产建设兵团）共完成对外承包工程营业额926.86亿美元，比上年同期下降了4.21%，营业额占全国的65.1%，比上年下降5.5个百分点。广东对外承包工程业务量占各地区完成总量的13.4%，比上年下降10.2个百分点。营业额在40亿美元以上的有9个地区，比上年增加1个，分别是广东124.11亿美元、山东92.5亿美元、江苏79.5亿美元、上海74.0亿美元、四川70.6亿美元、湖北58.0亿美元、浙江51.8亿美元、河北40.9亿美元、天津40.3亿美元。此格局与上年一致，其中前8个地区也是上年的前8名。对外承包工程业务增幅最大的地区是宁夏，增速达122.4%。其他增长较快的地区还有重庆、黑龙江、青海、天津、江西，增速分别为61.9%、43.7%、34.0%、28.9%、25.5%。有所下降的地区是西藏、海南、内蒙古、广东、上海和河北。特别需要注意的是，广东虽仍领跑全国，但其业务量及其占比，均比上年降了一半左右。

2015—2016年部分省市建筑节能与绿色建筑专项检查统计

广东省

本年度省市共安排节能专项资金约8800万支持建筑节能与绿色建筑发展，各市针对性出台了发展建筑节能与绿色建筑的实施细则，广州、深圳、佛山等市工作推进成效显著，珠海、中山、河源等市也积极发展绿色建筑。截至2015年11月，我省新增绿色建筑评价标识项目223个，建筑面积2423万㎡，各地认定绿色建筑项目143项，面积562万㎡。"十二五"以来，我省累计绿色建筑评价标识项目539项，建筑面积6112万㎡，各地累计认定绿色建筑项目182项，面积756万㎡。全省超额完成2015年发展1800万㎡、"十二五"发展4000万㎡的绿色建筑任务目标。粤东西北部分从未获得绿色建筑标识的地市也实现了零的突破，绿色建筑首次实现全省地级以上市全覆盖。

截至2015年11月，全省共完成国家机关办公建筑、大型公共建筑和中小型公共建筑能耗统计21472栋，审计121栋次，能耗公示1709栋次，对82栋建筑进行了能耗动态监测。全省通过住房城乡建设部民用建筑能耗统计报送系统报送有效电耗数据的民用建筑总面积约14643万㎡，总耗电量107亿kWh，民用建筑年平均单位面积耗电量73.3kWh/㎡·a。各地以公共建筑为重点推进建筑节能改造，广州、深圳、佛山、东莞、中山、韶关等市改造工作进展较好。2015年全省完成既有建筑节能改造342万㎡，"十二五"累计完成既有建筑节能改造超过2050万㎡。

截至2015年底，我省新增太阳能光热应用建筑面积1047万㎡，新增太阳能光电建筑应用装机容量142MW。梅州市、蕉岭县、揭西县大力推进国家级可再生能源建筑应用示范市、县建设工作，已竣工面积达610万㎡。

（摘自《广东省住房和城乡建设厅关于2015年度全省建筑节能与绿色建筑行动实施情况的通报》）

湖北省

2011年以来，全省发展绿色建筑293项，总建筑面积2123万㎡，是"十二五"规划目标（1000万㎡）的2.12倍。其中，取得国家绿色建筑标识项目170个，建筑面积1541.51万㎡。2015年发展绿色建筑184项、建筑面积1037.89万㎡，是年度目标（313万㎡）的331.6%，其中，取得星级标识61项、建筑面积456.4万㎡，省级认定123项、建筑面积581.49万㎡。

2011—2015年，可再生能源建筑应用项目3562项、建筑面积7354.37万㎡，是"十二五"规划目标（5000万㎡）的1.47倍。2015年，全省可再生能源建筑应用项目

938项、建筑面积1576.8万㎡，完成年度计划（1443万㎡）的109.3%。

既有建筑节能改造。5年来，完成既有建筑节能改造804.56万㎡，是"十二五"规划目标（600万㎡）的1.34倍，其中，居住建筑节能改造362.35万㎡，公共建筑442.21万㎡。2015年共实施节能改造310.91万㎡，其中既有公共建筑节能改造116.87万㎡，完成年度计划（64万㎡）的182.6%，既有居住建筑节能改造194.04万㎡，完成年度计划（160万㎡）的121.3%。

"十二五"期间，全省开展国家机关办公建筑和大型公共建筑能耗统计5062栋，能源审计1373栋，能效公示1087栋。已完成186栋公共建筑能耗监测设备安装，接入省级监测平台128栋。已建成湖北省和武汉市公共建筑节能监测平台，湖北经济学院节约型校园建设及监管平台已验收并运行。

（摘自湖北省住房和城乡建设厅办公室《关于2015年度及"十二五"全省建筑节能工作专项检查情况的通报》）

湖南省

以省政府名义发布了《湖南省绿色建筑行动实施方案》，开展了绿色建筑推进机制研究，制定并完善相关标准、导则和细则等，推动了绿色建筑相关产业发展。衡阳市将绿色建筑纳入项目规划条件，在项目立项时将绿色建筑有关要求直接落实到地块要求中。长沙市市政府在全国范围内率先出台绿色建筑监督管理规定，将绿色建筑认定纳入了工程基本建设管理程序，优化了绿色建筑认定程序，对推动全市绿色建筑发展具有积极意义。郴州市、湘潭市以市政府名义下发了推进绿色建筑的实施意见，湘潭市进一步制定了实施细则，目前已有昭山产业发展中心等2个项目获得国家住房城乡建设部三星级绿色建筑评价标识。

"十二五"期间，我省可再生能源示范地区规模已达到7市16县1镇，位居全国前列，获批国家财政补助资金6.06亿元，为顺利完成示范任务，我省积极开展太阳能热水系统、地源热泵系统等可再生能源建筑应用相关的技术和产品的基础性研究。各地积极出台相应政策，株洲市与省电业公司等部门衔接，将可再生能源建筑应用项目用电由商业电价转为居民电价，有效促进了可再生能源建筑应用工作的推广。常德市优化管理机制，落实激励措施，制定了地源热泵空调系统建筑、太阳能光热建筑一体化应用示范项目建设程序，明确了财政奖补资金拨付方式。通过完善机制，使各项目单位在建设过程中有章可循。

调研了解既有居住建筑节能改造的大众接受程度，摸索适宜的既有居住建筑节能改造技术路径和推广机制，完善管理体制并组织开展了既有居住建筑节能改造工作。完成了既有居住建筑节能改造面积180万㎡的任务。株洲市将改造项目列入国家节能减排财政政策综合示范城市示范项目，获补助资金1500万元，目前已完成28.7万㎡的改造量。长沙市、常德市、郴州市、岳阳市分别完成了126.86、15.22、7.97、7.32万㎡，圆满完成了目标任务。

"十二五"期间全面推进各市州民用建筑能耗统计，组织开展国家机关办公建筑和大型公共建筑节能监管体系建设和节约型校园建设；搭建省本级、市州以及高校在线监测平台，开展办公建筑、大型公共建筑和高校建筑的能源评价分析和公示工作，确定了首批监测示范建筑和重点改造建筑。

（摘自《湖南省住房和城乡建设厅关于2015年及"十二五"全省建筑节能与绿色建筑专项检查情况的通报》）

河北省

绿色建筑发展的意识增强，推行工作的力度加大，规模化发展水平得到提高，促进了新型城镇化品质的提升。2015年，全省执行绿色建筑标准项目236个、建筑面积1055.55万㎡。其中，政府投资公益性建筑105个、面积154.44万㎡；大型公共建筑34个、面积275.49万㎡；保障性住房18个、面积76.57万㎡；其他建筑项目79个、面积549.09万㎡。绿色建筑占比达25%以上。

秦皇岛市所有城镇，邯郸、承德两市县城以上的民用建筑，已全部按绿色建筑标准建设；廊坊、唐山两市10万㎡以上住宅小区，全部执行绿色建筑标准。石家庄等市也将执行绿色建筑标准。全省累计获得绿色建筑评价标识182个，建筑面积1890.82万㎡。其中，2015年44个，326.02万㎡，秦皇岛、石家庄、邯郸、唐山等市走在全省前列。

2015年，全省安排885万㎡既改项目，到10月底，完工724.06万㎡，在建94.96万㎡，开工建设率93%，完工率82%以上。承德市135万平方米、唐山市120万㎡全部完成，多数市处于收尾阶段。承德、衡水两市综合改造率100%。

全省城镇新增可再生能源建筑应用面积1690.80万㎡，占城镇新建民用建筑的44.40%，超额完成43%的年度任务目标。国家级可再生能源建筑应用示范市、示范县（区），绝大多数完成了示范建设内容。

唐山市充分发挥资源优势，大力推进唐钢工业余热、开滦矿井水等热泵利用技术。邯郸、邢台两市太阳能热水系统推广应用取得新进展。廊坊市建设局印发《关于高层建筑推广应用太阳能热水系统的实施意见》，要求自2015年起，市区100m以下建筑、集中供应热水的公共建筑，一律安装使用太阳能热水系统。

新的省级公共建筑能耗动态监测平台建设进入调试阶段，初步实现能耗统计数据网络传输。全省设区市绝大多数完成市级中转平台建设。公共建筑节能改造工作取得一定进展。8个国家级节约型校园示范建设，已有7个通过示范验收。

（摘自河北省住房和城乡建设厅《关于2015年度全省建筑节能与绿色建筑专项检查情况的通报》）

江苏省

建筑节能重点工作稳步提升。一是可再生能源建筑应用扎实推进。可再生能源建筑应用示范工作管理有序，南京市、扬州市、淮安市、无锡市通过了国家可再生能源建筑应用示范市县验收评估，其中南京、赣榆是全国第一个通过验收评估的市、县。二是建筑节能运行监管体系建设稳步推进。13个省辖市级能耗监测平台建设已经完成。全省1024栋公共建筑实现了能耗分项计量数据实时稳定上传。此外，全省共完成5785栋建筑能耗统计（居住建筑3217栋、大型公共建筑825栋、中小型公共建筑597栋、机关办公建筑1146栋）；完成对372栋公共建筑的能源审计工作。南京市印发了《关于加强全市公共建筑能耗统计、能源审计、能耗公示工作的通知》，组织对鼓楼区政府办公楼、南京地铁运营公司、江苏省中医院等41幢重点用能建筑开展了能效审计工作。三是公共建筑能耗限额管理试点取得新进展。常州市城乡建设局率先会同市机关事务管理局、卫生局、旅游局印发了《常州市机关办公建筑宾馆饭店建筑医疗卫生建筑合理用能指南》，筛选出超能耗限额的公共建筑，确定了重点用能建筑目录，并采用合同能源管理模式对宾馆建筑开展了节能改造；无锡市建设局在对辖区内机关办公建筑、宾馆酒店、商场类等建筑能耗调查统计和限额研究的基础上，和机关事务管理局联合印发了《关于无锡市机关办公建筑实施能耗限额工作（试行）的通知》，对机关办公建筑试行能耗限额管理；徐州市也印发了《关于组织开展徐州市大型公共建筑能耗限额管理基础信息采集工作的通知》，夯实了能耗调研和限额制定的工作基础。

（摘自江苏省住房和城乡建设厅《关于2015年全省绿色建筑暨建筑节能工作考核评价情况的通报》）

山东省

创新"政府引导、社会参与、市场运作"的改造模式，将节能改造与老旧小区整治密切结合，完成既有居住建筑节能改造30余万户、2826万㎡，威海改造规模占全省的56.9%。积极推广合同能源管理模式，加快推进公共建筑节能改造，完成改造235万㎡，济南、青岛获批国家公共建筑节能改造重点城市（全国7个）。

完善措施，强化督导，加强公共建筑节能监测系统质量管理和数据应用，累计在1285栋建筑中安装用能分项计量装置和节能监测系统。组织"节约型"高校、医院示范创建，新增省级示范项目17个。完成建筑能耗统计调查4709栋，开展建筑能源审计400余万㎡。

各地积极调整建筑用能结构，大力推广应用太阳能、地热能等绿色清洁能源，济南、菏泽等市将强制安装范围扩大到100米以下住宅建筑，全省新增地源热泵建筑应用750万平方米，太阳能、地热能等与其他建筑节能新技术复合集成应用步伐明显加快。

（摘自山东省住房和城乡建设厅《关于全省建筑节能与绿色建筑行动专项检查有关情况的通报》）

安徽省

根据省住房城乡建设厅《关于组织开展2016年度全省建筑节能与绿色建筑行动实施情况专项检查工作的通知》（建科函[2016]1607号）要求，各地认真组织开展了年度工作自查整改和总结上报工作，合计自查项目1902个。在此基础上，10月份，我厅分六个专项检查组对全省16个地级市和2个省管县开展了省级检查，听取了工作总体情况汇报，查阅了相关文件和项目资料，实地抽查了91个工程项目（其中居住建筑53个，公共建筑38个，包含绿色建筑项目26个），对16个严重违反建筑节能强制性标准和绿色建筑执行要求的项目下发了执法告知书并提出整改要求。

通过专项检查，总体上看，各地围绕年度目标任务，进一步加强组织领导，强化政策措施，加强监督管理，增强技术支撑，建筑节能与绿色建筑等各项工作取得了积极成效。2016年度，全省启动了25个绿色建筑项目示范和2个绿色生态城区示范，44个项目通过绿色建筑星级评价标识。合肥等6个城市和中铁四局等19家单位分别开展了省级建筑产业现代化试点城市和示范基地建设，全省开展了500万㎡试点项目建设，预制构件年产能超过1000万㎡。合肥市、铜陵市顺利通过国家可再生能源建筑应用示范城市（县、镇）示范省级验收。浅层地热能建筑应用推广面积超200万㎡。

（摘自安徽省住房和城乡建设厅《关于2016年度全省建筑节能与绿色建筑行动专项检查情况的通报》）

湖北省

各地按照国家、省的有关要求，加强对"十三五"建筑节能工作的研究，拟定了整体工作目标，编制了"十三五"建筑节能与绿色建筑发展规划，并将"十三五"工作目标任务按年度分解到了所辖的县、市、区，有的还将工作任务细化分解到了节能办、质监站等工作部门。

截至2016年6月底，全省发展绿色建筑223项，涵盖15个市州，总建筑面积1258.27万㎡，是年度工作目标的125.83%。其中：绿色建筑评价标识34项，总面积359.67万㎡，同比增长19.6%；绿色建筑省级认定189项，

总面积898.60万㎡，同比增长390.81%。

全省县以上城市城区新建建筑全面实施《湖北省低能耗居住建筑节能设计标准》和《公共建筑节能设计标准》，城镇新建建筑1517项，建筑面积2749.95万㎡。经测算，全省城镇新建建筑设计阶段节能标准执行率达到100%，竣工验收阶段节能标准执行率达到99%。

全省完成既有建筑节能改造370项，建筑面积172.5万㎡。其中，既有公共建筑节能改造88.29万㎡，既有居住建筑节能改造84.2万㎡。

（摘自湖北省住房和城乡建设厅办公室《关于2016年全省建筑节能工作巡查情况的通报》）

天津市

按照《关于开展房屋建筑节能工程质量安全专项检查的通知》（津建质安总[2016]73号）文件要求，市质安监管总队在企业自查、监督机构普查的基础上，于2016年10月21日至11月3日，在全市开展了2016年天津市建筑节能工程专项检查活动。现将检查情况通报如下。

共抽查建筑节能工程35项，建筑面积302万㎡。质量方面共计检查463项，合格364项，合格率78.62%。安全方面共计检查541项，合格481项，合格率88.91%。下达责令整改通知书20份，提出整改质量意见58条，安全意见40条。主要对节能保温和防水等进行了监督抽检。保温板材料封样抽检7组，合格6组；防水卷材抽样1组，合格1组。经核查，不合格保温板材未使用于工程中，现

不合格材料已清退出场。

检查表明，多数参建单位能够落实文件要求，认真组织自查工作，能够严格按照有关法律、法规和国家强制性标准组织施工，建筑节能门窗、幕墙安装工程质量安全处于受控状态。

（摘自《天津市建设工程质量安全监督管理总队关于2016年房屋建筑节能工程质量安全专项检查情况的通报》）

山西省

截至9月底太原市累计开工634万㎡。大同市新开工305.85万㎡。朔州、忻州、吕梁开工面积在10万㎡以上，完成年度目标任务。阳泉、运城、晋城未达序时进度要求。全省开工面积超1000万㎡，超额完成全年新开工700万㎡目标任务。

各市共完成绿色建筑设计备案1400万㎡，全省绿色建筑标准执行率达46%。其中，大同市100%，太原、忻州、吕梁、运城执行率达49%以上。执行比例较低是朔州（0.85%）、晋中（24.8%）。政府投资类公益性建筑、大型公共建筑执行绿色建筑标准607万㎡，执行比例达100%。保障性住房执行绿色建筑标准164.77万㎡，执行比例达64%。在22个设市城市中，除孝义、高平外，其余20个设市城市已完成或基本完成绿色建筑集中示范区规划编制。

大同市、晋中、忻州、阳泉市已提前完成全年投资计划，太原市完成投资计划22.47亿元，占全年任务的83%。其他市完成投资计划率在75%以上。全省累计完成投资计划56.19亿元，占全年任务的98.5%，年底前可确保完成年度目标任务。

（摘自山西省住房和城乡建设厅《山西省关于2016年建筑节能专项监督检查情况的通报》）

贵州省

本次检查听取了各地住房城乡建设部门的汇报，查阅了图纸及资料，并对现场进行了实地查验。主要检查了工程建设中设计、施工、监理等各环节建筑节能标准执行情况以及过程中各实施主体的质量控制行为。通过检查，基本掌握了全省民用建筑节能在施工图设计文件审查、节能分部工程施工、竣工验收等环节执行节能强制性标准的情况，指出部分项目未按标准、规范要求进行建筑节能设计、施工的问题。

本次检查共抽检竣工和在建施工项目100个。从检查情况看，各地住房城乡建设部门认真对待本次检查，工作中能积极贯彻国家和我省建筑节能方针政策，采取推进建筑节能工作和加强节能监管的措施，不断强化节能目标考核，注重建筑节能工作的监管和专项检查工作。

今年全省新建建筑在设计阶段节能审查合格率达100%，施工阶段节能标准执行率达97.87%，比2015年有所提高。各地均完成2016年节能目标考核。贵阳、六盘水、遵义近年来经济发展快，在建设工程量大幅增加的条件下都较好地完成了节能目标。

（摘自贵州省住房和城乡建设厅《2016年贵州省建筑节能与绿色建筑专项检查的情况通报》）

北方采暖地区既有居住建筑供热计量及节能改造工作进展

我国北方地区冬季较长且寒冷干燥，极端条件下冬季室内外温差可高达50℃，严寒、寒冷地区采用全面采暖保证室内温度。夏季严寒地区较为凉爽，寒冷地区夏季高温频发，有降温防暑需求。20世纪80年代以前，受经济条件制约，建筑片面追求降低造价，加之没有建筑热工和建筑节能方面的标准规范可供依据，导致建筑围护结构过于单薄，采暖能耗过高。为了改善居住条件，降低建筑能源消耗，特别是采暖能源消耗，我国第一部《民用建筑节能设计标准（采暖居住建筑部分）》JGJ 26-86于1986年发布实施，该标准对围护结构保温隔热的最低要求做出规定，采暖能耗在当地1980到1981年住宅通用设计的基础上节能30%。1995年和2010年两次对该标准进行修订升级，节能率分别提高至50%和65%。然而，早期建筑节能标准的执行情况并不令人满意，由于种种原因JGJ26-86标准在我国三北地区并未全面实施，JGJ26-95标准替代该标准时，仅有北京、天津、哈尔滨、西安、兰州、沈阳等几个先行城市实施约3000万m²。同时，依据原建设部统计数据，"十一五"前，新建建筑执行建筑节能标准的比例较低和非节能建筑的存量较高。

我国北方地区老旧建筑，特别是不满足节能50%标准的居住建筑存量巨大，普遍存在保温隔热性能差、室内发霉结露现象严重、室内热舒适不佳、供热矛盾突出等现象。东北地区出现居民自发对围护结构薄弱环节进行改造以提高室内温度的现象。在这种背景下，社会对北方采暖地区既有居住建筑实施节能改造的呼声越来越高。

2007年我国《节约能源法》的修订颁布，2008年《民用建筑节能条例》的颁布执行，从立法层面对既有建筑节能改造提供了依据。2007年底，国务院颁布节能减排综合性工作方案首次提出推动北方采暖区既有居住建筑供热计量及节能改造1.5亿m²任务目标，当年财政部、住房城乡建设部发布《关于推进北方采暖地区既有居住建筑供热计量及节能改造工作的实施意见》（建科[2008]95号），标志着我国规模化实施既有居住建筑供热计量及节能改造正式启动，两部先后发布了《北方采暖地区既有居住建筑供热计量及节能改造奖励资金管理暂行办法》《北方采暖地区既有居住建筑供热计量及节能改造技术导则》《北方采暖地区既有居住建筑供热计量及节能改造验收办法》等一系列激励政策和标准文件，推动改造的实施。2011年，国务院发布《关于印发"十二五"节能减排综合性工作方案的通知》（国发[2011]26号），再次提出完成北方采暖地区既有居住建筑供热计量及节能改造4亿m²的工作任务，随后财政部、住房城乡建设部颁布《关于进一步深入开展北方采暖地区既有居住建筑供热计量及节能改造工作的通知(财建[2012]12号)，全面部署推进"十二五"北方采暖地区既有居住建筑供热计量及节能改造工作。通过中央和地方的共同努力，既有建筑改造取得明显进展，成效显著，在节能减排、拉动内需，特别是改善民生方面效果十分突出。

一、工作目标与进展

"十二五"以来，党中央、国务院高度重视既有建筑节能改造，对改造的目标提出了明确要求，总体目标要求为7亿m²。住房城乡建设部会同财政部分年度下达了改造任务和计划，改造任务涉及方采暖地区15个省（区、市），2个计划单列市和新疆生产建设兵团，包括严寒和寒冷2个气候区。其中，严寒地区包括内蒙古、辽宁（除大连）、吉林、黑龙江、甘肃、青海、宁夏、新疆和新疆生产建设兵团；寒冷地区包括北京、天津、河北、山西、大连、山东（含青岛）、河南、陕西。

中央层面对既有建筑节能改造的要求　　　　　　表1

序号	政策文件	主要内容
1	《"十二五"节能减排综合性工作方案》（国发[2011]26号）	实施北方采暖地区既有居住建筑供热计量及节能改造4亿m²以上
2	《节能减排"十二五"规划》（国发[2012]40号）	加大既有建筑节能改造力度，以围护结构、供热计量、管网热平衡改造为重点，大力推进北方采暖地区既有居住建筑供热计量及节能改造，加快实施"节能暖房"工程
3	《绿色建筑行动方案》（国办发[2013]1号）	"十二五"期间，完成北方采暖地区既有居住建筑供热计量和节能改造4亿m²以上，到2020年末，基本完成北方采暖地区有改造价值的城镇居住建筑节能改造
4	《国家新型城镇化规划（2014—2020年）》	推进既有建筑供热计量和节能改造，基本完成北方采暖地区居住建筑供热计量和节能改造，积极推进夏热冬冷地区建筑节能改造和公共建筑节能改造
5	《大气污染防治行动计划》（国发[2013]37号）	推进供热计量改革，加快北方采暖地区既有居住建筑供热计量和节能改造；新建建筑和完成供热计量改造的既有建筑逐步实行供热计量收费
6	《京津冀及周边地区落实大气污染防治行动计划实施细则》（环发[2013]104号）	到2017年底，京津冀及周边地区80%的具备改造价值的既有建筑完成节能改造
7	《"十二五"建筑节能专项规划》（建科[2012]72号）	实施既有居住建筑供热计量及节能改造4亿m²以上
8	国务院关于加快发展节能环保产业的意见（国发[2013]30号）	推进既有居住建筑供热计量和节能改造；实施供热管网改造2万公里；完成公共机构办公建筑节能改造6000万m²
9	国务院印发《2014-2015年节能减排低碳发展行动方案》（国办发[2014]23号）	到2015年，城镇新建建筑绿色建筑标准执行率达到20%，新增绿色建筑3亿m²，完成北方采暖地区既有居住建筑供热计量及节能改造3亿m²
10	中共中央国务院关于加快推进生态文明建设的意见	开展重点用能单位节能低碳行动，实施重点产业能效提升计划。严格执行建筑节能标准，加快推进既有建筑节能和供热计量改造，从标准、设计、建设等方面大力推广可再生能源在建筑上的应用，鼓励建筑工业化等建设模式

"十二五"以来既有居住建筑节能改造年度任务 表2

年份	2011	2012	2013	2014	2015	合计
任务指标 （亿m²）	1.72	2.80	1.98	1.75	1.52	9.77

二、工作进展

2011—2013年，北方采暖地区有关省市完成改造任务面积5.48亿m²，提前2年完成国务院提出改造4亿m²的任务目标。2014年，上述地区再完成改造面积1.62亿m²。2015年度北方采暖地区既有居住建筑供热计量及节能改造1.52亿m²的任务指标已分解到有关地区。

三、激励政策

（一）中央带动地方，既有建筑改造稳妥推进

2007年以来，中央财政持续采用"以奖代补"方式对既有居住建筑节能改造进行资金奖励，依据《北方采暖地区既有居住建筑供热计量及节能改造奖励资金管理暂行办法》（财建[2007]957号）规定，对严寒和寒冷地区分别按照每平方米55元和45元进行资金奖励。奖励资金支持的改造内容包括室内供热系统计量及温度调控改造、热源及管网热平衡改造、围护结构改造3项，对应权重分别为30%、10%和60%。财政持续投入，有效带动了地方投入，有关地区纷纷出台了资金补贴政策，推进既有建筑节能改造工作。北京市逐步提高补助标准，并实施市区（县）两级同比例配套，市级补助约每平方米200元；天津市2012年开始实施大板楼节能改造工作，并予以每平方米185元的资金补贴；大连市2014年度安排5亿元用于既有居住建筑综合改造工作；吉林、内蒙古、山西按照与中央同比例配套资金；宁夏、青海分别按照每平方米45元、82.55元进行补贴；河北、山东、黑龙江、甘肃、青岛、河南也设置专项资金用于推进既有居住建筑节能改造工作。北方绝大部分地区均已形成了长期、稳定、持续的省级财政资金投入机制。

（二）探索政策创新，拓宽改造资金筹措渠道

有关地区将既有建筑改造融入住房、供热等相关政策体系，突破制度束缚，探索并形成了多样化的既有建筑节能改造资金筹措机制。北京市设置"归集账户"实现专款专户管理，并提出各区县可提取与自身配套资金等额的市级奖励资金，保障区县配套资金的到位；济南市提出居民承担的门窗等自身产权部分改造，可依据个人缴费凭证和项目实施单位证明，按缴费额提取住房公积金，并允许机关、企事业单位提取房屋修缮资金对房屋公共部分进行节能改造；山西省对于实施节能改造并增加供热面积的供热企业，政府将视同为新建同规模的热源厂，按对热源厂建设的相应政策给予支持。既有建筑改造资金筹措模式的创新，为节能改造工作开展注入了新的活力，并有效调动了房屋修缮资金等使用率偏低的政策资金，提高资金使用效率的同时，缓解融资压力，进一步激发了居民、供热企业参与改造的积极性。

（三）整合政策资源，突出节能改造综合效益

经过实践的不断摸索，有关地区形成了

以城市综合整治为基础、以既有建筑改造为核心的推进模式，通过整合政策资源，形成政策合力，实现热舒适性改善与基础设施提升的双赢局面。北京市将既有建筑改造纳入老旧小区综合整治范畴，并同步实施水电气暖管线、小区环境卫生以及公共基础设施的整体改造，实现老旧小区室内外环境的全面更新；天津市推进中心城区旧楼区居住功能综合提升改造工程，提出"更新一个箱、安装两道门、改造三根管、实现四个化、完善五个功能、整修六设施"的工作要求；黑龙江省将既有居住建筑改造与主街区综合整治工作相结合，全面提升城市整体形象。

四、体制创新

（一）领导重视，机构健全

北方采暖地区各级既有建筑改造管理机构已基本建立，形成了省、市、县三级联动共同推进改造的良好局面。北京、山西建立了由省政府、建设、财政等多部门参与的建筑节能工作联席会议制度，全面部署、统筹协调；天津、内蒙古、山东、吉林、黑龙江成立了由省级政府领导为组长的既有建筑节能改造工作领导小组；河北、青海成立了由住房城乡建设厅厅长负责的领导小组；各基层政府也纷纷仿效省级管理机构，成立了相应的组织机构，明确分工，提高效率。

（二）科学分解，及时落实

有关地区通过会议动员、申报审批、签订协议、以点带面等多样化手段分解年度任务，并落实到具体项目。山东省政府在威海召开了动员工作会，全面部署工作，明确市县任务。内蒙古、辽宁、甘肃摸底改造需求，组织市（州）县申报，建设厅综合考虑

有关地区工作基础、项目规模、改造意愿、社会认可度等因素，实施任务分解。北京市政府与区县政府签订任务书，确定任务，并按年度印发文件分解任务；陕西、河南建立了改造目标承诺制度，建设厅与各市县级住建委（局）签订目标责任书。吉林省统筹考虑市县改造比例，优先安排重点地区任务，并鼓励有条件地区100%完成改造。

（三）强化监管，控制质量

严把过程控制，完善监管机制，既有建筑改造项目基本实现设计、施工、监理、验收等环节的闭合管理。北京、天津、内蒙古、山西、辽宁、吉林、山东、河南、宁夏将既有建筑改造纳入基本建设程序，并积极创新机制，简化程序流程，缩短建设周期。吉林省建立"暖房子"工程管理系统，实施改造项目进展及资金使用月报制度，并出台省级技术标准，依据实际情况，逐年实施修订。天津、山东、河南、陕西、青海、新疆有关部门开展了既有建筑改造的定期巡查、定点督查、专项检查，落实主体责任，保障工程质量。

（四）严格验收，落实考核

北方15个省、自治区、直辖市均建立了既有居住建筑节能改造省、市、县三级验收机制，形成了较为完善的既有建筑改造验收体系，并将改造纳入政府工作考核，打造"民心工程、实事工程"，实现了以验收保质量，以考核促改造的良好效果。吉林省将工程检测与能效测评作为重要依据，实施综合验收制度；山西省将既改纳入省委、省政府对各市的城镇化建设考核体系，并作为约束性指标进行考核；河南省实行主体责任制和行政问责制，对照任务指标及目标进展进

行评价考核，并向社会公告；河北省将既改纳入对市政府"三年上水平"的考核指标体系；新疆将既改纳入了城市建设"天山杯"竞赛活动中。

（五）强化培训，扩大宣传

北方采暖地区有关部门积极完善配套能力建设，扩散改造成果，营造了良好的既有建筑改造社会氛围。吉林省分类别、分专业、分批次开展培训工作，累计培训各类管理人员400余人，特种作业、检测等人员3万余人；黑龙江省实行既有建筑节能改造持证上岗制度；山西省通过集中培训、以会代训形式，开展专题培训30余期，并组织全省重点市县赴吉林通化县考察学习。天津、河北、山西、内蒙古、青海充分利用电视、报纸、广播等媒体，采取制作宣传手册、宣传海报等方式，用各种方式宣传既改的意义；山东省将既有建筑改造作为每年"全省建筑节能宣传月"活动的重要内容进行广泛宣传。

五、取得成效

（一）改善民生效益突出

实施既有居住建筑节能改造的对象主要是城镇中低收入者，改造后房屋保温隔热性能和室内热舒适性明显提高，墙体发霉结露现象明显改善，冬季室内温度普遍提升3～5℃，夏季降低2～3℃，门窗气密性显著增强，隔音防尘效果提升，居民生活条件显著改善，实施既有建筑改造已成为"做在百姓心坎上的民生工程"。

（二）节能环保效益明显

截止2014年底，有关地区已累计完成既有居住建筑供热计量及节能改造面积8.92亿m²，年节能标准煤可达980万t以上，减排二氧化碳2548万t，减排二氧化硫196万吨，并减少了PM2.5的一次排放、抑制了PM2.5的二次形成，缓解了环境污染问题。通过既有建筑改造，供热企业在原有热源不增容的情况下即可增加供热面积，吸纳周边非集中供热建筑，降低单位面积供热能耗，同时提高了地区集中供热率。而且改造后的建筑使用寿命可以延长20年以上，有效减少了大拆大建的现象。

（三）经济效益与拉动产业双赢

从节能改造的静态回收期看，15～20年左右可收回节能改造的全部投资，完全在房屋使用寿命期内。从百姓角度来看，房屋改造后实施供热计量收费，通过"多退少补"方式，供暖燃煤费用明显减少，仅唐山热力总公司，2011～2013年间就已累计退费近1000万元。而且改造后住房价值普遍提升500～1000元/平方米，增加了百姓财产性收入。从产业拉动来看，建筑业每增加1元的投入，就可带动相关产业投入2.1元左右，自2008年以来，既有建筑改造的投资拉动效应，就将带动相关产业投入2400亿元，提供劳动就业岗位达135万个，并带动新型建材、仪表制造、建筑施工等相关产业发展，加快产业结构调整的步伐。

（摘自：《北方采暖地区既有居住建筑供热计量及节能改造工作进展与思考》作者住房城乡建设部科技发展促进中心既有建筑节能改造项目管理办公室梁传志、侯隆澍、刘幼农、董璐）

北京市棚户区改造和环境整治工作顺利推进

一、"十二五"时期工作回顾

棚户区改造与环境整治工作是重大的民生工程、环境工程、安全工程和发展工程。北京市委市政府高度重视此项工作，北京市认真贯彻落实中央指示精神，立足于首都城市战略定位，以改善群众住房条件和环境质量为出发点和落脚点，出台《北京市人民政府关于加快棚户区改造和环境整治工作的实施意见》等政策文件，专门成立棚户区改造和环境整治指挥部，建立协调联动的市区两级指挥体系，大力推动该项工作的顺利开展。市区政府统筹谋划，全市各部门大力支持，紧密围绕"钱从哪里来、人往哪里去、旧房如何拆、项目如何批、工作如何抓"五大核心问题，大力推进棚户区改造工作在体制、机制和政策上的创新，"政府主导、群众参与、市场运作"的局面已经形成。

我市自2009年底启动棚户区改造工作以来，先后实施门头沟采空棚户区、丰台南苑、通州老城区等城市棚户区和京煤集团国有工矿棚户区改造工程，累计建设筹集安置房7.3万套，搬迁居民4.3万户，有效改善了居民住房条件，促进了区域经济社会发展。2013年4月，北京市委召开专题会研究部署棚户区改造工作，提出要在情况复杂、难度最大的中心城区强力推进，北京市新一轮棚户区改造工程正式启动。当年即启动了110个项目，搬迁3938户，其中中心城区搬迁3688户，为2012年中心城区征收拆迁量的两倍，完成投资约100亿元。2014年计划实施项目205个，计划完成投资250亿元。1至12月份，中心城区累计签订改造协议或完成搬迁居民1.5万户，全市累计签订改造协议或完成搬迁居民1.98万户，累计完成投资约275.64亿元。

2015年，是我市棚户区改造工作的关键之年，首次圆满完成了年度棚改工作任务。累计完成137个项目签订改造协议、搬迁腾退及修缮加固共计60668户，圆满完成全年计划完成57377户的工作目标，提前完成了2013年提出的到2015年底累计完成8万户的总体要求。

2015年，棚户区改造和环境整治、老旧小区综合整治累计完成投资约405亿元，棚户区改造安置房完成投资30亿元，其中老旧小区综合整治完成投资65亿元。超额完成全年投资400亿元的工作目标。累计签订国开行棚改专项贷款合同560亿元，实际发放贷款392亿元。

二、2015年任务总体情况

（一）整体情况

2015年，市领导分别到东城、西城两区的前门东区、天坛周边简易楼腾退、菜园街等项目调研棚户区改造进展，现场部署工作，创新工作实施模式，全市一年来在棚户区改造工作政策研究、体制建设、机制完善方面取得了实质性进展。3月，《北京市2015年棚户区改造和环境整治任务》（京政办发[2015]14号）正式印发，列入计划项目共238个，包括实施计划部分项目118个和列入储备计划部分项目120个，全年计划完成5.7万户。9月，根据国务院和建设部关于优先将城乡危房纳入棚户区改造的要求以及各区县项目实际进展情况，经请示市政府，对整治任务计划进行了调整。调整后列入计划项目共356个，包括列入实施计划部分项目175个和列入储备计划部分项目181个。

（二）积极推动政策创新

一是出台纲领性文件。2014年6月，北京市政府印发《关于加快棚户区改造和环境整治工作的实施意见》，作为棚户区改造纲领性文件，对棚户区改造的指导思想、原则、目标、措施和优惠政策作出全面部署。按照《意见》，北京市以棚户区改造项目行政审批事项为试点，除法律法规明确规定由市级部门审批的，其他审批权一律下放至区县政府，压缩了审批时间。

二是基本搭建政策体系。从2013年下半年开始，为确保棚户区改造工作的顺利进行，市政府及相关部门围绕棚户区改造涉及的项目审批、土地供应、科学规划、资金保障等核心问题，先后出台20多个政策文件，基本搭建起棚户区改造的政策体系。

三是初步建立融资体系。北京市将市保障房建设投资中心确定为市级统贷平台，打造"预授信+核准"的"北京模式"，2014年落实预授信额度500亿元，目前利率为

4.245%，相对基准利率下浮20%。同时，一方面鼓励支持有实力、融资能力强的国有企业参与棚户区改造，如中信、首开、城建、首钢等国有企业，有些已直接作为棚户区改造项目实施主体，有些承担了定向安置房建设任务。另一方面引导鼓励其他金融机构和民间资本积极参与棚户区改造工作，如大栅栏杨梅竹项目引入文化创意产业；在前门东区腾空院落中选出13个试点，以"邀您与老北京做邻居"为主题，尝试通过多种方式引入终端用户。

2015年8月，为贯彻落实国务院《关于进一步做好城镇棚户区改造和城乡危房改造及配套基础设施建设有关工作的意见》（国发[2015]37号）的工作要求，以及住建部提出将城市危房改造纳入棚改的有关精神，我市出台了《关于进一步明确北京市棚户区改造项目认定条件的意见》（京重大办（2015）61号），对棚户区改造工作范围、平房区院落修缮项目及部分老旧小区综合整治项目纳入棚改项目的认定条件、统计户数指标认定等进行了再明确和细化，有效推动棚户区改造工作。

三、"十三五"时期工作展望

"十三五"时期北京市棚户区改造工作，坚持"疏""堵"并重，调控中心城区人口规模，疏解非首都功能，积极贯彻落实市委、市政府关于贯彻《京津冀协同发展规划纲要》的意见，主动转变工作思路，探索新的路径。目前，正在组织全市各区和相关企业研究制定2016年、2017年棚户区改造计划，确保完成2017年底前完成15万户改造任务，2020年前基本完成棚户区改造任务的总

体目标。努力把棚改工作作为疏解人口的重要手段，破解涉及人民群众切身利益的重点难点问题，扎扎实实做好工作，用工作成效回应社会关切。

下一步，一是加快房屋征收立法工作，破解征收拆迁难题。学习借鉴其他省市成功经验，尽快实现地方立法，深入推动棚改工作。二是研究难以实现资金平衡项目的实施路径。针对难以实现资金平衡的棚改项目，由市财政局牵头研究，进一步加大财政投入力度，制定亏损部分由市区两级财政分担的原则和办法。同时按照市政府要求，研究市属国有大型企业承担这类项目的相应政策措施。三是探索建设若干"集中安置区"的棚改安置模式。由市里统筹规划，抓紧研究，拿出一定规模的土地，集中建设安置房，安置核心城区疏解的居民。四是对接在京央企棚改工作相关政策。建立北京市与中央直属机关事务管理局、国务院机关事务管理局的工作机制，就央企棚户区改造的立项审批、规划指标、剩余房源使用、属地政府配合支持等问题形成统一政策意见，明确计划任务和责任落实。

（北京市重大项目建设指挥部办公室）

2015年度上海市国家机关办公建筑和大型公共建筑能耗监测情况报告

第一章 上海市国家机关办公建筑和大型公共建筑能耗监测平台情况简介

（一）上海市国家机关办公建筑和大型公共建筑能耗监测平台基本情况

近年来，在住房和城乡建设部的统一部署和指导下，在市委市政府的领导下，我市按照《关于切实加强政府办公和大型公共建筑节能管理工作的通知》（建科〔2010〕90号）、《关于进一步推进公共建筑节能工作的通知》（财建〔2011〕207号）、《上海市建筑节能条例》以及《上海市人民政府印发关于加快推进本市国家机关办公建筑和大型公共建筑能耗监测系统建设实施意见的通知》（沪府发〔2012〕49号）等文件要求，不断健全完善政策法规、标准规范，积极开展节能减排工作，市住建委会同市发展改革委、市机管局、市商务委、市旅游局、市教委、市卫计委等部门深入推进公共建筑节能监管体系建设，通力协作促进本市公共建筑能耗监测平台建设取得了较好成绩，在政策法规、管理体系、标准规范、技术开发及示范应用方面均得到了提升和发展。

截至2015年12月31日，上海市国家机关办公建筑和大型公共建筑能耗监测平台（简称"市级平台"）的建设全面完成，实现本市17个区级平台和1个机关平台与市级平台的互联互通并完成验收，累计共有1288栋公共建筑完成能耗监测装置的安装并实现了与市级平台的数据联网，覆盖建筑面积达5719.6万m²，其中国家机关办公建筑168栋，占监测总量的13%，覆盖建筑面积约334.6万m²，大型公共建筑1120栋，占监测总量的87%，覆盖建筑面积约5385.0万m²。同时，2015年内开展了涉及17个区县、22个街道的能耗统计，其中公共建筑统计量超过1600栋，居住建筑超过4万户。

（二）上海市各区县能耗监测工作进展情况

2015年，本市17个区级分平台均建设完成，运行情况良好。黄浦区、浦东新区、徐汇区、长宁区公共建筑能耗监测系统建成数量均超过100栋。截止2015年12月31日，各区县实现与市级平台联网的国家机关办公建筑和大型公共建筑情况如表1。

各区县实现与市级平台联网的公共建筑数量占比情况如图1所示。

（三）2015年度上海市公共建筑总体能耗情况

截至2015年12月31日，纳入市级平台监测的国家机关办公建筑、办公建筑、旅游饭店建筑、商场建筑、综合建筑数量均超过100栋，五类建筑累计联网监测数量占全市联网公共建筑总量的近90%。2015年度上述五类建筑单位面积耗电量如表2所示，通过

2015年度上海市各区县已联网建筑数量及区级平台完成情况　　　　　　　**表1**

区县	区级平台建设是否完成	国家机关办公建筑（栋）	大型公共建筑（栋）	总量（栋）	总建筑面积（m²）
宝山区	是	7	31	38	1380076
崇明县	是	18	10	28	272657
虹口区	是	11	66	77	3242833
黄浦区	是	20	197	217	9041029
嘉定区	是	6	43	49	2661834
金山区	是	4	7	11	256998
静安区	是	5	46	51	3307522
闵行区	是	11	12	23	1018463
浦东新区	是	12	172	184	9498102
普陀区	是	7	85	92	3833582
青浦区	是	8	16	24	921093
松江区	是	21	47	68	1917887
徐汇区	是	17	118	135	6731134
杨浦区	是	3	74	77	2729492
静安区（原闸北区）	是	6	88	94	4896619
长宁区	是	4	104	108	5202794
奉贤区	是	8	4	12	283743
总计	/	168	1120	1288	57195858

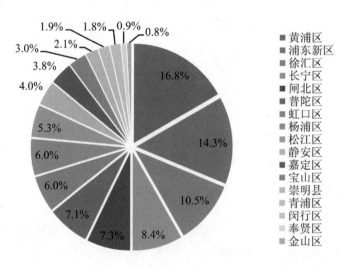

图1　2015年度上海市各区县已联网公共建筑数量占比

2015年度上海市大型公共建筑单位面积耗电数据统计表　　表2

建筑类型	年耗电量（kWh/m²）	数量（栋）	数量占比（%）
国家机关办公建筑	68.2	168	14.96
办公建筑	86.2	430	38.29
旅游饭店建筑	120.7	181	16.12
商场建筑	139.5	197	17.54
综合建筑	101.0	147	13.09
合计	100.4*	1123	100.00

*按照建筑数量的占比加权出的总和

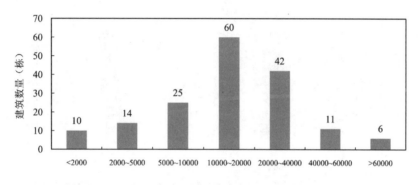

图2　2015年度上海市国家机关办公建筑能耗监测对象建筑面积分布

加权计算，2015年度本市公共建筑单位面积年耗电量为100.4kWh/（m²·a）。

第二章　2015年度上海市国家机关办公建筑能耗监测工作情况

（一）上海市国家机关办公建筑能耗监测对象分布情况

截至2015年12月31日，纳入市级平台监测的国家机关办公建筑共计168栋，占监测对象总数的13%，监测建筑面积达334.6万m²，平均单体建筑面积约为1.9万m²。其中，新增国家机关办公建筑63栋，建筑面积达139.8万m²。

纳入市级平台监测的本市国家机关办公建筑面积主要分布在1.0万m²到4.0万m²之间，

其中10000～20000m²占36%，20000～40000m²占25%，本市国家机关办公建筑能耗监测对象建筑面积分布情况如图2所示。

按照本市《机关办公建筑合理用能指南》（DB31/T550-2015）中的区域划分规则，以外环为界，纳入市级平台监测的国家机关办公建筑中，位于中心城区的建筑占51%，位于郊区的占49%，本市国家机关办公建筑能耗监测对象区域分布情况如图3所示。

（二）上海市国家机关办公建筑能耗监测数据分析

根据市级平台能耗监测数据统计，2015年度本市国家机关办公建筑单位面积年耗电量为68.2kWh/（m²·a），较2014年度有明显下降，如图4所示。

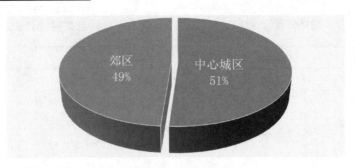

图3 2015年度上海市国家机关办公建筑能耗监测对象区域分布

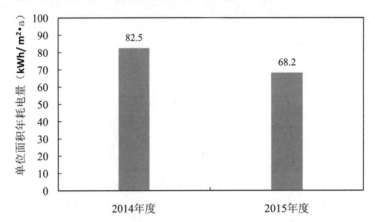

图4 2014～2015年度上海市国家机关办公建筑单位面积年耗电量

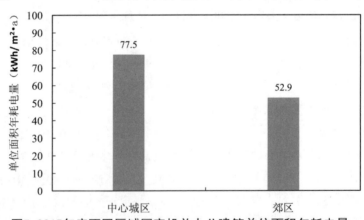

图5 2015年度不同区域国家机关办公建筑单位面积年耗电量

通过对纳入市级平台监测的本市国家机关办公建筑2015年度能耗数据分析发现，中心城区的国家机关办公建筑单位面积年耗电量高于郊区，按区域统计的监测能耗数据如图5所示，说明建筑所在区域是影响建筑能耗水平的主要因素之一。

第三章 2015年度上海市大型公共建筑能耗监测工作情况

（一）上海市大型公共建筑能耗监测对象分布情况

本市大型公共建筑能耗监测对象按建筑功能共分为九类，包括：办公建筑、旅游饭

2015年度上海市大型公共建筑监测对象按建筑功能分类表　　　　表3

序号	建筑类型	数量(栋)	数量占比（%）	面积（m²）
1	办公建筑	430	33.4	19057805
2	旅游饭店建筑	181	14.1	7750517
3	商场建筑	197	15.3	11019975
4	综合建筑	147	11.4	9894209
5	卫生建筑	65	5.0	2356808
6	教育建筑	45	3.5	1641814
7	文化建筑	10	0.8	489187
8	体育建筑	17	1.3	647586
9	其他建筑	28	2.2	991832
总计		1120	87.0	53849733

2015年度上海市新增联网建筑情况　　　　表4

序号	建筑类型	新增建筑数量（栋）	新增建筑面积（m²）
1	办公建筑	118	5013228
2	旅游饭店建筑	17	492521
3	商场建筑	53	3486898
4	综合建筑	24	2316634
5	卫生建筑	33	1122438
6	教育建筑*	8	402779
7	文化建筑*		
8	体育建筑	8	278868
9	其他建筑	13	202420
总计		274	13315786

*教育建筑和文化建筑合并计算增量。

店建筑、商场建筑、综合建筑、卫生建筑、教育建筑、文化建筑、体育建筑和其他建筑。截至2015年12月31日，纳入市级平台监测的大型公共建筑共计1120栋，建筑总面积达5385.0万m²，按建筑功能分类统计情况如表3所示。

其中新增大型公共建筑274栋，建筑面积达1331.6万m²，各建筑类型新增量如表4所示。

纳入市级平台监测的大型公共建筑占总监测对象数量的87%，其中，办公建筑、旅游饭店建筑、商场建筑、综合建筑累计占大型公共建筑监测对象数量的74%，体育建筑、医疗卫生建筑、文化建筑、教育建筑样本占比相对较低。

纳入市级平台监测的本市大型公共建筑面积主要分布在2.0万m²到6.0万m²之间，其

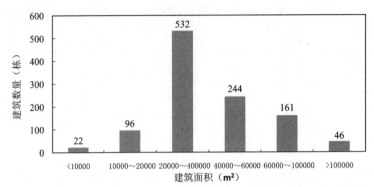

图6 2015年度上海市大型公共建筑能耗监测对象建筑面积分布情况

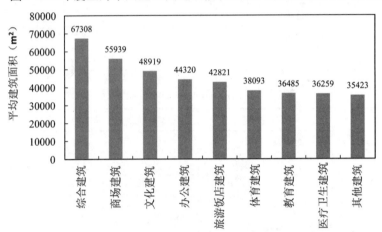

图7 2015年度上海市大型公共建筑监测对象平均建筑面积分布图

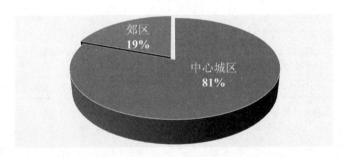

图8 2015年度上海市大型公共建筑能耗监测对象区域分布图

中20000～40000m²占48%，40000～60000m²占22%，本市大型公共建筑能耗监测对象建筑面积分布情况如图6所示。

纳入市级平台监测的大型公共建筑平均面积约为4.8万m²。综合建筑和商场建筑平均面积超过5.5万m²，医疗卫生建筑、教育建筑、体育建筑平均面积小于4.0万m²，各类型建筑平均面积分布如图7所示。

以外环为界，纳入市级平台监测的大型公共建筑中，位于中心城区的建筑占81%，位于郊区的建筑占19%，本市大型公共建筑能耗监测对象区域分布情况如图8所示。

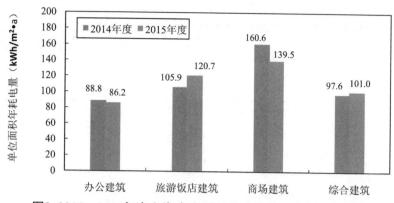

图9 2014～2015年度上海市大型公共建筑单位面积年耗电量

（二）上海市大型公共建筑能耗监测数据分析

基于市级平台大型公共建筑2015年度能耗监测数据统计，办公建筑、旅游饭店建筑、商场建筑、综合建筑的单位面积年耗电量情况如图9所示，卫生建筑、体育建筑、教育建筑、文化建筑、其他建筑单位面积年耗电量情况详见附录A。与2014年度统计发布的本市各类型大型公共建筑单位面积年耗电量相比，办公建筑和综合建筑的耗电量基本持平，商场建筑的耗电量有所下降；旅游饭店的耗电量有所上升。经分析，2013～2015年，本市作为住建部公共建筑节能改造重点城市示范，开展了总示范面积为400万m²的公共建筑节能改造工作，其中，旅游饭店改造数量占改造总量的36%，改造中部分用气、用油设备替换为用电设备，致使能源结构发生了变化，用电比例增加，建筑耗电量有所上升。

第四章 分类建筑能耗对标分析

（一）典型建筑类型总体对标分析

1.国家机关办公建筑总体对标情况

根据《机关办公建筑合理用能指南》（DB31/T550-2015）规定，机关办公建筑根据所处地域、建筑面积、办公形式、空调系统形式等分为九个类型，每个类型对应一个指标。纳入市级平台监测的国家机关办公建筑都大于1万m²，其对应的用能指标如表5所示。2015年度纳入市级平台监测的国家机关办公建筑单位面积年耗电量为68.2kWh/(m²·a)，按照附录B折算成标准煤为20.5kgce/(m²·a)，该值满足用能指标合理值要求。

2.旅游饭店建筑总体对标情况

根据《星级饭店建筑合理用能指南》（DB31/T551-2011）规定，星级饭店建筑根据星级分类，对应相应能耗指标，如表6所示。

2015年度纳入市级平台监测的旅游饭店建筑单位面积年耗电量为120.7kWh/(m²·a)，按照附录B折算成标准煤为36.2kgce/(m²·a)。

与其他类型大型公共建筑相比，星级饭店建筑非电力能耗，如燃油、燃气等占综合能耗的比例较高。根据本市星级饭店能源审计报告提出的饭店综合能耗特点分析结论，电耗占其综合能耗比例约为70%，其他形式用能占综合能耗30%。

根据上述比例，推算星级饭店建筑年综

机关办公建筑用能指标要求　　表5

类别	建筑面积（m²）	空调形式	评价指标：单位建筑面积年综合能耗指标 kgce/(m²·a)	
			先进值	合理值
中心城区独立办公形式机关办公建筑能耗指标				
C	≥ 10,000	分体式、多联分体式空调系统	≤ 21.0	≤ 31.0
D		集中式空调系统	≤ 24.0	≤ 33.0
郊区独立办公形式机关办公建筑能耗指标				
G	≥ 10,000	分体式、多联分体式空调系统	≤ 20.0	≤ 29.0
H		集中式空调系统	≤ 22.0	≤ 30.0

星级饭店建筑合理用能指标要求　　表6

星级饭店类型	可比单位建筑综合能耗合理值 kgce/(m²·a)	可比单位建筑综合能耗先进值 kgce/(m²·a)
五星级饭店	≤77	≤55
四星级饭店	≤64	≤48
一至三星级饭店	≤53	≤41

办公建筑功能区域合理用能指标要求　　表7

按空调系统类型分类	单位建筑综合能耗 kgce/(m²·a)	
	合理值	先进值
集中式空调系统建筑	≤47	≤33
半集中式、分散式空调系统建筑	≤36	≤25

合能耗为51.7kgce/(m²·a)，该值满足用能指标合理值要求。

3. 办公建筑总体对标情况

根据《综合建筑合理用能指南》（DB 31/T555-2014）规定，综合建筑根据功能分为五个区域，每个功能区域有其相应的指标。办公建筑功能区域指标要求如表7。2015年度纳入市级平台监测的办公建筑单位面积年耗电量为86.2kWh/(m²·a)，按照附录B折算成标准煤为25.9kgce/(m²·a)，该值满足

用能指标合理值要求。

（二）典型建筑能耗对标分析

1. 国家机关办公建筑

某国家机关办公建筑A位于上海市黄浦区，建筑于2004年12月竣工投入使用，建筑面积73766m²，采用集中式空调系统且为独立办公形式。2015年该建筑单位面积年耗电量为78.2kWh/(m²·a)，按照附录B折算成标准煤为23.41kgce/(m²·a)，经调研，该建筑其他能源消耗占综合能耗的13%，因此其单位

国家机关办公建筑A能耗对标情况　　　　表8

年份	单位面积年综合能耗 kgce/(㎡•a)	指南合理值 kgce/(㎡•a)	指南先进值 kgce/(㎡•a)
2015	26.9	33.0	24.0

旅游饭店建筑B可比能耗修正项情况　　　　表9

影响因素	客房年出租率	客房套数	客房密度 套/(1000•㎡)	洗衣机台数	洗衣房设备密度 台/(1000•㎡)	车库面积占比	修正总和
参数	63.1%	368	8.14	0	0.00	12.3%	
修正值 kgce/(㎡•a)	-4.5		-5.0		0.0	4.9	-4.6

旅游饭店建筑B能耗对标情况　　　　表10

年份	可比单位面积年综合能耗 kgce/(㎡•a)	指南合理值 kgce/(㎡•a)	指南先进值 kgce/(㎡•a)
2015	52.2	77.0	55.0

商业建筑C能耗对标情况　　　　表11

年份	单位面积年综合能耗 kgce/(㎡•a)	指南合理值 kgce/(㎡•a)	指南先进值 kgce/(㎡•a)
2015	71.4	90.0	65.0

面积建筑年综合能耗为26.9kgce/(㎡•a)。对照《机关办公建筑合理用能指南》，该建筑单位面积年综合能耗合理值为33.0kgce/(㎡•a)，其建筑用能量满足用能指标合理值要求，如表8所示。

该建筑在2014年进行节能改造，改造前，该建筑单位面积年综合能耗为40.2kgce/(㎡•a)，超过用能指标合理值范围，改造后，其单位面积年综合能耗下降33%，节能效果明显。

2. 旅游饭店建筑

某五星级饭店建筑B位于上海市长宁区，饭店于2006年10月开始营业，建筑面积44797.80㎡，其中地下车库面积5509.60㎡。

2015年该建筑单位面积年耗电量为157.7kWh/(㎡•a)，按照附录B折算成标准煤为47.3kgce/(㎡•a)。根据调研，该建筑2015年天然气使用量为326499㎥，按照附录B折算成标准煤为9.5kgce/(㎡•a)。因此该建筑单位面积年综合能耗为56.8kgce/(㎡•a)，根据宾馆具体情况，各影响因素修正值如表9所示。

修正后该建筑的可比单位综合能耗为52.2 kgce/(㎡•a)。对照《星级饭店建筑合理用能指南》，该建筑单位面积年综合能耗先进值为55.0kgce/(㎡•a)，其建筑用能量满足用能指标先进值要求，如表10所示。

该建筑在2014年进行节能改造，改造前，其可比单位综合能耗为69.92kgce/(㎡•a)，仅

办公建筑D能耗对标情况 表12

年份	单位面积年综合能耗 kgce/(m²·a)	指南合理值 kgce/(m²·a)	指南先进值 kgce/(m²·a)
2015	31.6	47.0	33.0

满足用能指标合理值要求，改造后，其可比单位综合能耗降低了25.3%，节能效果明显。

3. 商场建筑能耗监测对标分析

某百货商店C位于上海市徐汇区，商场于1998年9月开业，其经营建筑面积为38152.03m²。2015年该建筑单位面积年耗电量为238.2kWh/(m2·a)，按照附录B折算成标准煤为71.4kgce/(m²·a)，经调研，该建筑没有使用其他能源消耗，因此其单位面积年综合能耗为71.4kgce/(m²·a)。对照《大型商业建筑合理用能指南》，该建筑单位面积年综合能耗合理值为90.0kgce/(m²·a)，其建筑用能量满足用能指标合理值要求，如表11所示。

该建筑在2014年进行节能改造，改造前，该建筑单位面积年综合能耗为107.0kgce/(m²·a)，超过用能指标合理值范围，改造后，其单位面积年综合能耗下降了33%，节能效果明显。

4. 办公建筑能耗监测对标分析

某商业办公建筑D位于上海市徐汇区，于2006年12月竣工，建筑面积31189.85m²，其中地下停车库面积3641.99m²，因此参与对标计算的建筑面积为27547.86m²2，该建筑采用集中式空调系统。2015年该建筑单位面积年耗电量为99.1kWh/(m²·a)，按照附录B折算成标准煤为29.7kgce/(m²·a)，经调研，该建筑其他能源消耗占综合能耗的6%，因此其单位面积年综合能耗为31.6kgce/(m²·a)。按照《综合建筑合理用能指南》，该建筑单位面积年综合能耗先进值为33.0kgce/(m²·a)，其建筑用能量满足用能指标中先进值要求，如表12所示。

该建筑在2014年进行节能改造，改造前，其单位面积年综合能耗为48.3kgce/(m²·a)，超过用能指标合理值要求，改造后，其单位面积年综合能耗下降了34%，节能效果明显。

附录A 2015年度上海市国家机关办公建筑和大型公共建筑能耗数据详表及附图

2015年度上海市国家机关办公建筑和大型公共建筑能耗数据详表

表A-1

单位：kWh/m²

单位：kWh/m²	一月	二月	三月	四月	五月	六月	七月	八月	九月	十月	十一月	十二月	全年
国家机关办公建筑	6.0	5.7	5.0	4.7	5.1	6.4	7.2	6.5	5.5	5.0	5.6	5.7	68.3
办公建筑	6.5	6.6	6.3	6.3	6.9	8.0	8.9	8.7	7.5	6.6	6.9	7.1	86.2
旅游饭店建筑	8.4	8.4	8.0	8.9	9.9	11.5	12.7	12.1	11.1	10.0	9.9	9.9	120.7
商场建筑	9.7	10.1	10.0	10.9	11.7	12.6	14.0	13.7	12.7	11.5	11.4	11.4	139.5
综合建筑	7.4	7.5	7.3	7.4	8.4	9.5	10.6	10.0	8.7	7.8	8.2	8.3	101.0
卫生建筑	8.5	8.7	7.8	7.4	8.3	10.3	11.1	10.9	9.3	8.4	8.8	8.8	108.3
教育建筑	3.6	5.2	6.2	5.6	5.7	4.6	4.6	5.0	4.5	4.5	6.2	6.1	61.8
文化建筑	5.7	5.8	5.5	6.5	7.6	7.9	8.8	8.3	8.7	7.6	7.6	7.5	87.6
体育建筑	8.4	8.2	8.1	8.3	8.7	11.3	13.5	11.0	9.3	8.7	8.7	8.8	113.0
其他建筑	3.3	3.4	3.5	3.5	4.6	4.7	5.3	4.9	4.1	3.9	4.2	4.2	49.6

说明：卫生建筑、教育建筑、文化建筑、体育建筑、其他建筑这五类建筑因上传数据样本有限，年度能耗数据仅供参考。

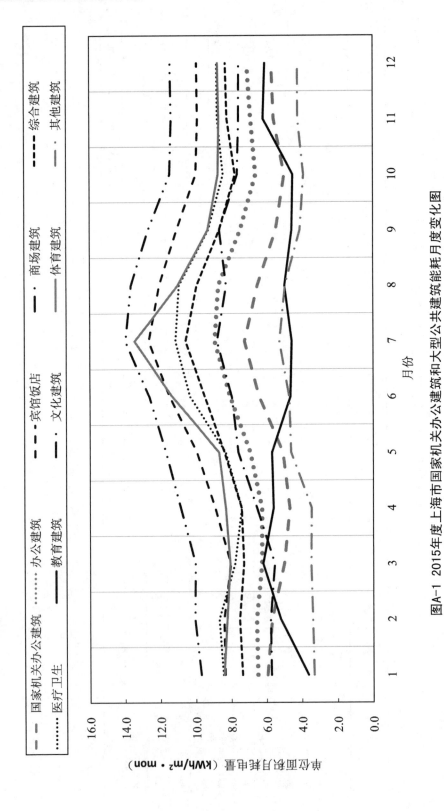

图A-1 2015年度上海市国家机关办公建筑和大型公共建筑能耗月度变化图

附录B 常用能源折标准煤参考系数

常用能源折标准煤参考系数

表B-1

能源名称	折算标准煤系数	单位
电力（等价值）	0.3	kgce/kWh
原煤	0.7143	kgce/kg
天然气	1.29971	kgce/m³
煤气	0.54286	kgce/m³
轻质柴油	1.4571	kgce/kg
重油	1.4286	kgce/kg
热力	0.0341	kgce/MJ
液化石油气	1.7143	kgce/kg

既有建筑改造大事记

2015年2月16日，太原市人民政府办公厅发布《太原市人民政府办公厅关于印发太原市既有居住建筑节能改造实施方案的通知》。《通知》指出，从2015年起，利用5年时间，完成4000万㎡改造任务。2015年作为起步年，确保完成400万㎡，力争完成500万㎡改造任务。

2015年2月26日，天津市人民政府办公厅发布《天津市人民政府办公厅转发市国土房管局拟定的中心城区散片旧楼区居住功能综合提升改造实施方案的通知》。《通知》要求2015年9月底前完成852个小区、806.21万㎡旧楼区改造任务，约12.2万户、30万群众直接受益。其中，散片旧楼区819个、666.85万㎡；成片旧楼区33个、39.36万㎡。

2015年3月2日，住房和城乡建设部办公厅发布《住房城乡建设部办公厅关于印发抗震防灾2014年工作总结和2015年工作要点的通知》。《通知》提出2015年住房城乡建设部将继续以法规和标准体系建设为核心，以新建工程抗震设防为重点，推进农村危房改造和城市抗震防灾规划编制，推动城市抗震危房加固改造，强化震后应急制度建设，进一步提高工程抗震能力、城市抗震防灾能力和地震应急处置能力。

2015年3月4日，住房和城乡建设部、国家安全生产监督管理总局发布《住房城乡建设部 国家安全监管总局关于进一步加强玻璃幕墙安全防护工作的通知》，《通知》要求各地、各有关部门要高度重视玻璃幕墙安全防护工作，在工程规划、设计、施工及既有玻璃幕墙使用、维护、管理等环节，切实加强监管，落实安全防护责任，确保玻璃幕墙质量和使用安全；进一步强化新建玻璃幕墙安全防护措施；严格落实既有玻璃幕墙安全维护各方责任；切实加强玻璃幕墙安全防护监管工作。

2015年3月11日，住房和城乡建设部、国家发展和改革委员会、财政部发布《住房城乡建设部 国家发展改革委 财政部关于做好2015年农村危房改造工作的通知》，《通知》明确2015年中央支持全国农村地区贫困农户改造危房，在地震设防地区结合危房改造实施农房抗震改造，在"三北"地区（东北、西北、华北）和西藏自治区结合危房改造开展建筑节能示范。2015年农村危房改造中央补助标准为每户平均7500元，在此基础上对贫困地区每户增加1000元补助，对建筑节能示范户每户增加2500元补助。

2015年4月15～17日由中国建筑科学研究院主办的"第七届既有建筑改造技术交流研讨会"在海口成功召开。本次交流研讨会以"十二五"国家支撑计划项目"既有建筑绿色化改造关键技术研究与示范"为依托，以"推动建筑绿色改造，提升人居环境品质"为主题，分设了一个主会场和绿色改造、节能改造、理论与实践3个分会场。来自既有建筑绿色改造关键技术研究与示范项目组以及科研机构、高校、学会、协会、设计院所、施工企业以及相关产品与设备厂商的专家和代表近两百人参加了会议，共有49位既有建筑改造、绿色建筑领域的专家进行了演讲，并同参会人员共同研讨和交流了既有建筑改造的政策、标准、技术、工程应用等方面的成果及经验。

2015年5月15日，北京市住房和城乡建设委员发布北京市地方标准《农村既有单层住宅建筑综合改造技术规程》，DB11/T 1199-2015，代替《北京市既有农村住宅建筑(平房)综合改造实施技术导则》（京建发[2012]100号），自2015年8月1日起实施。该规程由北京市住房和城乡建设委员会、北京市质量技术监督局共同负责管理，由北京市房地产科学技术研究所负责解释工作。

2015年5月27日，住房和城乡建设部、发展改革委、财政部联合召开加强农村危房改造监管工作电视电话会议，住房城乡建设部总经济师赵晖、财政部社会保障司负责同志、发展改革委地区经济司同志出席会议。会议强调，各地要进一步加大工作力度，建立起一个农民知晓政策、程序公开公正、资金直拨到户、档案信息完备、监督公开透明、处罚措施有力的运行和监管体系。

2015年6月4日内蒙古自治区住房和城乡建设厅关于下达《2015年度既有居住建筑节能改造任务的通知》（以下简称通知）。《通知》指出：把既有居住建筑节能改造项目纳入当地工程建设程序管理，履行相关程序；把好节能设计关；选择好施工队伍；做好样板示范工程；把好工程监理关；认真按施工操作规程进行施工；既有居住建筑节能改造工程的质量、安全实行属地管理；各项目单位在实施改造的整个过程中要留下足够的影像资料；应对供热计量及节能改造项目的节能效果进行评估；各地区、各单位要落实好相应配套资金并加强专项资金的监督管理。

2015年6月9日，吉林省住房和城乡建设厅发布《吉林省住房和城乡建设厅关于进一步加强农村危房改造监管工作的通知》。《通知》要求加强政策宣传力度，完善补助对象认定机制，强化资金使用管理，加大监督检查力度，发挥群众监督作用。

2015年6月23日，广东省住房和城乡建设厅关于印发《广东省城市和国有工矿棚户区改造界定标准的通知》（粤建保[2015]103号）。《通知》分别提出了城市棚户区界定标准、国有工矿棚户区界定标准以及工作要求。

2015年6月25日，国务院发布《国务院关于进一步做好城镇棚户区和城乡危房改造及配套基础设施建设有关工作的意见》。《意见》制定城镇棚户区和城乡危房改造及配套基础设施建设3年计划：2015—2017年，改造包括城市危房、城中村在内的各类棚户区住房1800万套（其中2015年580万套），农村危房1060万户（其中2015年432万户），加大棚改配套基础设施建设力度，使城市基础设施更加完备，布局合理、运行安全、服务便捷。

2015年6月，《既有建筑改造年鉴2014》出版发行，书由中国建筑科学研究院组织编纂，以"十二五"国家科技支撑计划项目"既有建筑绿色化改造关键技术研究与示范"课题单位为依托，由中国建筑工业出版社出版发行，面向全国新华书店、建筑书店、网上书城公开发行。主要内容有政策篇、标准篇、科研篇、成果篇、论文篇、工程篇、统计篇、附录。

2015年7月13日，黑龙江省住房和城乡建设厅发布《关于加强农村危房改造工作的通知》。《通知》要求要加强政策的宣传；要制定具体的农村危房改造措施；要严格履行申报公示程序；要建立健全危房改造档案；要加强危房改造补助资金的管理；要杜绝危房改造搭车收费的问题；要加强农房建设质量监管；要完善危房改造咨询制度；要加强检查工作。

2015年7月20日，山东省住房和城乡建设厅、山东省发展和改革委员会、山东省财政厅、山东省民政厅、山东省公安厅、山东省司法厅、山东省人民政府国有资产监督管理委员会、山东省新闻出版广电局、山东省物价局、山东省通信管理局、国网山东省电力公司联合发布《关于推进全省老旧住宅小区整治改造和物业管理的意见》。《意见》指出用5年时间推进全省老旧住宅小区整治改造和物业管理，2015年开展试点，2016年起整体推开，到2020年底基本完成整治改造，实现物业管理全覆盖。

2015年8月28日，住房和城乡建设部发布《住房城乡建设部关于加强既有房屋使用安全管理工作的通知》。《通知》要求全面落实房屋使用安全主体责任，加快健全房屋使用安全管理制度，切实做好危险房屋整治工作。

2015年8月31日，工业和信息化部、住房和城乡建设部印发《促进绿色建材生产和应用行动方案》。《方案》制定了行动目标：到2018年，绿色建材生产比重明显提升，发展质量明显改善。绿色建材在行业主营业务收入中占比提高到20%，品种质量较好满足绿色建筑需要，与2015年相比，建材工业单位增加值能耗下降8%，氮氧化物和粉尘排放总量削减8%；绿色建材应用占比稳步提高。新建建筑中绿色建材应用比例达到30%，绿色建筑应用比例达到50%，试点示范工程应用比例达到70%，既有建筑改造应用比例提高到80%。

2015年10月17日，住房和城乡建设部、财政部发布《住房城乡建设部办公厅 财政部办公厅关于进一步发挥住宅专项维修资金在老旧小区和电梯更新改造中支持作用的通知》。《通知》指出维修资金的使用应当按照《住宅专项维修资金管理办法》（建设部、财政部令第165号）规定的使用范围和分摊规则，遵循方便快捷、公开透明、受益人和负担人相一致的原则。在老旧小区改造中，维修资金主要用于房屋失修失养、配套设施不全、保温节能缺失、环境脏乱差的住宅小区，改造重点包括以下内容：（一）房屋本体：屋面及外墙防水、外墙及楼道粉饰、结构抗震加固、门禁系统增设、门窗更换、排水管线更新、建筑节能及保温设施改造等；
（二）配套设施：道路设施修复、路面硬化、照明设施更新、排水设施改造、安全防范设施补建、垃圾收储设施更新、绿化功能提升、助老设施增设等。

2015年11月23日，深圳市住房和建设局关于公开征求《深圳市既有居住社区绿色化改造规划设计指引》（征求意见稿）意见的通知，规范深圳市既有居住社区绿色化改造工作。

2015年11月27日，广州市住房和城乡建设委员会关于印发《广州市棚户区改造项目财税优惠政策指引的通知》（穗建物业[2015]1311号），为积极推进我市棚户区改造，确保惠企政策措施落实。

2015年12月3日，由中国建筑科学研究院、住房和城乡建设部科技发展促进中心会同有关单位研究编制的国家标准《既有建筑绿色改造评价标准》GB/T 51141-2015批准发布，自2016年8月1日起实施。《既有建筑绿色改造评价标准》统筹考虑建筑绿色化改造的经济可行性、技术先进性和地域适用性，着力构建区别于新建建筑、体现既有建筑绿色改造特点的评价指标体系，以提高既有建筑绿色改造效果，延长建筑的使用寿命，使既有建筑改造朝着节能、绿色、健康的方向发展。

2015年12月20日～21日，中央城市工作会议在北京举行。会议提出加快棚户区和危房改造，有序推进老旧住宅小区综合整治，力

争到2020年基本完成现有城镇棚户区、城中村和危房改造，推进城市绿色发展，提高建筑标准和工程质量，高度重视做好建筑节能。

2016年2月26日，海南省印发《海南省2016年农村危房改造实施方案》，今年海南省第一批3.5万户农村危房改造任务正式下放至各市县，方案明确规定了今年农村危房改造国家财政、省级财政补助以及市县补助标准范围。根据规定，今年海南省农村危房改造国家财政、省级财政补助标准为每户平均7500元，市县补助标准为平均每户不少于6000元。

2016年3月21日，全国棚户区改造工作电视电话会议在北京召开，会议认真学习贯彻习近平总书记关于城镇棚户区和危房改造的重要讲话精神，落实李克强总理《政府工作报告》要求，对加快推进棚户区改造工作作出部署。

2016年3月24日，湖南省住房和城乡建设厅等五部门发布《关于下达2016年保障性安居工程建设目标任务的通知》。通知指出，2016年湖南省改工建设棚户区改造住房共458936套（户），建成保障性住房、棚户区改造住房共311347套（户），新增发放租赁补贴11273户。

2016年4月19日，广西壮族自治区人民政府办公厅发布《广西壮族自治区人民政府办公厅关于进一步加快推进城镇棚户区和城乡危房改造及配套基础设施建设工作的通知》。《通知》指出广西棚户区改造三年行

动计划目标：2015～2017年，实施包括城市危房、城中村在内的各类棚户区改造41.79万套（其中2015年18.13 万套、2016年12.91万套、2017年10.75万套）。

2016年4月29日，住房和城乡建设部召开全国农村危房改造工作电视电话会议，总经济师赵晖在全会议上的讲话，并总结8年来农村危房改造工作，同时明确了"十三五"农村危房改造工作的目标、指导思想、基本政策和重点任务。

2016年6月9日，住房城乡建设部关于发布行业标准《既有住宅建筑功能改造技术规范》，编号为JGJ/T390-2016，自2016年12月1日起实施。本规范适用于既有住宅建筑功能改造的设计、施工与验收，包括户内空间改造、适老化改造、加装电梯、设施改造、加层或屏幕扩建等。

2016年6月4日，山东省住房和城乡建设厅、山东省发展和改革委员会等部门发布了《关于认真做好全省老旧住宅小区专业经营设施设备改造升级及相关工作的通知》。该通知按照"政府牵头、社会参与，长远规划、分步实施，统一设计、同步改造"的思路，省、市、县三级联动，强化市、县（市、区）政府总揽、专业经营单位实施的组织推进机制，加大政策和资金支持力度，有序推进老旧小区专业经营设施设备改造升级，切实改善群众居住环境。

2016年7月22日，安徽省住房城乡建设厅发布《关于进一步规范农村危房改造工作程序的通知》。《通知》要求严格确定补助对象，规范申请审核程序，建立健全公示制度，制定发放政策明白卡，强化农房建设监管，加强工程验收管理，加强资金使用监管，完善农户档案管理。

2016年8月2日，甘肃省住房和城乡建设厅发布《关于调查录入"十三五"期间农村危房改造对象经济状况信息的通知》。通知中的调查对象为已录入农村住房信息系统且标记为"十三五"农村危房改造对象的全部农户。

2016年9月1日～9月13日，北京市开展2016年农宅抗震节能改造工作检查，本次检查共抽查31个镇，109个村委，253户，全市2015年农宅改造共完成13.5万户，其中新建翻建1.8万户，综合改造2.2万户，单项改造9.5万户，超额完成了2015年10万户的任务。

2016年9月26日，甘肃省住房和城乡建设厅村镇建设处发布《关于在全省开展"农村危房改造回头看"专项行动的通知》，通知要求为深入贯彻实施"1236"扶贫攻坚行动和"1+17"精准扶贫方案，切实解决农村危房改造中存在的问题，全面落实农村危房改造工作。

2016年10月11日，河北省住房和城乡建设厅向保定市住房和城乡建设局、廊坊市建设局发布《关于做好保定、廊坊禁煤区农村房屋节能改造工作的通知》，通知指出制定农村房屋节能改造实施方案，开展既有房屋建筑节能改造，要根据当地禁煤区"电代煤"和"气代煤"的安排，鼓励和引导农民群众进行既有房屋节能改造。

2016年10月25日，中国建筑科学研究院承担的"十二五"国家科技支撑计划项目"既有建筑绿色化改造关键技术研究与示范"（2012BAJ06B00）顺利通过验收。

2016年10月27日，国务院发布《关于印发"十三五"控制温室气体排放工作方案的通知》。《方案》明确提出了以下工作目标：到2020年，单位国内生产总值二氧化碳排放比2015年下降18%，碳排放总量得到有效控制。

2016年11月3日，住房城乡建设部、财政部、国务院扶贫办发布《关于加强建档立卡贫困户等重点对象危房改造工作的指导意见》。实现到2020年农村贫困人口住房安全有保障和基本完成存量危房改造的任务目标，就加强4类重点对象危房改造工作提出了意见。

2016年12月9日，四川省住房和城乡建设厅发布《关于进一步做好全省既有建筑玻璃幕墙安全工作的通知》。《通知》对落实既有建筑玻璃幕墙安全维护责任提出如下要求：1.明确玻璃幕墙安全维护责任人；2.加强玻璃幕墙维护检查；3.严格规范玻璃幕墙维修加固活动。

2016年12月13日，内蒙古自治区住房和城乡建设厅印发《关于征集2017年度既有居住建筑节能改造项目的通知》。《通知》要求拟改造项目应为2007年年底前竣工的非节能建筑，建筑结构安全，实施改造后预期节能效果明显，原则上改造后应有20年以上的使用年限；改造内容为建筑外围护结构（一般包括外墙、外窗、屋顶、不采暖楼梯间及单元入口），改造后围护结构各部分的传热系数不低于当地节能50%的标准（DB15/T259-1997）要求。

2016年12月19日，住房城乡建设部办公厅、国家发展改革委办公厅、财政部办公厅发布《关于印发<棚户区改造工作激励措施实施办法（试行）>的通知》。《实施办法》一共10条，激励支持对象是年度棚改工作积极主动、成效明显的省（自治区、直辖市）。